情绪心理学

（第二版）

陈少华 编著

Psychology of Emotion

暨南大學出版社
JINAN UNIVERSITY PRESS

中国·广州

图书在版编目（CIP）数据

情绪心理学/陈少华编著．—2版．—广州：暨南大学出版社，2020.8（2023.3重印）
ISBN 978－7－5668－2942－9

Ⅰ.①情…　Ⅱ.①陈…　Ⅲ.①情绪—心理学　Ⅳ.①B842.6

中国版本图书馆CIP数据核字（2020）第134972号

情绪心理学（第二版）
QINGXU XINLIXUE（DI-ER BAN）
编著者：陈少华

出 版 人：张晋升
策划编辑：黄圣英
责任编辑：冯　琳　詹建林
责任校对：曾小利　王燕丽
责任印制：周一丹　郑玉婷

出版发行：暨南大学出版社（511443）
电　　话：总编室（8620）37332601
营销部（8620）37332680　37332681　37332682　37332683
传　　真：（8620）37332660（办公室）　37332684（营销部）
网　　址：http://www.jnupress.com
排　　版：广州市天河星辰文化发展部照排中心
印　　刷：佛山市浩文彩色印刷有限公司
开　　本：787mm×1092mm　1/16
印　　张：18.5
字　　数：427千
版　　次：2008年8月第1版　2020年8月第2版
印　　次：2023年3月第7次
定　　价：59.80元

再版前言

情绪既是心理学的重要研究领域，也是生活中不可或缺的体验。从严格意义上讲，情绪心理学并非心理学的分支学科，因为情绪总是附着于心理学的其他领域，如认知、人格、智力乃至神经生理等领域。然而，情绪的重要性是不言而喻的，从达尔文到弗洛伊德，从保罗·艾克曼到丹尼尔·戈尔曼，著名心理学家都将情绪放在极高的位置，并以专著论述。近年来，压力、情商、微表情、情绪管理等一系列与情绪有关的概念不仅成为流行语，而且也是人们茶余饭后的谈资，足见情绪的影响力。

本书初版于2008年，十多年来，无论是情绪的理论研究还是实践应用，都取得了长足进展，国内外关于情绪的教材和著作也推陈出新，因此，本书的修订势在必行。尤其巴瑞特《情绪》一书的理论观点，更是激励了本人对本书进行修订。与传统的情绪观不同，巴瑞特在该书的“前言”中指出：“你的情绪不是与生俱来的，而是由一些更基本的部分构成的。情绪不具有普遍性，而是会因为一个人所处文化背景的不同而不同。情绪不是被激发的，而是由你创造出来的……情绪的真实性和金钱的真实性一样，即情绪是人类共识的产物。”① 这就是情绪建构论。尽管这种理论还有待进一步检验，但至少说明专家学者对情绪的看法正在发生某些改变，这些改变甚至是反传统的。

本书再版的目的，一方面是更新知识，紧跟情绪研究前沿，突显情绪的现实意义；另一方面是删减陈旧、累赘的内容，使全书更精练、更专业。总体上，新修订的教材在保留原版教材内容的基础上对其中约1/3的篇幅做了调整，有些内容整章或整节进行删除，相应地也增加许多新内容。尽管如此，新版教材的风格照旧，例如，在每一章开篇通过“引言”导出本章内容，引言中既有生动有趣的案例，也有发人深省的问题。同时，本人对原版的“知识链接”大都做了更新，新版教材还新增几十幅插图，这些插图起到形象直观地解释相关理论或知识的作用。具体而言，新版教材各章节增减内容大致如下：

第一章“情绪概论”：“情绪的本质”一节完善情绪的定义、种类及维度，删除“与情绪相关的概念”；“情绪的功能”一节增加“情绪对现实生活的意义”；“情绪的生理基础”一节补充“自主神经系统的作用”，新增“情绪与大脑皮质”的相关研究；“情绪的研究方法”一节完善“实验研究法”。

---

① 莉莎·费德曼·巴瑞特．情绪．周芳芳，译．北京：中信出版集团，2019.

第二章“情绪理论”：“情绪的经典理论”一节新增“达尔文的情绪进化理论”；完善“情绪的认知理论”；考虑到与第六章“情绪与人格”“情绪与动机”内容的重叠，本章删除“情绪的动机—分化理论”；“情绪理论的进展”一节补充“普拉奇克的情绪进化理论”，新增“巴瑞特的情绪建构理论”。

第三章“情绪表达”：“表情的概述”一节新增“表情及其类型”，删除“表情的识别”；“面部表情”一节新增“四种基本情绪的面部表情”，删除“面部表情的功能”；“姿态表情与身体语言”一节新增“谎言的线索”“身体上的证据”及“准确识别谎言”；“表情的相关研究”一节新增“微表情研究”。

第四章“情绪发展”：“情绪表达的发展”一节增加“原始情绪”，完善情绪“后期的发展”，调整原版中“哭的发展”和“笑的发展”；“情绪理解的发展”一节新增“婴儿面部表情知觉的发展”“混合情绪的理解”“婴幼儿的情绪识别”；将原版“情绪调节”与“情绪的社会化”合并，删除“情绪社会化的过程”；“主要情绪的发展”一节新增“基本情绪的发展”。

第五章“情绪与认知”：“情绪与认知的关系”一节删除“认知在情绪产生中的作用”和“情绪与认知关系的理论观点”；“认知对情绪的影响”一节新增“归因与比较的作用”“认知评价的作用”“推理和评价”的作用；“情绪对认知的影响”一节新增“情绪与注意”和“整合情绪对决策的影响”。

第六章“情绪与个性”：本章删除原版中“情绪与理智”的内容，在“情绪与智力”一节新增“‘冷智力’的不足”和“情绪智力的兴起”“情绪智力与健康”和“情绪智力与绩效”；“情绪与人格”一节增加“大五人格特质：外倾性和神经质”和“人格障碍：情绪的作用”以及“情绪个体差异的脑机制”；“情绪与动机”新增“好奇心是大脑进化的结果”。

第七章“情绪与健康”：“情绪与健康概述”一节增加“情绪健康及其表现”和“乐观情绪的作用”，删除原版中“情绪与健康的生理机制”；“压力与健康”一节补充“什么是应激”和“应激模型”，增加“动物的应激反应”，在“应对压力”中新增“和压力做朋友”；“情绪与疾病”一节新增“情绪的致病机制”，补充“情绪与癌症”的相关研究，新增“情绪建构论的心理疾病观”；删除原版中“情绪调节与健康”。

第八章“恐惧”：“恐惧的本质”一节中新增“恐惧的特征”“恐惧与恐慌”；“恐惧的进化与文化”一节中增加“我们害怕什么？”，完善“恐惧是否会遗传”和“恐惧进化”相关研究；“恐惧的形成与克服”一节新增“恐惧的个体差异”，删除“恐惧的发展”。

第九章“愤怒”：“愤怒的情绪”一节补充“愤怒的含义”，增加“对愤怒的误解”“什么引起愤怒”“愤怒具有威慑作用”，删除“愤怒的演化”；“愤怒的生理学”一节新增“愤怒与自主神经系统”；“愤怒与攻击”一节新增“愤怒与攻击的生物学基础”；“愤怒的控制”一节新增“为何要控制愤怒”，完善“正确处理愤怒”，增加“控制愤怒：前额叶锻炼”，删除“莫里塔疗法”。

第十章“爱”：“爱的本质”一节新增“爱是一种态度”“爱有不同类型”及“动物的爱”；“成人之爱——爱情”一节删除“恋爱心理分析”，新增“爱情的年龄差异”以及“男性和女性对爱的不同理解”；“爱的心理学研究”一节补充“爱情的本质”；“激发你的爱”一节新增“让爱更持久”“让自己更有吸引力”以及“经营爱情”。

由于“情绪与文化”的相关内容散见于本书的各章节，为避免重复，再版时删除原版的“情绪与文化”一章。此外，考虑到抑郁是一种比较复杂的情绪，而且多数情况下出现在咨询或临床心理学领域，因此新版教材删除“抑郁”这一章节。总之，无论是新增还是删减或修改，都是为使本教材的内容、结构更紧凑，以顺应学科和时代发展的需要。

在修订过程中，本人参阅并引用了国内外同类教材、著作及相关研究文献，在此表示诚挚的谢意，并恳请专家和同行批评指正。由于本人的疏忽，书中引用的个别图片和知识链接无法查找到出处，敬请相关作者谅解并告知，本书重印时一定附上。此外，对暨南大学出版社编校人员付出的辛勤努力，也表示衷心的感谢。由于能力和精力有限，加上时间仓促，新修订的教材难免有不足和纰漏之处，希望读者朋友提出宝贵意见。

作　者
2020 年 8 月于广州

目　录

第一章　情绪概论

引言　日常生活中的情绪

已是过了不惑之年的人，经历过人生的苦辣酸甜，成过、败过，笑过、哭过。应该有时间独处反观自省，感悟些什么。别让琐碎繁芜的东西约束了自己，禁锢了心情。放松一下思想，那原本就是人最自由的东西。

清晨，参加一位好友的葬礼，送他最后一程。越来越多熟悉的人离开了这个世界，这是自然规则，也是人生的必然归宿。海明威写过《丧钟为谁而鸣》，人们总是因同类的死亡而有所感触，会联想到自己的终极归宿。尤其是自己熟识的人，感触就会更多、更深。去的途中遭遇浓雾，车行缓慢，赶到时，已经起灵，最后一程也没有送成，只有在脑海里将好友回忆一下，觉得他音容宛在，不相信斯人已逝。只有对遗属略表安慰之意而已。同行者闲谈，谈到办丧事的场面，车多人多够档次，我心里却不以为然，觉得对逝者的缅怀还是该在心里……

电话铃声响起，将自己拉回现实，不知道又发生了什么事呢？去吧，生活还在继续，日复一日……

第一节　情绪的本质

一、什么是情绪

当被问及什么是情绪时，人们才意识到自己以前并不知道它是什么，除非自己亲身去感受和体验它。回想过去的经历：第一次撒谎、第一次恋爱、第一次上讲台、第一次出远门、第一次拿到薪水……那种心情和体验是刻骨铭心的。通俗地讲，情绪是成功后的喜悦，失落后的空虚；是青春期的冲动，期盼爱人时的焦急；是恐惧、得意、悲伤、愤怒、爱慕、愧疚……尽管情绪长期以来备受学者们的广泛关注，但是直到1960年以后情绪才成为心理学家们研究的重点，原因有两个：一是行为主义者对主观体验避而不谈；二是情绪本身缺乏一个被广泛认可的定义。

（一）情绪的词源学分析

情绪（emotion）源自拉丁语 e（向外）和 movere（运动），而“move + ion”表示一种行动、过程或状态，因此 emotion 原指从一个地方向外移至另一个地方。后来，这个词专用于个体精神状态的激烈扰动。情绪确实能使人动起来，如我们常常会由于愤怒、害怕或喜悦的情绪而采取某些行动。情绪与人类的基本适应行为有关，如攻击行为、逃避行为、寻求舒适行为、助人行为及生殖行为等。

按照《现代汉语词典（第七版）》的解释，情绪是“人从事某种活动时产生的兴奋心理状态”或指“不愉快的情感”，我们平时所说的“闹情绪”大概就是这个意思。《牛津英语大词典》对情绪的解释是：“指心灵、感觉或情感的激动或骚动，泛指任何激动或兴奋的心理状态。”《心理学词典》给情绪下的定义是：“指任何短时评估的、情感的、意图的及心理的状态，包括高兴、悲伤、厌恶及其他内心感受。”（Colman，2001）

（二）心理学家的定义

每个人都知道什么是情绪，但是要给它下个定义并不是件容易的事情。回顾一下怯场的经历：台下座无虚席，鸦雀无声，观众正等待着你的表演。此刻台上的你紧张得心跳加快、头晕恶心、手脚冰凉、双手颤抖、口干舌燥，这种感觉甚至比死亡还可怕。这其中情绪发生的一般模式是：我们内心察觉到某种事物（情绪刺激）→该事物引起某种精神上的感受（主观体验）→接着出现相应的身体表现（行为）。在这一过程中，情绪包含不同的层面，从生理唤醒、内心体验到外部表现，而我们平时在描述自己的情绪时，大多是指感受层面。那么，心理学家又如何看待情绪呢？

美国心理学家阿诺德将情绪定义为：“情绪是对趋向知觉为有益的、离开知觉为有害的东西的一种体验倾向。这种体验倾向伴随着一种相应的接近或退避的生理变化模式，该模式因不同情绪而有差异。”（Arnold，1960）拉扎勒斯的观点与阿诺德类似：“情绪是来自正在进行着的环境中好的或不好的信息的生理心理反应的组织，它依赖于短时或持续的评价。”（Lazarus，1985）可见，情绪取决于对外部事件的评价及其意义。

另一位美国心理学家伊扎德认为，情绪的定义必须包括生理基础、表情行为和主观体验三个方面。他写道：“你可能记得，在你感到愤怒时，你心跳加速，血液涌上脸和每一块肌肉。由于肌肉过度紧张，你有要爆发的冲动。当你过度悲伤时，身体感到异常压抑和沉重，肌肉松弛，虚弱无力。你的脸和胸口会疼痛，眼泪止不住地落下，抽泣中感到窒息。”（Izard，1991）

我们再来看这样一个定义：“情绪是一种对外部刺激事件产生的普遍性和功能性反应，临时整合生理、认知、现象学和行为的通道，以便在当前情境中采取强适应性和环境塑造性的反应。”（Keltner & Shiota，2003）该定义强调情绪是发生的特定刺激的反应，它是有用的，如恐惧时逃跑、愤怒时攻击。同时，情绪包含了生理变化、认知、感受和行为四个方面。

从情绪的这些定义中我们不难看出，有的学者强调情绪的生理唤醒方面，有的强调行为方面，还有的强调认知评价方面。一般而言，当代西方心理学家将情绪界定为“一种复杂的身体和心理变化模式，包括生理唤醒、感觉、认知过程、外显的表达（包括表情和手势）以及特殊的行为反应，这些反应都是针对个体认为具有个人意义的情境做出的”（格里格、津巴多，2016）。设想一个让你感到特别快乐的场景：你的生理唤醒可能是平缓的心跳，你的感觉是积极的，相关的认知过程包括那些使你将该场景界定为快乐的解释、记忆和预期，你的行为可能是表情的（如微笑）或动作的（如拥抱）。

国内情绪研究专家孟昭兰（2005）在总结国内外各种情绪定义的基础上指出：“情绪是多成分组成、多维量结构、多水平整合，并为有机体生存适应和人际交往而同认知交互作用的心理活动过程和心理动机力量。”细言之，情绪是多成分的复合过程，它包括内在体验、外显表情及生理唤醒三种成分，是生理、心理和社会等不同水平整合的产物，每一次情绪的发生都是多种神经生理活动整合的结果。根据国内外心理学家的定义，有学者给出了一个更简化的定义：“情绪是伴随着生理唤醒和外部表现的主观体验。”（傅小兰，2016）

二、情绪的成分

（一）生理成分

情绪的发生、发展和改变取决于中枢神经系统、自主神经系统及内分泌系统。各种情绪的主要成分之一就是人体内部的生理变化。众所周知，手掌出汗、心跳加速、血压升高以及反胃等生理变化与情绪有密切关系。情绪的生理变化包括心率、血压、呼吸和其他身体状态的改变，这些反应大部分是由肾上腺素引起的。肾上腺素是一种由肾上腺分泌的激素。当交感神经系统被激活时，肾上腺素就会释放到血液中，进入循环系统。经历过肾上腺切除手术的人较少出现情绪唤醒。正因为如此，研究者可以通过直接测定由体温、心率、脑电波、肌肉收缩和皮肤传导等身体信号显示出的生理状况来确定情绪的种类和数量。一个人心情平静时和紧张时所引起的生理反应是不同的，这就是测谎仪识别谎言的原理。

（二）体验成分

作为一种主观体验，情绪的内心感受即情感通常被认为是情绪的核心成分，是心理活动中一种带有独特色调的觉知或意义。情绪在意识层面上的感受称为体验。情绪体验是脑的感受状态，与情绪的外部表现有先天的一致性，每种具体的情绪体验在主观上可感受的色调是不变的。情绪之所以成为与认知过程不同的心理形式，其可感受的特定色调及其外显表情是情绪的根本特征。如果说表情是情绪的外显行为，那么体验就是情绪的心理实体。在日常生活中，情感普遍存在而且相当重要，对于大多数人来说，生命的真谛在于与他人的情感交流。没有情感的滋润，生命将如同死灰一般。情感可能使我们误入歧途，也可能使我们的生活错综复杂，但情感带给我们最直接、最敏锐的感受，这是理智的思维无法企及的。在人工智能高度发展的今天，即使是最高水平的智能机器人，也不可能像人类的婴儿那样拥有喜怒哀乐，更不可能像年轻人那样“坠入爱河”（马文·明斯基，2016）。

（三）表情成分

表情是情绪感觉的外部特征。无论是何种情绪状态，它们通常都是通过情绪的表情成分来体现的。例如，当感到极端恐惧时，你会全身发抖、面部扭曲、动作僵硬，并保持防御的姿势。表情尤其是面部表情是人际交流的重要手段，起着传递信号和沟通信息的作用，对个体的生存和发展非常重要。达尔文在《人类和动物的表情》一书中指出，人类的表情是物种进化的结果。他指出，人类在愤怒中暴露牙齿与猫、狗、猴子等动物表达愤怒的方式是一样的。按照进化论的观点，表情之所以在人类的进化过程中保留下来，是因为情绪表达有助于个体生存。此外，情绪也可以通过音调、语调及身体姿态的明显变化表现出来。例如，在举办红白喜事的时候，尽管听不清人们相互之间在交谈什么，但是从他们的面部表情、身体姿态及语音语调就可推断各自的心情和感受。

三、情绪的种类与维度

（一）情绪的种类

情绪的种类多种多样，如同绚丽多彩的颜色一般。而心理学家认为，只存在几种基本情绪，其他情绪都是从基本情绪中分化出来的。一些学者指出，基本情绪必须符合以下标准：①在人类中具有普遍性，且在其他物种中也能看到基本情绪的迹象；②如果是基本情绪，人们对其应该有独特的内在表达方式；③基本情绪应该在生命早期就明显存在；④每种基本情绪应具有生物特异性（Shiota & Kalat，2015）。古人所言“七情六欲”中的喜、怒、哀、乐、惧、恶、忧，这“七情”中既有基本情绪，如“怒”指愤怒，“惧”指恐惧；也有复合情绪，如“忧”可以指忧愁、忧郁、忧虑等。

关于基本情绪的种类，心理学家观点不一。行为主义者华生认为，情绪就像色彩一样，也有基础色。情绪的基础色即基本情绪，包括恐惧、愤怒和爱，华生分别称之为X、Y、Z反应。其中X反应（恐惧）由以下原因引起：①婴儿的支撑物被突然移开；②大声音；③在婴儿刚刚入睡或醒来时受到温和但突然的刺激。X反应的典型表现是屏息、抓手、闭眼、皱唇和哭喊。Y反应（愤怒）由“阻碍婴儿的活动”引起，其表现包括哭泣、尖叫、身体僵硬、双手乱动和屏气。Z反应（爱）来自任何温柔的抚摸，特别是对身体性感区的抚摸，外部表现有微笑、咯咯笑和窃窃私语。华生认为，上述每种反应形式都是与生俱来的。

现代心理学把快乐、悲伤、恐惧、愤怒看作单纯的情绪，称为基本情绪或原始情绪。其中，快乐是指盼望的目的达到、紧张解除之后出现的情绪体验，其程度取决于愿望的满足和意外程度。悲伤是指失去盼望的、追求的或有价值的目标时引起的情绪体验，悲伤的程度依赖于失去事物的价值。愤怒是由于目的和愿望不能达到或目标一再受到阻碍逐渐积累而成的情绪体验。恐惧往往是由缺乏处理或摆脱可怕情景的力量和能力造成的，它比其他任何情绪都更具有感染性。上述四种基本情绪在体验上都是单一的，在此基础上可以派生出许多不同的情绪组合形式，如悔恨、羞耻等包含不愉快、痛苦、怨恨、悲伤等多种情绪体验因素。

国内学者对情绪的种类也提出了自己的观点，他们将情绪分成六大类：第一类是原始的基本情绪，常常具有高度的紧张性，包括快乐、愤怒、恐惧和悲伤；第二类是与感觉刺激有关的情绪，可以是温和的或强烈的，有疼痛、厌恶和轻快；第三类是与自我评价有关的情绪，取决于一个人对自己的行为与各种行为标准关系的知觉，包括成就感与失败感、骄傲与羞耻、内疚与悔恨；第四类是与别人有关的情绪，这类情绪经过一定的时间常常凝结成为持久的倾向或态度，如爱与恨；第五类是与欣赏有关的情绪，有惊奇、敬畏、美感和幽默；第六类是比较持久的情绪状态，即心境。可见，不同的分类依据得到的情绪种类是不同的。

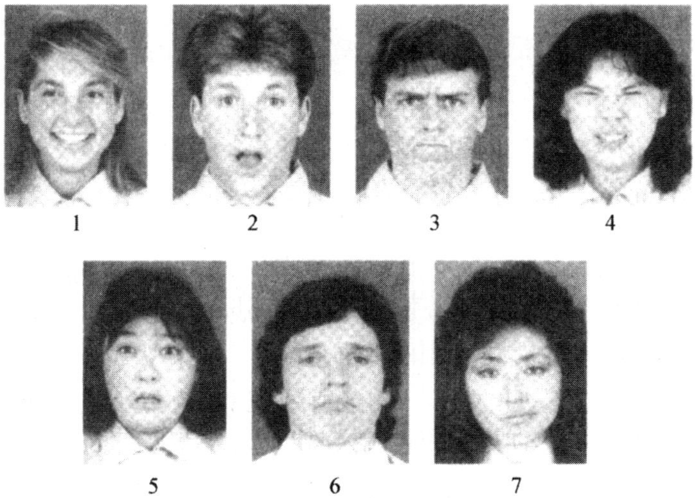

（1至7依次为快乐、惊讶、愤怒、厌恶、恐惧、悲伤和轻蔑）

图1－1　人类七种基本情绪

知识链接1－1　关于基本情绪的种类

在英语词汇中，有400多个单词是用来描述情绪感受的，尽管它们之间的区别十分细微，但仔细分析还是可以看出不同：惊慌不同于恐惧，忧虑也有别于畏惧。用同义词的差异来区分不同情绪之间的界限比单纯对比不同的情绪要简单得多。一些理论家指出，用任何可以察觉的方式表现出来的反应，如眼前突然一亮、脸上现出光彩或口干舌燥，都属于情绪的范畴。

20 世纪 70 年代，汤姆金斯提出了八种基本情绪：兴趣、快乐、惊奇、痛苦、恐惧、悲愤、羞怯和轻蔑。后来，伊扎德在他的基础上又增加了厌恶和内疚两种情绪。与此同时，美国加州大学的艾克曼博士通过研究西方人和新几内亚原始部落居民的面部表情发现，某些情绪如快乐、悲伤、愤怒、厌恶、惊讶和恐惧的表达在两种文化中基本一致，艾克曼将这六种情绪称为基本情绪（后来又加入了“轻蔑”，总共有七种基本情绪，见图 1－1）。1980 年，纽约爱因斯坦大学精神病学专家普拉奇克在艾克曼分类的基础上又加入了容忍和期盼。到 1990 年，费希尔等人认为只有五种主要情绪，爱与快乐是两种基本情绪，而愤怒、悲伤和恐惧则属于消极情绪。

最近的社会结构理论进一步扩大了研究者的视野，不再把情绪的种类局限于 5～7 种基本情绪，而将人在社会化中逐渐产生的诸如希望、羡慕、妒忌、傲慢、怜悯、内疚等融入了认知评价成分的情绪体验，并将行为纳入情绪研究的范畴，这使得情绪心理学成为解释人的心理发展、心理生活和心理冲突的理论和实践依据。

（资料来源：Time-Life Books. 情感的力量. 孙红玖，连煦，译. 北京：中国青年出版社，2002：9－10）

（二）情绪的维度

无论有多少种情绪，也无论它们之间的差异程度如何，所有情绪都处于某一特定的维度结构中，由这些维度织成一张庞大的情绪网。任何情绪都有程度问题，如欣慰—高兴—狂喜、担心—害怕—恐惧；也都有两极性，如高兴—悲伤、紧张—轻松。对于情绪的两极性，德国心理学家冯特早在 1896 年就提出了愉快—不愉快、兴奋—平静、紧张—松弛三个维度。每种情绪的发生都按照这三个维度分别处于它们两极的不同位置上。

20 世纪 50 年代，美国心理学家施洛伯格在情绪分类中突出了生理唤醒的因素，他在面部表情测量的基础上将情绪划分为三个维度：愉快—不愉快（愉快度），关注—拒绝（注意度）以及唤醒水平（激活度）。他将具体的情绪排列在一个倒立的椭圆锥体上：椭圆切面的长轴为愉快度，短轴为注意度，表明情绪的愉快度比注意度可以作出更精确的区分，锥体的垂直方向为激活度（见图 1－2）。施洛伯格认为，任何一种具体情绪都可以是上述三个维度的不同组合。

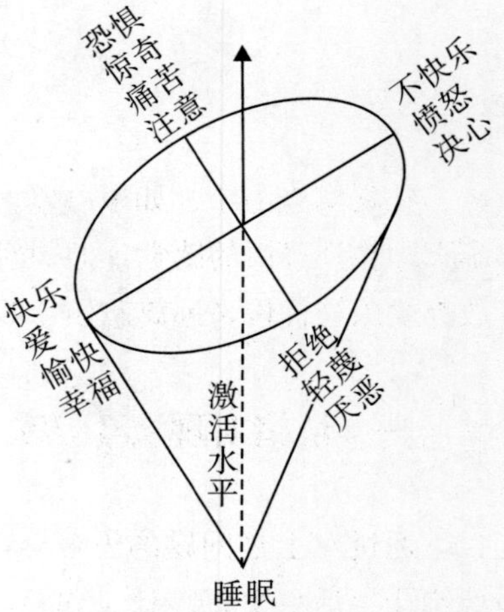

图 1－2　施洛伯格的情绪三维模型图

根据对情绪词条目的分析，罗素（Russell，1980）提出了情绪的环形模型，认为情绪可划分为两个维度：愉快度和唤醒度（见图 1－3）。愉快度分为愉悦和不愉悦，指积极或消极的情绪状态，如兴奋、爱、平静属于积极情绪，羞愧、无趣、厌烦属于消极情绪。唤醒度分为激活和不激活，指生理活动和心理警觉的水平差异，低唤醒如睡眠、放松等，高唤醒如清醒、紧张等。根据这个模型，我们可以将兴奋看作愉快和唤醒的结合，把满足看成愉快和平静的结合，等等。值得一提的是，该模型关注的是情绪的感受方面，而不是认知、生理变化和行为方面（Shiota & Kalat，2015）。

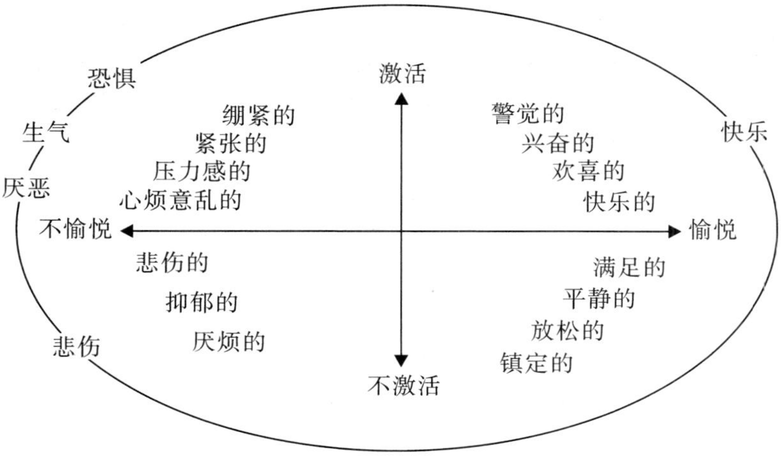

图 1－3　情绪的环形模型（Russell，1980）

第二节　情绪的功能

在现实生活中，如果可以思考和活动却没有情绪体验，你的生活将会怎样？你是否愿意不再体验到恐惧的感觉，但同时也不得不失去感受与爱人热吻的激情的能力？你是否乐意以放弃欢乐为代价来远离悲伤？如果你无法理解别人向你传达的情绪，你的生活将会怎样？

一、情绪对现实生活的意义

通过对上述问题的思考，我们能够深刻地感受到情绪对生活、学习和工作的重要性。情绪让生活更美好，让工作更有价值，让人生更有意义。我们无法想象一种没有情绪体验的生活，正如一个没有味觉的人，所有的美味佳肴对于他来说都形同嚼蜡。无论酸甜苦辣还是喜怒哀乐，都是我们正常生活不可缺少的组成部分。

（一）情绪让生活有意义

我们对什么感兴趣，什么令我们着迷，我们爱谁，什么惹我们生气，什么感动着我们，又是什么烦扰着我们，诸如此类的问题都在界定着我们，赋予我们独特的人格，构成我们完整的自我。一些抱有成见的人认为，人类的情绪是非理性的，它妨碍、扰乱了我们的生活。而新的研究热潮则认为，自然科学尤其是神经科学很快就会把情绪研究通透，从而将此前我们思考情绪问题时所用的那种人文主义方式一脚踢入过时的行列（Solomon，2011）。

但是，这是一种迂腐的看法，因为情绪无论对于价值观、道德规范还是幸福、健康和美好的生活都是最重要的。只有作为一个活生生的人，而不是以科学家的眼光去看待，我们才能够真正地理解和接纳自身的情绪生活。尽管科学家能够揭示情绪的大脑奥秘，但是再高明的研究也无法帮助我们理解热恋中的痴迷、成功中的喜悦以及失去亲人的痛苦。生活有喜有悲，有怒有惧，这正是意义的来源。

（二）情绪是一种智慧和策略

情绪不仅激发、引导和影响我们的行动，而且有时还是支配我们行为和态度的手段，也是一种影响和支配他人行为和态度的方式。因此，人们要对自己的情绪负责。之所以说情绪是一种智慧，是指情绪是有理性的（不是传统观念认为的非理性），离开情绪，我们将无法做出理性的决策。要知道，情绪的目标是为了促进我们的生活，让我们生活得更好。如果情绪增进了社会、集体和个人的福祉，那它就是理性的。有时候，愤怒是理性的，它赋予我们力量，让我们获得应有的权利；悲观的人更容易认识到真正的危险、真正的悲剧和真正的丑闻，并且不会对它们进行合理化。

所有的情绪都有一个目标，那就是维系并强化我们的自尊。我们并不仅仅拥有情绪，情绪也是一种策略，它是帮助我们从生活中获得自己想要的东西的工具，有时候，它本身就是我们最终想要获得的，比如真爱、幸福等。为了达到目的，我们一方面要关心他人，同情他人，怜悯他人；另一方面还要假装喜欢、假装生气和假装难过。这变幻莫测的情绪背后体现的是智慧和策略，现在被冠以“情商”之名。

二、情绪在社会实践中的作用

（一）情绪与生活

情绪渗透在社会实践的各个领域，影响着现实生活的方方面面。从某种意义上讲，人是为各种各样的情绪体验而活着，所谓酸甜苦辣、悲欢离合，一样都不能少。“最近过得怎样?”“心情还好吗?”“感觉幸福吗?”“为什么难过呀?”这些我们经常挂在嘴边的话，证明我们有多关心情绪问题。情绪影响我们的学习和工作。情绪感受是衡量生活水准的重要尺度，情绪健康是身心健康的有力保障。

人每天都在感受各种情绪体验，他们在享受情感的同时又经受着情感的困扰（见图1－4）。然而，正是这些困扰使他们变得更加成熟，“不经历风雨，怎么见彩虹?”每种情绪对人的发展都是必不可少的，积极的情绪给我们力量，让我们有了前进的动力；消极的情绪让我们自省，使我们能更加客观地看待自己，正如一位哲人所说，苦难使我们

图 1－4 情绪困扰（电影《悲伤逆流成河》剧照）

的生活更加有意义。

（二）情绪与工作

当今社会，经济第一，效率至上。由此滋生出许许多多的社会问题和心理问题，而这些问题大多与情绪压力有关。适当的压力、良好的情绪体验有助于效率的提高，压力超过了承受的范围往往会产生消极作用。因此，不只是学校，各行各业都应注意“减压”，加强情绪管理。领导要调动职员的积极性，不仅要让他们尝到“甜头”（幸福感），更重要的是要让他们有“盼头”（期盼）和归属感。如今，职业倦怠（是一种由工作引发的心理枯竭现象，是个体伴随于长时期压力体验下而产生的极端的情感、态度和行为反应）已成为各行各业关注的焦点，这从某种程度说明了情绪的重要性。由情绪压力导致的职业倦怠削弱了职员工作的积极性，在某些行业或领域（如医生、驾驶员）带来的后果可能是不可挽回的甚至是致命的。

（三）情绪与学习

情绪是影响学习效率和学习成绩的重要因素，良好的情绪状态可以使注意力更集中，让记忆更有效，让思维更灵活。除个人的情绪状态外，老师对于学生的关爱，同学之间的友谊以及亲子关系的亲密程度，这些人际之间的情绪和情感都是影响学习的因素。在学校，考试焦虑是一个非常普遍的情绪问题，它在影响每一个学生能力水平发挥的同时也影响着他们的身心健康。那些患有考试焦虑症的学生不仅学业成绩不理想，而且其身心机能会产生障碍，如出现偏头痛、肠胃不适等症状。此外，在学校教育中，因学业压力导致的心理问题也屡见不鲜。因此，情绪辅导是学校心理教育的重中之重。

（四）情绪与疾病

临床医学研究表明，情绪是身体的预警信号，不同情绪与不同的身体疾病相对应。小到感冒，大到冠心病和癌症，都与情绪有着密不可分的关系。心理充满矛盾，情绪压抑，经常感到不安全和不愉快的人，很容易免疫力下降，经常感冒；容易着急的人就会经常喉咙痛、胸闷；紧张的人则会头痛、血压升高，容易引发心血管疾病；经常忍气吞声、不表达情绪的人得癌症的概率更高。

据统计，全世界大约有 5% 的人患有不同程度的精神疾病，其中 80% 左右的精神疾病的主要症状为情感障碍。那些无法控制自我情感的人成了情感的奴隶，精神分裂症患者常常被假想的恐惧牵绊，忧郁症患者把自己封闭在自厌自虐的空间里，癫狂、偏执狂患者则在虚假的梦幻世界中飘飘然。无论是轻度的情绪障碍还是重度的精神疾病，它们都使患者在情感上遭受极大的痛苦，严重影响着他们的工作和生活。正常与异常只有一步之隔，一个人在正常状态下，似乎全然感觉不到它的存在，试问牙齿不疼的时候你会觉得它存在吗？但是，一旦出现异常，问题就跃然纸上，情绪体验同样如此。

（五）情绪与艺术创造

人类在很大程度上是一种情感的存在。伟大的艺术作品之所以能流芳百世，最重要的是它们能够引起人们的情感共鸣。莎士比亚笔下的麦克佩斯夫人因被恐惧与内疚所折磨，神经过敏般地不断擦洗双手；福楼拜笔下的埃玛·包法利被性爱激情的风暴强烈摇荡，由于欲望而落得痛苦的结局；陀思妥耶夫斯基所描写的卡拉玛佐夫兄弟拥有不同的情感世界：一个因天真无邪的欢笑而显得容光焕发、神采奕奕，另一个则纵身投入无穷无尽而又挥之不去的愤怒之中。伟大作家笔下虚构的人物流连于读者的脑海，唤起读者的共鸣。现实生活中也是如此，投入情感的事情会让人难以忘怀。因此，艺术创造的过程就是再现现实生活中喜怒哀乐、悲欢离合的过程。

三、情绪的功能

进化论的观点认为，情绪具有一定的功能或在进化历程中起到某种作用。不同的情绪对应于不同的突发性事件：当身体或人的其他方面受到威胁时，人会产生恐惧；当发生利益或权利上的冲突时，人会产生愤怒；当吃到不适的食物或污物时，人会产生厌恶感。一般来说，情绪的功能包括察觉人们所关注或享乐的事件，调节或保持个体与环境间的关系。这种觉察能力是通过个体的不同评价机制以及评价结果和情感的共同作用来实现的。

（一）适应与进化功能

适应是达尔文进化论的一个基本概念，生物必须适应环境才能生存和延续，不能适应环境则被自然淘汰。从这个角度上讲，人类的情绪必然具有适应的价值，亦即人类的情绪能够使我们更好地生存和发展，无论是恐惧还是喜悦。以恐惧为例，当看到一条蛇，你的情绪反应是：①体验到恐惧；②有恐惧的表情；③生理上产生相应的变化。其中生理上的变化使你聚集体力和精力处理危险的情境，恐惧的不舒服体验使你意识到危险并希望能够摆脱。

情绪的适应功能从根本上说是服务于改善和完善人的生存和生活条件的。无论是儿童还是成人，他们都通过快乐表示情况良好，通过痛苦表示急需改善不良处境，通过悲伤和忧郁表示无奈和无助，通过愤怒表示即将进行反抗的主动倾向。同时，由于人生活在高度人文化的社会里，情绪的适应功能的形式有了很大的变化，如人用微笑向对方表示友好，通过移情和同情来维护人际关系、掩盖粗鲁的愤怒行为等。情绪起着促进社会亲和力的作用，但是人们也看到，在个人之间和社会上挑起事端引起的情绪对立，对人际关系和社会稳定都有极大的破坏作用。

情绪既有生理方面，即我们对每一种情绪所采取的生理上的不同反应方式，也有认知方面，即我们解释自己感觉的方面。这两个方面对我们的生存都很重要。根据进化论的观点，一些情绪如愤怒和恐惧能够帮助我们在特殊情况下做出特殊的行为。在我们有很大胜算的时候，愤怒能够帮助我们做好与入侵者作战的准备，而恐惧能使我们做好从可能会征服我们的入侵者那儿逃离的准备。生存依赖于一种组织体系，使我们知道何时与一个可战胜的敌人作战以及何时从无法战胜的敌人身边逃离。厌恶对于生存也有帮助，它使我们远离有害物质。

（二）社会交际功能

如果你无法理解别人试图向你传达的负面情绪（杏仁核功能丧失的人会丧失知觉愤怒和恐惧的能力），你的生活将会怎样？如果你无法从他人那里得知情况的危险，或你的情绪已经引起了别人的愤怒，你将会怎样？和语言一样，情绪具有服务于社会交际的功能，通过独特的非言语信号的手段，即由面部肌肉运动模式、声调和身体姿态变化所构成的表情来实现信息的传递和人际的相互了解，其中面部表情是最重要的情绪信息媒介。

语言是社会交往和人际交流的主要工具，而情绪信息的传递则是语言交际的重要补充。在许多情景中，表情能使言语交流所造成的不确定性和模棱两可的情况清晰起来，成为人的态度和感受的最好注解；在另一些场合，人的思想或愿望不宜言传，却能够通过表情来传递信息。在电影业发展早期，无声电影正是通过演员的各种表情动作来向观众传递信息的。从信息交流的起源上分析，表情信息交流的出现比语言交流要早得多。情绪是高等动物信息传递的主要工具，也是前语言阶段婴儿与成人互相沟通的唯一渠道和手段（见图1－5）。情绪的适应功能正是通过其交际功能实现的。

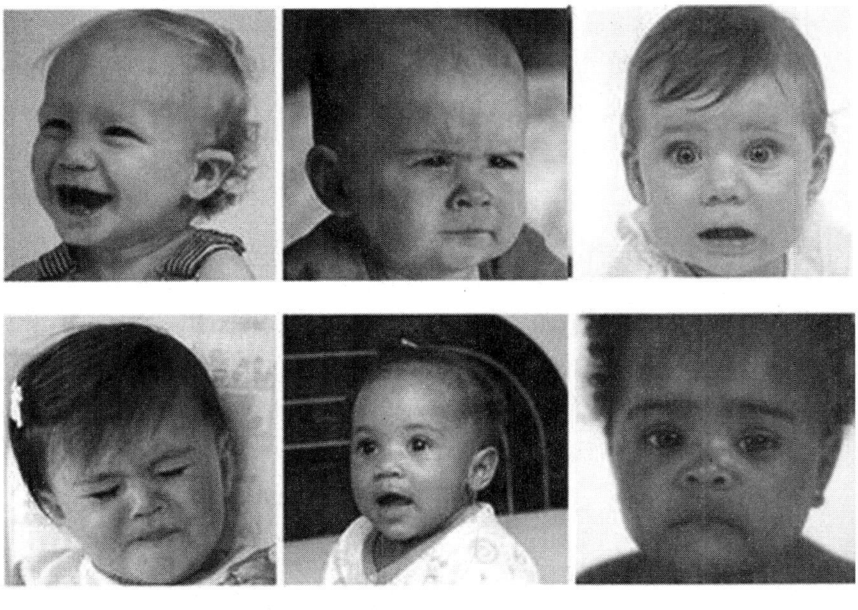

图1－5 情绪是婴儿沟通的唯一渠道和手段

具体而言，情绪的社会交际功能包括情绪对行为的调节作用和传递信息的功能。一方面，情绪对人的行为有调节作用。和某人在一起常常体验到痛苦，就想远离此人；某件事常与痛苦随行，就让人不愿继续做此事。反之，伴随愉快让人充满热情。情绪的调节功能是适应功能的延伸，如果一个人对不良环境不觉痛苦不去摆脱，或者对于好的环境不觉愉悦不去追随，也是社会适应不良的表现。正常情况下，痛苦是存在问题的信号，也许一时不知道问题在哪里，但是不良的情绪反应告诉你肯定存在问题。

另一方面，情绪具有传递信息的社会功能，这主要通过表情来实现。表情是情绪的外部表现，是人们思想和情感交流的重要工具。在日常生活中，55% 的信息是靠非言语表情传递的，38% 的信息是靠言语表情传递的，只有 7% 的信息是靠言语传递的。言语交流往往真真假假、虚虚实实，而表情交流则难以掩饰真实情感，特别是姿态表情，往往自己都察觉不到。即使彼此没有意识到对方的表情，也能下意识地接收其中的含义。所以，真心喜欢和假装喜欢，在相互了解的两个人之间是不难分辨的。

（三）唤醒和动机功能

当你第一次穿上新毛衣时，发现肩缝处开线了，你为什么会飞快地冲回商店要求退款呢？如果你回答“因为我生气了”或者“因为我很失望”，那么可以看出，这时情绪实际上成了行为的原动力。情绪通过唤醒你对于正在经历或想象中事件的行动来完成它的动机功能，然后引导并维持你的行为直到你达到特定的目标。例如，当爱上一个人时，你会尽自己所能去吸引、接近和保护他/她。

情绪构成一个基本的动机系统，能够驱策有机体发生反应、从事活动，在最广泛的领域中为人类的各种活动提供动机。一般来说，生理内驱力是激活有机体行为的动力，但情绪的作用则在于能够放大内驱力的信号，从而更强有力地激发行动。与内驱力相比，情绪反应更为灵活，它不但能根据主客观的需要及时地做出反应，而且可以脱离内驱力而独立地起动机作用。例如，无论何时何地，恐惧均能使人退缩，愤怒定会发生攻击，厌恶一定引起躲避等。

从社会动机的角度讲，一方面，情绪具有重要的学习动机功能。兴趣和好奇心等强烈的学业情绪能够激励学习者的积极学习行为，获得最佳的学业成就（傅小兰，2016）。所谓“知之者不如好之者，好之者不如乐之者”。另一方面，情绪还具有道德动机的功能。例如，羞耻、内疚、尴尬和自豪这些自我意识的情绪，以及愤怒、厌恶、轻蔑和感激这些他人指向的情绪，能够为道德行为提供动机力量，既能激发良好道德行为，又可以阻止不良的道德行为。研究表明，真正的自豪、移情和感激能够激发亲社会行为；内疚和羞耻与青少年犯罪、吸毒和酗酒等不良行为有显著负相关。

（四）认知功能

情绪对认知功能的影响表现在你的注意、你对自我和他人的知觉以及你解释和记忆各种生活情境的特征上，具体表现为心境一致性效应和情绪依赖性记忆。前者指人们在处理和提取信息时，对于那些和当前情绪一致的内容会表现出选择性的敏感化，即那些与个人目前的情绪相一致的材料更容易被发现、注意和深入加工，联系更为细致；后者指在一定情境中，人们当时的情绪和将事件存入记忆时的情绪相同时，他们更容易提取信息。

对负性情绪而言，痛苦、恐惧的强度与认知操作效果呈线性相关，情绪强度越大，操作效果越差。与痛苦、恐惧不同的是，由于愤怒情绪具有自信度较强的性质和指向于外的倾向，中等强度的愤怒一旦爆发出来，有可能组织个体倾向于面对的任务，导致较好的操作效果。研究还表明，焦虑情绪使大脑对注意的加工变得狭窄。当个体处于焦虑或恐惧中时，他们主要集中在所害怕的事情上而不会注意周围存在的其他事物。

情绪的认知功能也体现在对记忆的影响方面。鲍威尔（1981）的研究表明，当个体处在良好的情绪状态时，更容易回忆起那些带有愉快情绪色彩的材料；如果识记材料在某种情绪状态下被记忆，那么在同样的情绪状态下，这些材料更容易被回忆出来。这说明情绪具有一种干预记忆效果的作用，使记忆的内容根据情绪性质进行归类。

情绪和情感像是一种侦察机构，监视着信息的流动。它能促进或阻止工作记忆、推理操作和问题解决。这是因为情绪既是一种客观表现，又是一种主观体验，情感体验所构成的恒常心理背景或一时的心理状态，都对当前进行的信息加工起到组织与协调的作用。按照情绪的适应性，它帮助人选择与环境相适应的信息，并驾驭行为去改变环境。我们经常会感到，在心情良好的状态下工作时，思路开阔、思维敏捷，解决问题迅速；而心境低沉或郁闷时，则思路阻塞、操作迟缓，无创造性可言。强烈的情绪会骤然中断正在进行着的思维加工，持久而炽热的情绪则能激发无限的能量去完成活动。

知识链接 1－2　心境对判断的影响

你所体验到的心境对于你在社会中的行为有着重大影响。研究者已经证明积极和消极的心境会影响人们加工信息的方式（Forgas，2008）。具体而言，处于消极心境的人与处于积极心境的人相比，往往会更详尽、更努力地加工信息。以下是积极或消极心境对人们判断有无罪行的影响的实验。

实验参与者先要观看短片，使他们处于快乐、中性或悲伤的心境中（Forgas & East，2008）。一旦参与者具有了某种心境，就要观看四段视频，片子中的人否认自己偷了电影票。实际上，两个人是诚实的（即他们没有偷电影票），而另外两个人不诚实（即他们偷了电影票）——但参与者并不了解这一信息。参与者在观看了每段视频之后，都要判断片子中的人是否无辜。结果发现，大体上悲伤的心境更可能让人以为人们不诚实。此外，心境对于参与者做出有罪的正确判断能力也有重要影响：处于悲伤心境的参与者比随机条件下表现更好，而处于中性和快乐心境的参与者则没有更好的表现。

在讨论他们的结果时，研究者指出消极心境可能会使人不太轻易相信别人。想一下你自己的生活：当你高兴时，你是否会在社交中冒更多的风险？当你悲伤时，你是否更容易怀疑别人？总之，你的心境会对你的判断产生影响。

（资料来源：理查德·格里格，等．心理学与生活．19版．王垒，等译．北京：人民邮电出版社，2016：391）

第三节　情绪的生理基础

在情绪研究中，心理学家特别关注三个领域：面部、大脑和身体的生理变化；对事件解释的认知过程；文化对个体体验和表达情绪的影响。如果我们把人类的情绪比喻成一棵树，那么情绪的生理特性就是树干和树根，人们对情绪的思考和解释构成了树的枝杈，而文化则像是一名园艺工人，为使树成形而修剪它，即剪掉一些枝杈并培植另一些枝杈。作为情绪的基础和重要组成部分，情绪的生理学研究从另一层面揭示了情绪的本质。

一、情绪与自主神经系统

人类的基本情绪有其特定的生理模式和相应的表情，引起这些情绪的情境在世界各地都是相同的。一个人在丛林中遇到野兽时的恐惧和另一个人在城市里遇到强盗时的恐惧，在生理反应上完全一致。许多不愉快情绪的反应都非常相似，其中较典型的生理反应包括肌肉紧张、心跳加快、出汗、想吐、尿频、颤抖、烦躁不安以及对外在的声音极为敏感。这些反应由自主神经系统（ANS）发动。自主神经系统是联系大脑和内脏器官及腺体的神经系统，由交感和副交感神经系统构成，其活动是自动的，通常不受意识控制。

（一）自主神经系统的作用

自主神经系统通过交感和副交感神经系统的活动同时为躯体的情绪反应做好准备。对于轻微的不愉快刺激，交感神经系统更加活跃；对于轻微的愉快刺激，副交感神经系统更加活跃。交感神经系统负责引导肾上腺释放激素，进而导致内部组织释放血糖，升高血压，增加汗液分泌；副交感神经系统抑制这些活性激素的释放，使躯体平静下来。

1. “战或逃”：交感神经系统

交感神经系统的作用是激发身体采取紧急行动，迅速做出自主性反射。交感神经唤起体内的多个系统并抑制另一些系统，从而达到目的性的效果。例如，糖被释放到血液中可以使肌体快速得到能量，心跳加快可以保证为肌肉供血，消化功能被暂时抑制，皮肤的血流量受到限制可以减少受伤后的出血量等。这些反应都为人在危机中生存增加了机会。

当你遭遇危险时，交感神经系统会向大脑输送更多的血液以确保可以快速和清晰地思考，同时会收缩通向手、脚和皮肤的动脉周围的小肌肉，这种“末梢血管收缩”可以解释为什么紧张时人的四肢会感到冰冷。在危险情境下，人们会降低开玩笑的兴趣。交感神经激活的确会降低流向生殖器的血液，而这对男性勃起是必需的，同时也会部分影响女性的性唤起（Shiota & Kalat，2015）。事实上，慢性压力是性趣降低的普遍原因。

交感神经激活在其他哺乳动物身上的一个显著特点是“立毛”，即毛发呈现竖立的状态。立毛会有各种效果，但最重要的一点是它会使得大多数动物看起来更大、更吓人。这在动物世界等同于“别惹我”。人们在恐惧时也会起“鸡皮疙瘩”（毛发直立），这是我们从多毛的祖先那里进化后遗留下来的表现形式。

2. “休息和消化”：副交感神经系统

副交感神经系统的作用与交感神经系统相对立（见图1－6），一般是平息情绪的唤起，让身体平静和放松，在激烈的情绪阶段过去之后使心跳变慢，使张大的瞳孔和升高的血压复原，帮助身体储备能量。其作用表现为瞳孔缩小、心率减慢、内脏血管舒张、胃肠蠕动增强、括约肌弛缓、刺激胰岛素分泌使血糖降低等。

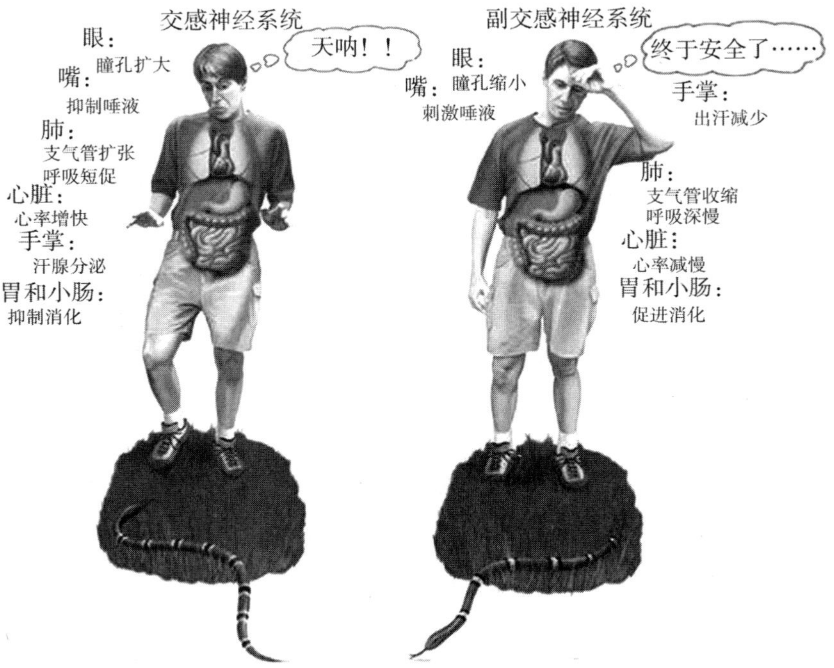

图1－6　交感与副交感神经系统

副交感神经激活的很多效应都是指向促进消化系统的。这就是为什么在一顿大餐后，副交感神经影响尤其明显的原因。在用餐过程中，副交感神经激活促进唾液分泌，帮助我们加工正在咀嚼的食物。我们经常看到，很多猫和狗一类的哺乳动物在放松的时候会流口水。分泌唾液表明副交感神经的激活，同时和满意感联系在一起，这就是为什么很多人在饱餐之后容易犯困的原因。

副交感神经系统的反应比交感神经系统的反应要慢得多。因此，人在体验强烈情绪如恐惧之后，心率依旧很快，肌肉的紧张度和其他一些唤起特征在20～30分钟后仍然不能消退。在经过强烈情绪过程之后，副交感神经系统有时会反应过度，如血压降得太低，这种反应叫副交感回弹。当回弹严重时，有可能引起突然死亡，即猝死。在战争中，战斗非常残酷，从严格意义上讲，有些士兵是死于恐惧的。很显然，这类死亡是由于副交感神经系统的过度反应造成的，如使心脏跳动过缓而停止了跳动。即便在日常生活中，这类事情也是可能发生的。

（二）情绪的能量

当个体处于压力下或体验到紧张情绪时，自主神经系统的交感神经分支就会刺激肾上腺分泌两种激素，即肾上腺素和去甲肾上腺素。这些化学递质会产生情绪的激活和警觉状态。瞳孔直径变大，以进入更多的光线；心跳加快、呼吸加速、血糖升高，从而为个体的行动提供更多的能量；消化减弱，以便使血液能从胃肠流向肌肉和皮肤表面（这是人在兴奋、惊恐、狂怒或热恋时不想吃东西的原因）。所有这些生理变化的最终目的是让身体对危险或威胁、兴奋或机会做好迅速反应的准备。

肾上腺产生肾上腺素和去甲肾上腺素，可以帮助人们应对环境中的许多挑战。对观看马戏表演、玩电子游戏、担心考试、在体育比赛中欢呼，或对侮辱做出反应，或在交通高峰时冒着酷热开车，都会大量分泌这些激素。特别是肾上腺素会提供情绪的能量——我们熟悉的兴奋或激动情绪的能量。如果肾上腺素水平很高，就会产生一种不为人控制的情绪，从而让人产生被“扣压”或“涌出”的感觉。在某种意义上可能会失去控制，因为人们不能有意识地改变他们的心率、血压和消化道。然而，当你的情绪起伏不定时，你能学会控制自己的行为。无论是紧急的还是强制的，情绪都不会永远持续下去。随着唤醒程度的降低，生气减弱成懊恼，狂喜减弱成满意，恐惧减弱成怀疑，过去狂风暴雨般的情绪，现在已变成和风细雨。

尽管在许多情绪状态下，人体都会分泌肾上腺素和去甲肾上腺素，但不同的情绪会引起不同的生理变化，即恐惧、厌恶、生气、悲伤、惊奇和快乐与大脑活动的不同模式和自主神经系统活动相关，这些都可以通过心率、皮肤电和体温来测量。这些特殊模式可以解释为什么全世界的人会用相似的术语来描述基本（初级）情绪：当生气时，他们说自己感到闷热和烦躁；当恐惧时，他们说自己感到寒冷和不安；当悲伤时，他们说自己感到“喉咙哽住”。这些隐喻其实表达了身体中正在发生的变化。

二、情绪与边缘系统

边缘系统是指位于前脑底部环绕着脑干形成的皮质内边界，围绕并延伸到大脑的全部领域，包括扣带回、海马、杏仁核、下丘脑、乳头体及丘脑前核等结构（见图 1－7）。边缘系统的主要功能是调节自主神经系统的活动，控制某些本能行为，诸如探究、喂食、攻击、逃避等。实验证明，损伤边缘系统的不同部位可以增强或降低老鼠学习避免电击的能力，使动物驯服或凶猛，影响一些动物的育幼行为等，因此边缘系统的某些部位可能与保存种属的情绪和行为有关。

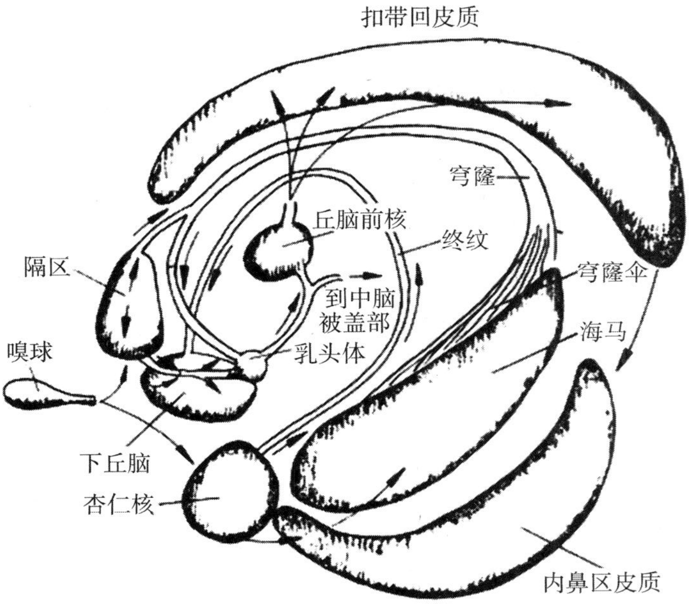

图 1－7　边缘系统示意图

（一）扣带回与海马

医学的临床观察和实验证明，帕帕兹环路中的扣带回、杏仁核等部位与情绪的产生有密切关系。切除了扣带回前部的病人表现为失去恐惧情绪，并在社交活动中变得冷漠无情。某些有凶暴行为的病人，其脑病变常发生在杏仁核。对某些病人施行杏仁核毁坏性损伤手术后，追踪观察表明他们的凶暴行为未再发作。帕帕兹证明，扣带回是有机体的动力警戒部位，能引起有机体的警觉和注意，使经验带上情绪色彩。

海马是大脑中葡萄糖皮质激素类受体密度很高的部位，在情绪调节中很重要。动物研究证明，葡萄糖皮质激素类受体对海马神经元有巨大影响。研究者报告，在创伤后的应激障碍和抑郁病人中，海马体积显著减小。很可能是由于过度高水平皮质醇引起海马细胞死亡，导致海马萎缩。拉斯切等人（2001）的研究表明，在抑郁被试中，海马体积与特质焦虑正相关。戴维森提出，海马在情绪行为的背景调节中起关键作用。海马损害个体的正常背景——调节作用受到损害，因而在不适当的背景中表现出情绪行为。神经成像方法的研究表明前部扣带回在情绪反应中被激活。对情绪词的 Stroop 任务的反应中，观察到背侧前部扣带回被激活。

（二）杏仁核

尽管杏仁核只是边缘系统中的一个微小结构，但它对情绪尤其是愤怒和恐惧起着关键的作用。杏仁核负责评估感觉信息，快速确定情绪的重要性，从而做出是接近还是离开某人或某情境的最初决定。对我们来说，杏仁核能快速评定危险或威胁是否有益，否则就可能站在大街上问自己：“有辆大卡车正向我开来，这时我过街明智吗?”随后来自大脑皮质更准确的评价则会推翻杏仁核最初做出的反应。这就是为什么在一条漆黑的小路上，突然感到有一只手拍在你的后背上，你会吓得跳起来；而当皮质辨认出那是你朋友的手，他只是想以黑色幽默来吓唬你时，你的恐惧即刻就消失了。

如果杏仁核或皮质的关键区域受到损伤，个体加工恐惧情绪的能力就会出现异常。杏仁核受损的人往往难以识别他人的恐惧情绪（Adolphs，2001）。有这样一位妇女，她能正确地表达自己的恐惧和其他情绪，却不能知觉或识别他人的恐惧表情。相反，这一皮质区受损伤的人往往会失去将恐惧搁置一旁的能力，对他们而言，这种情绪已经不再是一种必不可少的东西。

杏仁核的作用不仅仅限于恐惧情绪，研究表明，杏仁核损伤的人在对面部表情命名时会有困难，甚至在辨认两张面孔是否表现了相同或不同情绪上也有困难，且对表现悲伤和厌恶的面孔有更强的反应（Wang et al.，2005）。这种反应对于新的面孔照片反应最强烈，在重复呈现时，反应减弱，因此新颖性看起来对激发杏仁核是重要的。研究还发现，杏仁核对高兴的面部表情有明显反应，性格外向的人对于高兴表情有更强的杏仁核反应，即他们有喜欢见到陌生人的强烈倾向（Canli et al.，2002）。

（三）下丘脑

下丘脑是位于脑干上面的一个小结构，其作用是脑的“调温器”，通过影响自主神经系统和内分泌系统来调节体温、血糖水平、水合作用和其他因素的体内平衡。不仅如此，下丘脑对情绪的发生也起重要作用。研究表明，背部下丘脑是产生怒的整合模式的关键部位。如果这个部位被损坏，动物只能表现一些片段的怒反应，而不能表现协调的怒模式；如果下丘脑保存完好，其上部的脑组织无论去掉多少，仍能表现协调的怒模式。

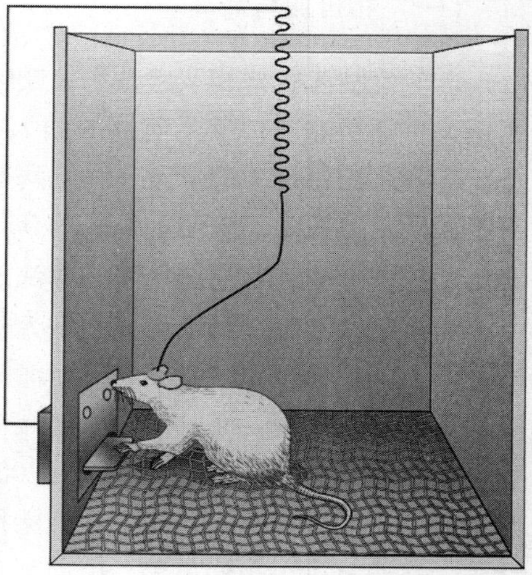

图1－8　老鼠的电刺激实验

20世纪50年代，美国心理学家奥尔兹和米尔纳首创用脑内埋藏电极法进行“自我刺激”的实验技术，在斯金纳箱内对动物进行“自我刺激”实验。他们发现，在下丘脑、边缘系统和丘脑许多部位都存在着“奖励”（也称“愉快”）中枢和“惩罚”（也称“痛苦”）中枢，其中以下丘脑最为明显。

实验是这样进行的：将电极埋在老鼠的相应脑部位，电极的另一端与连接电脑开关的杠杆相连。动物按压杠杆时，微弱的电脉冲刺激即传达到脑。实验表明，电极埋藏的部位不同，老鼠按压杠杆的反应也会不同。当电极埋藏在某些脑部位时，老鼠便不停地重复这一行动以得到电刺激；尤其当电极埋藏在背部下丘脑时，老鼠按压杠杆的频率高达每小时

5 000 次，并会连续按压 15～20 小时，直到筋疲力尽而入睡为止（见图 1－8）。于是，这些脑部位被标示为“奖励”或“愉快”中枢，而对另一些脑部位，老鼠会通过按压杠杆去截断电刺激，这些部位被标示为“惩罚”或“痛苦”中枢。后来发现，将这种刺激方法运用于病人，也有类似的情况出现。

三、情绪与大脑皮质

心理学家确信，大脑皮质是情绪最高调节和控制的机构。情绪与大脑皮质的研究目的在于确定与特定情绪有关的大脑区域或寻找产生不同情绪体验的原因。

（一）前额叶皮质

前额叶皮质位于额叶皮质中运动和前运动区域的前面，通常与高级认知功能如计划、工作记忆和冲动抑制相联系，而不是情绪（Fuster，2008）。但是，判断和决策等更高级的认知加工常常涉及情绪。大量研究显示，在做决策时，前额叶皮质有利于情绪信息的利用（Damasio，1994）。早期的经典案例是盖奇事件，他在一次爆炸中幸存下来，但一根铁管穿进了他的左脸颊，从他的右前额穿出。盖奇的前额叶受到了严重损伤，特别是腹内侧前额叶皮质。尽管盖奇的身体后来完全康复，但是他的人格已经变了。前额叶皮质受损的病人，其症状往往表现为情绪淡漠和决策错误，他们经常做出冲动性决策，对处于悲痛中的人很少表现出同情（Shamay-Tsoory et al.，2004）。

知识链接 1－3　前额叶损伤对决策的影响

埃利奥特（Elliot）是一个在肿瘤切除手术中遭受前额叶损伤的病人。虽然从那以后他看起来许多方面都是正常的，但是在做决策时始终有困难。他对于不重要的细节无休止地思考，在做出一个偶然的决策时却停止思考。他既不能为未来做计划，也不能遵循别人已经做好的计划。他常常终止一个重要的任务而做其他琐碎的事情。例如，在对文档归类时，他会停下来花一个下午的时间读其中一个文档。我们都有偶然分心的时候，但对于埃利奥特，分心太常见了。结果，他丢了工作，和他的第一任妻子离婚，和另一个妇女结婚，然后再次离婚。他用储蓄投资了一个项目，这个项目看起来明显会失败，结果确实失败了。

我们怎么知道埃利奥特的决策问题与这个手术有关呢？这对于情绪和决策之间的关系意味着什么？部分答案来自埃利奥特手术前后的行为差异，因此他被带到心理学家那里做测试（Damasio，1994）。他在视觉、记忆、语言和智力测试中是正常的，唯一的主要差异是缺少情绪反应。他描述自己生活中的可怕事情时是冷静的、放松的。甚至在他看一个血淋淋的事故中伤者的相片时，他也没有表现出任何反应或大多数人表现出的悲痛。

研究者尝试确认埃利奥特的决策加工问题出在哪儿。他们呈现给他各种不同的假设情境，例如，“想象你去一个银行，出纳员给你很多钱”，或者“假设你打碎了某人的花盆”，或者“假设你拥有一个公司的股票，你了解到这个公司正在走下坡路”。在不同情境中，埃利奥特被要求展示他将如何行动，然后预测每个行动的结果。在另一组情境中，他也被要求回答在道德上做法是什么。对于所有的问题，他都给出了标准的答案：像其他任何人一样，看起来理解了行动的可能过程及其结果。埃利奥特的逻辑没有问题，他能够推理，只要它们事实上不发生。对现实生活中决策问题的解释来自埃利奥特自己的话。有一次，在描述了他可能采取的所有行动和所有可能的结果后，他总结道："可是，我还是不知道做什么！"

（资料来源：Michelle N. Shiota，James W. Kalat. 情绪心理学．2 版．周仁来，等译．北京：中国轻工业出版社，2015：122）

大多数情绪都能引起某一类反应：拥抱或接近令你快乐的人，攻击使你生气的人，离开让你厌恶的场景，或逃离使你产生威胁感的人或情境。研究表明，大脑的前额叶区与产生接近或逃避这些情境的情绪有关。左侧前额叶皮质区似乎专门负责与他人接近的动机。如当你感到幸福时，会产生积极的情绪；当你感到生气时，会产生消极的情绪。这一区域受损伤的人通常会失去感受快乐的能力（Davidson & Henriques，2000）。相反，右侧前额叶区专门负责离开或逃避，如当感到厌恶、抑郁或恐惧时，右侧前额叶皮质受损伤的人会感觉异常欣喜和狂躁，并且难以维持情绪上的平衡。

（二）伏隔核和腹侧被盖区：脑的奖赏环路

伏隔核和腹侧被盖区以及部分前额叶被称作脑的奖赏环路，该环路会被即将获得奖赏的信号激活。研究发现，这些脑区，尤其是伏隔核，在体验到强化和预期得到的强化时，释放神经递质多巴胺的水平会提高。对于各种不同的强化物，包括毒品、性、食物、视频游戏，伏隔核都有更多的激活（Koepp et al.，1998）。

在对人类被试脑成像的研究中，这一区域在所有奖赏情境中都被激活，从吃巧克力、见到一个有吸引力的人，到幽默、听喜欢的音乐（Blood & Zatorre，2001）。值得一提的是，奖赏环路与预期有关，而不是与消费和享受有关（Shiota & Kalat，2015）。如果你看到想要的某件东西，并且在你的可得范围之内，这个系统会被激活。一旦你消费了这个奖赏，奖赏环路就会恢复平静。在一项研究中，研究者发现，在个体首次被给予巧克力的时候，奖赏环路会被激活。随着被试吃的巧克力越来越多，他们报告感到厌烦，其奖赏环路也随着供应的持续而关闭了（Small et al.，2001）。

（三）大脑左右半球的情绪分工

对脑损伤病人的临床观察和对正常人的研究发现，大脑左右半球具有情绪功能的不对称性，左半球为正情绪优势，右半球为负情绪优势。一项研究发现，左半球损伤病人表现出过多的哭泣反应，而右半球损伤的病人表现出更多的欣喜反应（Davidson，1982）。这项对 109 例病人的观察结果被解释为，由于缺乏正常情况下左右半球的协调活动，左半球受损伤时，右半球释放更多的负性情绪；而右半球受损伤时，左半球释放不适当的正性情绪。

进一步的研究发现，左右半球的前部和背部也有不同的功能。例如，左、右额叶有不同的情绪功能。在左额叶言语区受损伤的病人中，罹患忧郁症者较多。这意味着左额叶受损伤，右半球释放负性情绪。这一现象被解释为，额叶与边缘系统有着广泛的、解剖学上的联系。额叶受损伤后，失去随意地和自发地调节面部表情的能力，从而表现为忧郁反应，实际上失去了调节情绪的能力。

从以上几项研究病例中，可得到如下结论：①左半球受损伤，右半球释放负性情绪。②左额叶言语区受损伤，右额叶释放负性情绪，出现忧郁反应。③在内颈动脉注射巴比妥盐酸（镇静剂），投射于左半球者68%诱发忧郁，32%诱发欣喜；投射于右半球者，16%诱发忧郁，84%诱发欣喜。这些发现支持了如下观点：大脑左右半球具有情绪的功能不对称性；左半球为正性情绪优势，右半球为负性情绪优势。

第四节　情绪的研究方法

一、传统的研究方法

（一）损伤法

损伤法是指损伤神经系统的某些部位，或者切断神经系统的某些部分之间的联系。这种损伤可以局限在神经系统的某一部分或整个断面，也可以是切除脑的某些部位。大量有关情绪中枢机制的动物实验研究使用了这种方法。例如，巴伦奈（1920）的经典研究就是切除动物皮质而使丘脑和下丘脑保持完好；克里弗（1939）损伤动物颞叶中的海马、杏仁核、梨状区及额叶、颞叶皮质；富尔顿（1951）切除猴和黑猩猩的额叶等，这些都是损伤法在情绪研究中的最好例证。这种方法有助于揭示情绪的生理机制及传导通路。

但损伤法也存在一些问题：首先是技术上的困难，即如何将皮层或皮层下系统区分为明确的区域以及如何确定一个特定损伤或切除的位置和范围；其次是机能定位的问题，涉及中枢神经系统的情绪研究都以机能定位为前提，但事实上很难确定它的含义，这就会导致自变量的某种混淆；最后是出于伦理上的考虑，这种方法显然只能局限于动物被试，对于人类被试只可寻找病理个案进行分析，但对病理个案进行分析时显然已不再是实验，而是名副其实的个案分析了。

（二）电刺激法

这种方法通过多种技术手段，以达到电流刺激被试中枢神经系统某些部位的目的。对动物被试，电刺激可直接针对脑部进行。在奥尔兹和米尔纳（1954）所做的老鼠自我刺激的实验中，在老鼠的脑子里装入电极，老鼠只要一按作为开关用的杠杆，电路就接通，装有电极的脑部位就会受到微弱的电刺激。经过一段时间的学习，老鼠学会了通过按压杠杆来控制电流对脑的刺激，即建立操作性条件反射。该研究表明：那些能引起老鼠连续按压杠杆的脑部位在受刺激时给老鼠带来快感，因此被称为“愉快”中枢，包括从大脑腹侧的嗅脑到脑干的很多部位；那些能引起老鼠按压杠杆的部位在受到刺激时给老鼠带来痛苦，因此被称为“痛苦”中枢，如中脑的内侧及其附近部位等。

戴尔加多叙述了该领域的一项重要技术，即用无线电波对脑进行刺激，同时遥控记录大脑的活动。心理学家从这一技术中已建立了两种基本研究策略：①用猫、猴、黑猩猩做被试，发现一个程序化的脑部电刺激可以改变其行为；②对大脑颞叶障碍病人实行双向交流，通过对脑电活动的连续监测，可以观察脑电活动与行为的关系。电刺激也可用于外周神经系统，这就是常用的电击方法。在动物实验中，电击经常与其他因素相结合共同构成一个自变量，以产生某种情绪状态（如焦虑）。例如，布瑞迪（1970）在实验中使被限制的猴子每隔20秒钟进行一次电击，但是，如果猴子按动一个特设的杠杆就可以使电击推迟20秒，那么这一推迟的电击将引起猴子持续的焦虑。

（三）化学刺激法

一般以动物为被试，实验者可以将药物直接作用于被试的中枢神经。由于这一过程对机能的影响是暂时的，不会产生永久性的组织损害，因此它在阐述中枢神经系统与行为的关系中是有效的。化学刺激所使用的药物一般是某种激素，如甲酰胆碱、阿托品以及某种神经化学介质，如去甲肾上腺素、5－羟色胺。化学刺激的一项新技术是在动物颅内植入一根导管，这样可以将少量的化学药品直接注入大脑皮质表面，从而影响皮质的机能活动。

药物的作用通常是使有机体处于一种激活或唤醒状态，某些药物可直接影响情绪状态，如在精神病临床治疗中常用的抗抑郁药物和抗躁狂药物。此外，其他药物如抗高血压药物利血平对情绪也可产生抑制作用。与此相反，体育运动中形形色色的兴奋剂，则是利用科学成果达到不可告人的目的，这是为大家所唾弃的。综上所述，作为自变量的生理变量一般通过直接作用于生理唤醒状态或唤醒机制中的某个环节而影响情绪状态。

使用化学刺激作为自变量存在的问题是：①难以确定药物在脑内扩散的范围和速度；②药物发生作用的方式尚不明确，如它可能直接影响行为而不是通过情绪影响行为；③不同种类的动物对药物的反应可能存在差异；④缺乏相关的、可供比较的控制条件。尽管如此，化学刺激法仍然是情绪研究的重要方法之一。

二、生理测量的方法

（一）生理测量的原理

在神经生理学上，情绪的产生是多水平整合活动的结果，它涉及广泛的神经生理生化活动，包括中枢神经系统、外周神经系统、自主神经系统和内分泌系统。正是由于有机体在情绪状态下会出现许多生理反应，因此可以运用各种生理记录仪器将这些变化记录下来，作为情绪活动的客观指标之一。例如，心率、血压、血糖、呼吸、脉搏容积、皮肤电阻、肌肉紧张度以及脑电变化、脑神经化学物质变化等，均可作为情绪的生理指标。生理测量法是现在情绪研究中的重要研究手段之一，特别是脑科学和认知神经科学的发展，对情绪客观测量的准确度和精确度有了明显提高。

（二）生理测量的指标

1. 呼吸变化

呼吸的变化可通过呼吸描记器记录下来，根据记录曲线，可以分析情绪状态下呼吸频率和深度的变化。情绪状态下呼吸的变化一般只标示激活水平而不标示情绪特异性。

2. 循环系统

情绪状态下循环系统的活动一方面表现为心跳速度和强度的改变，另一方面表现为外周血管的舒张与收缩的变化。例如，满意、愉快时，心跳节律正常；恐惧或暴怒时，心跳加速，血压升高。用心动电流描记器和心电图仪可以把心脏活动的变化曲线记录下来，用血管容积描记器可以把外周血管容积的变化记录下来。对痛的紧张情绪引起血管容积缩小，且血管收缩持续的时间与这种情绪的紧张程度成正比，即紧张程度越大，持续时间越长。

3. 皮肤电反应

在一般情况下，皮肤电流运动具有一定的电阻参数。由于情绪状态下皮肤内血管收缩的变化和汗腺分泌的变化，可引起皮肤电阻的变化。当人处于紧张的情绪状态时，皮肤导电电流增加，皮肤电阻下降。

4. 声音紧张分析

声音紧张分析器可以用来测量人耳所不能觉察的语音的某些变化。当说话的人情绪紧张时，发音器官的正常颤动便为自主神经系统的活动所抑制。通过使用声音紧张分析器对人的语音进行记录，声音图像便显示出来。由于人在说话时声带的振动不能被随意控制，而且不需要使被试和仪器的许多导线相连接，被试甚至不必在场，只要通过收音或录音，再通过分析器的转换就可得到声音图像，因而增加了鉴定结果的可靠性。

5. 脑电图

脑电图是通过在头皮表面记录大脑内部的电位活动情况而获得的。大脑内部非常微小的电变化都能被置于头皮表面的电极记录到。当情绪产生时，大脑的相应部位就会出现电变化，这样便能对情绪的脑部位进行精确定位。如戴维森和福克斯在一系列研究中发现，在积极情绪中，左半球出现较多的电位活动，而在消极情绪时，右半球出现较多的电位活动。

6. 多项生理记录

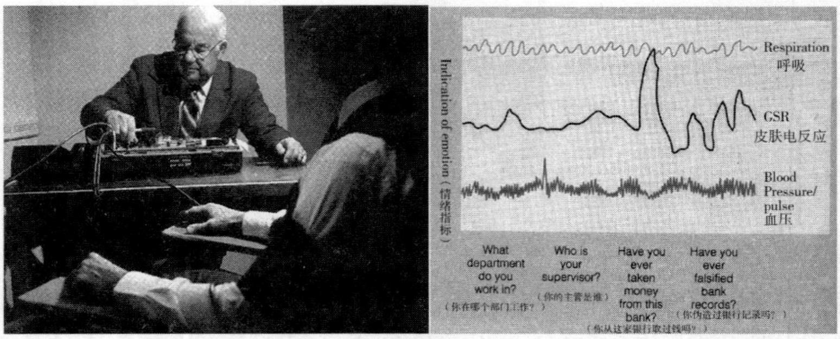

图 1－9　测谎仪及其记录

使用多导生理记录仪可以同步记录各项生理指标，包括心率、脉搏容积、呼吸与皮肤电反应等多项指标，可同步取得多项数据，用以进行综合分析（见图 1－9）。测谎仪实际上就是一台多导仪。用多导仪进行测谎是基于这样的假定：当人说谎时，会产生某种情绪反应，这些反应可以从生理变化表现出来。鉴于生理变化受自主神经系统和内分泌系统支配，不受人的主观控制，因此测量结果是比较客观的。

知识链接 1－4　测谎仪能识别"谎言"吗？

测谎仪的准确名称叫多种波动扫描器（polygraph），简称多导仪，这是一种可以同时记录心率、血压、呼吸和皮肤电反应变化的多导仪。皮肤电反应由置于手掌上的电极记录，用来测量皮肤的导电性能，即测量手掌出汗的情况。由于这种设备常常用于警方的刑侦工作，人们一般认为多导仪的用途就是测谎。其实不然，多导仪测的是情绪的生理反应，正如研究指出的那样，当人们撒谎时，他们会表现出同样的"撒谎反应"模式。其原理是基于情绪与自主神经系统反应之间的关系。尽管一个人在撒谎时可以表现得很镇静甚至若无其事，但由于其自主神经系统是不受意识控制的，因此由撒谎引起紧张情绪，继而伴随一系列的生理反应如心跳加快、血压升高、皮肤电变化等也不受意识支配。当然，多导仪的功能仅限于记录一般的情绪唤醒水平，在记录中无法分辨说谎、害怕、焦虑或激动等不同的情绪。

实验室研究表明，当人们在被问及一些涉及自己过去的某种情绪情景的无关问题时，测谎结果的准确性会大大降低。此外，多导仪的记录还会受自我伤害造成的疾病和镇静药作用的影响，碰到一些"撒谎不脸红"的人，多导仪有时也会被骗过去。现场实验证明，根据多导仪的测验结果，无辜者中有 1/5 的人会被判断为犯罪嫌疑人，在某些情况下，多导仪甚至会把 3/4 的无辜者判断为罪犯。在实际的应用中，多导仪的支持者经常会举出准确率百分数（通常在 95% 以上）来证明多导仪的有效性。然而自主神经系统在审查了多导仪的有效性后指出："多导仪的有效性远高于随机猜测，但远低于完美程度。实验室研究所估算的有效性很可能被夸大了。"

（资料来源：Dennis Coon. 心理学导论：思想与行为的认识之路. 郑钢，等译. 北京：中国轻工业出版社，2004：484－485）

三、心理测量的方法

（一）自陈报告法

情绪是一种主观体验，大多数时候只有自己清楚，因此最好的方法就是直接问他们。这种在心理学上测量态度、情感、倾向或行为的方法叫自陈报告法。一般做法是，运用各种情绪评定量表和其他相关内容的问卷，由被试填写近期内自己的情绪表现，即对情绪进行自我评价或自我报告，在收集数据资料的基础上，通过定量分析的方法来了解被试的情绪状态对其他心理活动或行为的影响。具体而言，就是让被试从几个选项中选出最能表达他们所体验到的情绪强烈程度的选项。例如，给出一系列关于情绪感受方面的陈述，如“我感到紧张”，要求被试用 4 个等级来评定此时或近期的紧张状态，其中“0”表示一点都不感到紧张，“1”表示感到轻度紧张，“2”表示适度紧张，“3”表示非常紧张。一个人的焦虑感可以通过计算各种自陈项目测试平均分（或总和）获得。

常用的情绪量表主要有焦虑评定量表、抑郁评定量表、孤独评定量表和生活质量与主观幸福感测量量表，这些量表都可以采用自我评定的方式。例如，在伊扎德的一项研究中，要求被试在两种不同情况下评估所经历的六种基本情感（快乐、悲伤、愤怒、恐惧、焦虑和沮丧）的强烈程度，研究结果如表 1 - 1 所示。数据显示，当人们感受到被人爱着时，快乐将他们重重包围；当深爱别人时，快乐之中伴随焦虑和恐惧，这是因为高度兴奋可能受到“是否给予太多却得不到相同回报”这种不确定的感受所困扰。

表 1 - 1　“被人爱”与“爱别人”的情感差异

	快乐	悲伤	愤怒	恐惧	焦虑	沮丧
被人所爱	4.78	1.28	1.13	1.19	1.57	1.19
深爱某人	4.58	1.20	1.04	2.00	3.06	1.33

（资料来源：Time-Life Books. 情感的力量. 孙红玖，连煦，译. 北京：中国青年出版社，2002：17）

自陈报告法是一种简便易行的研究方法，主要采用纸笔团体测验，了解被试近一段时间（一个月或两个月）内比较稳定的情绪状态。它施测方便，被试量大，对研究者来说省时省力，不失为一种较好的心理测量方法。但是自陈报告法的不足也显而易见：①只限于自我报告信息，来源单一；②内容仅限于问卷中的问题和给出的反应项，不能克服自我报告资料所存在的潜在的不真实性；③这种方法只能探讨变量之间的相关关系，无法探究因果关系，因而使研究本身停留在事物的表层。

（二）情绪体验的测量指标

1. 情绪的强度

情绪体验可以在强度上有不同等级的变化。例如，喜可以从适意、愉快到欢乐、大喜、狂喜，哀可以从伤感到难过、悲伤、哀痛、惨痛。情绪的强度越大，自我被情绪卷入的程度也越深。情绪体验的强度首先取决于对象的意义，意义越大，引起的情绪就越强烈。其次，还取决于对自己所提出的要求。人们对一幅画的不良评价，可能不会使业余绘画者产生强烈的情绪反应，但可能引起专业画家的强烈情绪反应。最后，情绪体验的强度还取决于人的需求状态。食物的气味，对饥饿者和不感到饥饿的人，其情绪体验的强度是不同的。

2. 情绪的紧张度

情绪体验在紧张度方面变化很大。紧张的情绪体验通常是与活动的紧要关头、最有决定性意义的时刻相联系。在考试、讲演、比赛之前，人们都可以体验到这种紧张情绪。在活动进行的过程中，通常存在着关系到活动成败的关键时刻，当这种时刻在实际上或想象中临近时，情绪体验的紧张水平就会逐渐增长。活动成败对人越重要，关键时刻到来时情绪就越紧张。关键时刻过去之后，则可以体验到轻松或紧张的解除。以前的紧张水平越高，关键时刻过去之后就感到越轻松。

3. 情绪的快感度

快感度是指情绪体验在快乐或不快乐程度上的差异。悲伤、羞耻、恐惧、悔恨等有明显不快乐的感受，而欢喜、骄傲、满意等有明显快乐的感受。还有一些情绪在快感度上应摆在什么位置，显得十分模糊，如怜悯、惊奇既不是明显的快乐，也不是明显的不快乐。情绪的快感度与需要是否得到满足有关：事物能满足人的需要，会引起快乐的体验；不能满足需要的事物或与需要相抵触的事物，会引起不快乐的体验。情绪的强度会影响其快感度。微愠不一定是特别不愉快，而强烈的愤怒显然是不愉快。

4. 情绪的复杂度

各种情绪的复杂程度很不一样。爱包含柔情和快乐的成分，恨包含愤怒、惧怕、厌恶等成分。有时，情绪的成分非常复杂，我们甚至很难用言语来描述它到底是一种什么样的体验。有的情绪则很单纯，现代心理学把快乐、悲伤、恐惧、愤怒看作单纯的情绪，称为基本情绪或原始情绪。情绪体验一般是用情绪诱发技术激发出来，然后通过被试自陈报告而获得。通常采用一些标准化的评定量表进行测量，如上述的抑郁自评或焦虑自评量表等。

四、实验研究的方法

实验研究中，情绪是研究者经常操纵和控制的一个自变量，当研究中需要诱发某种特定的情绪时，通常采用两种人工诱发方法：外部诱发和内部诱发（傅小兰，2016）。其中外部诱发方法包括情绪性图片、电影片断、音乐、听觉刺激、正负性反应成绩反馈诱发以及社会交际活动诱发（Berna，2010）。内部诱发主要有情绪语句阅读并浸入自我（让被试阅读具有强烈情绪色彩的语句并体验语句所表达的情绪含义从而实现情绪诱发）、自传体回忆、相像情绪诱发以及面部表情模拟法（Ekman，2007）。

（一）情绪诱发的方法

1. 用材料诱发情绪

诱发情绪通常采用的材料有影片、表情图片或照片。人们在观看一定题材的影片时，情绪会随着剧中人物情绪和故事情节的变化而变化，时而喜，时而悲，时而愤怒。当观看一些富有表情的人像图片或照片时，自己的情绪也会受到感染。在诱发是否仍标准化方面，研究者建立了多个经过标准化的数据库，如国际情绪图片库、国际情感语言数据库、情绪英语词汇库、情绪英语文本库等。

2. 由特定情境诱发情绪

当面临特定的情境时，人们会出现不同的情绪。一个人在黑暗中独处时会感到害怕，面临危险时会感到恐惧，被人欺骗时会感到愤怒，心理学家们注意到这些特殊的情境对人的情绪状态会产生重大影响。通过创设陌生情境，研究人员运用分离—单独和分离—陌生人情境录像观察技术，对两岁儿童情绪调节策略与问题行为进行了研究，发现在陌生情境下两岁儿童的情绪发生了极大的变化。

3. 由记忆引发情绪

日常生活中，人们不仅可以再现曾经感知过、思维过和操作过的事物，而且曾经有过的某种情绪体验也会在适宜的刺激下重现。在一项研究中，保罗・艾克曼让被试回想自己相应的情绪经历。例如，关于悲伤，让他们回忆一个很亲密的人去世时的情景，并请他们再次表现最伤心的一刻，尽可能地回忆起不幸刚发生的感觉。研究表明，还没等指导语说完，被试的生理反应和主观情绪，甚至一些人的面部表情都发生了变化（艾克曼，2008）。即使回忆的情景不能使我们马上重温当时的情绪，也会让我们有机会重新建构生活中的事件，从而改变诱发我们情绪的因素。

4. 由表情引发情绪

表情可以引发情绪。一个多世纪前，达尔文就提出过表情的反馈作用，认为表情不仅能增强原有情绪的强度，而且能直接引发情绪。艾克曼等人的实验表明，当被试模仿愤怒、恐惧、悲伤、快乐、惊讶和厌恶这六种人类基本情绪的面部表情时，都会出现相应的情绪体验。在其中一项针对微笑的研究中，艾克曼和戴维森共同发现，做出微笑的表情会使大脑产生喜悦的情绪变化。但并不是任何一种微笑都有作用，它只适用于那些真正代表喜悦的微笑。

通过刻意做出表情来刺激生理变化和诱发情绪体验并不是心理学家的专利，爱伦・坡在《失窃的信》中曾这样写道：

> 每当我们想知道某个人究竟有多聪明、多愚蠢、多善良或者多恶毒，或者他究竟在想些什么的时候，我就会在自己的脸上做出尽可能准确、尽可能像他的表情，然后拭目以待，看自己在这样的表情之下会有怎样的想法。

（二）情绪诱发效能的测量

采用上述方法诱发的情绪是否能取得预期的效果呢？情绪诱发程序（MIPS）的效能究竟如何？为了检验 MIPS 的效能，目前多采用操作性检查程序（MCP）。该程序包括三个并列的子程序，即自我情绪体验的评估，自我生理状况的评估或外显行为的观察，以及使用情绪调查表、多重感受性形容词调查表等来测量被试的情绪。这种检验往往都是即时进行的，因为作为实验性的诱发情绪，其活性保持的时间相当短暂，实验结束后受到延迟便有可能降低强度甚至失去活性。

研究表明，对于愉快情绪的诱发而言，电影/故事（100%）、药物（100%）、成功/失败（88%）以及礼物（83%）的 MIPS 效度较高；对于压抑情绪的诱发来说，想象性（100%）、电影/故事（94%）、成功/失败（92%）以及礼物（80%）的 MIPS 效度较高。此外，情绪诱发的有效性在愉快与压抑情绪的诱发效能上存在着显著差异。Martin（1990）的分析表明，音乐、电影、想象能够达到75%的诱发成功率。

萨拉斯（Salas，2012）比较了情绪性电影诱发（外部诱发）和自传体回忆诱发（内部诱发）四种情绪（恐惧、愤怒、快乐、悲伤）的效果，结果发现两种方法在诱发的情绪强度上除快乐情绪外，其他三种情绪强度没有显著差异；内部诱发方法在诱发的整体情绪强度上要高一些；自传体回忆会诱发更多的负性以及混合情绪。总之，在实验室实验或自然实验中，对情绪进行有控制的诱发无疑是改变情绪状态最严格的方法。

第二章　情绪理论

引言　你的情绪谁做主

夜深了，你独自躺在床上，难以入眠，脑海中充满了许多想法和情感。在白天的工作中，你有一件事情没有处理好，可能伤害了某个人，这使你感到羞愧。你又想到身在另一个城市的父亲，他正在勇敢地与癌症斗争着。晚上看了一部电影，影片的诙谐幽默深深地感染了你，你发出了由衷的笑声。然而在让自己快乐的同时，你却有着一种内疚感。每当想到几个月前结束的一段感情，你陷入深深的痛苦之中，这些都使你睡意全无。此时此刻，情绪似乎独立于你的身体和思想，它似乎有自己的生命力。尽管情绪的变幻莫测让人备受煎熬，但是人们对情绪问题又如此着迷。

第一节　情绪的经典理论

一、达尔文的情绪进化理论

养过宠物的人都有体会，很多宠物如猫或狗像人一样也有喜怒哀乐，它们对主人也会产生较深的情感，而且宠物和主人之间也能够进行某种程度的情感交流，这是为什么呢？不只是宠物，其他一些高级动物也是如此，这些或多或少都印证了查尔斯·罗伯特·达尔文（Charles Robert Darwin，1809—1882）的进化理论。根据这种理论，人类与动物无论在生理层面还是心理层面，都具有连续性和一致性，情绪和情感也不例外。达尔文在1872年出版的《人类和动物的表情》（见图2－1）一书中详细描述了表情在生物生存和进化中的价值。

（一）基本观点

进化论假设，情绪是以生物为基础的，为进化过程中体验情绪的有机体提供适应优势。情绪提高了个体的生存机会，是解决环境挑战的合理反应。通过详细描述动物与人类的情绪表达，达尔文指出，情绪在整个动物界都有相似性。但这并不意味着人类的愤怒完全等同于猫的愤怒，或者人类的焦虑等同于狗的焦虑，而是指情绪背后的防御和保护机制具有类似的进化目的（弗契多，2018）。

图 2－1　达尔文和他的《人类和动物的表情》

情绪的进化理论认为，每种情绪都具有适应性目的，在较低等的动物中存在着进化上的起源。就像眼睛、腿和其他解剖结构一样，情绪以及感知情绪所需的大脑回路和身体部分也是通过自然选择而进化的。达尔文的调查证实了情绪是发生在身体上的首要大事，是对环境中事件的生理反应，体现为各种生理改变，当然它也是对事件进行思考和想象的结果。

按照进化论的假设，我们的情绪是与生俱来的。我们能够感受愤怒、喜悦、悲伤、恐惧等各种情绪，就像我们能够站立、取物一样，让我们在这个自然界中更好地生存下来并繁衍生息。这些情绪在人类进化过程中通过优胜劣汰而延续下来，如同脑组织一样存在于人类当中，并继续通过遗传一代一代沿袭下去。

从进化的角度来看，所有有机体都展现出了天生的、原始的、有助于生存的情绪机制。这种机制连续体的两极分别是“趋近”和“回避”，也就是应对愉快和痛苦的策略（弗契多，2018）。例如，可获得的食物和性显然会导致“趋近”，因为除了有意义的生存繁衍之外，它们还能带来快乐和满足；相反，引起恐惧的捕食者或其他危险情况会促使有机体“回避”。在进化过程中，这两种主要的生存机制被保留下来，它们是跨物种、跨文化的共同体。

（二）主要证据

1. 达尔文的研究

在《人类和动物的表情》一书中，达尔文描述了他对动物、自己的孩子以及其他人的观察，将特定的表情与特定的情绪联系在一起。他意识到，自然选择所导致的进化不仅适用于生理，还适用于心理，包括情绪。情绪是如何提高进化适应性的呢？达尔文总结为：表情使动物就将要发生的事情进行信息交流。狗龇牙咧嘴、背毛竖立，这是宣布它可能要发起攻击，如果识别了这一信息，对方可能会选择后退，避免被攻击。达尔文举例说，猫在恐惧时会用力鼓起站立，背部变圆形成人们熟知的滑稽状态；飞吐唾沫，发出咻哆的声音，或者发出呀呀的声音；全身上下的毛，尤其是尾部的毛变得竖立起来。

图 2－2　人类情绪是进化的结果

如果情绪是与生俱来的，是进化的产物，那么情绪就应该是普遍的，具有跨文化的相似性。为了证明这个观点，达尔文采用了人类学家的方法，制作了一份有关各种情绪的详细问卷，把它分发给朋友、其他学者以及旅行到当时偏远地区的传教士，比如澳大利亚、新西兰、马来西亚、婆罗洲岛、印度和锡兰。他收回了 36 份答卷。这可能是最早的印制调查问卷。他让被调查者回答在那些遥远地区和土著部落中的人与他所熟悉的英国和欧洲其他国家的人是否具有相似的面部表情和身体姿势。这种跨文化的研究方法后来进一步被艾克曼发扬光大，证实了人类情绪的普遍性。

2. 其他的证据

（1）情绪拯救人类。人类最基本的情绪反应正是在有关生存与地位的关键情形之下发生的（勒洛尔、安德烈，2015）。例如，恐惧迫使我们逃离危险，愤怒促使我们勇于挑战，爱慕则推动我们去寻找配偶、生养后代。因此，情绪在人类祖先的身上起到了协助生存、促进繁衍的作用，而这也解释了情绪延续至今的原因。

（2）我们的“近亲”也有情绪。令人惊讶的是，在人类的“近亲”灵长类动物身上，也能看到这些情绪的表征。灵长类动物学家通过众多实验与观察，发现在黑猩猩等类人动物身上，有着与人类的情绪生活非常相似的现象。它们在群居生活中，同样有着结合、冲突、竞争与和解，所有的一切都如同镜子一样映射着人类的日常情绪。

（3）婴儿也有情绪。愤怒、恐惧等情绪反应在婴儿诞生后不久便显露出来了（3 个月出现喜悦，4 ~6 个月出现愤怒），由此进一步支持了情绪在人类遗传中的“规划”之说，而这些遗传特征本身就是进化的产物。

（4）神经科学的研究。对老鼠等低级别动物的研究发现，达尔文的观点基本没有改变。大多数人会充满怀疑地问：怎么可能研究老鼠的喜怒哀乐呢？答案很简单：你没法研究。在实验室里研究的只是情绪的基本方面，精密的神经回路实现了这些情绪，使动物和人类得以生存和兴旺。

二、詹姆斯—兰格的外周理论

当人们面对一个自己不熟悉的场合时，首先会感到焦虑，然后出现胃部不适、颤抖、结巴等反应。然而根据美国心理学家威廉·詹姆斯（William James，1842—1910，见图 2 -3）的观点，首先出现的应当是胃部不适、颤抖、结巴等反应，焦虑则是人们感觉到这些反应后所产生的情绪体验。换言之，我们害怕是因为我们发抖，而不是因为害怕而导致发抖；我们感到难过是因为我们哭了；我们感到愤怒是因为我们反击了。

（一）理论观点

1884 年，詹姆斯提出了一种“反常识”的情绪理论，认为情绪与有机体的生理变化有直接联系，强调外周生理活动在情绪产生中的作用。我们感觉到的情绪，并不是引起如心脏快速跳动或手掌汗流等生理症状，而是神经系统对外部刺激所产生的生理症状，对这些生理症状的感知就是我们称之为情绪的东西。根据该理论，情绪来源于躯体的反馈，体验到一个刺激引起的自动唤醒和其他躯体行动后，才会产生特定的情绪。

图 2 -3　威廉·詹姆斯

就在詹姆斯提出“反常识”情绪理论的第二年，丹麦生理学家卡尔·兰格发表了相似的理论。他认为，情绪受到两个相反的诱导系统驱动，分别是脑内欲望的/愉快的和厌恶的/不愉快的系统。自主神经支配加强和血管扩张的结果会产生愉快，而自主神经支配减弱及血管收缩和气管肌肉痉挛的结果则产生恐惧。兰格指出：“假如把恐惧的人的身体症状除掉，让他的脉搏平稳，眼光坚定，脸色正常，动作迅速而稳定，语气强而有力，思想清晰，那么他的恐惧还剩下什么呢？”可见，情绪就是对机体状态变化的意识。

兰格的观点与詹姆斯如出一辙，认为情绪只是由内脏器官的变化所引起的机体感觉的总和，将情绪链中最重要的角色赋予了内脏反应，而控制它的自主神经系统位于中枢神经系统的外周，因此这种理论通常被称为“情绪的外周说”。尽管詹姆斯和兰格并没有在这种理论上进行合作，但它很快被确认为詹姆斯—兰格理论，并广泛出现在心理学教科书中。

（二）情绪产生的过程

从情绪产生的过程分析，詹姆斯—兰格理论认为，刺激引发了自主神经系统的唤醒。在肌体唤醒和行为出现之后，你的心怦怦地跳，呼吸加快，脸发烧，出汗，这些反应构成了情绪体验。想象一下：你正在开车，前方路口突然出来一辆车，挡在路上。此时你可能顾不得想什么，只是迅速转动方向盘并在路边紧急刹车。停车后，你的心跳加速，呼吸急促，四肢紧张。此时你才感到：太悬了！此过程为：引起个体反应的刺激（突然出现的车）→该刺激引起个体生理反应（心跳加快、肌肉紧张）→由生理反应产生情绪活动（应激）。

（三）相关证据

1. 临床方面的证据

1966 年，因脊椎受损而半身瘫痪的心理学家乔治·霍曼采访了 25 位退伍士兵，所有这些人都在两年前或更早一些时候经受过脊椎断裂之苦。霍曼请他们描述在受伤之前和受伤以后经历过的恐惧、愤怒、性冲动和悲伤。他们说，除悲伤之外，受伤以后情绪没有以前强烈了。更重要的是，伤势越重，变化越大。一位颈部受伤的高位截瘫者说：“我闲坐着，在脑海里回顾一些事情，还忧心忡忡的。除了思想的能力跟不上以外，其他的倒没有什么。有一天，我躺在床上，掉下一个烟头，伸手又够不着。最后，我想办法把烟头熄灭了，否则，我可能就躺在那里被烧死了。然而，可笑的是，我一点都没有感到惊慌，一点也不害怕，一般人可能想我会害怕得要命。”

2. 艾克曼的研究

艾克曼的研究表明，当志愿者故意呈现某种特殊表情的面部表现时，所涉及的肌肉的移动会引起脉搏频率、呼吸频率和皮肤电产生很小但可以测量的变化，以及产生同样很小但可测量的情感变化。艾克曼认为，这些变化会导致一种反馈效果：故意假装的表情会带来肌肉的变化，然后引发与面部肌肉变化相一致的情绪感觉。心理治疗师有时候会使用同样的做法来改变病人的情绪。通过调整面部表情、身体姿势和运动，病人可以在某种程度上用一种更为积极和欢乐的情绪代替沮丧或挫败的情绪。很显然，身体上感觉到的东西决定着我们的情绪。

知识链接 2－1　外周理论的实验证据

在布拉茨的研究中，志愿者要参加一项在15分钟内的心率变化的实验研究。每个志愿者都被绑在一把椅子上，双眼蒙上布罩，用电线接上一些可以监测脉搏、呼吸和皮肤电系数的仪器，然后让他们独自一人待15分钟。在此期间，什么事情也没有发生（有些被试实际上都睡着了），可是在第四个阶段，布拉茨打开一个开关，使椅子突然向后倒下去，直到倾斜60°的时候被一个门档挡住。志愿者都表现出突然快速和不规则的心跳、突然呼吸停止和喘气以及一阵皮肤电。所有人都报告体验到了害怕（后来报告愤怒或者好笑）。椅子的跌落应该是非常突然和没有预料到的，不存在预想的情绪，正如詹姆斯—兰格认为的那样，害怕是由椅子跌落产生的身体变化。

另一项是卡尼·兰迪斯在20世纪早期所做的研究。他让三位志愿者饿了48小时，并坚持30个小时不睡觉，然后把他们连在监测血压和胸部扩张的仪器上，每人吞进一只与小橡胶管连在一起的小气球，以便测量胃收缩。接着他把一个类似的装置插进他们的直肠，然后让他们对着一个可以测量其二氧化碳输出量的仪器呼吸，以作为代谢率的指标。此时，他们会受到一次电击，电击的强度以他们能够接受为准，直到他们做出手势，说再也不能忍受为止。电休克会使血压上升、脉搏加快并发生紊乱，还会使直肠收缩停止。尽管三个人都说他们感觉到愤怒，但他们很少注意到可能引起这些变化的具体生理反应。兰迪斯发现的唯一生理反应就是惊讶，而这是对一个主观状态经常有的反应。眼睛眨动一下，一种复杂的面部—身体反应发生在对情绪的意识之前，因此与詹姆斯—兰格理论一致。

三、坎农—巴德的丘脑理论

（一）理论背景

沃尔特·坎农（Walter Cannon，1871—1945，见图2－4），美国20世纪最有影响力的生理学家之一，他在拿到哈佛大学硕士学位之前就已经发表了大量的学术论文，35岁时就担任了乔治希金森大学的生理学教授。早年受教于詹姆斯，还是罗伯特·耶克斯的好朋友。正是这些影响使他从消化控制研究转向了情绪心理学。经过大量调查，坎农逐渐发现詹姆斯—兰格理论是错误的。他认为，外周或内脏反应不是情绪的起因。通过实验研究，坎农发现：

图2－4　沃尔特·坎农

（1）完全分开猫的内脏器官与自主神经系统，然后把一只狗呈现在猫的面前，结果猫仍会产生龇牙、怒叫等情绪反应。

（2）同样的内脏器官变化可以导致不同的情绪状态。内脏器官感受性不敏感，变化太慢，不足以成为情绪的来源。

（3）给一些成年被试注射适量的肾上腺素以唤起类似于恐惧时出现的生理变化，如心跳加快、身体发冷、手脚发抖、声调颤动等，被试均没有体验到真正的恐惧。

据此，坎农认为，控制情绪的是中枢神经而不是外周神经。坎农的同事菲利普·巴德也意识到，愤怒和其他一些情绪可能起源于丘脑。按照巴德的观点，皮质通常控制并抑制丘脑，但是当丘脑发出某种信息时，如看见仇人时，皮质会放松控制。丘脑就能够将其情绪信息向两个方向传达：一是向神经系统，因为神经系统会产生对情绪和合适行为的内脏反应；二是向皮质的后部发送信息，情绪感觉就在这里形成。

（二）理论观点

实验证明，情绪不能用生理变化的知觉来解释。不同的情绪可以有同样的内脏活动变化，而相同的内脏活动变化也可能有不同的情绪。例如，愤怒和恐惧都伴随心跳加速和血压升高。个体的生理变化在各种情绪状态下并无多大差异，但每个人却可以体验到各种不同的情绪。

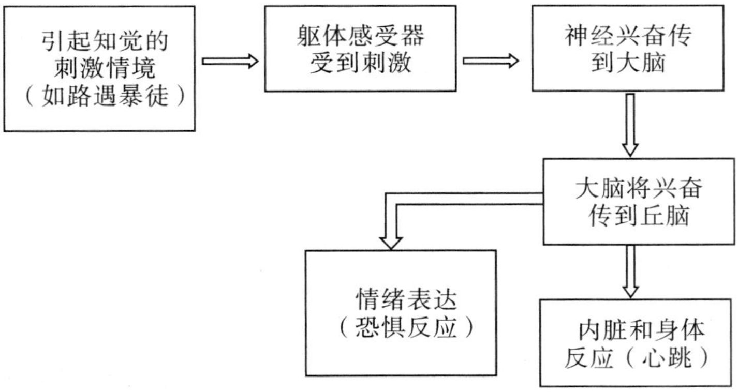

图 2－5　坎农—巴德丘脑理论示意图

坎农指出，情绪反应要求大脑在输入刺激和输出反应中起作用。来自丘脑的信号到达皮质某一位置产生情绪感觉，到达另一位置引起情感的表达。巴德同时指出，内脏反应不是情绪反应的主要内容。相反，一个情绪唤醒的刺激同时产生两种效应，通过交感神经系统导致躯体上的唤醒，并通过皮质得到情绪的主观感受（见图 2－5）。

由于坎农和巴德都主张丘脑是情绪的控制中心（新的研究已经证明了下丘脑和边缘系统在情绪中的作用），因此该理论被称为“坎农—巴德丘脑理论”。该理论说明了情绪刺激产生的两种同时反应：生理唤醒和情绪体验，但它们之间没有因果关系。如果某件事令你生气了，你的心跳加快的同时，你会想：“太可气了！”但是，既不是你的身体也不是你的大脑导致了愤怒反应。

（三）相关证据

1927 年，坎农在一篇文章中彻底否定了詹姆斯—兰格理论。研究表明，内脏变化通常发生在刺激之后的一两秒钟，但是情绪反应只需更短的时间。因此，情绪是发生在生理变化之前的。坎农通过外科手术将猫的内脏与交感神经系统切断，英国生理学家谢林顿以前在狗的身上也做过同样的试验。在这两种情况下，所有来自心脏、肺、胃、大肠等内脏的信息与大脑的联系都被切断了。如坎农所言："这些令人极度不安的手术对动物的情绪反应没有产生任何影响。"随后的一系列研究也支持了坎农和巴德的观点。

（1）二十世纪二三十年代，瑞士生理学家沃尔特·希斯在狗的下丘脑中植入了电极，并释放出一阵微弱的电刺激，狗做出了愤怒的反应。当希斯将同样强度的电流送入下丘脑前面的区域时，狗就镇定下来，并很快入睡。后来，西班牙神经科学家德尔加多利用斗牛进行了同样的下丘脑愤怒控制实验。他在牛的下丘脑前部植入一根电极，然后进入斗牛场，手握一个控制箱，箱子会通过电极发出电脉冲。牛被放入斗牛场，看见了德尔加多，很愤怒，并开始攻击。德尔加多毫不退缩，按下一个键，牛就停下来了，并转过头去。

（2）在耶鲁大学，德尔加多和其他几位同事于 20 世纪 50 年代用电极在老鼠和猫身上做了类似的研究。他们给老鼠和猫的扁桃体发送了一道微弱的电流，使其出现害怕行为。后来，德尔加多及其他人通过外科手术在病人身上做过同样的实验。当一位病人接受这道电流时，他说他感觉到好像刚好与一辆汽车擦身而过，另一位说，他感觉好像某种可怕的事情就要发生在他身上。这些感觉在电流关掉后立即消失。

（3）20 世纪 70 年代，发展心理学家斯坦纳给一些新生婴儿拍照，在婴儿第一次通过乳房或者奶瓶吃奶以前，让婴儿分别喝有甜味、咸味和苦味的水。甜水使婴儿吮吸嘴唇；咸水使婴儿吸起嘴唇，皱起鼻子表示不悦；苦水使婴儿张开嘴吞水，或者作呕。斯坦纳接着在无脑的新生婴儿（无脑是一种悲剧性的畸形，胎儿的大脑主干以上没有脑组织形成，这样的婴儿很快会死掉）身上做同样的实验。他们的面部表情和反应与正常婴儿完全一样。可见，简单情绪及其面部表情似乎由脑干产生。

（四）理论评价

坎农—巴德理论引起了人们对丘脑在情绪产生中的重要性的注意，强调大脑皮质解除丘脑抑制的机制，其意义在于把詹姆斯—兰格对情绪的外周性研究推向对情绪中枢机制的研究。后来奥尔兹和米尔纳用微电极进行"自我刺激"实验，证明在下丘脑、边缘系统及其临近部位存在着"奖励中枢"和"惩罚中枢"。目前一般认为，情绪的复杂生理机制在很大程度上取决于下丘脑、边缘系统、脑干网状结构的功能，大脑皮质调节情绪的进行以及控制皮质下中枢的活动。

第二节 情绪的认知理论

如果你给朋友发了信息，让他有空给你回电，结果他却没有回电，那么你会做何感想？你可能认为他再也不想见你了（即悲伤），可能觉得他正陷于热恋中（即为他喜悦或羡慕他），也可能设想他是否出了事故（即忧愁）。我们的情绪源自我们的思想，这种从认知角度解释情绪的观点最容易被接受。

一、评定—兴奋理论

美国心理学家阿诺德（M. R. Arnold）在20世纪50年代提出了情绪的评定—兴奋理论。这一理论认为，知觉和认知评价是刺激事件与情绪反应之间必不可少的中介物。

（一）理论要点

首先，情绪产生的基本过程是刺激—评价—情绪，情绪产生于评价过程。阿诺德指出，情绪体验是有机体对刺激事件的意义被觉知后产生的，而刺激事件的意义来自评价。她强调，刺激情境并不直接决定情绪的性质，从刺激出现到情绪产生，要经过对刺激的估量和评价，同一刺激情境，由于对它的评估不同，因此产生的情绪反应也不同。她举例说，在森林里遇到一只熊会产生极大的恐惧。然而，在动物园里看到阿拉斯加巨熊时，不但不产生恐惧，反而使人产生兴趣和惊奇。这种情感反应的区别显然来自对情境的知觉—评价过程。

其次，情绪产生是大脑皮质和皮下组织协同活动的结果，大脑皮质的兴奋是情绪行为的重要条件。情绪产生的过程如下：引起情绪的外界刺激作用于感受器，产生神经冲动，通过内导神经上传至丘脑，在更换神经元后，再传到大脑皮质，刺激情境在大脑皮质得到评估，形成一种特殊的态度，如恐惧及逃避、愤怒及攻击等，通过外导神经将皮质的冲动传至丘脑的交感神经，将兴奋发送到血管或内脏，所产生的变化使其获得感觉。这种来自外周的反馈信息，在大脑皮质中被评价，使纯粹的认识经验转化为被感受到的情绪。

最后，评价的结果可能认为对个体有利、有害或无关，评价补充知觉并产生去做某种事情的倾向。阿诺德认为，我们往往会从自身出发，即时、自动、不知不觉地对我们所碰到的任何事物进行评价。除非有其他一些评价介入，否则我们将趋近那些被评价为“有利”的事物，避开被评价为“有害”的事物，忽视被评价为“无关”的事物（见图2-6）。当然，我们可能会对已经做过判断的事物重新作出令自己满意的评价。评价过程是对知觉过程的补充，它使我们产生要做些什么的倾向。如果这种倾向很强烈，那么它就可以被称作情绪。

生活事件——评价：好的 VS 坏的（有利的 VS 有害的）——情绪：喜欢 VS 不喜欢——动作：趋近 VS 回避

图 2－6　情绪产生的基本过程（Reeve & Reeve，2001）

（二）相关证据

二十世纪五六十年代，心理学家获得了大量关于认知对情绪影响的新证据。研究表明，是认知而不是内脏、丘脑或边缘系统引发了情绪体验及其生理症状，这些证据包括：

（1）研究测试表明，当某个犯罪嫌疑人听到人们读一些单词或者提出一些问题时，其中有的单词和问题是中性的，有的则与犯罪事实有关，后者经常会引起他们血压升高，皮肤电增大。这正是测谎的原理。进一步研究发现，有意识的思维会影响情绪，在测谎过程中，真正的犯罪嫌疑人会对与犯罪有关的提问产生焦虑并伴随相应的生理症状。

（2）1953 年，社会学家霍华德·贝克尔研究了 50 多个吸大麻的人。他首先教那些刚开始吸大麻的人注意并分辨他们的感觉，以确定何为“兴奋”状态，并把它看作快乐。研究发现，兴奋的生理感觉有相当一部分的意义来自认知及社会的因素。

（3）1960 年，埃克哈德·赫斯对一些看不同图片的志愿者的眼睛进行拍照，发现男人的瞳孔在看到女人的照片时会扩大，特别是当他们看到女人的近照时；而女人的瞳孔在她们看到婴儿尤其是看到与母亲在一起的婴儿时也会这样。这是因为辨认并评估图片内容的思维向边缘系统发送信号，从而引起外周及中枢神经系统的反应，即瞳孔放大和一种性兴趣感觉。

（三）理论简评

阿诺德对情绪的描述既不同于詹姆斯，也不同于坎农，而是认为情绪的整个神经通路是大脑皮质兴奋的作用和结果。情绪的评定—兴奋理论实际上包含着环境、认知、行为和生理的多种因素。她把环境影响引向认知，把生理激活从自主神经系统推向大脑皮质，通过认知评价—皮质兴奋的模式，将认知评价与外周生理反馈结合起来。随着认知心理学的发展，评价理论逐渐分化为两大流派：一派以斯坦尼·沙赫特（Stanley Schachter，1922—1997，见图 2－7）以为代表的认知—归因理论，这一流派更多地强调生理唤醒变量与认知归因的关系；另一派以阿诺德·拉扎勒斯（Arnold Lazarus，1932—2013）为代表的所谓“纯”认知论，更多地从环境、认知和行为方面阐述认知对情绪的影响。

二、认知—归因理论

（一）理论观点

1962 年，美国心理学家斯坦尼·沙赫特和杰罗姆·辛格（Jerome Singer，见图 2－8）提出了情绪的认知—归因理论，将情绪的产生归纳为三个因素的整合作用：刺激因素、生理因素和认知因素。他认为，情绪既来自生理反应的反馈，也来自对导致这些反应情境的认知和归因。因此，认知解释起两次作用：第一次是当人知觉到导致内脏反应的情境时；第二次是当人接收到这些反应的反馈时把它标记为一种特定的情绪。沙赫特认为，大脑可能以几种方式解释同一生理反馈模式，并给予不同的标记。生理唤醒本来是一种未分化的模式，正是认知过程才将它标记为一种特定的情绪。标记过程取决于归因，即对事件原因的鉴别。

图 2－7 斯坦尼·沙赫特

图 2－8 杰罗姆·辛格

根据沙赫特的观点，情绪是在对一种生理唤醒进行特殊的认知解释后产生的反馈。当肌体被唤醒时，大脑首先要解释感觉。例如，你一个人在黑暗的街道上走着，此时有人悄悄地来到你的背后，大喊一声："别动！"这时，不管此人是谁，你的肌体都会被唤醒，出现如心怦怦跳、手掌出汗等现象。如果此人是个陌生人，你就会把这种唤醒解释为害怕；如果此人是你的一个好朋友，这种唤醒就会被解释为惊讶和兴奋。特定情绪的唤醒受过去的经验、情境和他人的反应影响，可能被贴上"愤怒""害怕"或"愉快"等不同的标签。

（二）实验依据

为了检验这一假设，沙赫特和辛格进行了一项实验。他们把自愿当被试的若干大学生分成三组，给他们注射同一种药物，并告诉他们注射的是一种维生素，目的是研究这种维生素对视觉可能产生的影响。但实际上注射的是肾上腺素（一种对情绪有广泛影响的激素），因此三组被试都处于一种典型的生理激活状态。然后，主试向三组被试说明注射后可能产生的反应，并做了不同的解释：告诉第一组被试，注射后将会出现心悸、颤抖、发烧等现象（这是注射肾上腺素的正常反应）；告诉第二组被试，注射药物后，身体会发抖、手脚有点发麻，不会产生别的反应；对第三组被试不作任何说明。

接着将注射药物的三组被试各分一半，让其分别进入预先设计好的两种实验环境中休息：一种是惹人发笑的愉快环境（让被试观看滑稽表演），另一种是惹人发怒的情境（强迫被试回答烦琐问题，并强词夺理横加指责）。根据主试的观察和被试的自我报告结果，第二组和第三组被试在愉快环境中显示出愉快情绪，在愤怒情境中显示出愤怒情绪；而第一组被试则没有愉快或愤怒的表现和体验。如果情绪体验是由内部刺激引起的生理激活状态决定的，那么三组被试注射的都是肾上腺素，引起的生理反应是相同的，情绪表现和体验也应该相同；如果情绪是由环境因素决定的，那么不论哪组被试，进入愉快环境中都应表现出愉快情绪，进入愤怒环境中都应表现出愤怒情绪。

据此，沙赫特和辛格认为，情绪是认知因素和生理唤醒状态两者交互作用的产物，因而沙赫特和辛格的情绪理论又称情绪二因素理论。实际上，在上述实验中，认知对情绪可能有三种作用，即对情绪刺激的评价和解释，对引起唤醒原因的认知分析，对情绪的命名以及对所命名情绪的再评价。不过，有人重复沙赫特和辛格的实验，但没有得到和他们相同的结果。

（三）相关研究

情绪的认知—归因理论一提出，立即引起了研究者的广泛关注。尽管他们对沙赫特的观点褒贬不一，但在随后的几十年中，一系列的相关研究为归因理论提供了有力的证据。

1. 沙赫特与格罗斯的研究

沙赫特及其同事格罗斯招募了一批志愿者，他们有些是肥胖者，有些是正常身材者，让他们参加宣称是对躯体反应与心理学特征之间关系的研究。实验者告诉志愿者说因为要在手腕上绑电极，所以得把手表交出来，其实绑电极只是借口。研究者还在房间里留下一些饼干，并告诉志愿者可以随便享用。房间里有一座经过修改的钟，这座钟要么是半速走，要么是快一倍。过了一阵子，志愿者认为到了午餐时间，不过这时候还不到吃饭时间；其他一些人则认为还没有到午餐时间，而实际上午餐时间早过了。

结果表明，认为已经过了正常午餐时间的肥胖者比认为还没有到正常午餐时间的肥胖者吃的饼干多些；正常身材者吃的饼干一样多，不管他们认为到了什么时间。因此，不是胃而是思维决定着这些肥胖者饥饿的感觉。

2. 达顿和阿伦的研究

在达顿和阿伦（1974）的一项研究中，研究小组请了一位漂亮的女助手协助研究。当一些男大学生走在大峡谷上的一座摇摇摆摆的吊桥时，或者走在一座又低又结实的大桥上时让这位漂亮的女助手走近他们（见图 2－9）。在这两种情形下，女助手都谎称她为了一个研究项目需要他们填一张问卷表，并就一张照片编一个简单的故事。她把自己的名字和

图 2－9 情绪唤醒实验：危桥上的约会（Dutton & Aron，1974）

电话号码都告诉给每一个男大学生。这样，当他想更详细地了解本项目时，就可以给她打电话。

结果显示，那些走过危险吊桥的男大学生编的故事比走过安全大桥的男大学生编的故事包含更多的性幻想，也更有可能打电话与女助手约会。因此，实验者得出结论：经过危险吊桥的男大学生首先体验到的是恐惧和焦虑，由此引发高度的生理唤醒，而他们后来则可能将这种唤醒归因为“被漂亮的女性所吸引”。

3. 瓦林斯的研究

为了证明归因的作用，瓦林斯在实验中让一组男大学生看一系列裸体女性的幻灯片。在放幻灯片的过程中，每一个被试都会听到一种被放大了的心跳声，被试会误认为这是自己心跳的声音，事实上，被试听到的是心跳声的录音。根据实验设计，这种录音会在一些幻灯片出现时变得更大、更强，而在另一些幻灯片出现时变得较弱。在看完幻灯片后，每一个被试都要回答哪一张幻灯片对自己最有吸引力。

结果表明，大学生们都会根据自己的“心跳”反应，把引起“剧烈心跳”的那张幻灯片评价为最有吸引力。换句话说，当被试看到一张幻灯片并同时听到自己的心跳声变得更大时，他会把生理唤醒归因于这张幻灯片的作用。此时，被试会对自己说：“这张是我最喜欢的！”接着他又会问自己：“但为什么是这个人？”研究表明，人们最终会根据那些生理反应说服自己认为那个“最让自己心动”的女人最有吸引力。

知识链接 2－2 归因与生活中的情绪

现实生活中常出现这样一种情况，那就是父母干涉子女的恋爱或婚姻。家长们在试图拆散两个年轻人的同时，反而加强了他们之间的感情。此时，父母的干预给“小鸳鸯们”的感情增加了挫折、愤怒或害怕的体验，有时两个人偷偷见上一面反而会让他们更激动。由于他们已经在互相关心，所以他们更可能把增加的感情体验归因于“真正的爱”。因此，根据归因理论，你最容易爱上的人是那种能让你情绪激动的人，即使那个人让你怕、让你恼、让你感到挫折或被拒绝，你也会去追求。

归因与特定的情绪相联系。从原因的来源维度看，将失败归结为自身因素会使人压抑、自卑、焦虑；将失败归因为稳定因素会使人体验到恐惧；将成功归因为稳定因素会使人体验到希望。从原因的可控性维度来看，将失败归因为他人可控制的因素如懈怠、嫉妒、傲慢等会产生愤怒；将失败归因为自己可控制的因素会产生内疚；将失败归因为他人不可控制的因素如智力障碍、家庭等则会产生同情、谅解和帮助的意愿；将失败归因为自己不可控制的因素会产生羞愧，而且羞愧的内心体验可抑制行为，内疚的体验可增强行为。可见，不是事件本身而是对事件的归因决定了情绪的性质，这一点对于我们保持情绪健康有启示作用。

（资料来源：Dennis Coon. 心理学导论：思想与行为的认识之路. 郑钢，等译. 北京：中国轻工业出版社，2004：490－491）

三、认知—评价理论

图 2－10　阿诺德·拉扎勒斯

南非著名心理学家阿诺德·拉扎勒斯（见图 2－10）在对情绪的本质进行详细分析的基础上，进一步强调了认知因素的重要性，同时也考虑到了生物学因素和文化因素对情绪的重要意义，提出了一个更加完整的情绪理论（Lazarus，1991）。他将情绪定义为一种“反应综合征”（response syndrome），认为不能把情绪归结为单纯的生理激活、内驱力或动机等某一种单一的变量。

（一）理论观点

1. 反对把情绪归结为生理唤醒这个单一变量

拉扎勒斯主张，情绪包括环境、生理、认知和行为等不同成分，每种情绪都有它自身独具的反应模式。拉扎勒斯认为：“情绪不能归属为一个物，而应归属为一个综合征，像一种病是一个症候群一样。”就像只靠症状学而不了解病源学，就无法完全了解疾病一样。为了了解情绪症候群，需要对它的反应成分进行分析；要了解情绪的来源，就必须将人与环境之间的相互关系纳入情绪的综合分析之中。

2. 评价是情绪理论的核心概念

每个人都是评价者，人们在对每一个所遇到的刺激进行评价时，都会考虑到这一刺激与自身的相关性和意义，这就是认知活动，而情绪只是它的一部分。情绪的发展来自环境信息，依赖于短时的或持续的评价，是一种生理心理反应的组织。拉扎勒斯认为，情绪同时具有行为、生理和认知三个水平，并指出这三个水平都非常重要且存在相互联系。情绪是个体对环境事件知觉到有害或有益的反应，评价通常是在无意识状态下发生的。

3. 应对是情绪理论的重要部分

拉扎勒斯认为，应对就是通过改变认知和行为来处理那些被评价为超出个人应变能力的情境的努力。刺激在不断变化，我们要不断应对它们，我们的认知和情绪反应从而也随之发生改变。应对过程主要有两种：一是通过直接的行动来处理威胁或危害，情绪的重要作用则是促进这种行动。我们徘徊在成功与失败之间，这表明我们的认知和情绪也处于波动之中。二是应对涉及再评价，这是没有任何直接行动卷入的纯粹的认知过程。

（二）评价层次

拉扎勒斯指出，有机体经常搜索环境中他们所需要的线索和需要逃避的危险，对每一个刺激物与自身的利害关系进行评估。例如，发生的事件与自己的幸福是否有关系？事件与自己的目标是否一致？等等。这种评估是不断进行、多回合和多层次的（见图 2－11）。

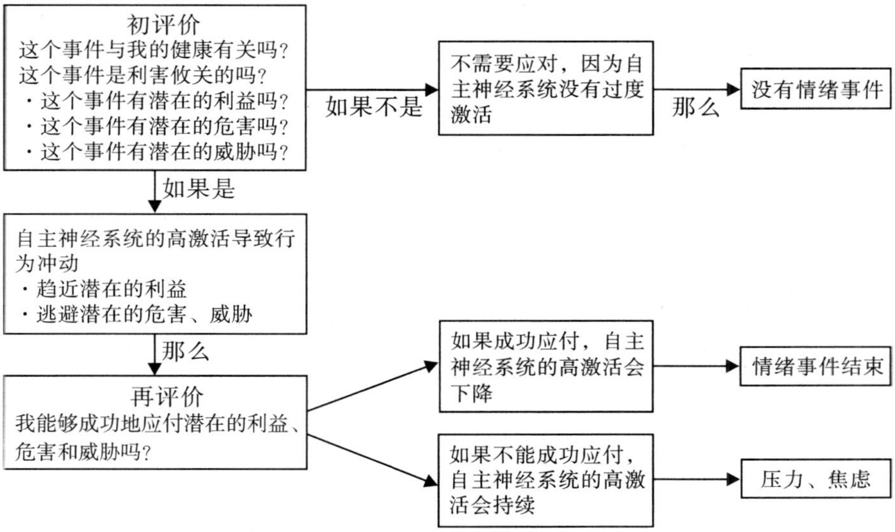

图 2－11　拉扎勒斯的情绪评价过程（Reeve & Reeve，2001）

1. *初评价*

初评价是指人们确认刺激事件与自己是否有利害关系以及这种关系的程度，如认为自己被贬低和受攻击，就会出现愤怒情绪。评价结果有三种：一是无关，即刺激被评价为与人的利害无关，评价过程立即结束；二是有益，即情境被解释为对人有保护的价值，情绪表现为愉快、舒服、兴奋、安宁；三是有害，即情境被解释为使人受伤害，产生失落、威胁或挑战的感觉，严重的表现为应激。拉扎勒斯相信存在着三种初评价：与目标相关的评价、与目标一致的评价以及自我卷入的评价。拉扎勒斯列出了 15 种情绪及相应的评价（见表 2－1）。

表 2－1　情绪评价与相应情绪

情绪	评　价
生气	受到轻视或侮辱
焦虑	面对不确定的条件
害怕	一种直接的、真实的、巨大的危险

（续上表）

情绪	评　价
内疚	违反了道德规范
害羞	将过错归结为自己
悲伤	失去心爱的人或物
羡慕	想别人所拥有的东西
嫉妒	希望拥有别人的东西
厌恶	接近了某种你所排斥的东西
愉快	正接近渴望的目标
骄傲	获得了有价值的东西或取得了成就
放松	沮丧的情景得到改善
希望	害怕面对最糟糕的局面并盼望事情好转
爱	渴望得到别人的感情
同情	被他人的遭遇所感动

2. 次评价

次评价是初评价的继续，经常发生在面对威胁或挑战时，用以调节和控制自己的反应行为，在做出反应之前需要根据自己的经验判断做出合适的反应。次评价主要涉及人们能否控制刺激事件以及控制的程度，也就是一种控制和判断。当人们要对刺激事件做出行为反应时，必须根据主观条件和客观社会规范来考虑行为的后果，从而选择有效的措施和方法。例如，当人们受到侵犯、伤害时，是采取攻击行为还是防御行为，这取决于人们对刺激事件的控制判断。在这种评价过程中，经验起着重要的作用。

3. 再评价

再评价是指人们对自己的情绪和行为反应的有效性和适宜性的评价，实际上是一种反馈性行为。如果再评价结果表明行为是无效的或不适宜的，人们就会调整自己对刺激事件的次评价甚至初评价，并相应地调整自己的情绪和行为反应。情绪唤醒是通过对情境的再评价并在所产生的活动冲动中得到的，其中包括应对策略、变式活动和身体反应的反馈后果。每种情绪均包括它自身所特有的评价、活动倾向及生理变化。拉扎勒斯认为主要存在三种再评价：与责备或信任有关的评价、应对潜能的评价以及对未来期望的评价。

拉扎勒斯的理论与阿诺德一脉相承，并且将评价过程发展为一个更加复杂的体系。评价不只是“好的”或“坏的”，而是一种关系意义。评价负责将个人与环境或事件整合为一种关系意义。当关系意义影响到个人的欲望或动机时，情绪会内附一种先天的行为倾向，应对过程可能与行为一致，或者冲突，甚至会支配控制（傅小兰，2016）。为了强调动机在情绪中的作用，拉扎勒斯后来将自己的理论改称为情绪的“认知—动机”理论。

第三节　情绪理论的进展

一、普拉奇克的情绪进化理论

达尔文的进化论对心理学产生了广泛影响，尤其是他的《人类和动物的表情》一书，成为情绪理论的一面旗帜，并为后来许多心理学家效仿，其中包括美国心理学家罗伯特·普拉奇克（Robert Plutchik，1927—2006）。他在《情绪：一种心理进化的综合物》（1980）一书中从进化论的角度阐述了情绪的发生、机能、结构及其与认知、人格的关系。进化理论指出，情绪要比思维进化得更早，尽管学习和认知会影响人类的情绪，但思维在情绪中只扮演了一个相对较小的角色。

（一）基本观点

普拉奇克认为，达尔文的进化观点不仅适用于有机体生理结构的发展，也适用于情绪的发展。从进化的角度看，有机体生理和心理上的任何变化和发展都为适应环境所必需，具有功能上的价值，情绪也是如此。他指出，以往的情绪理论常常把情绪看作 S－R（刺激—反应）的终端部分，或者看作某种矛盾冲突的爆发状态，结果导向副现象论。要全面、正确地认识情绪的本质，必须从情绪的种族发生、个体发展以及情绪的功能等方面考察。普拉奇克继承了达尔文的观点，他认为：

（1）情绪是进化的产物，是适应生存的心理工具。情绪是包含认知、生理、体验和行为等多种成分的心理活动，是有机体力求应对和控制生存环境的心理衍生物，涉及与自我保存和种族保存有关的过程，是为成功增强有机体的生存能力而出现的。情绪有着特殊的适应价值：有机体遇事，情绪首先被触发；有机体做事，首先经受情绪的监察。情绪是有机体生活是否适宜、活动是否顺利的及时反应和信号。例如，当遇到危险时，有机体首先会感到害怕，然后做出逃离的反应。

（2）情绪活动所造成的体内变化，可为有机体应对特定事件提供必要的生理准备和能量，从而增强有机体的反应活力和行为动力。情绪的主观体验，可保证有机体对环境变化产生敏锐的感知，并为人类意识的发展提供最初的来源与成分。人类由于情绪的体验而觉察到了环境发生的变化，想办法避免了危险的发生，从而使物种得以保存和发展。情绪的外部表现（表情），有助于有机体之间的信息传递和互助，进而构成社会化的媒介。动物之间会通过对对方情绪的识别而进行觅食和逃避天敌的行为。而在人际交往中，人类可以通过情绪的表达传递信息，加强沟通和交流。

（3）从个体的发展来看，情绪绝不是偶然的或被动的，而是所有进化水平上个体生存斗争的适应手段。按照进化论观点，情绪也是有机体“物竞天择，适者生存”的手段。在社会发展中，个体要适应社会，就必须具备识别他人情绪和表达自己情绪的能力，这样个体才能融入社会，得以发展。

（二）关于基本情绪

普拉奇克认为，人类和动物有着某些相同的情绪，其他一切复杂的情绪都是由这些基本情绪发展起来的。人类与动物情绪表达的相似性为情绪的进化提供了可靠证据。任何进化水平上，有机体都必须解决或处理四个基本的生存适应问题，这些基本的生存适应问题都有两个相反的方面。相应地，由此产生的情绪反应也有两种性质相异的表现。

（1）等级制度，指一种社会生活的垂直关系。对等级制度的竞争，必然产生统治与顺从的结果，从而构成攻击与退缩的行为反应以及愤怒和害怕的情绪。

（2）领土和领域，是指生存所必需的食物空间及免于受攻击的安全地带。领土和领域问题的适应伴随着期待与惊讶。

（3）身份识别，指对自己人或陌生人、朋友或敌人的鉴别。它会导致趋近或拒绝的行为反应以及接受或厌恶的情绪体验。

（4）生命的短暂性，由个体生命的有限性而产生的繁殖、养育及生离死别等问题。对生命短暂性的适应同欢乐与悲哀的情绪体验相联系。

根据以上四个适应问题，普拉奇克提出了八种对立的基本情绪：愤怒—害怕、期待—惊讶、接受—厌恶、欢乐—悲哀。这八种基本情绪被认为是情绪的原型。尽管随着进化阶梯的上升，有机体在处理这些问题时情绪反应会有形式上的差异，但其共同因素或原型模式依然存在。表 2-2 是用于描述八种基本情绪的五种语言。

表 2-2　描述基本情绪的五种语言

刺激语言	认知语言	主观语言	行为语言	功能语言
威胁	危险	惧怕	逃避	保护
阻碍	敌人	愤怒	打击	破坏
恶心的物体	毒物	厌恶	排斥	拒绝
潜在的配偶	占有	快乐	求爱	再生
丧失重要的人物	孤独	悲伤	求救	再整合
本群体成员	朋友	接受	接纳	合作
新领土	“这儿会出现什么”	期待	探索	探索
新奇食物	“什么东西”	惊奇	停止	定向

（三）关于情绪的维度

普拉奇克试图用一种直观、形象化的语言来比较不同情绪的性质，认为情绪包括强度、相似性和两极性三个维度，并用一个圆锥体来说明三个维度之间的关系。圆锥体的垂直维度代表强度，圆锥体的每一部分刻画了一种主要的情绪，横断面的中央区代表了混合情绪的冲突。情绪可以按照强度变化（忧郁和悲痛之间），也可以按照与其他情绪的相似性变化（快乐和期待比厌恶和惊奇之间的相似性更高），或者按照两极性变化（厌恶与接纳相反）。

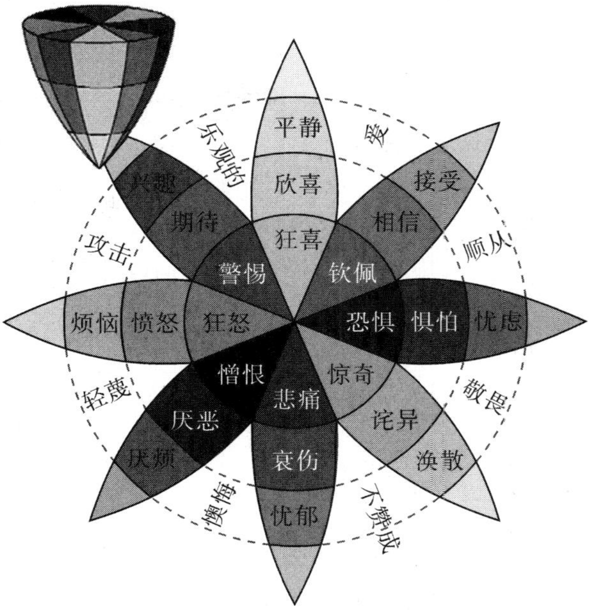

图 2－12　普拉奇克的三维环形模型

图 2－12 中的倒锥体及其展开图是普拉奇克的情绪三维结构模型，锥体界面划分为 8 种基本情绪，相邻的情绪是相似的，对角位置的情绪是对立的，锥体自下而上表明情绪由弱到强的变化。最高层是最纯粹的情绪，低一层的情绪可以合并成另一种复杂情绪。例如，同时感到惧怕和出乎意料可上升为惊恐；相反，惧怕和愤怒这两种毫不相关的情绪就不可能相互作用导致更复杂的情绪产生，如果一个人同时经历这两种情绪，就会有一种被不同方向牵扯的感觉。

（四）关于情绪与认知

普拉奇克将情绪的认知研究深入到对情绪刺激的社会结构分析之中，他试图从人与社会环境相互作用的类型上来认识情绪刺激的性质，进而把握情绪的本质。他认为，认知发展的主要目的和功能是预测将来。环境不断变化，任何有机体想要有效地生存，就必须具有一定的超前反应，即在当前环境信息的基础上对将来的环境变化做出一定的预测，促使有机体产生适应性行为。从进化的角度来说，认知与情绪的关系正好反映了预测与适应的关系，认知为情绪服务。情绪对有机体适应生存有效与否，取决于认知预测的正确与否。

二、面部表情反馈理论

人们因为哭泣而悲伤，因为打人而愤怒，因为逃跑而恐惧，詹姆斯提出的这种“反常识”的情绪理论尽管饱受争议，然而越来越多的证据支持了詹姆斯的观点：我们的身体和动作会影响我们的感受。具身认知理论告诉我们，生理体验与心理状态之间有着强烈的联系，即生理体验会“激活”心理感觉，反之亦然。面部表情反馈理论认为，如果微笑，我们也会趋向于变得更开心。

（一）理论假设

首先你不妨试试看，如果使自己面带微笑并持续半分钟，你将开始感到高兴；如果紧锁眉头，你将会感到苦闷和烦恼。这是什么原因呢？伊扎德认为，人的面部表情是最敏感的情绪发生器和显示器，它能够影响一个人的情绪体验。根据伊扎德的观点，情绪活动首先会引起面部表情的内在的程序化改变，然后面部的感觉会给大脑提供一些线索，帮助人们确定自己所体验到的情绪。这种假设被称为“面部表情反馈假说”。体育运动会引起肌体唤醒，但是这种唤醒并不一定引起情绪体验，原因是没有引起表情的变化。换言之，产生面部表情并意识到这种表情才能够引起情绪体验。

艾克曼也提出，面部表情反映了表达者的内部情绪状态，面部表情方式的改变能够改变一个人的情绪体验，侧重于情绪在表达模式和生理模式上的变化，指出只用语言来解释情绪是远远不够的。人们脸上的肌肉变化能引发相应的内心情感，“保持一种面部表情将引起真正的情绪”，“当你机械又无意识地在脸上呈现出一种神态，你就会随即产生一种与此相适应的情绪反应”。

（二）相关研究

为了检验这一假设，艾克曼及其同事做了一系列试验。在其中一项实验中，艾克曼让第 1 组大学生回想一生中最恐怖的经历，如旧金山大地震、火烧房子等，同时记录他们的心率、体温和皮肤电。第 2 组大学生则在艾克曼的指导下做出一些面部表情，而研究人员并不告诉被试这种表情是表达何种情感的，只是把 7 000 多种不同的面部表情组合，一点一点教他们做出，每块肌肉的动作都要符合标准（见图 2－13）。

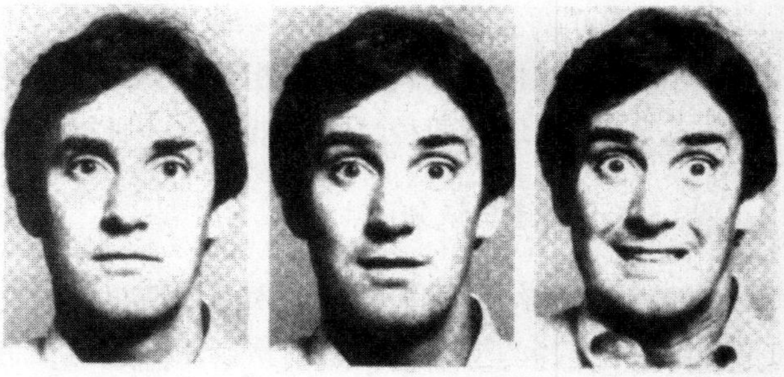

图 2－13　艾克曼研究的被试“摆拍”的面部表情

实验结果表明：第 2 组大学生的生理反应（心跳加快、手掌发热等）竟然与第 1 组大学生相同。当第 2 组大学生完成一些相应的面部动作时，与这些面部表情对应的喜悦、愤怒、恐惧、悲伤、厌恶、惊奇等情感也随之发生。兴奋随即触及一些自主神经和器官，多数被试都表示当他们做出那些面部表情时，确实体验到了相应的情绪。当然，实验结果也许还不足以完全证明研究者的假设。但是，保持一种面部表情确实能够引起自主神经系统的反应，表现为心率和皮温的变化。同时，不同的面部表情产生了不同的活动模式。例如，愤怒的表情可提高心率和皮温，而厌恶的表情可降低心率和皮温。

在另一项研究中，研究者让被试评价一些卡通画的有趣程度，第 1 组被试必须用嘴唇含住一支铅笔，以阻止掌管微笑的肌肉收缩，使嘴角无法上扬做出微笑的动作；第 2 组被试则必须用牙齿咬住一支铅笔，以迫使他们微笑。结果发现：用牙咬着铅笔的被试比用嘴唇含着铅笔的被试更觉得卡通画有趣、好笑。为什么呢？答案是：如果你用牙咬着铅笔，你的面部就不得不形成微笑的样子，而用嘴唇含着铅笔则形成皱眉头的样子。这一结果证明了面部表情反馈理论的预测，被试的情绪体验受到自己面部表情的影响。

（三）生理机制

面部表情如何影响情绪感受还是个悬而未决的问题。心理学家发现，当人们根据某种情感做出一些表情时，他们的脑电图会出现相应的显著波动。进一步的研究表明，神经细胞以一定的方式相互连接在一起，当人们做出一些表情时会带动肌肉，而这些神经细胞便把肌肉的运动传给大脑，产生相应的情感。有一些神经细胞之间的关联是与生俱来的，还有一些是在人体生长过程中由不成熟逐渐发育成熟的。这就很好地解释了为什么有些情感看起来很幼稚，而有些却很成熟，即表情与情感的关系并不是预先决定好的。

面部的神经传感器引发的刺激也许会冲击负责思考和判断的那一部分大脑，表情变化产生的信号进入大脑，必先经过较高一级别的加工处理。情绪的完整机制是脑的各级水平的神经活动、面部肌肉运动和面部—脑反馈以及情绪体验的整合活动，情绪体验的产生依赖于面部肌肉精细分化的表情模式的快速、具体的反馈。

三、巴瑞特的情绪建构理论

传统的情绪理论认为，情绪是人类进化的产物，外界活动激发了我们内在的情绪，认知在情绪产生过程中起关键作用。然而，新近的科学研究表明，这种传统的情绪观可能是错误的。美国心理学家、神经科学家莉莎·费德曼·巴瑞特（Lisa Feldman Barrett，见图 2－14）的情绪建构理论认为，情绪并非与生俱来，也不具有普遍性，情绪的出现是各种因素包括生理特征、灵活的大脑以及文化背景和成长环境协调作用的结果。

图 2－14　莉莎·费德曼·巴瑞特

（一）主要观点

巴瑞特通过研究发现，我们的情绪既不是遗传而来，也不是进化的结果，而是由一些更基本的部分构成的。情绪不具有普遍性，而是会因为一个人所处的文化背景的不同而不同。情绪不是被激发的，而是由我们创造出来的。情绪是真实存在的，但从客观上来讲，其真实性与分子或神经元的真实性不同，情绪的真实性和金钱的真实性一样，即情绪是人类共识的产物（Barrett，2019）。

在某个特定的时刻、特定的环境中，我们的大脑会在赋予内部感觉意义的同时，赋予源于外部世界的感觉以意义，所有这些都是通过模拟实现的。比如说，如果你坐在餐桌旁边感到胃有点疼，你可能是饿了；如果是流感季节，同样的胃痛可能会让你感到恶心；如果你是一名法官，正在审案，胃痛会让你直觉地认为被告不可信。同样是胃痛的感觉，你的大脑构建出饥饿、恶心或者不信任的实例。可见，情绪是我们的大脑创造身体感觉所具有的意义，与周围发生的事情息息相关。巴瑞特指出：

在每个清醒时刻，你的大脑都会根据过去的体验形成概念，从而指导你的行动，赋予你的感觉以意义。当涉及的概念是情绪概念时，你的大脑就会构建情绪的实例（Barrett，2019：38）。

情绪建构理论有几个核心观点。其中一个观点是情绪类别（如愤怒或恐惧）并不具备“指纹”。愤怒的某个实例没必要和其他实例一样，也不是由同一神经元导致的，变异性是常态。即使你和我生长的环境一样，你感受到的愤怒情绪也不一定和我一样，但也可能会有一些重叠的地方。

另一个核心观点是我们所体验或者感知的情绪是基因带来的不可避免的结果。所谓“不可避免”，是指人们会拥有一些有助于理解身体感觉输入的概念，但是特定的概念（如“愤怒”和“厌恶”）并不是由基因预先决定的。我们熟悉的情绪概念是固定的，这是因为每个人都生长在一个特定的环境中，在这种环境中，这些情绪概念既有意义又有作用，我们的大脑在没有意识到它的时候就已经建构了自己的体验。心率等生理变化是不可避免的，但情绪意义却不是。在其他文化中，同样的感觉输入也可能会有其他含义。

（二）对传统情绪理论的颠覆

2010年3月23日早晨7点20分，福建南平实验小学门口和平常一样聚集了一群等待进入校门的学生，而令人难以预料的是，短短一分钟内，一名中年男子手持凶器连续伤害了13名小学生，截至23日晚10点，官方消息称，8个孩子不幸殒命，受伤的5名小学生还在南平市立医院及南平市人民医院抢救。这些孩子中年龄最大的也不过13岁。

看到这一消息时，你的第一反应是什么？悲伤、愤怒、恐惧……根据情绪的建构理论，究竟产生何种情绪取决于大脑的建构。在那一刻，你也许感到了悲伤，因为你从小就受某种特定文化的熏陶——当某些身体感觉和巨大的损失产生共鸣时，“悲伤”就可能发生。基于过去一些零散的体验经历，比如对凶杀事件的了解，发生类似事件时产生的悲伤情绪，再面对类似的悲剧时，我们的大脑便能快速预测出我们的身体该有什么反应。这种预测导致我们心跳加速，面部潮红，胃紧紧地揪在一起。是这些预测让悲伤情绪的实例有了意义。

由此可见，特定的身体活动和情感并不是悲伤的“指纹”。预测不同，身体反应也不同，我们可能不会面部潮红，反而会浑身发冷，我们的胃也不会揪紧，但我们的大脑最后依然会把情感引向悲伤。不仅如此，就算我们出现了心跳加速、面部潮红、胃紧紧地揪在一起、热泪盈眶等反应，也不一定意味着我们就是悲痛伤心，也有可能是愤怒或者恐惧。或者在一个非常特殊的情境中，如一个婚礼庆典上，同样的反应可能代表的是快乐或者感激。

情绪建构理论摒弃了传统情绪理论的基本假设。例如，传统情绪理论认为快乐、悲伤及其他情绪种类都有一个特定的生理指标。而在情绪建构论中，变异性是常态：同样的情绪会有不同的生理反应，而相同的生理反应可能对应着不同的情绪。当你愤怒时，你可能会沉下脸，轻皱眉头或者紧锁眉头，也可能会喊叫、大笑，或者站在一边一声不吭，具体情况取决于当时的情境中哪种行为最有效（Barrett，2019）。同样地，你的心跳可能会加快，也可能会减慢，或者没有变化，无论如何，它们都可以支撑你当时的情绪体验。

巴瑞特的情绪建构理论是颠覆性的，不仅否认了传统的情绪观，如情绪是特殊的心理状态，由特定的脑结构产生，有特定的外部表现，是全人类共通的，等等，而且在某种意义上也是“反常识”的，我们无法根据某个人的表情判断他/她的体验。果真如此的话，我们在生活中怎么与人相处？他人的表情对我们有何意义？他人又如何读懂我们的表情？研究情绪的脑神经机制有价值吗？诸如此类的问题，建构理论都需要反思。我们认为，无论是传统的情绪理论还是建构理论，把它们看成是一种互补的关系或许更合理。

知识链接 2－3　我们该对自己的行为负责吗？

情绪建构论为理解个人责任提供了一种全新的思考方式。如果你对你的老板很生气，你会表现得很冲动，猛砸他的办公桌，大骂他是一个“傻子”。传统情绪观可能会把这归咎于假想的愤怒回路，部分免除你的责任；而建构理论认为，责任的概念超越了伤害发生的那一刻，你的大脑具有预测功能，它不是被动反应的。大脑核心系统时刻不停地猜测下一刻发生的事情，以期让你生存下去。因此，在那一刻之前你的经历（作为概念）导致了你的行为和引发了那些行为的预测。你砸桌子是因为你的大脑预测了一个愤怒实例，来源恰恰是“愤怒”概念和你过去的体验，包括在相似情境中砸桌子的行为。

你也许还记得，你的控制网络在不停地形成预测和预测误差，帮助你在多个行动中进行选择。控制网络只能处理你的已有的概念。因此，责任的问题就变成了：你该为你的概念负责吗？当然，不是所有的概念。当你还是个婴儿时，你不能选择他人输入你大脑的概念。但是，作为一个成年人，你对自己习得哪些概念拥有绝对的选择权，因此，你习得的内容创造了概念，最终导致了你的行为，不管这些行为是有意的还是无意的。因此，“责任”意味着在改变概念时慎重做出选择。

如果你在一个充满愤怒或憎恨的社会中长大，你就不应为拥有这样的概念而背负责任，但作为一个成年人，你可以选择自己的教育，不断学习。当然，这不是一件容易的事情，但是值得去做。这也是建构论的另一个基础，即“你是你自己体验的建筑师”。实际上，即便你体验的情绪反应超过了控制时，你也需要对你的行为负一部分责任。通过预测学习概念，调转方向，远离有害行为，这是你的责任。你也要为他人的行为承担一定责任，因为你的行为塑造了他人的概念和行为，创造了开启和关闭基因的环境，连接到他们的大脑，包括下一代人的大脑。社会现实表明，我们所有人都要为他人的行为负一定责任，不是因为社会兴亡匹夫有责，而是人类大脑真实的连接方式决定了这一切。

（资料来源：莉莎·费德曼·巴瑞特．情绪．周芳芳，译．北京：中信出版集团，2019：195－196）

四、当代情绪理论模型

（一）对传统理论的评价

当代心理学家认为，无论是进化理论、外周理论、丘脑学说还是认知理论，每一种理论都有其合理和正确的部分。詹姆斯—兰格理论正确地指出了唤醒和行为反馈对情绪体验的作用；坎农—巴德理论的合理部分在于提出丘脑和大脑皮质等在生理唤醒中的先后顺序，随后的研究又发现杏仁核为情绪的唤醒提供了另一条快速的信息通道；沙赫特的认识—归因理论指出了认知的重要性（见图2－15）。

一般常识："我颤抖是因为我害怕。"

詹姆斯—兰格："我害怕是因为我颤抖。"

坎农—巴德："这只狗使我颤抖和感到害怕。"

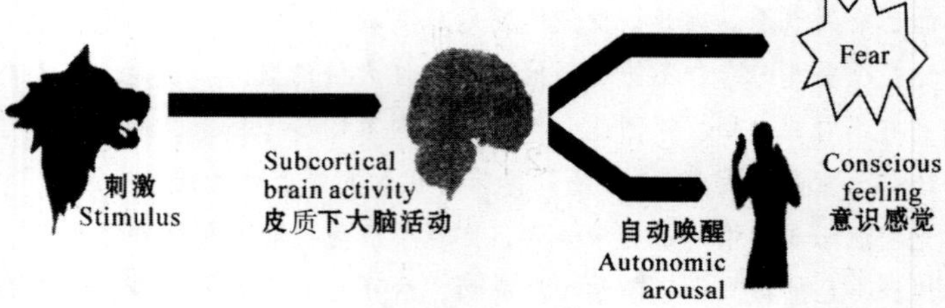

沙赫特—辛格："我认为我的颤抖和害怕是因为我意识到了这个情境的危险。"

图2－15　传统情绪理论的分析比较

随着研究的深入，心理学家们越来越多地认识到，对情境的评价方式极大地影响着情绪的过程。情绪评价是指估量一个刺激对个体的意义，如是好还是坏，是威胁还是支持，与自己有关还是无关，等等。然而，沙赫特的理论忽略了情绪其他因素的作用，如没有解释表情的作用。此外，认知理论还缺乏在不同情境中的普遍适用性，如婴幼儿还不会进行情绪评价，我们如何解释他们的情绪产生过程呢?

（二）对传统理论的整合

自达尔文以后，情绪研究领域出现了许多理论，它们从不同的角度解释了情绪的发生、发展及本质，很难评判其中哪一个最好。因此，我们不妨将几种理论的要点放在一起，整合成一个当代情绪理论模型（见图2－16）。根据该模型可知：个体对情绪刺激的认知评价导致生理唤醒、行为、表情以及情绪体验；唤醒、行为和表情可以增加情绪体验，情绪体验又可以影响认知评价；而认知评价则又进一步影响唤醒、行为、表情和情绪体验。

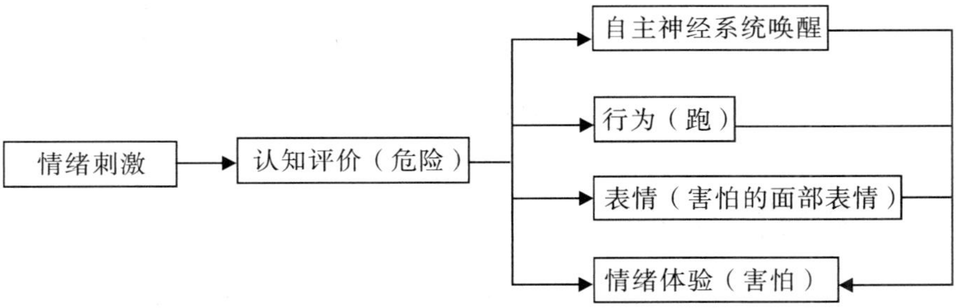

图2－16 当代情绪理论模型（Coon，2004）

我们通过例子对这一理论模型做进一步说明。当一只恶狗咆哮着扑向你时，狗作为一个情绪刺激被评价为你受到威胁。你的情绪评价引起的反应包括：①自主神经系统唤醒，如心跳加快、身体进入反应准备状态；②内在的情绪表达模式，如面部扭曲成恐惧的表情、摆出紧张的身体姿势；③适应性行为，如躲开狗；④意识上的变化，自己觉察到害怕的主观体验。此时，你所体验到的恐惧感的强度与自主神经系统唤醒的程度有直接关系。

自主神经系统的唤醒、适应性行为、主观体验和情绪表现等每一部分的信息随之反馈到情绪评价，并改变你的评价。换句话说，这些反馈信息可能改变你对情绪的想法、判断或认识。这些变化又进一步改变其他反应，而反应的改变会再次改变你对事件的评价或解释。因此，情绪会通过这一过程发展、改变或消失。

日常生活中，我们的情绪在很大程度上受到自己对事件认识的影响。例如，当你开车时，如果另一个司机强行超车，你可能会非常生气。如果你真的很生气，就会给自己增加5～10分钟的烦恼。你也可以设想那个司机只是年轻气盛，自己一笑了之，从而减少情绪对自己的伤害。情绪的初始诱因可以来自外部（如一只扑过来的狗），也可以来自内部

（如过去被狗咬、被朋友夸奖的记忆等）。因此，当我们想到或记起某些过去的事情时，也会感到害怕、悲伤或愉快。

五、情绪理论发展的取向

（一）进化取向

进化取向的研究者重视人类情绪与种族进化之间的连续性，认为情绪是包括生理、认知、体验和行为等多种成分的复杂心理活动。情绪的进化研究也反映了情绪理论在建构上的一种综合倾向，即从情绪与进化的关系上把握情绪的基本动态形式和结构特征，以此有机地综合以往各个侧面或各个环节的情绪研究成果，进而把各种复杂的情绪现象及反应机能和调节机能统一起来。

（二）生理取向

情绪的生理研究大多围绕脑的情绪机能定位和生理与情绪之间的模式化展开。情绪的生理研究获得了丰富的资料，其中许多已成为各种情绪理论的情绪模式的依据和基础。然而由于生理研究在方法或技术上所受的局限，其成果往往都是局部性的，甚至缺乏必要的内在联系，因而在解释情绪发生的整体生理机制上显得乏力。

情绪的生理研究也主要围绕大脑皮质以下的各个生理结构，而对大脑皮质这一使人类情绪复杂化和高级化的生理结构缺乏充分的研究手段，以致在分析大脑皮质在情绪发生的生理过程中的整合、调控作用时，常常依赖于推测性的笼统描述。因此，生理研究虽然有助于加深对情绪的理解，但它不可能是对情绪的完全解释。

（三）行为取向

那些对情绪行为感兴趣的心理学家，尤为注重情绪研究的客观性，强调情绪研究应集中于可以直接观察到的和直接测量到的外显行为上。当然，他们并不否认情绪体验或情感的存在，只是想把重点放在传统科学范围内更易进行研究的事物上。在他们看来，研究可观察到的情绪行为比研究不可观察的情绪体验或情感更为“科学”。

在研究人类情绪时，这类研究者往往将情绪看作一种反应或各种等级的反应，尝试像理解动物的行为那样用一组相对有限的特征来寻求对人类情绪的理解。他们把人类情绪限定在由强化刺激的性质和复杂的条件作用构成的框架内，认为由特定刺激引发的无条件情绪反应是情绪产生的根源，在对这些反应的条件作用过程中，情绪便形成了。

（四）动机取向

从动机取向角度研究情绪的心理学家，着力研究情绪对认知和行为的唤醒、组织、激励和调节作用。他们的研究结果表明，情绪的每次发生和发展、变化和转化、加强或减弱、存在或消失，都是十分具体而生动的操作过程。这个过程的进行不是任意的、无方向的或无选择的，而是旨在更有利于认识外界和采取应答反应。他们的研究在动机心理学界激起强烈反应：情绪是一种重要的动机变量，它能以一种与生理动机相同的方式激发和指导行为，它能作为一种特殊的心理背景制约行为的动机状态，它本身就构成一种基本的动机系统。

（五）认知取向

情绪的认知研究是以现象学和生理学的混合面目出现的，其基本思路是将环境影响从客观刺激引向认知评价，将生理影响从自主神经系统的唤醒活动推向大脑皮质的高级认知活动。在环境影响方面，情绪的认知研究表明，客观刺激本身并不是特定的情绪刺激，它只有经过人们的认识和评价才有意义，主要涉及价值评价（好与坏、美与丑、满意与不满意等）和控制评价（能否控制、控制程度等）。

情绪的认知研究强调，自主神经系统的唤醒活动只是情绪产生的必要条件，而在大脑皮质水平进行的认知评价过程才是情绪（体验）产生的关键，研究者试图通过研究一种认知评价—皮质兴奋模式，将认知评价与来自自主神经系统的反馈结合起来，以解释生理—情绪的关系。

第三章　情绪表达

引言　机器人能识别面部表情吗

人工智能人脸识别的技术早就有了，现在要做的是，如何让机器通过观察人的面部表情来自行判断情绪，这个人是高兴、悲伤、痛苦、不安还是焦躁？这样的技术实行起来还是很有难度的。人工智能面部研究的人员为了让机器掌握这种能力，让机器去读取不同人的表情，然后形成算法，当时英国和美国都做过这样的实验，采集自己身边的同事、家人以及邻居或者是当地的原住民等不同的人和人种的人脸表情数据。机器人基本上都能通过人的表情识别出相对应的情绪。研究人员发现，人类的情绪表达其实大多数都是相通的，因此才能被人或机器识别。然而在现实生活中，机器人真的能识别人类千奇百怪的面部表情吗？

第一节　表情的概述

一、表情及其类型

（一）什么是表情

表情又叫情绪表达，是指个体情绪、情感的外在表现。正如第一章所述，情绪有不同的成分，包括生理、体验和表情三种成分。其中生理成分有些能观察到，有些则观察不到，如心率、血压；体验成分属于内在的主观感受，无法观察，例如一个人心情好坏，只有他自己知道。表情成分属于情绪的行为层面，是可观察的那一部分，一般都是通过观察一个人的表情来推断他的体验，所谓“读心术”指的就是一种察言观色的能力。这就是为什么我们也能了解他人感受的原因。由于情绪体验很难客观研究，因此大多数心理学家都非常注重表情的研究，从达尔文的进化研究到艾克曼的跨文化研究，不仅证明了情绪是可以进行科学研究的，而且还证实了这类研究是极其有价值的。

情绪表达分为言语和非言语形式两种（费尔德曼、黄希庭，2008）。非言语行为同时通过几种途径传递信息，例如，面部表情、目光交流、身体动作、语气语调，甚至像扬起眉毛这样不明显的行为都是独立交流的非言语途径。在我们无法听见一个人的声音时，仅凭观察其面部表情或身体动作就能了解他的情绪状态。例如，舞台上哑剧演员的表演，我们根据面部表情和姿态动作就可理解演员所表达的情绪，高兴时手舞足蹈，震惊时目瞪口呆，悔恨时捶胸顿足，羞愧时面红耳赤，等等。

（二）表情的类型

通过对情绪的外部表现来识别情绪状态，我们可以将表情分为面部表情、姿态表情和言语表情。

1. 面部表情

是指通过眼部肌肉、面部肌肉和口部肌肉的变化来表现各种情绪状态的一种表情，如快乐时嘴角的肌肉上扬，眼角出现鱼尾纹。面部表情是一种非常重要的非语言交往手段，人类的五官及面部肌肉不但可以传情还可以交流思想，艺术家们往往通过对人物面部表情的描绘来表现人物内心的情绪和情感，栩栩如生地展现人物的精神风貌。

2. 姿态表情

这种表情可分成身体表情和手势表情两种。人们在不同的情绪状态下，身体姿态会发生不同的变化，如恐惧时“紧缩双肩”，紧张时“坐立不安”。举手投足、两手叉腰等身体姿势都可表达个人的某种情绪。手势也是表达情绪的重要方式，通常和语言一起使用，表达赞成或反对、接纳或拒绝、喜欢或厌恶等态度和感受。手势还可以单独用来表达情绪或作出指示，在无法用言语沟通的条件下，单凭手势就可以表达前进或后退、同意或反对等思想感情。

3. 言语表情

这是一种通过说话时的语音和语调、节奏和速度的变化来表达情绪的表情。作为辅助言语交际的工具，言语表情是一种副语言现象，如言语中语音的高低、强弱、抑扬顿挫等。例如，人们惊恐时尖叫，悲哀时语言节奏缓慢，气愤时节奏变快，爱慕时语调柔软且有节奏。用“什么”一词可以通过不同的语调表示讨厌、生气、鄙视、好奇、张皇失措和得意扬扬等不同情感；“别说了”这句话，强硬而又快速的语调体现恼怒的情感，多少带有命令的意思，而低沉、缓慢的语调则体现着畏惧的情感。

（三）表情的作用

人是富于情绪表达的动物，表情是反映其身心状态的一种客观指标。例如，“喜气洋洋”“气势汹汹”“愁眉苦脸”“眉开眼笑”等标志着人们喜、怒、哀、乐的心理状态。在社会生活中，人们往往根据他人的表情来判断其内心的情绪体验。表情动作提供的线索是十分明显的，甚至连手势、眼神、视线、语调等方面的细微变化都能真切地反映出个体内心的情绪与情感状态。在高等动物的种属内或种属间，表情起着通信的作用，如求偶、顺从、维持接触行为的信号以及警告、求救和威胁的信号等。对人类而言，表情是人们识别他人情绪、情感的重要线索，是人际交往的重要工具。

二、表情的普遍性

表情具有普遍的模式，世界各地的人在一些最基本的情绪表达方式上都是一致的，如人们在悲哀时哭泣、快乐时发笑。达尔文认为，人类的情绪表达是从其他动物那里进化而来的，人们表达情绪的原始方式具有某些生存价值的遗传模式。他的推理逻辑是：如果世界各地的人相互之间从来不曾了解和交流，但表现出相同或相似的表情，那么这种表情一定是遗传或进化而来的，而不是习得的。例如，相互隔离的不同文化发展了不同的语言，可见语言是环境的产物，是习得的；而不同文化的人有着相同的表情，这说明表情是遗传的。

（一）来自正常婴儿及先天盲婴的证据

查尔斯沃思和克罗伊泽考察了婴儿和儿童的面部表情，他们发现，哭、微笑、大笑这三种不同的行为早在婴儿时期就表现出来了。他们认为，两岁前的婴儿就显露出成年人情绪表达行为的全部表现及其特征。特别有趣的是，综合性研究发现，先天盲童的大笑、微笑和大哭的形式与那些视力正常的儿童极其相似。很显然，刚出生就双目失明的盲童不可能通过学习来模仿别人的表情。

凡是正常视觉婴儿早期出现的表情，在盲婴面部都能见到。例如，出生 3 天的新生儿在快速眼动睡眠中出现的微笑面孔，是婴儿身体处于舒适状态的反射，是先天情绪模式的最早显露。对酸或苦溶液的味觉刺激引起的皱眉、纵鼻和转头的厌恶反应，甚至母亲面孔和声音在婴儿面前频繁出现时所引起的微笑反应，凡是在正常视觉婴儿面部出现的表情，在先天盲婴中都能按生长节律出现。这些盲婴与正常视觉婴儿一样，产生对母亲的依恋，以及愉快和痛苦、恐惧和愤怒等表情。这些案例表明，基本情绪表情是先天的、不学而能的。它们在生物—社会联系中发挥着适应的作用。

（二）来自跨文化研究的证据

如果进化论的观点是正确的，那么我们预期在全世界儿童中会发现许多相同的反应模式。跨文化研究证实了这一预期，生活在不同文化中的儿童具有很多相似的情绪反应。研究者对美国和日本 5 ~ 12 个月大的婴儿进行了研究，对每个婴儿采用一套相同的实验程序：将每个婴儿的手腕抓住并交叉叠放于腹部。实验者将每个婴儿的反应都拍摄成录像，结果发现两种不同文化下的婴儿的面部肌肉运动的方式都相同，即都有高度相似的痛苦表情（Camras et al. ，1992）。日本和美国的婴儿在发出负性的声音和身体挣扎的频率方面也很相似。

对 18 种不同文化中“怒”表情的研究表明，表现威胁和恐吓的表情在不同文化中惊人地相似，其共同的特征包括斜吊的眼睛，相似的眉毛、鼻子、脸和下巴的样子，以及张开并下撇的嘴。根据艾克曼的观点，所有的人都在分享着一个重叠的“表情语言”（Ekman，1994）。大量证据表明，有七种表情可以在全世界被识别出来，用以表达高兴、惊讶、愤怒、厌恶、恐惧、悲伤和轻蔑的情绪。跨文化研究者要求来自不同文化的人们对标准化照片中的表情所表达的情绪进行界定，结果发现人们通常可以识别这七种情绪相应的表情。

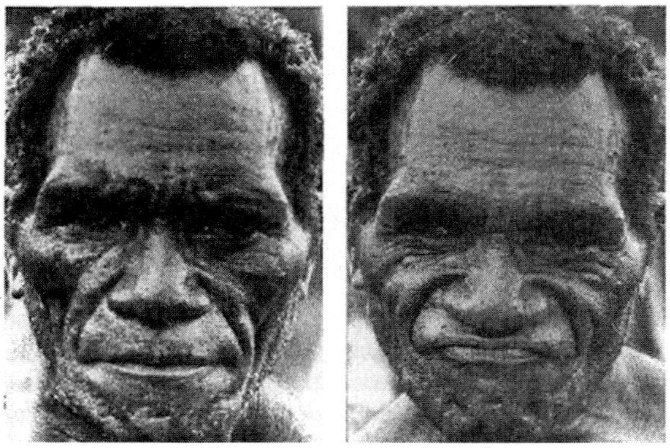

图 3－1 弗尔人的面部表情

在其中一项研究中，新几内亚的一个前文字阶段文化（弗尔文化）中的成员可以精确地对白人面孔所表达的情绪进行识别，而在进行这项实验之前，他们几乎从未见过或接触过西方文化。他们是通过自己的切身感受进行推断的。例如，恐惧意味着当你没有长矛在手时被一头野猪追逐，悲伤暗示你的孩子死去了。他们唯一的困惑是表达惊讶和恐惧的表情，可能因为这些人在惊奇的时候通常是恐惧的。接着，研究者让该文化中的其他一些成员做出用以交流基本情绪（不包括轻蔑）的表情（见图 3－1）。当美国学生观看这些弗尔文化中的成员的表情录像时，可以准确识别他们的情绪，但有一种除外，那就是美国人难以识别弗尔人的恐惧和惊讶的表情，正如弗尔人在识别这两种情绪的表现一样。

三、表情的差异性

尽管世界各地的人对于特定范围内的情绪表达方式似乎有着相同的基因遗传机制，但是个体之间的情绪表达仍然有明显的差异。这是因为：一方面，不同文化对于情绪表达具有不同的规范和标准；另一方面，随着个体不断社会化，人们逐渐学会了如何控制自己的表情。特定的情绪表达总是与特定的文化相适应。文化建立起社会规范，规定人们应该有哪些特定的情绪反应以及特定人群成员的哪些情绪表达具有社会适应性。从这种意义上讲，表情具有文化独特性。例如，伸出舌头在一些文化中是惊讶的表示，而在另一些文化中则认为是开玩笑或表示蔑视。

（一）情绪表达的文化多样性

情绪表达明显受文化因素的影响。例如，西欧和美国人以亲吻表示亲切，日本人以微笑表示抱歉，一些英语国家的人常向上伸出食指和中指做出一个“V”字形表示战斗和胜利的决心。艾克曼等人（1972）让日本和美国大学生作为被试观看一部悲伤的影片，单独看或与一位来访者（被告知是一位科学家）一起看。在看到电影的悲伤情节时，隐蔽地摄下被试的表情。结果表明，单独看时，日、美大学生没有差别，但与他人一起看时，日本大学生较少表露不良情绪，往往以礼貌的微笑掩盖真实情绪，这是因为日本文化不鼓励个人公开表露自己的情绪。

塞内加尔的沃洛夫人（Wolof）生活的社会是一种对地位和权力有严格界定的社会。这一文化中的高阶层成员在情绪表达方面极其克制，而低阶层成员在情绪表达上则有更大的自由度，特别是一个叫作 Griots 的阶层。实际上，这些 Griots 人通常被认为是以一种“不庄重”的方式表达着贵族的情绪。一天下午，一些妇女（5 个贵族和 2 个 Griots 人）聚集到了城镇边缘处的一口水井旁，这时另外一个女子从井口一步跨了过去，结果掉进了井里。所有的妇女对于这种明显的自杀行为都大为震惊，但是贵族妇女仍然缄默不语，而 Griots 妇女却大声尖叫起来。

在一位叙利亚朋友的葬礼上，研究者对于以下的场景大为吃惊：每当一个新来的吊唁者进入灵堂，一群妇女就会发出尖叫和哀叫，然后她们就会突然停止，直到下一位新来的吊唁者进入灵堂，才会重新开始她们的哀号。这种行为如何解释？原来，由于死者的任何一位家属都难以承受连续三天这样激烈的情绪反应，因此他们雇用专业的啼哭者，向每一位新来的吊唁者表达他们强烈的悲伤情绪。这种行为在地中海和近东的文化中都可以见到。

（二）社会化对情绪表达的影响

由于我们的情绪表达能够被别人所识别，而情绪又具有一定的社会价值，因此，在什么情况下恰当地表达什么情绪要通过后天的不断学习。有时我们力图掩盖自己的真正情绪，有时甚至有意表现与内心不一致的表情，有时则力图夸大或修饰我们的表情。这些现象称为情绪“表露规则”。尽管伴随特定情绪的面部肌肉运动模式是由生理决定的，但是这种运动显然是受“表露规则”控制的。例如，非常小的婴儿的面部表情是无性别差异的，可是让幼儿看一些愉快的、令人迷惑的或不愉快的幻灯片，同时摄下他们的面部表情，然后让大学生辨别这些幼儿的表情，结果却发现，女孩的表情比男孩的表情更容易被确认。这可能是性别角色社会化所致。

在日常生活中，每个人需要“处理”好自己的情绪表达，以便规范自己的行为，使之适应社会准则。儿童一般从三四岁开始形成有意识地抑制和掩盖自己表情的能力，这是皮质内抑制开始得到建立和消退的结果。此后，儿童修饰自己表情的能力与情绪社会化、行为社会化以及人格特性一起得到发展。例如，儿童要学会在受轻伤时不哭，在受到威胁时采取勇敢态度，在别人遭到不幸时表示同情，甚至在对自己的安全或自信有所怀疑时仍能表现镇静。因此，夸张或掩盖自己的表情经常发生在个体身上。这种修饰表情的能力，无论是为处理或企图改变自身感受，还是以它作为工具去协调人际关系，对任何人来说都是社会性适应，是情绪的生物适应性在人类身上的延伸。

学习和情景因素也对情绪表达有重要影响。对于表情的识别、特定情境中各种表情的含义，儿童要不断学习以积累经验，只有这样才有可能适时适地地表达情绪。例如，儿童必须学会与自己性别相吻合的情绪表达方式。一般而言，女人比男人更爱哭，哭的时间更长，哭起来也更厉害，这是因为男人在儿童时期就要学会有节制地表达负性情绪，在悲伤时要控制自己不哭。

第二节　面部表情

一、作为情绪指标的面部表情

（一）“看人先看脸”

面部表情是情绪外部表现最主要的方面，是人类沟通和情绪表达的基本方式。人的面部可以表达成千上万而又十分微妙的表情，而且表情的变化十分迅速、敏捷和细致，能够真实、准确地反映情感、传递信息。面部表达的各种各样的情感，最能吸引对方的注意，在你未开口之前对方就从你的面部表情上得到一定的信息，对你的气质、情绪、性格、态度等有所了解了。脸是人的价值与性格的外观，所谓“脸面”不仅指人的长相，更主要的是指面部表情。

人类的面部肌肉和器官如眼、眉、嘴、鼻、脸色等变化最能表示一个人的情绪(见图3-2)。如两眼闪光之惊喜、眼泪汪汪之委屈、眉毛紧锁之忧悉、扬眉之得意、双目圆睁之愤怒、嗤之以鼻之厌恶、脸色苍白之惊恐等。这是因为人的各种情绪状态与面部肌肉和血管等变化有关。研究表明，喜悦与颧肌有关，痛苦与皱眉肌有关，忧伤与三角肌有关，羞愧因血管舒张而脸红，恐怖因血管收缩而苍白。

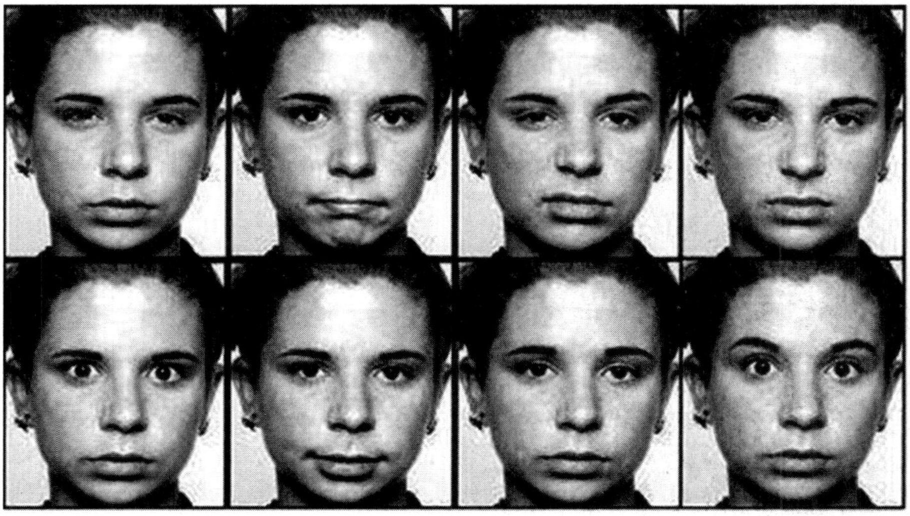

图3-2　丰富多彩的面部表情

达尔文是面部表情研究的开创者，他用20张代表不同表情的照片让20位观察者一一进行判断，如果他们对某张照片作出一致的判断，就认为该照片的确代表某一情绪。他指出，人的面部表情极可能保留了动物祖先的某些行为痕迹，人和动物在情绪表达方面具有连续性。艾克曼是情绪研究的集大成者，他的实验证明，人脸的不同部位传达着不同的表情信号。例如，眼睛对表达忧伤最重要，口部对表达快乐与厌恶最重要，而前额能提供惊奇的信号，眼睛、嘴和前额等对表达愤怒情绪很重要。

（二）面部表情与情绪体验的一致性

研究者使用精确的面部表情编码系统，发现面部表情与情绪主观体验之间有密切关联。研究表明，不同的面部表情与不同的自主神经系统反应连接在一起。例如，生气时心率加快，厌恶时心率减缓。伊扎德指出，当强烈的情绪刺激唤起交感神经系统的兴奋时，有机体的整个生命系统都被牵涉进去，全部生理节律被打乱，高度兴奋或紧张占据整个人。这时，心跳加速、面孔发热、呼吸急促、四肢颤抖，这些机体变化与在瞬间发生的面部肌肉动作相比较，更容易被个体所注意和意识。这就是机体反应容易被归结为情绪的原因。

由于情绪体验的先天性和泛人类性，因此表情和体验具有先天一致性。以人类婴儿为例，随着表情类别数目在婴儿个体中的增长，与之相一致的感受体验也同时产生和增加。表情和体验的不一致正是后天学习以及情绪与认知相互作用的结果。只有表情与体验的一致，才会对人的生活起动机作用。有人报告过，由兴趣倾向调节的感觉选择定式，可以在出生四个月的婴儿身上发生。实验者向婴儿呈现“有趣”刺激物（母亲的面孔）和“无趣”刺激物（几何图形），记录被试眨眼运动的振幅和心率。结果显示，“有趣”刺激物比“无趣”刺激物引起更多的心率下降和更大的眨眼运动振幅。这表明，某些“有趣”刺激对婴儿引起的情绪感受比“无趣”刺激引起的情绪感受能够更多地影响其选择性知觉活动。

尽管面部表情与情绪体验的关系在诸如情绪诱发、时间控制和测量等方面存在许多困难，但是新近的研究为面部表情与情绪体验的一致性提供了大量证据。例如，在一项实验研究中，被试在观看影片后报告了与影片内容相一致的情绪体验。当显示微笑的两颊抬起的面容而不显示微笑时，在成年人中感受到积极的情绪体验；罕有的窘迫感（厌恶地注视和微笑控制）和欢愉感（张口笑）导致不同的口头报告；自发的大笑和微笑被报告为具有可区分的体验和不同的社会相关性；对幽默刺激的趣味性，自我报告对幽默和大笑的相关为0.3和0.4（Kelner，1997）。

（三）面部表情能否准确传达信息

早在20世纪60年代，一些研究者对于面部表情能否传达准确信息就提出了质疑，认为面部表情是一个杂乱无章的、不可靠的系统。由于面部表情与特殊事件和主观体验之间没有系统性的关联，因此它所传达的信息是很有限的。这些研究者将面部表情分为表演式面部表情和自发性面部表情。表演式面部表情是指面部所表达的情绪，并非由真实刺激情境所引起，而只是在假定情况下的一种表演；自发性面部表情则是指在实际的或真实的刺激情境下，个人因刺激而表现于面部的情绪反应。研究表明，由于情绪的复杂性，单以面部表情作为线索判断情绪种类存在困难，即面部表情与情绪间的对应关系并非绝对。

弗里德伦德（1992）认为，面部表情表示的是社会动机，而不是私人的主观感受。相关研究发现，面部表情似乎比较适合作为沟通的需求，而不是情境的意义。有证据显示，我们很难找到能够引发大多数人产生相同情绪状态的诱发物，典型的面部表情与典型的情绪诱发物之间并没有关联。

此外，从面部表情与情绪体验发生的速度分析，表情可以在瞬间完成，而体验则要缓慢得多。当表情出现时，体验才刚刚开始；当表情结束时，体验还在进行。例如，你在观看了一场令你兴奋不已的足球比赛之后，脸上的表情尽管已经消失，但你的内心还在为主队的胜利而激动和骄傲。更为重要的是，各种外界因素对面部表情的影响要远远大于对情绪体验的影响，这是因为，我们可以选择表达什么和不表达什么，但我们无法选择体验什么而不体验什么。换言之，面部表情比情绪体验更具有可控性和人为性。

二、四种基本情绪的面部表情

（一）恐惧

恐惧是一种最原始的基本情绪，是对可能发生的伤害出现的一种情绪状态，或者事情还没有发生但因为刺激源压力过大，超过了当事人的心理承受能力而产生的情绪体验。通常发生在以下几种条件：①刺激源压力如果被评估为不能战胜，逃跑是常见的应对措施；②刺激源压力如果被评估过大，无法逃离，当事人可能会陷入恐慌，僵在原地；③极端的情况下，人们可能丧失所有能量，变得虚弱，甚至被吓死。

当人们感到恐惧时，会眉毛高耸，上眼皮提升，露出大部分的眼白；同时下颚横向张开，下巴往后拉。很多动物感到恐惧时也会有这样的表情，但是像兔子这样没有下巴的动物恐惧时则将耳朵竖起。受到伤害的威胁，无论是身体上还是心理上的，都是恐惧的诱因、主题及其变体（艾克曼，2008）。其典型的面部表情如图 3－3 所示：①眉毛上扬且紧锁；②眼皮上扬；③眼皮收紧；④嘴唇微微张开水平靠近两耳。

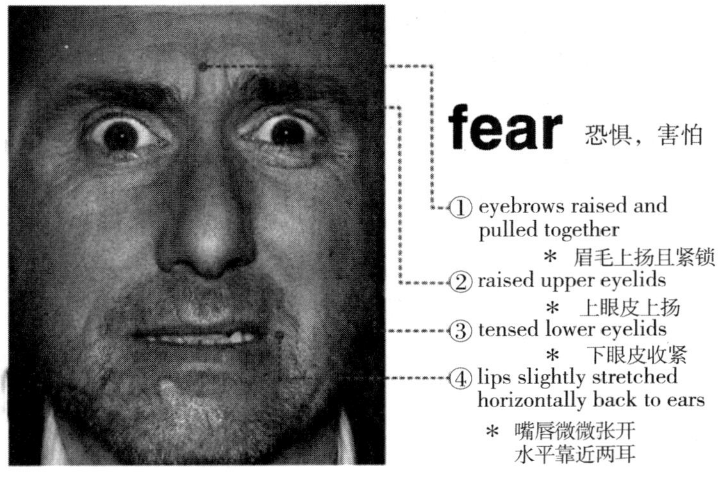

图 3－3　恐惧的面部表情

（二）愤怒

愤怒也是最原始的基本情绪之一，情绪心理学家提出过很多愤怒的主题，但是没有证据显示某一种是最主要的。事实上，愤怒可能有很多主题，例如，口头的侮辱或威胁，身体上的侵害，行动上受到阻挠，对某人的行为失望，对那些冒犯了我们的行为和信仰的人，以及剥夺所获得的奖赏等都可能导致愤怒。所有的愤怒情绪来自一个共同的源头，即威胁，这种情绪容易出现在势均力敌的情况下，而不是实力悬殊时。

艾克曼等人发现，全世界的人都能识别原型“愤怒面孔”（Ekman et al.，1987）。尽管愤怒表情在轻度到非常强烈之间变化，但这一原型是清晰的。当我们愤怒时，眉毛下拉并趋向额头的中部，上眼睑上提，下眼睑绷紧，嘴唇向里并咬紧，皱眉。整形医生就是根据皱眉这一生理特征，将肉毒杆菌注射在眉宇间以抚平皱纹，让人看起来不那么生气。其典型的面部表情如图 3－4 所示：①眉毛下扬且并拢；②眼睛怒视；③嘴唇紧锁。

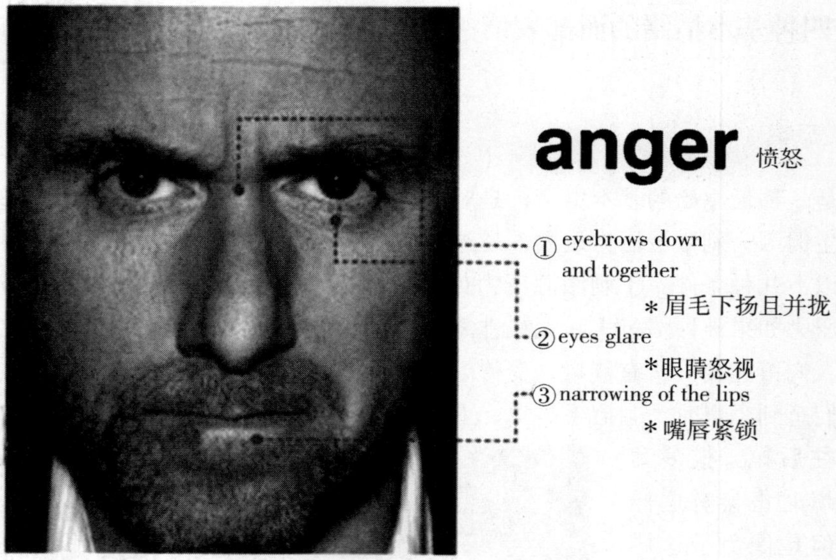

图 3－4　愤怒的面部表情

（三）悲伤

悲伤是因当事人所担心的无法改变的结果已经发生时所产生的一种基本情绪，这种情绪往往源自损失，例如，没能获利或者遭受损失都能引起悲伤，面对已经发生的恶果，无力挽回时就会产生悲伤。悲伤是唯一一个放任能量流失的情绪，其他所有情绪都调用能量，用于肢体消耗。悲伤也是一种较为持久的情绪。比如说失去亲人，在经过一段时间抗议性的痛苦之后，通常都会出现一个听天由命的悲伤阶段，这时当事人会感到彻底的无助。

当人们悲伤时，嘴角会向下用力，同时带动脸颊向下倾斜，上眼皮下垂。一些心理学家认为，悲伤情绪与哭泣表情相似，只是肌肉运动幅度要小一些；另外一些学者则认为，悲伤的情绪与哭泣的表情有着细微的差别，因此不应认为这两种表情只是程度上的不同（帕梅拉·迈耶，2012）。不管怎样，哭泣时流下的眼泪，不一定就代表悲伤。其典型的面部表情如图 3－5 所示：①上层眼皮下垂；②两眼无光；③两侧嘴角微微下拉。

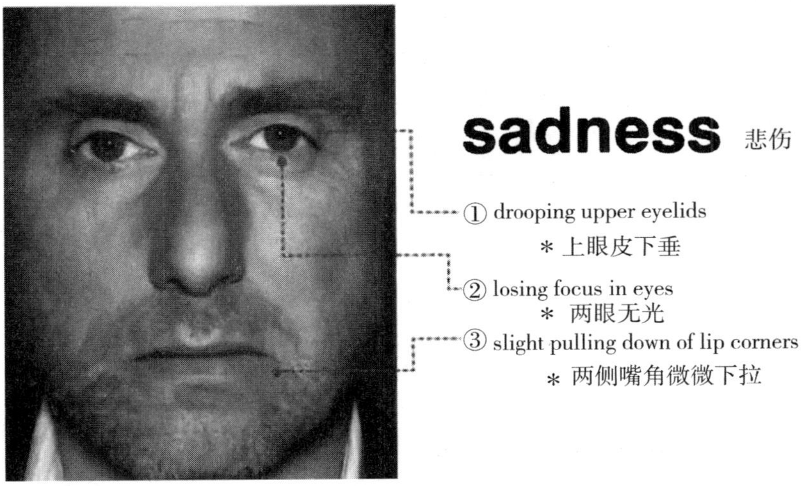

图 3－5　悲伤的面部表情

（四）快乐

有人将快乐比作一首背景音乐，你可能都不太注意它的存在，它也不会像喜悦那样一旦爆发就扰乱你的思绪。但是，研究表明，正是这首轻轻播放着的音乐决定着我们的思考和行动方式。研究者指出，快乐促使人们伸出援助之手，快乐让人更有创意，让人更好地做出决策，快乐也能给人更多的勇气（弗朗索瓦·勒洛尔 & 克里斯托夫·安德烈，2015）。在实验研究中，当情景涉及金钱时，心情快乐的研究对象比心情一般、自制力强的人要更为谨慎。现实中，在接受一项有意思的任务时，快乐的人比心情一般的人更积极主动、更有创造力。

快乐是一种最简单的愉悦，源自自我满足或者自我超越，源自当事人接收到的信息高于自己之前的预期。快乐可以是轻微的，也可以是极度强烈的开怀大笑甚至笑到流泪。当我们感到快乐时，面部肌肉是松弛的，脸上会露出“杜克尼式微笑”，此时眼角会出现鱼尾纹，眼睑收缩，嘴角上扬。真正的快乐其典型的面部表情如图 3－6 所示：①会有类似鹰爪皱纹；②脸颊上扬鼓起；③扯动眼窝周围的肌肉。

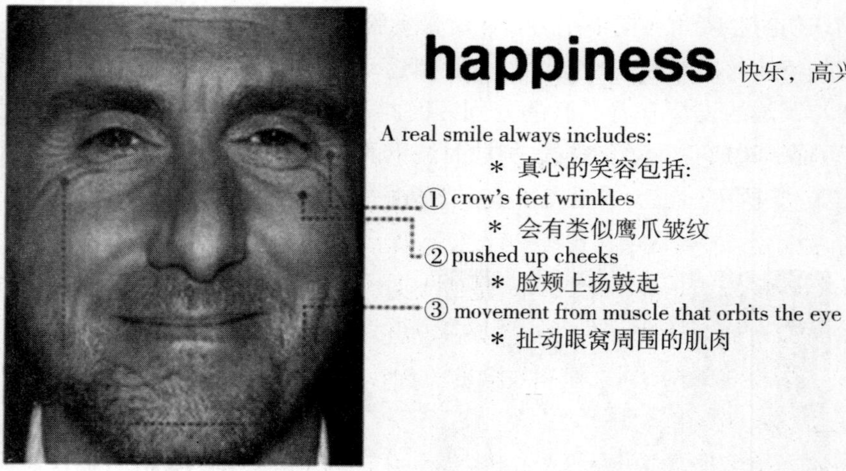

图 3－6　快乐的面部表情

知识链接 3－1　令人快乐的微笑

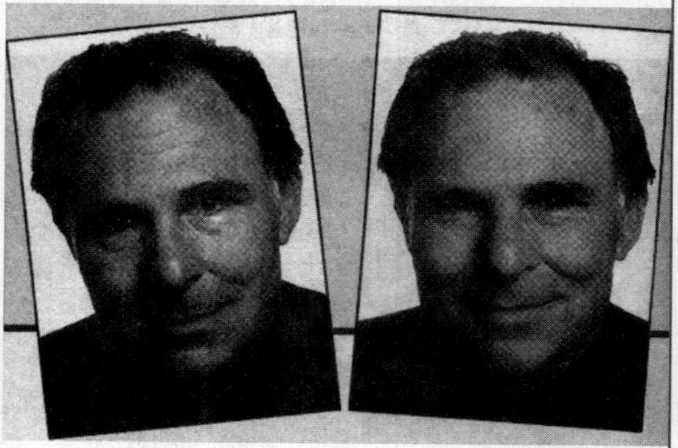

人类的面部表情中，微笑是最具欺骗性的。美国情绪专家保罗·艾克曼（Paul Ekman，1934— ）列出了 18 种笑，有礼貌的笑、残忍的笑、假笑、自谦的笑等，但只有一种是真正意义上快乐的笑。这种快乐的微笑被称为“杜克尼式微笑”。这是以 19 世纪法国一位潜心研究人类面部表情与情感的神经病学家阿芒·杜克尼（Amand Duechenne）的名字命名的。杜克尼指出，最真实的、快乐的微笑会牵动两个肌肉群：拉动颧骨的肌肉和眼睛周围的肌肉。为了演示这一不同，艾克曼做了一个僵硬的笑（图左），而后，眼角布满皱纹，咧着嘴的是真实、快乐的微笑（图右）。第一个表情在大脑中没有相应的信号。然而“杜克尼式微笑”使大脑产生了兴奋。在各种面部表情的反馈中，只有“杜克尼式微笑”使大脑皮质产生了兴奋。

（资料来源：Time-Life Books. 情感的力量. 孙红玖，连煦，译. 北京：中国青年出版社，2002：26）

三、面部表情的识别

婴儿似乎生来就有识别他人面部表情的能力。在一个实验中，4～6 个月大的婴儿出现了习惯化反应，即对于重复呈现的成人表情的兴趣有所降低，这些单一的表情选自惊奇、害怕和愤怒。当婴儿随后被示以一张不同的情绪照片时，他们重新表现出兴趣，这说明惊奇、害怕和愤怒的表情在他们的眼中是不同的，尽管他们还那么小。婴儿还会对快乐的表情做出更多的积极动作（如靠近和微笑），对生气的表情做出更多消极的动作（如躲避和皱眉）。这意味着他们不仅能够识别表情，而且很早就能理解这些表情的“含义”。

（一）线索和情境的重要性

在文艺作品中，人们往往可以看到“眉目传情”“双眼含情脉脉”“眼睛是心灵的窗户”等描述，以至于给人产生一种印象，眼睛似乎是面部最能传达情感的部位。实际上并非如此。你不妨做一个实验，用一张硬纸挡住你的面部只露出两只眼睛，然后让他人来识别你所做出的各种情绪表情，结果肯定是他人无法识别你的情绪。如果你将面部露出的部分逐渐增多，那么他人就越容易判断你所表现出来的情绪。可见，从面部识别情绪的主要线索并不在“眉目之间”，情绪识别是借助于许多线索，特别是借助面部那些活动性更大的肌肉群的运动来实现的。

尽管特定的情绪表达与特定的情绪体验相联系，但是不同的情绪体验也可能以同样的方式表达出来。例如，失望、悲痛、悔恨和内疚的表情看起来都很相似。这时，了解情绪发生的背景对于识别情绪是必要的。具体情境中的信息是我们理解别人情绪的重要线索，在缺乏背景信息的情况下，有时很难对面部表情和体态表达的情绪进行准确判断。如图 3 –7所示，你能否通过表情准确判断主人公的情绪呢？单从这位先生的面部表情看，他似乎很悲痛，殊不知，他和他的妻子刚刚得知，他们所买的彩票中了 100 万美元的大奖。

图 3 –7　喜悦还是悲痛？

（二）脸部各器官的作用

在识别面部表情时，不得不提及脸部各种器官在情绪表达和识别中的作用。脸上泛红晕，一般是羞涩或激动的表示，脸色发青是生气、愤怒或受了惊吓异常紧张的表示。脸上的眉毛、眼睛、鼻子和嘴更能表示极为丰富细致而又微妙多变的神情。皱眉表示不同意、烦恼，甚至是盛怒；扬眉表示兴奋、庄重等多种感情；眉毛闪动表示欢迎或加强语气；耸眉的动作比闪动慢，眉毛扬起后短暂停留再降下，表示惊讶或悲伤。

在各种面部器官中，眼睛是最能袒露人内心的隐秘和激情的。一般来说，眼睛正视表示庄重，仰视表示思索，斜视表示轻蔑，俯视表示羞涩。但眼睛有个显著的特点：看到很喜欢的人或事物时，瞳孔会增大；看到不喜欢的人或事物时，瞳孔则会缩小，甚至会缩到针眼那么细小。其次是关于嘴的作用的研究，如嘴唇合拢表示和谐宁静、端正自然；嘴唇半开表示有疑问、奇怪；嘴唇向上表示善意、礼貌、喜悦；嘴唇向下表示痛苦悲伤、无可奈何；嘴唇撅着表示生气、不满意；嘴唇绷着表示愤怒、对抗或决心已定。

（三）愉快与不愉快的表情

尽管人类的面部表情极其复杂，但我们大致上可以将它们分为愉快和不愉快。对于愉快的表情，我们在日常的生活中已经观察到很多了，其主要特点如下：①嘴角向后面扯；②面颊向上方拉；③眉毛保持平向，眼睛变细等。这种表情比较容易理解，这是在高兴、微笑和表达爱意时经常出现的表情。而不愉快的表情特征则是另外一个样子：①嘴角向下撇；②面颊向下拉，变得细长；③眉毛蹙成八字等。这些都可以看作痛苦、悲伤、愤怒、恐惧和嫌恶等不愉快的表情。

值得注意的是，愉快和不愉快时发生的表情变化，其肌肉动作是完全相反的。也就是说，表现愉快的表情变化时紧张的肌肉松弛下来，而肌肉紧张时表现的就是不愉快的表情变化。在我们体验到的各种各样的表情变化中，愉快和不愉快反映了两种对立的情感，从这两种极端的情感中还可以分出很多种类。例如，从中分成“痛苦和悲伤”“惊吓和恐惧”“愤怒”“嫌恶”“喜悦”等五个类别。

（四）面部表现出来的不满足

情绪一般通过三种形式表达：①面部的僵硬、抽搐现象；②通过手足等身体运动的表达；③通过语言的表达。面部僵硬、抽搐的原理，是当人们强制面部表情使其不能表达情感时，很容易在面部出现不自然的僵硬和抽搐。我们将这种现象称为尸体面膜症状。公司职员对上级有意见，不管表情怎样单调，甚至装出笑脸，做出若无其事的样子，这种不满的情感只要稍不留神就可能表露出来。要强压这种情感，就要做出牺牲，尤其是在装出的笑脸中，使人感到呈现出一种死人的冰冷表情。

在这种场合，我们常常可以看到面部肌肉的颤抖、抽搐，会出现过度的面部紧绷、脸颊紧张、频繁眨眼、鼻头出褶等，并伴随着面部肌肉的异常紧张、痉挛。这种症状大多是无意识的，为压抑那种要求得不到满足的复杂心理表现时发生的。这种现象也可以理解为人的情感由于需要表达的能源受到抑制，不能得到正常的表达，就会改变形式表现出来。无论怎样，只要我们从对方的脸上看到这种症状，就应该准确地判断出，在这种症状之后隐藏着被压抑的是一种什么样的感情。

第三节 姿态表情与身体语言

一、姿态表情

（一）什么是姿态表情

姿态表情是指除面部之外身体其他部位的表情动作，包括身体表情和手势表情两种。头、手和脚是表达情绪的主要身体部位。例如，人在欢乐时手舞足蹈，悔恨时捶胸顿足，惧怕时手足无措，羞怯时扭扭捏捏。即便握手时的用力与否，也可把人们的情绪感受形之于外。舞蹈和哑剧是演员用姿态表情和面部表情反映情感和思想的艺术形式。姿态表情由人的身体姿势、动作变化来表达情绪，心理学家往往将这种表达方式叫作“手语”（图 3-8）。

图 3-8 代表不同情绪状态的姿态表情

（二）姿态表情识别

面部表情的识别如果能与姿态表情结合起来，那将更有利于准确地判断情绪状态。识别姿态表情，其中双手的表情占有重要地位。识别双手表达情绪的准确度可以达到与识别面部表情一样的水平。在日常生活中，即使我们看不清一个人的面孔，但只要看清他的身体动作也能了解其情绪状态。例如，流行于欧洲一些国家的哑剧，演员的面部或涂上白粉或戴上面具，不可能较多地运用面部表情，但人们根据姿势动作仍能理解演员所表达的情绪。所有的舞蹈表演，严格来说都是姿态表情动作。我们对舞蹈的欣赏，实际上就是根据姿态表情来理解剧中人物的喜怒哀乐。

对舞蹈动作的情绪识别研究发现，表达惊讶、恐惧、愤怒、悲伤、高兴等情绪的舞蹈动作的识别准确率显著高于随机水平。研究者采用运动学参数如速度、加速度等对身体运动（如行走、跑步）进行了分析，发现愤怒和悲伤的姿态表情比中性和高兴的姿态表情更容易识别（Bernhardt & Robinson，2007）。另一项研究表明，被试可以识别单一一个步伐的情绪状态，研究者认为步态对于识别情绪的纬度（唤醒与优势度）是一个有用的线索，且步态的不同速度对姿态表情识别具有重要作用（Karg et al.，2010；Roether et al.，2009）。

（三）姿态表情的相关研究

1. 艾克曼等人的研究

想掩盖强烈的情绪体验往往是难以完全做到的。艾克曼和弗里森研究过这个现象，他们让被试观看一部关于女性截肢的不愉快影片，接着研究者要求一部分被试在交谈时假装看了一部愉快的影片，同时录制被试交谈时的表情（面部或身体）。然后要求另外的人判断录像中的人哪些是诚实的，哪些是假装的。结果显示，观察身体姿势比观察面部表情更能判断出谁是假装的，谁是诚实的。他们的研究表明，面部是言语信息最好的传送者，脚和腿是最坏的传送者，手和手臂介于两者之间。这可能是因为人们在日常生活中更多地注意和学习面部表情的控制，而对脚和腿的运动控制很少注意。

艾克曼和弗里森等人均已证明身体姿势和动作，特别是它的强度有助于情绪的识别。身体线索对于愉快—不愉快维度似乎并不是特别重要。在援引这一观点时，艾克曼等人提出了关于情绪交流的一个新见解。他们指出，非言语行为使我们为欺骗或隐瞒自己的表情所作的努力趋于失败，实际上它泄漏了我们“真正的”情感。

这些欺骗或隐瞒具有三个维量：①特点。欺骗的程度对于相互交往者显然是重要的，这里包含着情境和人格两方面的作用。②相互交往者所持的角色。即他们是在欺骗或在监察，或一方采用其中一种，等等。③合作或对抗。关于去发觉欺骗或继续欺骗的一种含蓄的或外显的默契。他们还提出，每个人对非言语都有一定的传送能力，传送时或快或慢，或多或少，并且能够使它们容易看到或不易被看到。此外，他们还强调外来反馈的重要性。来自一方的非言语行为会被另一方作为对其自身非言语行为的反应来觉察。即便如此，对此不宜作出公开的评论。例如，尽管我们能够评论某人在我们面前皱眉头，但我们大概不会提到他把双腿挤压在一起这样的事情。

2. 姿态表情比面部表情更直接反映恐惧感

心理学家过去一直认为，人类主要通过面部表情交流情感，但是最近一项研究表明，身体姿势与面部表情一样在情感交流中起重要作用。研究发现，对某个人的恐惧姿态的直接反应可能比先前所认为的要自觉和强烈得多。在这方面，人比动物要逊色得多。研究显示，恐惧感影响着大脑的情绪部分。因为在大脑中控制情绪和行动的神经之间的联系比控制视觉和行动的神经之间的联系要紧密得多，因此，恐惧的身体姿势可能让观察者更自觉地产生恐惧反应。

这项研究的领导者德格尔是哈佛大学医学院教授。研究者特意设置了一个情境：让参与者在不知情的情况下打开门，突然发现一个身带武器的抢劫者出现在自己面前，研究者用录像带记录了18位参与者的情绪表现。由于以前的研究都是使用静像，为了进行比较，研究者也决定使用从录像带中拍到的一些静像，但是这些图像只显示了活动参与者的身体部分，而将其面部遮盖起来，然后让接受调查的人对照片进行观察，同时使用磁共振成像技术来研究这些人的大脑变化。实验发现，人们看到高兴和中性的图像时，只有处理图像的大脑区域做出反应；在看到照片上抢劫者的恐惧姿势时，人脑中处理图像、情绪和运动神经的部分都会做出反应。德格尔说："对于恐惧图像，人类大脑会做出一系列迅速的反应。"

这一研究结果也许有助于解决恐惧传播的问题。心理学教授弗朗斯表示，这种恐惧传染在动物世界中可以很容易地观察到，他说："一群鸟在地面搜寻食物，如果其中一只突然飞起来，其他鸟甚至不知道是怎么回事也会立即随之飞起，因为落在最后的很可能会成为别人的食物。"实验还表明，当发生火灾时，即使远处的人看不到灾情也会马上警觉起来，这就是人们所说的情绪具有传染性。当你看到某个人恐惧的姿态时，控制情绪的大脑区域会马上发出指示，让自己的身体预先做出某种姿态，这种反应会以极快的速度感染整个人群。但是，德格尔指出，与动物相比，作为高级动物的人类常会因为思考如何应对而减慢反应速度。

二、身体语言

情绪也可以通过身体语言来表达。如果你走到一个人身边，对他说："嗨，丑八怪!"他会生气吗？当他看到来的是一位面带笑容的朋友时，他不会生气，因为表情和身体通过一种特殊"语言"表达了情绪，从而给语言表达的内容提供了更多的信息。

身体语言是指在社会交往活动中，以姿态、手势、面部表情、身体间的空间距离和其他非言语手段来交流信息、传递情感，又称体态语言。例如，我们常说的"摇头不算，点头算"，就是用摇头或点头的方式来表达同意或不同意的信息；我们常用竖起大拇指表示"好"，用微笑表示满意，用咬牙切齿表示愤恨。聋哑人完全是通过手语传递信息。

（一）人类的世界语言

早在几千年前，人们就认识到身体语言在交流中的象征力量。公元前14世纪富裕的希腊人就认为一个人走路时如果挺直腰板，很悠闲地迈着大步，就表示他们不需要做任何工作。在古罗马，一群士兵行进会努力地保持姿势且面容镇定，给人以有很强自控力的感觉。英国内科医生约翰·布尔沃在其1644年出版的《手势研究：手部的自然语言》一书中写道："人类的手会说各种语言，它具有思维通用性的一面，即使国籍不同、语言不通也能够明白手势。作为人类唯一的、来自自然的语言，手势也可被称为人类的通用语言（见图3-9）；只要是在人类能够居住的地方，手势是最容易理解的了。"

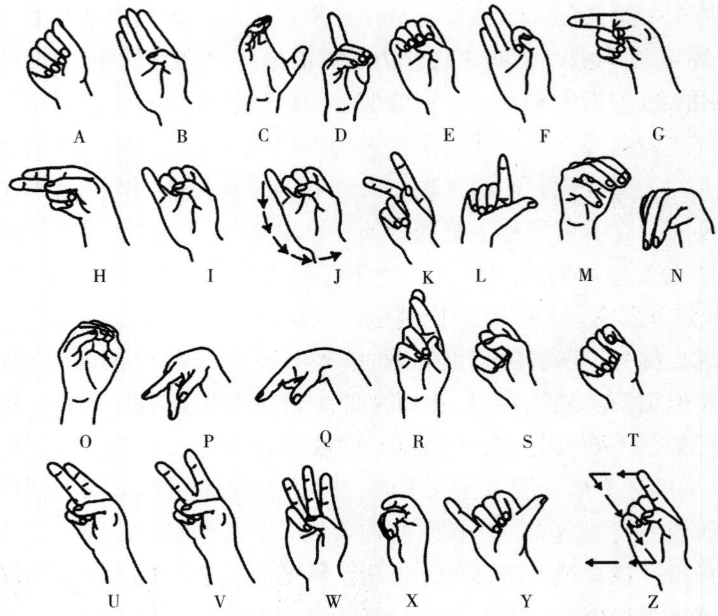

图 3－9　手势是人类的通用语言

达尔文在《人类和动物的表情》一书中也指出，我们的意图和动作彼此非常紧密地联合在一起。可以毫不夸张地说，绝大部分人都已经熟知身体语言所表达出来的信息。毫无疑问，不停地摇头、晃腿、耸肩、用拳头砸桌子，这些都是人类情绪最直接的表达方式。然而，难以意识到的是，我们的身体有时会泄露与话语不符的信息（帕梅拉・迈耶，2012）。对于一个接受过谎言识别训练的人来讲，这些下意识的“暴露”姿势会提供大量丰富的信息。

（二）身体语言的由来与发展

德国心理学家冯特认为，远古时候，人们用“手势语”表达思想，声音只是用来表达情感，后来人们才用声音来表达思想。自古以来，人们就用“察颜观色”来推测一个人的内心世界，又用“指手画脚”来传递某种用意。但是真正把身体语言作为一门科学来研究，始于 20 世纪 70 年代。伯德惠斯・戴尔设计了一套可以用来记录面部表情和身体动作的“身势语言”最小单位的符号。这个符号单位精心细致地描绘了由代表人体八大部分的八种基本符号而派生出来的各种不同符号：①整个头部；②脸；③躯干；④肩；⑤臂和腕；⑥臀部、腿和踝；⑦脚动作和走；⑧颈部动作。它们组合在一起便形成了“身势语言”。

美国西北大学人类学教授爱德华・霍尔博士分析了近体学，并且设计了一套用来研究交际时人与人之间的空间位置的界域学符号。霍尔认为，人们常根据自己与周围人的关系来使用周围的空间，决定自己与人们保持距离的远近。他和其他心理学家发现，大多数美国人对自己周围空间所需的范围有四种类型：①公共场合距离，一般保持在4～8米范围内；②社交活动距离，一般保持在2～3米范围内；③个人交谈距离，常保持在0.5～1.2米范围内；④亲密的距离可缩短到0.5米。研究表明，这四种类型也适用于不同文化背景的其他国家。

（三）身体语言的特点

1. 信息量大

据研究，各种感觉器官接收信息的比例是：视觉占87%，听觉占7%，嗅觉占3.4%，触觉占1.5%，味觉占1%。身体语言是一种视觉语言，它完全靠视觉器官感知，所以在信息传递中，身体语言的信息量特别大；而且身体语言的信息通道也相当宽，因为身体语言可以通过动作、表情、人体符号（如指纹、面纹）、服装、发式、交际距离等形式传递信息。

2. 比较可靠

根据弗洛伊德的理论，要了解说话人的深层心理，即无意识领域，单凭语言是不可靠的，因为人类语言所传达的意识大多属理性层面，经过加工整理后表达出来的语言，往往不能直率地表达一个人的真正意向，这就是所谓的“言不由衷”。爱德华·霍尔在他的《无声的语言》一书中说，无声语言所显示的意义要比有声语言多得多（见图3－10），而且深刻得多，因为有声语言往往把所要表达的意思大部分甚至绝大部分隐藏起来。

图3－10　身体语言比有声语言更可靠

3. 表现力强

因为身体语言是一种可视性语言，是一种立体的语言艺术，所以表现力强，表达内容丰富。如演出同一个剧目，你是愿意听广播呢，还是愿意看现场演出？可想而知，显然是后者。因为后者不但使用声音语言，还配合身体语言，这就使得演出生动、形象、逼真，具有更大的吸引力和感染力。心理学实验证明，人在接受信息时，只用听觉能记忆15%，只用视觉能记忆25%，而兼用听觉和视觉感受器能记忆65%。

4. 能够表达情感

人的面部表情可以表达人的内心情感，这是任何其他动物所不具有的能力。据伯德惠斯·戴尔1970年的一个估计，光是人的脸就能做出大约25万种不同的表情。人的表情是内心世界的“窗口”，虽然没有语言，但是我们通过表情就可以观察出他的处境和心情，有时能够起到“见其面，知其心”的效果。

（四）身体语言的识别

有一些关于身体语言的通俗读物，专门介绍人体各种姿势的特殊含义。例如，一位女士笔挺地站立，两手交叉抱在胸前，或者两腿紧紧地交叉在一起坐着，她所发出的信息可能是“别碰我”。然而，体态学研究者强调，一种姿势的含义并不是固定不变的。因此，这位女士的姿势也可能只是表示“这间屋子里有点冷”。

人类的情绪语言一般是相同的，因此能够传达一种情绪基调。同时，一些表达方式有着文化层面的意义，我们必须认识到，同一个姿势在不同的文化中会有不同的意义。例如，把拇指和食指捏在一起，形成一个圆圈，这个姿势在北美洲的意思是“一切顺利”或“很好”，在法国和比利时的意思是“你一钱不值”，而在意大利南部的意思是“你像头蠢驴”。

人的面部是人体最富表达的部分。面部表情多是混合表情，融合了两种或两种以上的基本表达方式。例如，在一次不公平的考试中，你名落孙山，此时你的眼睛、眉毛和前额流露出的是愤怒，而嘴角挂着的是悲伤。大部分人相信，他们能够通过观察面部表情而比较准确地判断出别人的感觉。但是，如果面部表情有上千种组合，你根据什么来判断呢？事实上，我们可以根据几个基本维度进行判断，这些维度是愉快—不愉快、关注—拒绝和激活水平。当你面带微笑“骂”你的朋友是“丑八怪”时，你传达的是一种“满意”和“愉快”的情感信息，善意的笑容改变了侮辱性语言的意义。

一些关于情绪的感觉可以通过身体姿势表现出来，其中最为常见的是放松、紧张、喜欢和厌恶。“放松”时，如果人坐着，身体一般会向后靠，胳膊和腿随意地伸开。“喜欢”时，人体会倾向自己所喜欢的对象，如某人或某样东西。即使一些被“隐藏”的情感也会在身体的姿势中暴露出来。

现在我们来想象一个情景：考试成绩公布之后，学生们从教室里鱼贯而出，而你站在较远的地方，不可能看到他们的面部表情。那么，你如何判断谁可能得了高分？谁可能不及格呢？事实上，这个任务并不困难。身体姿势也能显示出人的情绪状态。当一个人成功时，身体姿态会更显挺拔。人在自信或骄傲时背总是挺得很直，在消沉时总是驼着背，这似乎是较为固定的模式。

三、应用：“别对我说谎”

（一）谎言的线索

如果说谎真的有某种明显表征的话，那就没有人会说谎了。事实上，谎言本身什么表征都没有，任何姿势、表情或肌肉的颤动，都不足以明确告诉你别人正在说谎（艾克曼，2008）。有的只是那个人措手不及露出的行为线索，以及与其说辞不协调的情绪线索。换言之，谎言没有任何表征，但有破绽或说谎线索。情绪在言辞、声音和身体上显露的情形，说谎者为了掩饰情绪而留下的痕迹，以及伪装的情绪所显现的形态，都是在识别谎言时必须熟悉的。相关的行为线索如何反映说谎者正在竭力拼凑“故事”，也是谎言识别中必须了解的。

相对于言辞和表情的过多关注，声音和身体所受到的关注则少得可怜，人们往往忽视这一点，因为身体提供的信息本身就比表情少，声音也比言辞少。手势也会提供丰富的信息，如果是失聪者，手语更是如此。相对于声音和身体，说谎者通常会更加留意和控制其言辞和表情，因为他们知道别人正在关注这些。其中言辞又比表情更容易获得成功，因为言辞更便于准备和演练，隐瞒也更轻松，因此造起假来比表情容易得多。人们能更有准备地留意言辞，检查其中的蛛丝马迹。

由于面部直接与大脑中涉及情绪的区域相关联，因此表情能够提供比言辞更多的说谎线索。当情绪产生时，面部肌肉会不知不觉地被激活，面部表情不能刻意选择，除非表情是假的。和表情一样，声音也直接与大脑中涉及情绪的区域关联。当情绪失控时，隐瞒声音的变化也变得很困难。与表情和声音不同，大多数身体行为并不与脑部涉及情绪的区域直接关联。身体行为的留意并不困难，人们可以感受到自己的一举一动，而且其中大多数自己通常都能看到。但是大多数人并不为此劳神，他们的成长经验告诉他们不必太关注这些，反正人们很少会为其身体行为的不当而负责。正因为它被忽视，所以常常会露出破绽，毕竟人们都太忙于关注表情和揣测言辞了。

（二）身体上的证据

一个人的手势和动作能够帮助我们了解他的想法、情感和意图。我们同伴的握手方式、手臂的摆放、腿部的动作、姿势及其所在的位置，所有这些表现出来信息都比同伴们意识到表现的信息要多得多。当然，我们的非言语行为也一样。

1. 耸肩

耸肩代表不确定性。所以当耸肩和斩钉截铁的话语同时出现时，这可能象征着欺骗。“你有没有过对你妻子（或丈夫）不忠的行为?”如果你听到对方说“没有”，同时伴随着一个耸肩的动作，那么背后的事实可能就没那么简单了。

2. 手向外摊开

不那么明显的手向外摊开的动作和耸肩的动作非常相似。双手手掌通常保持正面朝下放在膝盖或者桌上，然后突然把手反过来掌心朝上。这和耸肩要表达的意思是一样的：模棱两可不确定。

3. 塔尖式手势语

这种常见的非语言的手势语表达一种自信和优越感。做的时候将十指轻轻相碰形成塔尖状。这种手势语既可以表示褒义也可以表示贬义，只有结合手势语之前的行为，我们才能确定其真实含义。

4. 双臂交叉

与手掌张开（表示欢迎和没有威胁，意味着真诚和接纳）相反，无论坐着还是站着，双臂交叉的姿势表示一种防卫、消极的或不欢迎的态度。

5. 双腿在脚踝处交叉

从双臂交叉的肢体暗示中，我们可以知道这种双腿在脚踝处交叉、相互勾住双腿的交叉式肢体语言，暗示一种退缩、不确定、害怕的心理，常见于牙科诊所和审讯室。

6. 无意识的身体

面对压力时的战或逃反应是一种无意识的行为，能引发许多真实的生理变化，这些变化表明说谎者正经历着怎样的压力（詹妮·德赖弗，2014）。无意识反应包括：①大量出汗。人在紧张时身体会避免过热而出汗，表现为手心出汗或额头冒汗。②肚子咕咕叫、打嗝或放屁。有些肠胃敏感的人一紧张就出现消化问题。③双手僵硬或者慌乱。在战或逃的选择过程中，我们很容易丧失动作的敏捷性。

（三）准确识别谎言

人在说谎时会引发内心的冲突，进而出现一系列细微但能察觉得到的抽搐、极小的手势和一闪即逝的脸部活动。我们会留意到这些手势，尽管常常没有意识到自己已经这么做了。说谎的人嘴角的肌肉常常会有轻微的紧张扯动，通常只在一侧，并伴随脸颊或眼皮的跳动。他们的眼睛可能眨得更快，眉毛（同样也是在一侧）可能蹙起，肩膀可能会微微抖动（见图3－11）。

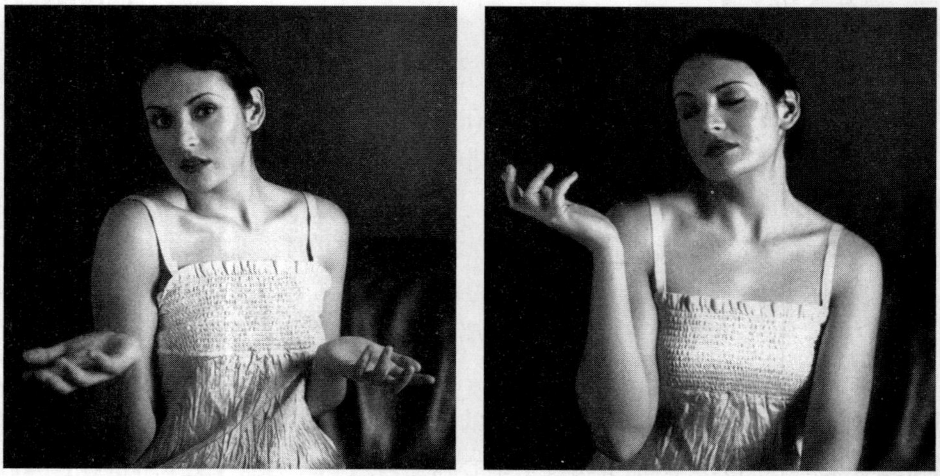

尽管她摊开的手掌表明她在说实话，但笨拙的身体姿势和紧张的表情暗示着她内心的紧张，这可能是由不诚实引起的。

有些人会在说谎时闭上眼睛，目的是避免听者从他们的“心灵之窗”看出瞒骗。侧向一边的笑容往往也会透露出不诚实。

图3－11　如何辨别谎言？

当然，一张静止的照片并不能反映全部情况，因为出卖谎言的是动作。正如前面所看到的那样，说谎的人常常会坐立不安，按压指关节，或者把手指绕来扭去。藏在鞋子里的脚趾会屈曲，如果脚部在视线范围以外，它们还会不安地拍打地面。最重要的是，我们还保留着小时候的习惯，那就是一说谎就用手捂住嘴巴。这种情况好比一个小孩泄露了一个天大的秘密后，意识到自己犯了大错，想急切地抓住看不到的话语，仿佛它们仍然在空气里漂浮，能够重新塞回刚才出来的那个孔里。

对于从孩童时期就给我们带来麻烦的泄密身体语言，我们学会了更熟练的控制，但我们对说谎的反应仍然是自动闭嘴——不过这个动作减慢了。这种减速会让我们意识到要中断自然进程，把手转到附近的一个点——最常见的是嘴边、鼻子（尤其是下侧）、脸颊或下巴。这种延缓的时间从几秒钟到 1 分钟不等。人们有时用向下张开的手掌擦拭嘴巴，就像在清除由良心引起的内疚感。

当然，谎言并非总是臭名昭著，因为礼貌、调情和奉承这样的社交习惯有时会迫使我们用谎言去恭维或欺骗对方，以增强信心或者避免公然的侮辱。如果你的约会对象问你是否喜欢他那身衣服，你最好别告诉他说你认为衣服在发臭，尤其是他已经费尽心思，希望以更好的形象出现在你面前的时候。如果你实在不得不说谎，就要使这个谎言更可信：手要富有表现力，身体保持柔软，但不要扭动身子，也不要坐立不安，两只脚固定在地上，声音要保持跟平时一样活泼。否则你就会出卖自己，哪怕你的话语再可靠也无济于事。

知识链接 3－2　识别谎言的技巧

1. 当我们听别人的故事时，不要试图去填充缺失的信息。
2. 一个成年人说谎后往往会快速地摸一下嘴巴或将手从嘴巴上快速划过。
3. 人们说谎时经常会下意识地触摸眼睛，以遮挡自己不自然的眼神。
4. 经常寻找在脸上显现出来的瞬间情感变化（即“面部微表情”）。
5. 观察人们手势与表情是否一致，人的真实情感需要靠表情和手势同时展现出来。
6. 寻找能够表明说谎的一连串行为。
7. 如果一个人点头或摇头时与他所说的内容不相符，那么他有可能在说谎。
8. 如果你觉得和他人的交谈变得奇怪了，那么对方不自然的动作预示着欺骗。
9. 当怀疑别人可能在欺骗你时，务必让自己看清他的脸、身体和腿。
10. 观察一个人的话语内容、面部表情和肢体语言是否存在不一致。
11. 向对方问一些开放式的问题，以收集事实。用“是/否”的问题来评价其行为。
12. 如果对方完整地重复你的提问，那么对方肯定是在拖延时间，以编撰一个合理的谎言。
13. 如果接受询问的人当问题结束时表现出明显的轻松，就有可能表明他说了谎。

（资料来源：帕梅拉·迈耶．别对我说谎：练就一双精确识人眼．张鹏，唐潇筱，杜芳，译．北京：中信出版社，2012.）

第四节　表情的相关研究

一、面部表情的相关研究

（一）面部表情的进化研究

早在100多年前达尔文就宣称，人类的表情与鸟受惊时翅膀的摆动、猫满足时的叫声、狼受到威胁后的咆哮同属一类。他认为，这些表情的进化是因为它们允许我们的祖先在一瞥之中就能说出所看到的是友好还是敌对的陌生者。在原始社会时期，情绪动作只对有机体具有适应意义，而并非有意地用于表达情绪，后来才作为一种习惯保留下来。例如，悲伤时嘴角下撇，可能源于啼哭时的面型，其功能是在苦难中求援，这种求援行为的痕迹世世代代遗传下来就自然成为不愉快的普遍表情。正因为人的表情具有原始的生物学基础，所以许多最基本的情绪如喜、怒、悲、惧的原始表现在全人类中普遍存在。

按照进化论的观点，面部表情是一种适应机制，它有助于动物适应它们的环境进而提高其生存能力。如果某些特定的信息能通过面部表情在动物的某个种系中或种系之间进行交流，那么这将增加物种的生存概率。例如，恐惧的表情是一种无声的警告，它预示着食肉动物的出现将带来危险；愤怒的表情可对地位低下的同类成员发出警告，要求它们从自己身边走开；厌恶的表情所传递的信息是："你做什么都行，就是千万不要吃它！"从而避免了一次潜在的食物中毒。然而，如果这些表情在所有的个体间不存在普遍性，那么它们对动物将毫无作用。

一项引人注目的研究证明了人类面部表情所具有的生存价值（Hansen & Hansen，1988）。研究者推测，如果某些诸如愤怒等面部表情能够对迫近的危险起预警作用，那么相对于其他不具威胁性的面部表情如愉快等而言，他们更易为人们所辨别。为了检验这一假设，研究者向被试出示一些照片，这些照片上的人们具有各不相同的面部表情。在某些照片中，除了一个人的表情是愤怒的以外，其余人的表情都是愉快的；而另一些照片则相反，即只有一个人的表情是愉快的，其他人的表情都是愤怒的。被试的任务是找出照片中那个具有不同表情的人，研究者记录下每名被试完成该任务的时间。

结果表明，当被试从很多愤怒的表情中寻找愉快的表情时，平均所需时间为1.45秒；而当被试从很多愉快的表情中寻找愤怒的表情时，平均所需时间为0.91秒，两者差异显著。此外，随着照片中的人数的增加，被试寻找表情愉快的人所花费的时间也相应增加，但寻找愤怒表情的人的时间却没有显著增加。这一发现以及其他类似的研究发现证明，人类也许天生就对这类能提供生存信息的表情比较敏感，因为这种表情所传递的信息与生命息息相关。

（二）面部表情的跨文化一致性研究

1. 艾克曼等人的早期研究

表现情绪的面部表情在不同文化社会中是否具有普遍性？为了考察面部表情的跨文化一致性，艾克曼和弗里森（1971）来到了位于新几内亚东南部的高原为他们的研究寻找被试。在那里生活的弗尔族人与世隔绝，其社会状态仍处于石器时代，很多当地居民几乎没有接触过西方或东方的现代文化。因此，除了自己的面部表情外，他们还没有接触过来自其他文化的表现情绪的面部表情。

该研究的目的在于考察处于前文明时期的人们能否和来自东西方文明的人们一样，从相同的面部表情中识别出相同的情绪概念。研究者选取了新几内亚的南弗尔族人作为被试，其中包括 189 名成人和 130 名儿童，对照组则选取了通过看电影、上教会学校等方式接触过西方文化的 23 名成人。研究过程中，主试给被试呈现三张印有不同面部表情的照片，同时读一段简短描述该情绪产生的情境或故事情节给他们听（如悲哀的情绪，故事描述为“她的孩子死了”；厌恶的情绪，故事描述为“他看见一件他不喜欢的东西”等），要求被试指出与某一故事情节最为匹配的面部表情。研究结果表明，识别情绪的能力既不存在性别差异，也不存在年龄差异；处于石器时代的南弗尔族人与西方文化下的被试在表情的识别率方面不存在显著差异；但被试在辨别恐惧和惊奇时的错误率较高。这一研究有力地证明了情绪表达的先天性和跨文化一致性。

2. 艾克曼等人的后续研究

通过后来大量的研究，艾克曼及其同事收集了丰富的证据，认为普遍存在七种面部表情，相应地，这些面部表情通常也被认为是基本情绪：愤怒、高兴、恐惧、惊奇、厌恶、悲伤和轻蔑。他们所研究的每种文化，包括巴西、智利、爱沙尼亚、德国、希腊、中国、意大利、日本、新几内亚岛、苏格兰、苏门答腊岛、土耳其和美国等，大多数人都能认出其他文化中人们流露出的面部表情。甚至那些从未看过电影或读过《人类》杂志并且生活在与世隔绝地方的大多数部落成员，如新几内亚岛南弗尔族人或苏门答腊岛的米南卡保人，也能认出照片中对他们来说完全是陌生人的面部表情，同样，我们也能辨认出他们的面部表情。

除了广泛的跨文化研究，艾克曼等人还研发了一种特殊的编码系统，这一系统能分析和识别面部近 80 块肌肉中的每一块肌肉以及与各种情绪相关的肌肉组合（Ekman, 2003）。当人们试图隐瞒他们的情感和假装出某种情绪时，他们通常会用到与真实情绪不同的肌肉群。例如，当人们试图假装悲伤时，只有 15% 的人使眉毛、眼皮和前额的肌肉做出恰当的运动。因此，对真正悲伤的模仿就被暴露出来了。真正的微笑一般持续 2 秒，而假装的微笑则可持续 10 秒或更长的时间。

3. 近期的应用研究

借助于艾克曼的早期研究，一些研究者试图提高我们对有学习和发展问题的人的了解。其中一项研究发现，患有注意障碍多动症（ADHD）的青少年在对艾克曼的六种基本表情进行辨别的任务中得分很低（Singh et al.，1998）。这样的发现有助于了解患有ADHD的人所遇到的一些社交困难，进而能够为有效地克服和治疗这种疾病提供指导。此外，戴维·马特苏摩图和艾克曼已经开始同其他的研究者合作，开展有关面部表情跨文化的性别差异研究。还有一些研究者引用艾克曼1971年的研究检验通过网络所进行的心理学研究是否具有一定的效度（Senior et al.，1999）。在互联网上，这些研究者重复了一个以前由被试当面完成的研究，当面部的所有其他部分（如前额和眉毛）都保持恒定不变时，被试是如何知觉出照片上的人是否在微笑。这一研究结果与艾克曼早先的研究完全一致。

最后，还有一项引用了艾克曼1971年研究成果的研究十分有趣，该研究考察了一些著名演员在其主演的电影中是如何配合情绪而使用相应的面部表情的（Carroll & Russell，1997）。研究者以四部广受好评的好莱坞现实主义影片为对象来分析对应于各种基本情绪的面部表情。结果表明，被识别为愉快的面部表情是一张具备艾克曼所描述的所有特征的笑脸。不过，对诸如愤怒、厌恶、悲哀或惊奇等情绪而言，演员们只使用了艾克曼所提出的表情全套模式中的一种或两种特征。这些结果表明，我们在识别基本情绪的面部表情方面也许比艾克曼想象的更加熟练，因为只需要凭借单一的面部表情变化，如眉毛的一次上挑、轻轻地抿一下嘴或眼睑的一次移动，便能正确地判断出与其相应的情绪。

（三）面部表情的文化差异性研究

基本情绪的表现具有先天遗传性，但它们的具体表达却受社会文化因素的制约，复杂情绪的表达更是如此。由于我们的情绪表现能被别人识别，而情绪表现又具有一定的社会价值，因此，在什么情况下展示何种情绪是后天习得的。有时我们力图掩盖自己的真正情绪，有时则力图夸大或修饰我们的表情，这些现象被称为情绪“表露规则”。尽管伴随特定情绪的面部肌肉运动模式是由生理决定的，但这种运动显然受“表露规则”控制，受社会文化因素制约。

人类学家拉巴尔和伯德惠斯·戴尔在美国结构主义语言学模式和方法论基础上，坚决主张某种关于身体运动和面部行为具有文化特征的观点。伯德惠斯·戴尔认为，身体运动和面部行为都可以作为与口头语言对应的一个系统加以研究，因而它们具有一定文化的特征。例如，微笑现象并没有什么一致性，因为他看到，人们不仅在满意中微笑，而且在倒霉时也微笑。他得出结论：“在世界范围内并没有引起一致性反应的身体活动、面部表情以及姿势……‘微笑’在一个社会中表示友好，而在另一个社会中却表示窘迫，而且，同样在另一个社会，微笑可能预示警告，微笑在不同文化背景中被用来传达不同信息。”米勒也支持面部表情的文化特征观。在回顾艾克曼的研究时，她总结说，艾克曼所阐述的一切，就是劝说不同文化中的成员展示其可以相互理解的模仿。

二、表情的线索研究

（一）运动

米乔特的研究技术似乎把表情交流简化到元素水平，他的实验以一个简单的范例为根据。两个彩色的小矩形沿着一个水平轨迹移动，它们可以随时停止或启动，具有自己的方向、距离和可变的运动速度。观察者倾向对这些活动矩形赋予情绪的意义，特定条件产生了令人确信无疑的印象。例如，“A 从 B 逃开”、“A 去找 B”并“使它离开”、“A 推 B”等等。米乔特论证说，这些印象是非常原始的现象而不具有情绪的“意义”。但是观察者在描述矩形的“行为”时往往与人类的动作进行类比，对他们的描述暗示着情绪的状态、态度和倾向。米乔特解释了这一点，他提出任何人类的相互作用基本上包含着这些相同的因素：两个人的运动是彼此联系着的。

根据相互交往者彼此是结合关系还是分离关系，米乔特将情绪分为两组，即“积极的”和“消极的”，运动反应包括接近、接触，或逃避、退缩和回避。米乔特指出，情绪的身体表情产生着与矩形相类似的运动印象。他还认为在不同的情景中，结合与分离具有不同的特征，速度似乎是特别重要的。例如，迅速的运动往往暗示着猛烈，而缓慢的运动则暗示着温和。通过类似的推论，米乔特最终认为运动反应本身对于表情行为是重要的。不管怎样，按照米乔特的论点，要阻止情绪是困难的。他的研究尽管与表情有关，却是模糊和主观的。

（二）移情

斯托特兰德将移情解释为“由于知觉到另一个人正在体验一种情绪而使观察者产生的情绪性反应”。他认为情绪是一种带有强烈主观体验的生理唤起状态，情绪的主观方面是不可靠的。生理的唤醒比情绪的唤醒更广泛，只有存在某些情感成分时，后者才会存在。在某些情境中，一个人的体验对于观察到它们的人也许具有某种意义，斯托特兰德把移情与这种情境相区分。例如，当父亲皱眉头时，孩子可能预料得到即将发生不愉快的事情。但这并不是移情，观察者（孩子）知觉到（来自父亲）的情绪正充当着他可辨认的刺激（信息来源）。

斯托特兰德的实验为让五六名被试观察另一名经受了某些积极或消极体验的假被试的情况。观察者的反应通过掌心出汗和血管收缩以及在引起情绪的刺激停止后立即就其情感进行的自我等级评定获得。在第一项研究中，被试观察另一名假被试，他们接受的指令是：①想象自己处在他的位置将如何感觉；②想象他如何感觉；③密切注视他的生理反应。假被试在一个“透热疗法”的机器上接受了三种可能的体验之一，那就是在他手臂上的热度是痛苦的、中性的或愉快的。生理测量中采用了各种基线控制。假被试扮演着他的角色。研究发现，对于两个“想象”组而言，在痛苦、中性和愉快条件的生理测量间存在着差异，而“注视”组与之比较未出现这种差别。斯托特兰德由此推断说，“定式倾向”对于移情是重要的，它导致我们想象自己处在他人的位置上的人与人之间的过程，并使我们都走向移情。

（三）情绪语言

戴维斯提出，不同情绪的意义取决于我们的经验。他赞成对语言的研究。所有心理学家都面临的一个问题是，在严格而有局限的前后关系中必须使用日常的术语，而词汇的日常含义只会引起混乱，“焦虑”就是最好的例子。因而，戴维斯的目的就是编制一部情绪词汇的字典，它们来自“公共意义”，即对情绪状态的言语描述。他要求30个人去想象一段时间，当他们体验到一种特定的情绪时就把它描述出来。从对情绪体验的有关资料的判断中，戴维斯收集了556份陈述报告。这些陈述报告涉及身体感觉与外部世界的关系，认知活动与他人的关系，自我了解、对行动或去控制行动的冲动以及体验的形式方面。

戴维斯的情绪理论可以概括为五个主要命题：①情绪部分地与人体验到的事件有关，这是一个明显的现象学观点；②情绪包含了有名称的特殊状态，每个名称都涉及在一种文化中具有合理的共同基础的体验；③情绪状态的定义分为12个集合，可将它们纳入情绪体验的四维，即激活、联系、快乐情调和能力；④情绪的名称取决于体验；⑤从心理上说，情绪状态是来自与情绪意义的四维有关的刺激。

法默用访谈法考察了64名7～14岁儿童的情绪语言发展，发现随着儿童年龄的增长，他们对情绪体验的报告更接近成人；而且，那些成人最强调的情绪词汇较早出现在儿童的报告中。这些结果并不令人惊奇。例如，阿利兰德论证说，情绪作为生理基础，遗传相似的人们比不相似的人们在情绪的言语报告上更为类似。他对13～18岁的24对同卵双生子、异卵双生子和同胞兄弟姐妹进行了研究，报告了他们对某些情绪的描述，发现在情绪报告的类似性上同卵双生子与其他人之间有显著差异。

三、微表情研究

（一）什么是微表情

所谓微表情（micro-expression），是指极大地压缩了正常表现时间的完整的情绪性表情，尽管它完整地表现于脸上，但持续的时间仅止于一瞬，快到让人难以察觉（保罗·艾克曼，2008）。这种表情可以完整呈现隐瞒的情绪，但稍纵即逝，往往被人忽视。从浮现到消失，微表情一闪而过，不到四分之一秒。在实验研究中，只有10%的人察觉到微表情。与有意识做出的表情相比，微表情更能体现人们真实的情感和动机。

艾克曼等人（2009）认为，微表情既可能包含普通表情的全部肌肉动作，也可能只包含普通表情的一部分肌肉动作；微表情出现在人们试图彻底掩盖自己的情绪，消除一切可能的信号时；微表情也可能是无意识中隐藏情绪所致，人们并没有意识到它的存在；微表情可能是一闪而过的完整表情，非常短暂，如图3－12是SMIC（Spontaneous Micro-Expression Database，世界上第一个公开的自发微表情数据库）中高兴的微表情；也可能是很短暂的局部表情（局部位置出现表情肌肉运动）或者细微表情（表情的肌肉运动没有完全展开）。

图3－12　SMIC数据库中高兴的微表情

（二）洞悉微表情

微表情持续的时间差不多就够睫毛扑闪一次。虽然要发现这些微表情不太容易，不过学会读懂这些转瞬即逝的情绪非常有用，因为每种情绪都有独特的模式，几乎不可能造假。我们的面部有四十多种复杂精细的肌肉组织，要无意识地牵动其中一种很难做到，很难操控，很难伪装。

1. 撒谎的微表情

向对方询问某事时，对方一侧肩抖动表示对方对自己的话不自信。身体和语言不一致，表示他在撒谎。惊奇、害怕的表情在脸上超过一秒，表示是假装的，对方对你的质问表示不屑，通常你的质问会是真的。对方对你撒谎时，会有更多的眼神交流，来判断你是否相信他的谎言。对你的问题生硬的重复是典型的撒谎方式。

说话或思考时把手放在鼻子上是想要掩饰什么的举动。说话时一直把手放在裤兜里或抵着大腿，是紧张的表现。描述一连串发生的事情，如果事情是编造的，他可以按虚构好的顺序说，但是无法倒叙重复。人撒谎时会摸脖子，这是经典的机械反应。

2. 紧张、愤怒、恐惧的微表情

紧张、愤怒、恐惧三种情绪会使人的瞳孔放大，手臂紧贴腿部，手指竖起，是心里不安的表现。微笑的时候眨眼睛说明真的想到令人幸福的事。假笑时眼角是没有皱纹的。人在害怕时会出现生理逃跑反应：血液从四肢回流回腿部，做好逃跑准备，手部会先变冰凉。微表情是内心的流露与掩饰，通常发生在1/25—1/4秒的时间。你说错了，对方会有嘴角轻微上扬而又恢复。撒谎时，摇头否认之前可能会有一瞬间的点头动作。

3. 悲伤、厌恶、惊讶的微表情

一闪而过的悲伤几乎是无法假装的。当一个人真的伤心时，其下唇会撅起来，眉毛内侧会蹙在一起。眉毛内侧的肌肉是脸部最难移动的肌肉。悲伤的细小表情很难造假。如果你想假装生气而噘嘴，你的下唇会噘一会儿，可是前额就难以顾及了。

厌恶是内心的反应，厌恶时上唇往上抬起，鼻子皱起来，眉毛往下歪。有可能也会看到上唇合拢，眉毛和鼻子却没动。当一个人想骗人时，更有可能紧闭双唇：他下意识地试图避免说漏嘴，或者只是想对自己的身体语言严加约束。

当看到让你惊讶的东西时，嘴巴会张开且放松。眉毛上挑，不过它会有如彩虹般的弧度。惊讶只是一种微表情，它总是会激发出另一种情绪。如果你在鬼屋，那么微表情很可能是从惊讶开始，很快会变成恐惧。

4. 轻蔑的微表情

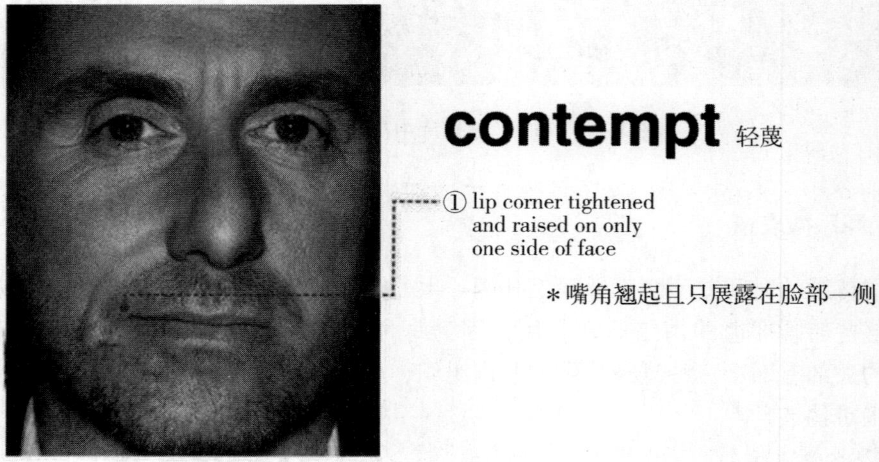

图 3－13　轻蔑的面部表情特征

轻蔑是一种似笑非笑的表情，是一种优越感油然而生的假笑，这也是唯一一种不对称的表情，其典型的面部特征是嘴角翘起且只展露在脸部一侧（见图 3－13）。对人际关系而言，轻蔑是危害性极大的表情之一。

心理学家和婚姻专家约翰·戈特曼发现，这种表情会造成注定失败的婚姻。它仿佛高声尖叫："我终于明白了，我比你更优秀。"对致力于防止家庭暴力的警察来说，这是一种危险的面部表情。你应该知道轻蔑是一种含蓄的恫吓："我要么绕过你，要么冲向你。"

我们会在很多说谎高手的脸上看到轻蔑的表情，例如斯科特·彼得森和 O. J. 辛普森在法庭上的表情。他们想以让人信赖的形象出现在众人面前，可是却流露出轻蔑的、缺乏交流的似笑非笑的表情，因为他们认为自己比那些审判他们的人和被他们伤害过的人都更优秀。

（三）微表情识别训练

人们对于普通表情的识别往往比较容易，但对微表情的识别很困难，在没有经过训练的情况下，其准确率大概在 45％～59％（Matsumoto & Hwang，2011）。2002 年，微表情识别领域取得了重大进展，艾克曼研制出第一个微表情训练工具（Micro Expression Training

Tool，METT）。该工具训练七种基本情绪（悲伤、恐惧、愤怒、厌恶、轻蔑、惊讶、高兴）的微表情，包含前测、训练、练习、复习与后测五个部分。其中前测程序和“日本人与高加索人短暂表情识别测验”（Japanese and Caucasian Brief Affect Recognition Test，JACBART）相同，测量未受训练情况下人的微表情识别能力。训练、练习与复习三个部分构成 METT 的训练程序，在训练部分，艾克曼用视频方式讲解微表情特点和识别技巧；在练习部分，被试练习使用在训练部分学习到的技巧对微表情进行识别；在复习部分，被试进一步巩固学习到的技巧。

后测程序也与 JACBART 相同，但使用了与前测不同的数据集，以测量被试接受训练后的微表情识别能力。前测成绩和后测成绩的差异，反映了被试微表情识别能力的变化。METT 提供的训练程序能在 1.5 小时的时间内提高人识别微表情的能力，后测的成绩能较前测平均提高 30% ~40%（Ekman，2009）。由于人们往往难以觉察到微表情的存在，所以微表情识别研究可能会出现地板效应。而 METT 能提高人对微表情的识别能力，从而有效地避免研究中的地板效应，使各种微表情识别研究具有了一定的可行性。但是，METT 的训练效果的维持时间长短目前还不得而知。

METT 被应用在多种人群和领域，如大学生、百货商店员工和审讯顾问、海岸警卫队官员、澳大利亚警察和海关、中国香港警察和海关官员测谎等，发现这些被试经过 METT 训练都会有较大的提高（殷明等，2016）。弗兰克等人还发现，经过微表情识别训练后，海岸警卫队和大学生在现实生活中对隐藏的微表情的识别能力得到了提高（Frank et al.，2014）。FBI 对学员进行微表情训练，显著提高了实际工作中的测谎能力（Matsumoto et al.，2014）。此外，METT 还应用于训练有表情识别障碍的特殊人群，以提高其微表情和表情识别能力以及社交能力。

（四）微表情的应用

艾克曼通过实验证明，50% 的人撒谎时会有微表情的流露，因此微表情识别的一个重要应用是测谎。测谎在刑事侦查、维护公共安全、反恐等方面具有很大的应用价值。利用摄像头采集人类面部微表情，结合微表情自动识别系统，能够判断出其内心真实想法（李文书等，2018）。微表情识别在政治心理学中也有重要应用。帕特里克将布什鼓动海湾战争录像中的几个微笑的微表情去掉，制作成实验录像，并把实验录像和原录像分别给两组被试者观看，发现两组被试者在观看不同录像时情绪明显不同，观看原录像的被试者比观看实验录像的被试者表现得更加轻松愉悦（Patrick，2009）。这也许能够说明，虽然在日常生活中，人们并不刻意关注自己或者他人的微表情，但微表情很细微地影响着人们。

除上述领域以及治疗学方面的价值外，微表情研究在其他领域也有很大的潜力与前景。艾克曼等人经过多年研究于 1978 年创制了面部表情的编码系统，之后定期更新这一系统。这些专家们对于面部表情的变化非常敏感，并能观察到极其细微的表情变化，比如微伸下颚，下颚微缩或下颚微侧。同时他们记录下了收紧脸颊、舔嘴唇、张鼻孔、吐舌头和缩脖子等动作。这是一项既细致又艰巨的研究，不仅研究者进行研究，而且计算机图形动画师、心理学家以及美国联邦调查局审讯员也为此作出了贡献，它不仅为面部以及欺骗性表情的研究奠定了基石，同时也为解剖学提供了必要的医学研究素材。

知识链接 3－3　微表情研究的由来

在20世纪60年代，艾克曼和弗里森第一次研究说谎线索时就发现了微表情（Ekman & Friesen, 1969）。当时艾克曼正在检视一盘访谈的录像带，接受访谈的病人是一位名叫玛丽的精神病患者。玛丽住院数周之后，访谈时告诉医生她不再沮丧，并请求周末与家人团聚。但事后她坦言自己是在撒谎以便获得自杀的机会，自己当时仍然感觉悲观和绝望。

在录像带中，玛丽多次轻微而不完整地耸肩，这是肢体符号的失误，但她的肢体比画却很少。研究者发现了一个微表情：以慢镜头回放，可以看到脸上迅速掠过极度忧郁的神情，随即换上一副笑脸。翻看一下本章第二节图3－5悲伤的表情，由于固定于纸面上，不难解读。但如果是一个微表情，就只有1/25秒的时间，随后被其他的表情所掩盖，那么就极不容易被捕捉到。就玛丽而言，她那种情绪肯定不是无意识的，因为她的微表情透露，她正痛苦地意识到了那种悲伤。

研究者出示玛丽接受访谈时包含那个微表情的片段给别人看，请他们判断她的心情。结果未经训练的人都漏失了微表情中的信息，造成误判，认为她的心情还不错。但当播放慢镜头时，大家都抓住了忧郁的信号，接着再以正常速度播放片，忧郁的微表情也能够被捕捉到。然而，有经验的临床医生一般不需要慢镜头回放就能捕捉到微表情。

当艾克曼进行这项研究时，一个由瑞士心理学家组成的研究团队也在日内瓦精神病房里对患者进行研究。其中有一半的患者曾经试图自杀。当询问那些想要自杀的患者是否还会自杀时，他们脸上都流露出短暂的厌恶、轻蔑的表情，也许他们是对那些心理学家表示不屑，也有可能是觉得自己的生命一文不值。然而，那些没有自杀的患者却从未流露出这种表情。

（资料来源：保罗·艾克曼．说谎：揭穿商业、政治与婚姻中的骗局．邓伯宸，徐国强，译．北京：生活·读书·新知三联书店，2008：105－106）

第四章 情绪发展

引言 解读儿童的情感世界

孩子在儿童时期经历了许多奇迹般的变化，其中最引人关注的莫过于各种情绪活动的出现。但婴儿不会说话，幼儿也无法用言语准确地表达他们的情感，因此人们对他们情绪的产生和发展过程只有大致的了解。研究人员设法在儿童成长的旅途中对每一个主要发展阶段进行细致的研究，结果发现：新生儿的面部只有少量的表情变化，数月后便产生一些最基本的情绪，如快乐、生气等；几年后，出现了愧疚、害羞等情绪。同时，孩子们也学会了观察别人的情绪变化以及控制自己的情绪。

虽然儿童只能支吾不清地描述他们的情感世界，成人有时会不得其解；但孩子缺乏成人控制、隐藏情绪的技巧，他们的情绪变化在脸上表露无遗，每个手势及姿势都能帮助我们解读他们的内心世界。当然，我们并不能完全根据孩子们的表情和行为准确判断他们的情感。对于父母或孩子的照料者来说，理解孩子的情感世界是一个新奇的、永无止境的过程。

第一节 情绪表达的发展

一、人类最早的情绪表达

（一）先天还是后天？

婴儿是不是生来就会表达基本情绪？如快乐、惊讶、恐惧、愤怒、伤心和厌恶。大多数研究者认为，几乎所有这些表情在婴儿出生早期就表现出来了（Izard et al.，1995）。儿童在不同阶段表现出不同的情绪和情感，这为成熟论奠定了基础。大量实例证明，至少有八种基本情绪是与生俱来的。1932 年，研究者对一个先天失聪、失明的 10 岁女孩进行了观察研究，发现她会用跳舞和笑来表达喜悦，用转过身去噘起嘴或皱眉表示愤恨。她不可能从视觉和听觉中学到这些，所以这些情绪及其表达方式都是与生俱来的。

同时，没有人否认后天的学习将这些与生俱来的行为扩展成为完整的表达系统。甚至有些研究者认为，人在刚出生时情感与表达是彼此互不相干、截然不同的两个事物。从这个观点看，情绪表达很大程度来源于先天，随着生理的成熟而不断发展成熟，但是若要将其与相应的情感联系起来就需要后天的学习了。

（二）原始情绪

新生儿有什么样的情绪？这些情绪是何时以及怎样出现的？研究新生儿是件相当困难的事情，因为他们几乎一整天都在睡觉，醒着的大部分时间都在吃喝。在最初的一段时间，医生和护士经常要查看新生儿。很多父母都不情愿让研究者在他们陪伴孩子期间进行观察。即便如此，我们仍然能够从照片或父母的报告中了解新生儿的情绪，他们至少拥有如满足和不安一类的情绪表现。

一些研究者认为，婴儿生来拥有一些原始情绪，也就是最基本的情绪，这是人类和动物共有的情绪，如喜、怒、悲、惧等。其中，有三种原始情绪在出生后的前几周很明显：痛苦、兴趣和愉悦（Lewis，2008）。痛苦表现为哭泣，婴儿在出生后头几天就可以通过注意转换来表达兴趣，新生儿在品尝甜东西时会出现愉悦的面部表情。在接下来的几个月，这三种情绪会分化出其他的原始情绪：悲伤分化成愤怒和恐惧；兴趣分化成惊奇；愉悦分化成快乐（厌恶也很早出现，但与痛苦、兴趣和快乐不同，它不会发展成更复杂的形式）（见图 4－1）。

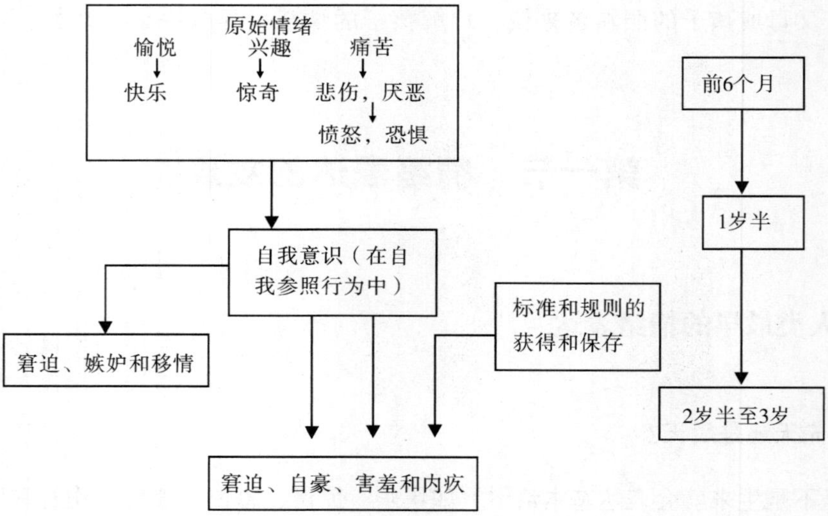

图 4－1　原始情绪及其分化（Lewis，2008）

（三）新生儿的情绪表达

刚出生的新生儿对周围世界充满兴趣。出生 1 小时后，他们就能睁开眼睛，对这个陌生的世界充满了好奇。尽管研究表明这时与孩子的短暂分离没有什么妨碍，多数家长还是在婴儿出生后的数小时就与孩子充分接触，以建立亲密的关系。

新生儿发出的第一个声音就是哭声，这也是我们看到的最早的面部表情。尽管最初的哭只是一种生理反应，但它是新生儿和这个世界进行交流的最有效的表达方式。新生儿以大哭为信号告诉养育者他饿了、困了或冷了。新生儿还能表达厌恶的情绪。研究发现，在新生儿第一次吮吸母乳之前，对苦的液体就已产生反应：嘴角朝下、双唇紧闭、眉头紧锁，以此表示不愿意喝。当新生儿渐入梦乡，脸上会无缘无故地流露出笑容。专家对此的解释是，这种笑容是轻度睡眠中大脑活动的生理反应。入睡过程中父母轻轻地抚拍会使孩子露出这样的笑容。很多人认为婴儿是因为看到妈妈的面孔才发出微笑的。其实不然，婴儿此时的微笑是与生俱来的。

出生后的第一周，新生儿的情绪反应还不够明确。很小的宝宝要么处于一种激动状态，要么处于平静状态。他们也许会哭得很厉害，但是我们很难为他们的感受加上合适的标签。这是一种未分化的情绪表达，新生儿的哭意味着不同的感受。随着他们逐渐发育成熟，这种激动状态开始分化成一些熟悉的成人式的情绪，如愉快、恐惧和愤怒。

二、儿童的情绪表达

（一）婴儿的情绪

从左至右、自上而下依次为好奇、恐惧、厌恶、愉快、悲伤、愤怒

图 4－2 婴儿基本情绪的面部表情（Shaffer，2005）

美国心理学家刘易斯·墨菲在多年的研究中发现，婴儿在出生后 1～2 个月即开始表现出悲伤、恐惧、快乐和愤怒等基本情绪（见图 4－2）；3 个月后，婴儿会为养育者的出现而感到快乐，也会因与养育者的分开而感到伤心和害怕，这些反应促使养育者多待在婴儿身旁；4 个月大时，他们会因可笑的事而发笑，在不安的哭闹中也会表现出悲伤或失

望；6 个月大的婴儿已经可以预测事情的发展，当出乎意料的事情发生时，婴儿会感到吃惊。

大多数 7 ~9 个月的婴儿表现出一种“怯生”的紧张心理，这通常是在不熟悉的环境中遇到了陌生人所致；9 个月大的婴儿会在养育者离开时表现出失望和难过。到 1 岁大时，婴儿对基本情绪有了完整的概念，但是像内疚、惭愧和鄙视一类的复杂情绪则要大一点才会出现。快到 2 岁时，婴儿开始表现出比较高级或复杂的情绪，如尴尬、害羞、内疚、嫉妒和骄傲，这些情绪被称为自我意识的情绪。

知识链接 4－1　婴儿体验到了情绪的高低起伏吗？

任何人只要花时间和婴儿相处，就会知道婴儿的表情似乎是其情绪状态的指示器。在我们期待他们会快乐的情境中，他们似乎微笑着；当我们可能假定他们受到了挫折时，他们表现出愤怒；当我们可能预期他们不高兴的时候，他们看起来有些悲伤。

事实上，这些基本的面部表情即使是在差别最大的文化之间也是惊人地相似。不论是印度、美国的婴儿，还是新几内亚丛林的婴儿，其基本情绪的面部表情都是相同的；而且，被称为非言语编码的非言语表情，在各个年龄阶段都相当一致。这些一致性让许多研究人员得出了这样的结论：我们天生就具有表达基本情绪的能力。

婴儿表现出相当广泛的情绪表达。有许多研究考察了母亲在她们孩子的非言语行为中看见了什么，根据这些研究，几乎所有的母亲都认为她们的孩子在满月前就已经表达出兴趣和喜悦。此外，84% 的母亲认为她们的孩子已经表达出愤怒，75% 认为有惊讶，58% 认为有恐惧，而 34% 认为有悲伤。研究采用伊扎德所发展出来的“最大限度辨别面部肌肉运动编码系统”也发现兴趣、苦恼和厌恶在婴儿出生时已经出现，而其他的情绪在出生之后的几个月逐渐表现出来。

尽管婴儿展示了相似的情绪种类，但情绪的表达程度在婴儿间各有不同。甚至在婴儿期，来自不同文化的儿童在情绪的表达性上显示出了显著的差异。例如，在 11 个月大之前，中国的婴儿相对于欧洲、美国以及日本的婴儿来说，普遍具有较少的表情。

（资料来源：罗伯特·费尔德曼．发展心理学：人的毕生发展．苏彦捷，等译．北京：世界图书出版公司，2007：211 －212）

（二）幼儿的情绪

到了 3 岁，儿童能够更好地评判自己表现的优劣。他们在成功完成一项困难任务后开始表现出骄傲，也会在未能完成一项简单任务后表现出羞愧。当然，父母对儿童自我评价性情绪的体验和表达有显著影响。在一项研究中，研究者记录了母亲在其 4 ~5 岁的子女解决各类难题成功或失败时的反应（Alessandri & Lewis，1996）。结果表明，儿童在成功时表现出骄傲和在失败时表现出羞愧的程度很大程度上取决于母亲对他们成绩的反应。那些更关注消极表现，在儿童失败时给予严厉指责的母亲，其子女在失败后表现出较高水平的羞愧，却很少在成功后感到骄傲；而那些更倾向于在孩子成功时做出积极反应的母亲，她们的孩子在感到成功后更骄傲，而在未能实现预期目标时表现出的羞愧则很少。

5 岁以后，儿童对社会准则和行为标准开始有了越来越清楚的认识。一件事做得好与坏只是产生某种情感的原因之一，是否按道德标准来做此事也会导致不同情绪的产生。比如得到了自己想要的蜡笔，孩子不一定就高兴，还要看蜡笔是如何得到的：是别人送的礼物还是从同学那里偷拿来的。

（三）后期的发展

6～9 岁的儿童开始把自豪、愧疚等情感与责任感联系起来。履行了责任就会感到骄傲，不尽责就会感到内疚。年幼的儿童理解不了其中的关系，所以他们常说故事中主人公应该为这事或那事感到骄傲或愧疚，实际上故事里的主人公对这事根本就是无能为力的。与此相反，年长的儿童不但懂得责任感的重要性，也知道如何适时地支配它们。随着年龄的增长，儿童开始懂得如何恰当地表达自己的情绪，学会了如何隐藏胆小和恐惧以免被人嘲笑。

一般认为，在儿童达到性成熟、从儿童期向青少年转变时，他们会越来越喜怒无常，体验到的消极情绪也会猛增（戴维·谢弗，2012）。有证据支持了这样一种观点，即从青春期初期到中期，个体日常体验到的消极情绪变多而积极情绪变少，这种下降趋势在青少年中期趋于稳定甚至回升（Carstensen et al.，2000）。绝大多数青少年能很好地应对这种情绪变化，并且保持良好的适应性，但是，严重的和亚临床症状的抑郁在青少年早期确有增加，它影响了 15%～20% 的青少年。

青春期性成熟产生的心理和激素的变化可能增加了青少年的情绪不稳定性。然而，许多研究者认为，青少年与父母和老师之间的日常冲突以及生活中其他压力事件的突然增加，是青少年早期积极情绪体验减少的主要原因。与生活压力观一致的是，父母与子女在个人责任和自我管理事件上的冲突在青少年早期至中期达到顶峰，在随后的整个青少年期逐渐下降（Smetana & Gaines，1999）。因此，随着家庭内部冲突的逐渐减少，青少年积极情绪下降的趋势也趋于平稳。

三、哭和笑的早期发展

（一）哭的发展

婴儿主要的交流工具就是哭，哭是最自然、最原始的情绪表达方式，他们需要学会各种手段来适应生活。美国加州大学精神病学专家彼特·奥斯特瓦尔德等人的研究表明，是生活教会人们快速适应环境和表达情感。出生刚一天的婴儿在父母给予抚拍、拥抱时和给他洗澡、喂食时发出的声音是不同的。事实上，婴儿会发出一种特殊的表达饥饿的哭声，这声音会使母亲的身体受到某种刺激。一项研究发现，40 位分娩后不久的产妇在听了 7 分钟婴儿饥饿的哭声的录音后，她们乳房的温度开始升高，这一变化使母乳随之溢出。每个母亲都清楚地知道婴儿饥饿时的哭声远不只代表悲伤，而是一种激发母亲喂奶行为的强有力的信号。

新生儿会出现“同情哭”，即会对另外一个新生儿的哭声做出回应。研究者并不确定同情哭的功能，但婴儿会在某些时候选择性地表现这种趋向。用录像去记录稍大一些的婴儿、猴子或者那些独处时没有过多行为反应的婴儿时发现，只有其他新生儿的哭声会引起同情哭（Dondi et al.，1999）。同情哭一般会在6个月时消失，令人惊奇的是，婴儿1岁大时，他们几乎不会再对其他婴儿的哭声表现出不安。有趣的是，与那些有哥哥姐姐的婴儿相比，18个月或更大一点的婴儿会对其他婴儿的哭声表现出更强烈的反应（Demetriou & Hay，2004）。显然，通过与哥哥姐姐互动，婴儿学会了适当注意情绪表现。

婴儿哭的内在含义起初是没有分化的，在出生后的6个月中便渐渐产生了一些明显的变化。最初，婴儿在感到饥饿、不舒服和需要他人陪伴时会哭。到1岁时，他们的哭声便开始与其他一些行为发生联系：受到小小的挫折或是看到陌生人时，他们都会哭。当1岁大的孩子在为他自己搭造好的一堆积木的倒塌而大哭时，母亲过来安慰他，并且帮他重搭了积木。这其中关于情绪的表达显而易见。而当这个孩子的一条腿被尖利的硬物撞了一下，由于疼痛，他掉下了眼泪，母亲关切的拥抱和安慰使他知道母亲已经知道他哪里痛了。母亲在孩子受挫掉泪时有一种反应，在孩子身体疼痛时又有另一种反应，这使孩子知道不同的哭会引起母亲不同的反应。

（二）笑的发展

笑也是婴儿最早出现的情绪表达方式之一。婴儿在受到抚摸和看到人的面孔时都会微笑，前者表明了某些先天的成分，后者似乎与后天的学习有关。安布罗斯等认为，微笑反应很大程度上可能是习得的。他们在研究中发现，在家中抚养的婴儿比在公共机构中抚养的婴儿倾向于更早出现微笑。研究还发现，早期的微笑并不具有心理或社会意义，婴儿具有社会意义的真笑大约出现在2个月大时，2个月以前的微笑似乎是脸部肌肉在某种刺激下的反射动作。虽然很多感官刺激都能引发2个月大的婴儿微笑，但最有效的刺激还是移动的视觉刺激，尤其是类似人脸的面具（见图4-3）。

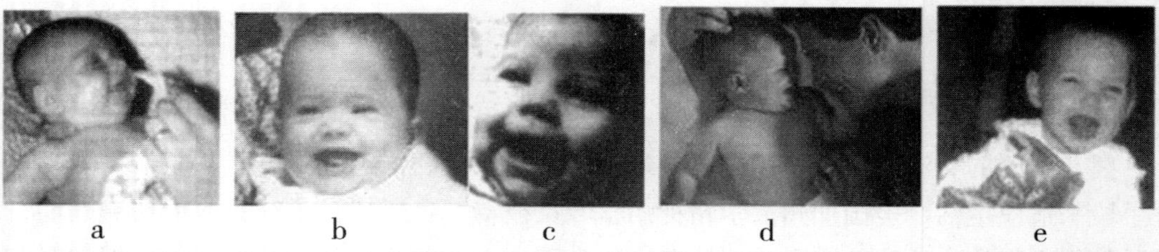

a　　b　　c　　d　　e

a. 触觉刺激引发的微笑；b. 视听刺激引起的微笑；c. 习得一个游戏动作引起的微笑；d. 社会互动引起的微笑；e. 出声笑

图4-3　不同刺激作用下婴儿的笑（Sullivan & Lewis，2003）

8周大的婴儿开始用目光搜寻声源，并且只是在与他人有目光交流时才露出笑容。开始的微笑相对没有分别，婴儿只要一看见任何他们觉得有趣的事情便会开始微笑。然而，当他们再长大一些，微笑就会更具有选择性。到 2～3 个月大时，情况就不同了，婴儿以微笑表示对事物的反应。例如，沃尔夫注意到一个机敏的婴儿全神贯注地注视着一个复杂的几何图形，看完图形的那一刻，婴儿露出了微笑，这个微笑意味着一种满足。

3 个月以后，婴儿在与人交流时经常会笑。曾有人做过这样一个实验：给婴儿看 4 个头像：1 个陌生成人和 3 个不同程度像人脸的木偶，其中任意一种都和他们的行为偶然发生联系（Ellsworth et al.，1993）。尽管对于这些刺激的移动，婴儿表现出同样浓厚的兴趣，但是面对会说话的木偶和成人时，很少有孩子对木偶笑，即便是很像人的木偶；相反，他们常对成人咧开嘴笑，甚至伴着愉快的声音，这表明他们已清楚知道了人的独特性和社会性。

4 个月大的婴儿会对熟悉的对象露出微笑，之后，婴儿对人开始有特别的反应。到了 5 个月，婴儿似乎已经能区分熟人和陌生人之间的差别，对熟人通常会有笑的反应，对陌生人则无。再大一点的婴儿，对陌生人不但没有笑，而且会慢慢产生焦虑和恐惧的反应。这种对熟人笑、对陌生人怕的反应不但能增进母亲或其他照料者对婴儿的情感，而且是证明婴儿能区分不同面孔的最佳证据。

社会性微笑是婴儿对他人的微笑，而不是对非人刺激做出的反应。当他们长大一点的时候，他们的社会性微笑会针对特定的个体，而不是任何人。到了第 18 个月，与对非人客体的微笑相比，婴儿针对妈妈和其他照料者的社会性微笑会变得更加频繁。而且，如果成人对儿童没有回应，微笑的次数便会减少。简言之，到了 2 岁末的时候，儿童已可以相当有目的地使用微笑来交流他们的积极情绪，并对其他人的情绪表达很敏感（Carver et al.，2003）。

四、情绪表达规则的发展

尽管存在一些与生俱来的情绪表达方式，但大多数情绪表达需要后天的学习。每个社会都有一系列的情绪表达规则，这些规则不但要求我们抑制那些切实感受到但又不被接受的情感体验，而且要求我们表达那些符合场合的情绪。例如，我们从小就会被父母告知在收到别人的礼物时应表示快乐和感激，即便这些礼物并不是自己想要的，也要掩饰自己的情绪。

（一）早期的学习

儿童早期的学习方式主要是观察和模仿，研究发现，即使是 2～3 周大的婴儿也能模仿成年人的面部表情（Meltzoff & Moore，1977）（见图 4－4）。尤为重要的是，父母的情绪表达为婴儿的学习提供了极好的榜样。研究者仔细观察了中产阶层的家庭中母亲和 2～7 个月大的孩子玩耍时的情形，发现母亲频繁地表现积极的表情，如兴趣、快乐、好奇和惊讶，很少表现愤怒和伤心，这为婴儿提供了积极情绪表达的榜样。另外，母亲也会对婴儿的情绪做出选择性反应：在头 2 个月中她们对婴儿的好奇和惊讶会有更多的注意，而对他们的消极情绪则反应较少。这样，通过基本的学习过程，婴儿会有更多的笑脸，较少流露不愉快的表情。

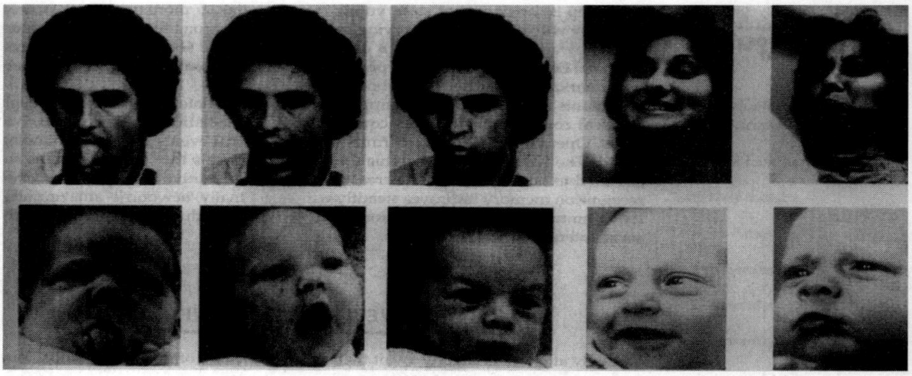

图 4-4　新生儿的情绪模仿能力（Meltzoff & Moore，1977）

3 岁时，儿童开始表现出某种掩饰真实感受的能力。迈克尔·刘易斯及其同事发现，那些因为偷玩了不让玩的玩具而撒谎的 3 岁儿童，表现出了微妙的痛苦表情（在慢放的录像中可以观察到），但是他们的掩饰已足以让不知实情的成人无法将他们与那些说真话的儿童区分开来。随着年龄的增长，学龄前儿童能更好地将自己内心的感受用完全不同的表情加以掩饰。即便是 5 岁的孩子，在掩饰真实情感和让别人相信他们的谎话上，也还算不上高明（Polak & Harris，1999）。

除了掩饰内部情感状态，儿童还必须学会将它们与外部情绪表达区分开来，使自己能控制如何与他人交流。年幼的学龄前儿童能稍微改进自己的表达方式，比如，一个 2 岁的孩子因为晚餐前没吃到小甜饼，会立刻停下来，拿起她的毯子从厨房的硬地板走到起居室柔软的地毯上，在那儿很舒适地坐在地上，大声哭叫。最初，孩子会为了满足个人需要而改变情绪表达，并夸大真实的感受。后来，他们学会了抑制自己的表达行为，用其他方式来代替，如感到焦虑和失望时微笑。

（二）学龄期的发展

在整个小学阶段，儿童对社会所认可的表达规则有越来越清楚的认识，更了解哪些情绪应在特定的社会情境中表达，哪些应该抑制。也许是因为父母更强调女孩的举止得体，比起男孩，女孩更愿意遵循这些规则，也的确做得更好。此外，如果在母子互动中母亲的积极情绪表达得越多，其子女往往越能更好地掩饰自己的失望和其他消极情绪。但是，简单的规则也需要花费大量时间才能完全掌握。研究发现，许多 7～9 岁的儿童（尤其是男孩）收到一件糟糕的礼物时还是很难完全掩饰他们的失望而装出很兴奋的样子，甚至许多 12～13 岁的儿童在受到同伴嘲弄和权威成人的阻挠时，也无法克制自己的恼怒情绪。

路特医学院的研究人员在一项调查研究中将6～11岁的儿童置于一个特定环境中：他们接受礼物，但要按照通常的礼节去做，不管是否喜欢这个礼物，都要做出欣喜的样子，这是为了感激送礼物的人的好意。结果表明，年龄越大的孩子越容易做出高兴的样子。被测儿童中，6岁的儿童仅有一半可以装作自己喜欢收到的礼物，而11岁的儿童中有2/3以上能做到。该调查还揭示了一个有趣的性别差异：女孩比男孩更善于伪装。然而，无论男女，这种能力随着年龄增长而不断加强。

（三）情绪表达的性别差异

情绪表达有明显的性别差异。在大多数文明社会，一般都不鼓励男性表达如悲伤、抑郁一类的消极情绪，允许表达愤怒一类的消极情绪。相反，对于同样的消极情绪，在女性身上表达是能够被接受的。儿童从小就应该知道男女有别，包括在情绪表达方面。作为养育者，父母必须花大量的时间和精力去塑造儿童的性别角色，使男孩变得坚强、勇敢、冲动、果断和敢于冒险，使女孩变得细心、体贴、温柔和多愁善感。这些性格特征会明显地表现在儿童日常的情绪表达和行为中。

有些情绪表达规则是专门针对男性的，比如他们不该过多表露情绪，要做到“男儿有泪不轻弹”，这是因为在原始生存状态下，流泪表示软弱，表示认输，很多副作用由此产生。1992年由波士顿大学心理学教授玛瑞安·弗朗丝和耶鲁大学心理学教授麦克扎林·班那吉主持的一项调查研究表明，母亲们不能容忍男孩的哭声，这说明情绪表达方面的性别差异是由于年幼时被灌输造成的。这些研究者由此推断，女性在成熟后会比男性更为坦率地表达情绪，这就是人们所说的女人比男人的情感世界更加丰富。弗朗丝和班那吉发现，尽管男性很少通过表情流露心声，但男女在情绪的生理反应上却相差无几。

第二节 情绪理解的发展

一、婴儿面部表情知觉的发展

（一）发展阶段

婴儿大概在2个月大时就表现出对人脸的偏好（Fantz，1961），这是一种非常重要的社会知觉，为此后的情绪知觉奠定了基础。凯林奈特（Klinnert，1984）提出，婴儿表情知觉经历了四个发展阶段：

（1）无面部表情知觉。0～2个月的婴儿对成人的表情不能辨别，婴儿自发的表情与养育者的表情没有联系。

（2）不具备情绪理解的表情知觉。2～5个月的婴儿能够知觉成人的面部表情，对养育者的面部表情能做出情绪反应，但不能理解不同表情的意义。

（3）对表情意义的情绪反应。5～7个月的婴儿能够对成人不同的面部表情做出不同的反应，而且能够把表情识别与情境联系起来。

（4）在因果关系参照中运用表情信号。7个月以后的婴儿能够辨别成人的不同表情，并根据他人表情线索指导和调节行为。

（二）知觉面部表情

随着视觉能力的发展，3个月的婴儿开始能够识别妈妈面孔的照片，注视妈妈面孔照片的时间明显比注视陌生人照片的时间长，如果呈现长胡子妈妈的照片，他们会显得很痛苦。3个月以后，婴儿逐渐能够记住和区别不同陌生人的面孔，对更有吸引力的面孔表现出偏好。婴儿很早就对面孔具有偏好，能够区分不同的面孔，这对于面对面交流和社会情感的发展具有重要的意义。

婴儿在社会互动中对于人的面孔感知经验逐渐增多，开始能够辨别面部表情（见图4－5）。3个月的婴儿就能够区分不同的面部表情（Nelson & De Haan，1997）。在这个年龄阶段，婴儿能够区分愉快与惊奇、悲伤与惊奇面部表情的不同，能够区分出微笑和不愉快，区分出不同强度的微笑面孔。4个月的婴儿能够区分愉快面孔与愤怒面孔、中性面孔的不同。5个月的婴儿开始能够根据声调和面部表情辨别悲伤、恐惧和愤怒情绪表达。

图4－5　婴儿在社会互动中感知情绪

6个月以后，婴儿能够将表情知觉为一个有组织的整体。他们能够知觉不同情绪的温和表情和强烈表情，能够对愉快、惊奇、悲伤、恐惧面部表情做出不同反应。这个时期的婴儿也开始以面部表情为重要指标，对情绪性的不确定情境和事件做出反应。例如10个月左右的婴儿会观察母亲的面部表情，以母亲的面部表情为依据对陌生人做出情绪上的反应，如果母亲对于陌生人是高兴与愉快的表情，婴儿会表现出愉悦；如果母亲的表情是恐惧的，婴儿的情绪反应也会是恐惧的。

（三）母亲的作用

社会推断的产生是婴儿能够明确进行面部表情识别的有力证据。10 周的婴儿开始以有意义的方式对母亲的面部表情做出反应，而 10 个月左右的婴儿就能够依据情绪线索决定如何对他们没有广泛经历过的事件做出反应。10 个月大的婴儿，如果母亲对于陌生人表现出积极的行为，他们就很容易克服由于陌生人到来引起的警觉注意。

7 ~ 10 个月的婴儿开始留心父母对不确定情况的情绪反应，并用这些信息调节自己的行为。凯林奈特将 12 ~ 18 个月婴幼儿放在有三种不熟悉玩具的情境中，即人的头具模型、恐龙模型和遥控蜘蛛，让婴儿的母亲站在一边，分别做出高兴、恐惧和中性的表情。结果发现，婴儿会根据母亲的表情来指导他们的行为：如果母亲的表情是恐惧的，婴儿则退向母亲；如果母亲的表情是高兴的，则婴儿会接近玩具（Klinnert，1984）。

在一项修订了的视崖实验中（Sorce et al.，1985），母亲站在透明台面一边，要求她们鼓励宝宝越过空地（台面透明的部分）来到她们身边（见图 4 – 6）。当宝宝走近空地时，母亲应当分别做出如下表情：高兴、关心、害怕、生气、悲伤。结果显示，当母亲表现出高兴或关注时，74% 的宝宝都越过了“悬崖”，当母亲表现出生气或悲伤时，能做到的宝宝就少得多。与此相对，当母亲表现出害怕的表情时，没有一个宝宝愿意跨越“悬崖”。

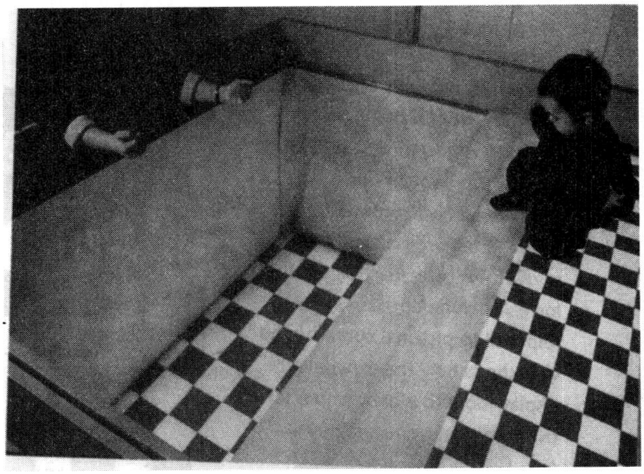

图 4 – 6　母亲高兴的表情让婴儿“勇敢”跨越“悬崖”

二、情绪理解的发展

儿童的情绪表达往往与对他人情绪的理解密切相关。尽管关于婴儿什么时候开始能够识别和理解他人的表情还存在争议，但这一能力的发展速度却非常惊人。

（一）婴儿的情绪理解

3 个月大的婴儿就能从照片中分辨出不同情绪的成人。当然，这种分辨可能仅仅只是反映了他们视觉分辨的能力，并不一定表明这么小的婴儿能够理解像快乐、悲伤或愤怒等多种多样的表情。在 7 ~ 10 个月，婴儿理解某种特定表情的能力已经比较明显了，此时，他们开始关注父母对于不确定情境的情绪反应，并依此调整自己的行为。

1岁时，如果旁边的陌生人对他笑，婴儿就敢去接近一个不熟悉的玩具；但如果陌生人显得很恐惧，婴儿就会很小心地避开那个东西。总之，在出生后的第一年，婴儿的情绪会受父母和周围人的影响，但他们始终是情感领域的旁观者。第二年的显著变化之一就是蹒跚学步的孩子开始产生自我意识。他们开始领会、洞察周围人的情感并经常以拥抱、爱抚等形式安慰情绪低落的同伴，有时也会安慰大人。一个2岁的孩子看到妈妈碰疼了脚趾，就跑过去帮着妈妈揉，一边揉还一边问“还疼吗”。

当儿童能够谈论情绪以后，关于情绪体验的家庭交流将有助于婴儿更好地理解自己和他人的感受。研究者发现，在情感体验上与父母有更多交流的3岁儿童，3年后在小学阶段能更好地理解他人的情绪，更好地解决与同学的争执。理解他人情绪产生的原因是移情的一个重要促进因素，而移情会促使儿童去帮助和安慰那些情绪低落的伙伴。其实，亲社会倾向在很大程度上说明了为什么在情绪理解测验上得分较高的儿童会被老师认为有很强的社会能力，而且拥有良好的同伴关系。

知识链接4－2　婴儿对音乐中情感因素的领会

你一定见过一些婴儿跟着音乐翩翩起舞吧。他们会笑着自编自跳。他们前后摇摆，嘴里念念有词，似乎非常喜欢这首音乐。

然而，由于我们听不懂婴儿的语言，所以要准确猜出他们的喜好实在有些困难，尤其是在音乐方面。我们也同样难以了解面对不同的音乐他们是否会感受到和我们相同的情绪。但我们似乎可以相信一名研究人员的创造性，他设计了一种很巧妙的实验以了解婴儿是否在悲伤的音乐中感受到悲伤、在欢乐的音乐中感受到欢乐。

诺罗（Nawrot，2003）给20名8个月大的婴儿看一张悲伤面孔的照片和一张高兴面孔的照片，同时播放一首欢乐或悲伤的乐曲（给婴儿播放的乐曲事先已被一些成人评判为欢乐还是悲伤）。接着这位女心理学家观察婴儿看这两张照片分别所用的时间。

结果发现，当播放欢乐的乐曲时，婴儿看那张高兴面孔的时间要比他们听到悲伤乐曲时看的时间更久。为什么当播放欢乐乐曲时，婴儿看高兴面孔的时间会更长呢？尽管当悲伤乐曲响起时没有产生类似的结果，但似乎8个月的婴儿已经能很好地区分出这两类乐曲，而且他们似乎更喜欢欢乐的音乐。这不足为奇，因为我们知道婴儿更喜欢属于积极情感而非消极情感的东西。

一些研究试图证明婴儿能够领会音乐中的情感元素。如果真是这样，那么你的宝宝从8个月起就很可能开始喜欢听欢乐的音乐，而不是阿尔比诺尼（意大利小提琴演奏家、作曲家，创作有约50部歌剧和100多首器乐作品）的《柔板》……

（资料来源：赛尔日·西科迪．100个心理小实验帮你更好地了解宝宝．王文新，等译．上海：上海社会科学院出版社，2009：137－138）

（二）情绪理解的后期发展

以下是 2～6 岁儿童谈论情绪经历的对话：

2 岁：（当父亲对孩子大吼后，孩子十分愤怒，也朝父亲大吼）“我对你感到气愤，爸爸，我要走了，再见。”

4 岁：（一个孩子不愿午睡而哭时）“妈妈，玲玲哭了，玲玲很伤心。”

6 岁：（母亲说：“听孩子哭真难过。”）“啊，我没有你那么难过。”（当母亲问为什么时）“你更喜欢小明不喜欢我。我只是有点喜欢他，但你很喜欢他。所以你听到他哭更难过。”

这些对话表明，学前儿童能根据因果关系、情绪信号来理解情绪。整个儿童期，儿童对他人情绪表达的理解在稳步发展。4～5 岁时，儿童可以正确地从身体动作推断一个人是否快乐、气恼或悲哀，他们也开始知道一个人当前的情绪状态（往往是消极情绪）可能并不是现在的事情所引起的，而很可能是由于他想到了以前的事情。

小学生逐渐开始更多地利用个人、情境以及历史信息去解释情绪，他们在情绪理解方面实现了几个重要的突破。例如，到 8 岁的时候，他们能够认识到许多情境因素（如一只大狗向自己走来）会引发不同个体的不同情绪反应（快乐和害怕）。6～9 岁的个体开始懂得人可以同时产生多种情绪体验（如兴奋和担心），他们也开始表现出通过整合相互矛盾的面部表情、躯体动作以及环境线索来推断他人情绪体验的能力。

（三）混合情绪的理解

学前儿童理解某一事件能够同时引起两种以上冲突的情绪不是非常明确，当要求描述或想象对故事特征的情绪反应，学前儿童往往只能就一种情绪进行描述和想象。例如，要求学前儿童描述他们前一天在学校的感受或受到邀请在舞台上唱歌时的情绪感受时，学前儿童不能想象出两种不同情绪同时被引发。

随着年龄的增长，儿童会认为人可以同时体验不止一种情感，每一种情感既可能是积极的也可能是消极的，并且强度不同。学前儿童坚信两种不同的情绪不可能同时出现，正如在皮亚杰的液体守恒实验中，学前儿童认为两种变量不可能是一个整体（如高和宽）那样。如当问及将一个孩子从秋千上推下来自己坐上去感觉怎样时，4 岁的孩子认为是“快乐”“好”，因为他达到了自己的目的；8 岁的孩子认为那个调皮的男孩也该感到“伤心”“不好”或“愤怒”，因为他伤害了别人。

在 6～8 岁时期，儿童会报告他们是悲伤的或是愉快的，激动的或害怕的，但从不是同时感受到了两种情绪（Harris，1993）。到了 9 岁或 10 岁时，儿童明确知道了前一天在学校的某些场合引起了混合的情绪感受，如老师提到要放暑假时，他们会觉得既愉快又伤心，因为暑假来了肯定感到愉快，但要暂时与同学、老师分别，又有一点不舍。

（四）认知发展的影响

4～5岁的儿童能够正确判断各种基本情绪产生的原因。当问及他周围的玩伴为何快乐、伤心或者愤怒时，他们的描述和成人基本相同，如“他荡秋千荡得高，所以他高兴”“他找不到妈妈了，所以他伤心”。但他们解释时倾向于强调外部原因而不是内部原因，两者的平衡随年龄而变化。例如，7岁前的儿童认为人们因为被错怪而愤怒，并能改变现状；而更大的儿童和成人常把愤怒和有意伤害联系在一起。学前儿童还能意识到思想和情绪是关联的，如4～5岁的孩子能理解当你想起伤心的往事时会难过。

到学龄初期，儿童发展了分析多元信息并解释他人情绪的能力。有人研究了给儿童关于情绪的两种矛盾提示：一是情境性的，二是面部表情（Hoffner & Badzinski，1989）。如给他们看一张图，上面有一个笑眯眯的男孩和一辆坏了的自行车。当问及图上孩子感觉怎样时，4～5岁的儿童常根据面部表情做出判断：“他是高兴的，因为他喜欢骑他的自行车。”8～9岁的孩子经常是结合两种线索：“因为他父亲答应帮他修理坏掉的自行车，所以他很高兴。”

儿童对情绪的理解随年龄增长、经验增加、认知能力和社会压力的变化而改变。3～4岁的儿童容易理解充满爱和快乐的事情，对于恐惧和愤怒的理解相对弱一些。6～9岁的孩子很少依靠面部表情而更多的是通过对事物来龙去脉的探寻来解释不同情况下的情绪变化。7岁时儿童还不能理解两种情绪体验的交融并存，如这一因果联系“我很高兴我能看电视节目，但又因为我不得不去睡觉而不高兴”。一般到9岁时，孩子才会理解这样的话：“第一次坐飞机我感到很兴奋，但也禁不住有些紧张。”

三、情绪识别的发展

（一）早期的情绪识别

婴儿无法与我们面对面地交谈，我们怎样才能知道他们是否识别了某种东西呢？为了克服这一障碍，研究者通常采用习惯化的方法，其原理是：婴儿对更新奇的事物比对更熟悉的事物要花费更多的时间。换言之，婴儿对已识别的刺激会逐渐习惯，变得毫无兴趣。研究者运用这种方法考察了新生儿的情绪识别能力，结果发现，36个小时大的婴儿能够对成人做出的三种表情（如快乐、惊奇和悲伤）产生习惯化。此外，婴儿还表现出对这些情绪的模仿能力，如当成人呈现惊奇的表情时，婴儿的嘴和眼睛也张得很大。对10周大的婴儿进行的类似研究也得到了相同的结果。

有研究者据此认为，非常小的婴儿能够对同一个成人的表情进行区分。但另一些研究者认为，婴儿能够对面部表情产生习惯化可能与情绪根本没有任何关系。前一观点与情绪分化理论一致，后者则与动力系统理论一脉相承。坎农等人给4～7个月大的婴儿呈现一些生气和高兴的照片，有些照片上可以看到牙齿，有些则看不到。他们使用习惯化的方法发现，婴儿能对露牙齿和没露牙齿的照片做出区分，如果生气和高兴的照片上都露着牙齿，婴儿就不能区分哪一个是高兴，哪一个是生气。这似乎说明婴儿适应的只是表情的不同特征，而不是不同的情绪。

但是，也有证据表明，小婴儿确实会特别留意更自然真实的情绪表达并且做出恰当的反应。例如，3 个月的婴儿不仅能在母亲的面部表情伴随着相应语调时分辨出母亲的高兴、悲伤或愤怒情绪，而且能对母亲的快乐表情做出积极回应，并因为母亲的愤怒或悲伤而情绪低落（Montague & Walker-Andrews，2001）。

（二）婴幼儿的情绪识别

1 岁婴儿能够对具体表情的意义做出反应，能够理解父母表情传递的信息，还会运用母亲表情信息对新奇或模糊的情景进行评判。1 岁末 2 岁初的婴儿已经能够辨别很多成年人面部和声音表情的情绪含义（傅小兰，2016）。2 ~ 3 岁时，儿童精确感知情绪信息的能力进一步发展，对情绪信息的意义更加敏锐。例如，2 岁末的幼儿能更明显地意识到情绪体验的主观性，知道他人可以有和自己不一样的感受。在此时期，可以看到幼儿安慰难过的同伴或对兄弟姐妹恶作剧的现象。

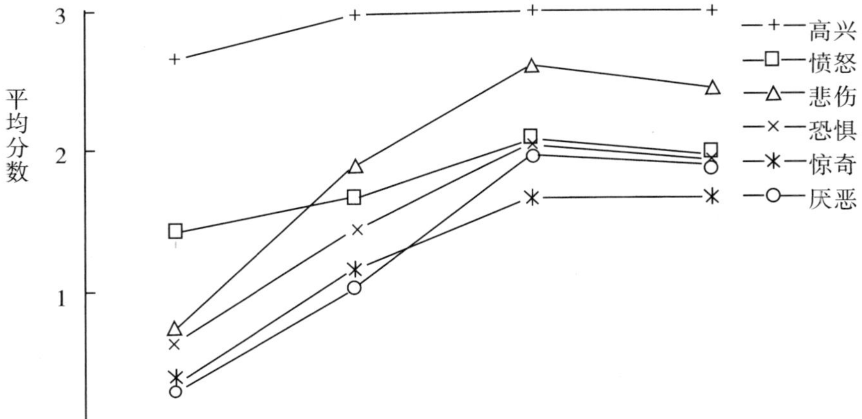

图 4 – 7 幼儿对 6 种面部表情识别成绩比较

3 岁左右，幼儿可以根据他人表现出来的情绪或动作来解读他人的情绪，并会使用情绪词汇来标示情绪状态。很多研究都发现，幼儿可以识别照片或情绪面孔上的表情，多数幼儿可以根据情绪词汇正确指出高兴、难过、害怕和生气的表情。学前儿童能够成功地区分愉快、愤怒、悲伤、恐惧等面部表情，他们识别愉快、悲伤、愤怒的表情比恐惧、惊奇、厌恶的表情要好（Harrigan，1984）。研究发现，2 ~ 6 岁幼儿对于高兴、悲伤、愤怒面部表情识别成绩比识别恐惧、惊奇、厌恶面部表情成绩高，各种面部表情识别正确率随着年龄的增加而逐步提高（Widen & Russell，2004）（见图4－7）。

（三）解读面部和言语表情

新生儿能够模仿成人的面部表情，尽管婴儿有模仿能力并不意味着他们能够理解他人的面部表情，但这类模仿为即将出现的非言语解读能力奠定了基础。运用这些能力，婴儿能够解释他人的面部表情及言语表情。例如，婴儿能够判断照料者什么时候乐于看到他们，并且能够很快熟悉他人脸上的忧虑或恐惧（Bornstein & Arterberry，2003）。

婴儿区分情绪性的声音表达的时间比他们区分面部表情的时间似乎要早一些。尽管人们几乎没有关注过婴儿对于言语表情的知觉，但他们看起来在5个月大的时候就能够区分快乐和悲伤的声音。在第6～8周，婴儿的视觉敏锐度十分有限，所以他们无法注意他人的面部表情。但他们很快开始区分不同的面部表情，甚至似乎能够对面部表情所传达的不同情绪强度做出反应。他们也会对不寻常的表情做出反应。例如，当妈妈露出无动于衷的、没有反应的表情时，婴儿就会表现出忧虑不安。

出生4个月后，婴儿可能已经开始解读隐藏在他人面部表情及声音背后的情绪。在一项对7个月大婴儿的研究中，实验者给婴儿呈现一对关于喜悦和悲伤的面部表情，同时让他们听到一个或是代表喜悦（上升的声调），或是代表悲伤（下降的声调）的声音。当面部表情和声调匹配的时候，婴儿给予了更多的注意。这表明婴儿对面部表情及声音的情绪意义至少具有基本的理解。

第三节　情绪调节与社会化

一、情绪调节的发展

情绪调节是指对自己的情绪状态做适度的调整，使之能达到一定的目标。要做到有效地表达情绪，儿童必须学会对情绪进行自我调节，但对于婴儿来说无疑是比较困难的，因为他们只能够通过将身体从引起不愉快的物体旁边移开或者通过不断吸吮的方式减少某些不愉快的情绪。有趣的是，6个月的男孩比6个月的女孩更难以调节不愉快的情绪，更有可能在寻求照料者的支持或安抚时表现出烦躁不安和哭泣。

（一）婴儿期

刚出生几个月的婴儿的情绪调节能力极其有限。尽管他们逐渐能避开令人不快的刺激，当情绪过强时会喃喃发声和吮吸，但他们很容易受自身或外界刺激的影响。因此，他们要靠照料者的干涉（把受惊的孩子抱到肩头，拍拍他，轻轻地和他说说话）帮助调节情绪。

2～4个月时，照料者与孩子面对面地玩耍或培养孩子对物体的注意力帮助儿童发展情绪的自我调节能力。在这些交往中，父母常常在调节孩子的情绪时表现出愉快，此时儿童的情绪是不受压制的，结果孩子对刺激的忍受力渐渐增强。4个月大时，婴儿转移注意力的能力有助于他们控制刺激。

到1岁时，爬和行走使儿童能够通过接近或逃避各种刺激从而进一步有效调节情绪。就像喜剧演员一样，儿童很早就知道了情绪的表达远不止做个鬼脸、出个怪声，它受到时间、环境以及周围观众等条件的制约。以下是一个刚会走路的儿童的例子：一个小女孩在家里后院独自玩耍时弄伤了自己，她的第一反应就是哭。她抽咽了几下，发现四周无人便停止哭泣。走到门口，相信妈妈能听到自己的哭声时，小女孩又继续哭起来了。她这样做是为了找到听众和观众，希望有人能接收她所发出的情感信息。

到2岁时，语言的发展使儿童产生了新的情绪调节方式。初学走路的儿童很快便发现，哭泣虽然能有效表达情感，却远不及语言表达有效。迈克尔·刘易斯等人的研究表明，2岁的儿童能够做一些变脸游戏来表达情绪的变化，这充分证明他们有能力根据不同的场合做出相应的面部表情。另有调查表明，仅2岁半的儿童已经可以恰当地使用有关表达情绪的词汇了：孩子们不仅可以表达自己和别人的情绪状态，还能理解引起这些情绪变化的原因。一项研究发现这个年龄的儿童多数时候能恰当且频繁地使用快乐、悲伤、疯狂和畏惧等词。

（二）幼儿期

2岁以后，儿童经常会谈起他们的情绪并积极控制它们。例如，他们可能通过限制感觉输入（捂住眼睛或耳朵不去看或听令他们不开心的景象或声音）、自言自语（妈妈说她很快就会回来）或者转变目标（被排除在游戏之外后决定不玩）等手段来减少情绪的唤醒。儿童自我意识的增加以及使用上述策略意味着在学龄前期情绪的爆发已不再频繁。

在此年龄阶段，由于幼儿常常将想象与现实相混淆，所以他们会对怪兽、鬼魂、黑暗、雷声以及闪电产生恐惧。为此，父母可以让他们少看书中和电视里的恐怖故事、睡觉时开一盏小灯，提供情绪上的帮助，直到孩子能将事物的真实状态与其显现形式区分开来。

显然，社会环境有力地影响了儿童应对压力的能力。通过观察成人控制自己的情感，幼儿也学会了调节情绪的策略。当父母很难控制愤怒和敌意时，儿童也就有了同样的问题（见图4-8）。成人与儿童的交谈为孩子调节情绪提供了技巧，父母应鼓励孩子描述自己的愿望和焦虑，并向他们传授解决问题的策略，以备儿童将来能自己解决问题。

除了抚养方法，幼儿的气质也影响情绪调节的发展。那些经历了消极情绪的孩子往往认为他们很难抑制情绪，很难将自己的注意力从不良事件上转移。在学龄前期，儿童更可能对他人的沮丧感到十分讨厌，而且很难与同伴相处。由于情绪反抗的孩子经常导致无效的教育，在此状态中他们很难进行情绪调节。

图 4－8　父母是儿童情绪调节的榜样

（三）情绪调节策略的发展

到第一年末，婴儿开始用一些简单的策略来减少不愉快的冲动，如摇晃自己的身体、用嘴咬东西和避开引起他们不愉快的人或事物。18～24 个月的时候，幼儿开始有意控制那些让他们感到不舒服的人和物（如机械玩具），他们也开始通过与同伴说话、玩玩具或是远离让他们不愉快的事物等方式去应对必须等待才能吃东西或得到礼物这样的挫折。人们甚至观察到这么小的婴儿也会通过皱眉和撇嘴来尽力压抑他们的愤怒和伤心。但是婴儿几乎无法掩饰他们的恐惧，相反，他们还经常能够找到可以有效引发照料者注意和安抚恐惧的表达方式。

学前儿童由于可以更自如地进行言语交流，可以谈论自己的感受，父母及其他照料者经常会帮助儿童积极应对消极情绪：将他们的注意力从不愉快环境中最令人难受的部分转移开，帮助他们理解恐惧、挫折和失望等。这种支持性干预有利于学前儿童学会有效调节自己的情绪。2～6 岁儿童能越来越好地应对自己不愉快的情绪冲动，他们会将注意力从引起恐惧的事物上转移（如我怕鲨鱼，闭上眼睛）。通过想象美好的事情抑制令人不快的事情，也能够以一种更令人满意的方式重新解释导致他们不愉快的事件。不过，有的儿童消极情绪很多，又不知如何调节，成人和同伴会因为他们表现出的愤怒和挫折疏远他们。

有效的情绪调节是要维持和加强个体的感受，而不是抑制感受。例如，儿童会发现表达愤怒可以帮助他们抵抗欺侮。家长往往会关注幼儿在伤害他人或违反规则后感受到的不安，因为他们希望儿童对导致他们不安的原因能有新的认识：①对受害人的伤心感到同情并为此有所行动；②对自己的行为感到内疚从而减少其发生的频率。

二、情绪控制的发展

（一）情绪控制能力的获得

图 4－9 儿童情绪的不稳定性

对于婴幼儿来说，他们控制情绪的能力非常有限。由于大脑皮质的额叶还没有发育完善，因此他们的自我控制能力还很差，至于什么情绪应该表达及怎样表达，婴幼儿常常无法控制。在整个婴幼儿期间，儿童的情绪具有明显冲动性的特点，经常处于激动的状态，他们对自己情绪的控制往往是被动的，即在成人的要求下，由于服从成人的指示而控制自己的情绪。此外，婴幼儿的情绪还有情境性、短暂性和不稳定性的特点，他们的情绪往往变幻莫测、随心所欲，因此我们经常看到婴幼儿破涕为笑的情景，图 4－9 或许能准确说明他们的情绪特点。

儿童是如何控制自己的情绪以适应环境需要的呢？多数研究者认为，他们是通过模仿或是自身的经验以社会准则来控制自己的情绪。儿童从父母对待他们的长辈过世中，也从戏剧、文学作品和新闻中学会如何表达悲伤。其实这种模仿本身也是一种情感的体现：对周围事物产生兴趣。像众多与生俱来的情绪一样，兴趣也受外界因素的影响，特别是父母的行动和语言会鼓励或是限制孩子的兴趣发展。

仅靠观察和模仿还无法解释我们不但能让他人理解自己的情绪，还能让他们和我们分享同样的感受。儿童不仅观察他人，同时也入神地领会并分享他人的感受。纽约大学的心理学教授马丁·霍夫曼的研究表明了 2 岁的儿童具有此类行为并且可以表现出一些让他人可理解的感情。例如，我们经常可以看见 2 岁大的孩子拥抱、抚拍并安慰忧愁的父母。

随着儿童年龄的增长和大脑的发育成熟，他们开始能够更好地将其内心感受与情绪表达联系起来，而且总是很愿意表达自己的思想感情，但他们还是要依赖周围的情景才能判断自己的情感。渐渐地，他们懂得了情绪的变化是可以发自内心的。荷兰的一项研究表明，当 6～15 岁的孩子被问及以什么方式调控自己的情绪状态时，他们都认为和朋友在一起等外部环境的变化是因素之一。但是年长一点的儿童如 11～15 岁的少年则认为调控自己的思维方式也会使他们的情绪受到影响。

（二）学龄期的发展

入学以后，儿童的情绪调控得到迅速发展。在与同学比较时，他们更希望听到赞许，同时必须学会控制消极情绪，以免降低自我价值感。在校期间，儿童都害怕糟糕的成绩和同学们的排斥。当孩子开始了解更广阔的社会现实时，经常使他们烦恼的是个人伤害（被抢劫、被攻击）的可能性和媒体事件（战争和灾难）。

到10岁时，大部分儿童都有了自己的一套适当控制情绪的技巧。在他们能控制结果（周末的一次很难的考试，或者一个仇恨他们的敌人）的情境中，他们认为解决问题和寻求社会支持是最佳策略。当结果不是他们所能控制时（得了个糟糕的成绩，或者在医院等待注射），他们选择逃离或重新定义情境使他们能接受现实的状况（事情可能会变得很糟，或者可能还有另一场考试）。与学前儿童相比，学龄儿童更常用内部策略来控制情绪，这种转变是由在童年中期元认知的发展所导致的。

在校期间，孩子变得更善于控制消极情绪的影响，虽然根据情况不同他们控制的程度也有所不同。如有权威成人在场时，孩子们比仅有同伴在场时更能控制愤怒。同时，他们经常对同龄的朋友隐藏消极情绪，而不是常对父母隐藏，因为他们希望父母能接受他们的情绪。

多样化的自我调控技巧并在不同场合灵活运用的能力使青少年比在年少时能更有效地处理日常生活中的突发事件所带来的压力。当情绪的控制发展良好时，青少年获得了情绪的自我效能，即能控制自己情绪体验的一种感觉。这就形成了一种令人快慰的自我意象以及积极的世界观，而这一切在他们面临情绪挑战时能给予更多的帮助。

三、情绪社会化

（一）什么是情绪社会化

儿童在什么情境下表达何种情绪、以什么方式表达情绪、情绪表达应遵循哪些规则以及如何与社会文化相适应等，这些都是情绪社会化的问题。情绪社会化是儿童社会化的重要内容，它是指个体在与他人的交往过程中所体验到和表达着的情绪（见图4－10）。人在成长过程中一直在有意无意地学习理解他人的体验和表情，尤其是在不同场合、面对不同的人学习如何表达自己的情绪。实际上，人们是按照特定的社会环境和文化规范的要求，以及在社会和文化熏陶下形成的信念、道德和价值来表达自己的情绪和感觉的。

图4－10　儿童在与他人交往中体验和表达情绪

情绪的发展包括先天遗传和后天学习，而情绪的社会化则是后天学习的过程，包括学习社会文化的规则和规范。在个体成长过程中，人的情绪由于蕴含着社会文化的意义和内容而变得日益复杂。社会文化的内涵和意义附加到与生俱来的基本情绪中，形成互相交织和相互渗透的诸多复合情绪形式，这就是社会化的情绪。

基本情绪有其生物学基础，具有社会普遍性，但它同时又受不同文化背景的限定，不同社会文化个体表达的同种情绪也有差异。例如，在一个祭奠仪式上，不同的文化背景下人们表达悲伤的形式不同，有的社会（如叙利亚）要求死者家属聘请雇用专业的啼哭者，向每位新来的吊唁者表达他们强烈的悲伤情绪；我国海南省某些地区至今还存在“摆路祭”的悼念仪式。

（二）社会参照

社会参照是指有意识地搜寻他人的情感信息，以帮助解释不确定环境和事件的含义。它最早出现在婴儿8~9个月大的时候，是相当复杂的社会性能力：凭借着利用诸如面部表情这样的线索，婴儿不仅需要社会参照来理解其他人行为的意义，而且还能够理解在特定情境下这些行为的意义（Mumme & Fernald，2003）。研究表明，照料者的情绪表达决定了一个1岁儿童是否能对陌生人表现出警惕、是否会玩一个不熟悉的玩具、是否有视觉悬崖（Repacholi，1998）。

父母是两个同样重要的有效情绪信息的来源。当父母不在场时，婴儿就转向其他熟悉的成人，尤其是经常和他们进行情绪交流的人。实际上当孩子拿不定主意时，照料者的情绪提示鼓励他在有安全保障的基础上进一步探索。在陌生的游戏室中，孩子总希望能看得见照料者。如果照料者离开，他会放下手中有趣的玩具，在视野范围内搜索照料者，因为他们还想看到他的面容，听到他的声音，从中获得信息。

社会参照是儿童情绪社会化的重要手段。尤其是在情绪社会化的早期，婴幼儿主要是通过观察和参照父母及其他养育者的情绪表达学会如何适度地表达自己的情感，从而不仅使自己的情绪表达更加有效，而且也更加符合情境的要求以及社会的规则和价值标准。社会参照推动了儿童情绪的社会化。

知识链接4－3　宝宝会参照他人的表情信号吗?

婴儿在观察人们谈话或做事时会学到一些东西吗？他们会根据别人的情绪反应来做出决定吗？果真如此，当一名婴儿坐在童椅里看电视时，荧屏上的人物同样会对他的行为产生影响吗？

有两位研究者试图解答这个问题（Mumme & Fernald，2003）。他们通过设计两项实验来了解10个月和1岁大的婴儿对一段录像中“女演员”所看的物品以及她面前物品所做反应有多关注。

在给婴儿看的短片中，一位女演员面前放着两件物品（一截黄色的灌溉管，一个蓝色的球，一只红色的陀螺，要么是球和管子，要么是管子和陀螺，要么是球和陀螺），她不管其中一件物品，面对另一件做出反应，所表现的语调和表情要么是“中性”的，要么是积极或消极的。

接着研究人员就把这3件物品给婴儿玩，发现1岁大的婴儿对引起“女演员”中性和积极反应的物品都怀着同样的兴趣去玩，相反，他们却避免去玩引起“女演员”消极反应的物品，总是选择另一件。至于10个月大的婴儿，尽管他们饶有兴趣地看短片，但面对这几件不同物品的行为却没什么差别。“女演员”的喜好并没有让他们做出特别的行为反应。

这项实验证明，电视并不仅是消极的传播工具，它还可以传播能够影响低幼婴儿行为的信息。1岁大的婴儿能够接收大人的情绪了，即使这些情绪是通过电视播放出来的，但它们依然会影响婴儿的行为。因此，如果宝宝在房间里，我们应当注意讲话的语气和自己的反应。总之，最好别让宝宝观看给更大年龄的人播放的电视节目，因为婴儿醒着时要将他们很大一部分时间用来观察其他人的行为和反应。

（资料来源：赛尔日·西科迪．100个心理小实验帮你更好地了解宝宝．王文新，等译．上海：上海社会科学院出版社，2009：128－129）

（三）情绪社会化的途径

1. 直接教导

父母用自己的积极情绪反应去强化儿童做出积极情绪行为（见图4－11）。以无言的模仿、对角色的认同、对期望的交流等方式，作为情绪的引发源，儿童能直接、自发地受到无意的暗示而表达自己的情绪。例如，社区邻里之间一般的礼貌交往行为会影响幼儿自发的模仿，父母应淡化幼儿对陌生人的疏离感，使之习惯于认同陌生人。

图4－11　情绪社会化：直接教导的作用

2. 间接教导

在引发源与其后发生的体验之间经常有某些情境因素介入，尤其是父母的有意教导和干预起着重要作用，如模仿、认同、社会参照均被利用为间接教导的媒介。例如，在两可的情境中，儿童通过观察他人的情绪表现和听取他人言语交谈知道怎样理解事件所蕴含的情绪意义。在成人中，社会参照策略常被采用，它更多用于模仿。例如，在某种社交场合，当处于两可的情境下，成人可能去模仿、附和他人的表情，但这时不一定发生相应的体验；然而对于儿童，模仿却可能引发真实的情感。

3. 期望交流

这是指接受他人在一定场合的交流信念和期望的影响。例如，对儿童提出一个期望发生某种情绪的建议，他很可能根据建议扫描自己的情绪体验，企图与这个建议相匹配。如果匹配得到一致，它将使儿童按照期望去使用或表达这种情绪。例如，教导青少年在公共交际场合的期望礼仪，如表现文雅、姿态友好等。当他接受这种建议并对期望的礼貌举止产生一定的情绪体验时，以后就会在同样的场合体验这种情感并支配其礼貌行为。

第四节　主要情绪的发展

一、基本情绪的发展

（一）积极情绪：快乐

婴儿最初的快乐（或满意）信号是一种初级阶段的微笑，最初只是吃饱后的反应或者对照料者提供的轻摇、轻拍和高声调这类抚慰刺激的反应。实际上，这些微笑被认为是因生理状态变化如紧张缓解带来的反射性反应，而不是社会刺激或者社会互动带来的变化。

哈佛大学医学院精神病学家彼得·沃尔夫对婴儿情绪进行的大量研究发现：在醒着的新生儿脸上很少见到类似微笑的表情，但他们熟睡时经常在笑。沃尔夫说只有当婴儿昏昏欲睡时或是酣然入梦后，才可以看到他们的微笑。他因此得出了结论：微笑对新生儿来说是一种自发的肌肉放松的现象，到后来微笑才渐渐演变为一种情感交流的手段，并随着孩子年龄增长而发生巨大的变化。

6～19 周时婴儿开始出现社会性微笑（见图 4－12），这种表情在与照料者的互动中最为常见（戴维·谢弗，2012）。照料者可能因婴儿的积极情绪而开心，用微笑回应婴儿，同时继续做出让婴儿感到高兴的事情。婴儿 3 个月时，与向他们呈现其他有趣、生动的玩偶相比，婴儿更可能对一个真人微笑感兴趣。当 3～6 个月的婴儿愉快地看着微笑的与之互动的照料者时，他们会逐渐表现出脸颊上提、舒展的微笑，这被视为婴儿开始能够与一个陪伴者分享积极情感的标志（Legerstee & Varghese，2001）。

图 4－12　早期的社会性微笑

随着年龄的增长，微笑变得越来越“社会化”。在一项研究中，给 2 个月大的婴儿手臂上粘上细线。实验组的婴儿只要移动手臂就会演奏音乐，而“控制组”婴儿会不时地听到同样的音乐，但音乐与手臂移动没有关系。研究结果令人惊讶：与那些手臂运动和音乐演奏无关的婴儿相比，能够引发音乐演奏的婴儿在音乐演奏期间笑得更多（Lewis et al.，1990）。实验组婴儿会如此快乐并不是因为好听的音乐，而是因为“他们能够让音乐出现”。

到 6～7 个月时，婴儿会对家人表露最开心的微笑，面对来访的陌生人则会表现出焦虑而不是快乐。这时的婴儿通常会使用微笑和其他积极情感信号作为一种社交的表现，与家人分享快乐，或试图延续积极的互动（Saarni et al.，1998）。

（二）消极情绪

1. 悲伤

悲伤情绪在出生后的第一年比较少见，除非婴儿有一个抑郁的母亲。如果母亲抑郁，到2～3个月大时婴儿也会出现悲伤的面部表情（Herrera et al.，2004）。这会是一个被动的基因型—环境交互作用的例子吗？也许在这样的家庭中，婴儿和母亲都具有悲伤的基因特征，这是可以考虑的（杰弗瑞·阿内特，2018）。在一项研究中，非抑郁母亲被要求与她们的婴儿进行3分钟看起来忧郁的互动，婴儿会用悲伤做出回应，表明抑郁的母亲会有一个悲伤的婴儿是因为这是婴儿对母亲悲伤的一种反应，而不是由于与悲伤情绪表达有关的遗传特征（Cohn & Tronick，1983）。

2～6个月的婴儿在某些引发愤怒反应的情境中（如在治疗中感觉疼痛时或失去控制时）会显得很悲伤。如果不能得到照料者的积极回应，婴儿更容易产生悲伤反应。其中一项研究让母亲在与婴儿互动的过程中表现一种安静、不愉快的表情，结果婴儿会因为母亲"安静的脸"而悲伤以及偶尔的愤怒（Tronick et al.，1978）。同样，慢性抑郁症患者养育的2～3个月的婴儿经常出现悲伤情绪，这些婴儿似乎在配合照料者的抑郁症状，随着时间的延续会变得越来越闷闷不乐，社交反应迟钝（Campbell et al.，1995）。

为什么悲伤会随年龄增长而增加呢？学习和认知发展可能在其中发挥了重要作用。由于小宝宝逐渐认识到自己能控制周围环境的物和人，他们开始在丧失控制时表现出消极反应。到3～4个月大时，婴儿期望照料者能对自己发出的社交请求做出回应（Van Egeren et al.，2001），如果违背了他们习得的期望，例如母亲"冷面"或者严肃的抑郁表情不仅会使一个婴儿悲伤，也足够让她伤心。大一点的婴儿能识别出造成痛苦或者阻碍目标的人，并且随着时间的推移，他们会对带来伤害和挫折的人表达更直接、更强烈的愤怒。

2. 愤怒

愤怒是从新生儿哭泣中分离出来的一种原始情绪，最初以愤怒的哭喊形式表达，在第一年有所发展（Lewis，2010）。在生命的最初几天，限制婴儿的头部运动可以看到婴儿反射性的移动反应，研究者认为这是愤怒的生理原型，并不是愤怒本身。直到6个月左右，婴儿对于阻止目标实现的事件意义能够进行具体评价，这才产生了真正意义的愤怒。

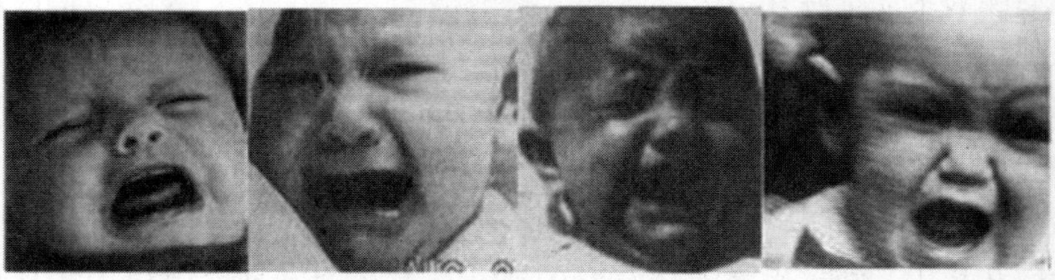

a　　b　　c　　d

a、b. 痛苦的表情；c. 伴有痛苦的愤怒表情；d. 典型的愤怒表情

图4－13　婴儿混合着痛苦的愤怒表情（Sullivan & Lewis，2003）

一项研究考察了1个月、4个月和7个月大的婴儿，压住婴儿胳膊几分钟不让他们移动，这种情形没有婴儿会喜欢，然后观察他们的反应（Oster et al.，1992）。结果表明，1个月大的婴儿表现出明显的痛苦，但是评估者没有将他们的痛苦反应归类为愤怒；4个月大的婴儿也会表现出痛苦，但是只有大约一半的婴儿的面部表情可以被明确划分为愤怒；几乎所有7个月大的婴儿都表现出一种明确的愤怒反应（见图4－13）。另一项研究也发现，当一个有吸引力的物体被拿走时，7个月大的婴儿有明确的愤怒表达（Stenberg et al.，1983）。7～12个月的婴儿能够实施有意行为，当他们的意图被挫败时常常会出现愤怒的表达。

伊扎德认为，较小的婴儿还不能抵抗如注射疫苗、行为受限一类的刺激，所以把所有的能量都转换为一种痛苦的表达（声嘶力竭的哭泣）。随着婴儿的成长，他们的情绪表达发生了变化，强烈的生理痛苦表情让位给愤怒的表情（郭德俊等，2012）。在面临不可预期的疼痛刺激时，愤怒表达更具有适应性，因为愤怒可以动员所有能量进行保护和防御。最终婴儿不得不习得如何调节和抑制愤怒。

3. 厌恶

厌恶是一种与感觉特别是味觉和嗅觉关系密切的情绪，当尝到苦味或闻到臭味时，脸上会出现厌恶的表情，婴儿也不例外。达尔文曾经在不同的文化背景中以及自己的孩子身上都观察到了这种情绪。他认为厌恶是实际知觉的和想象为反感的事情引起的感觉，最主要的是味觉引起，其次是嗅觉、触觉和视觉。达尔文认为这种情绪是进化的反应，因为它是很早就出现的普遍表情，它的功能是拒绝被污染了的食物。他描述了他一个孩子6个月时吃一个樱桃时出现厌恶表情：嘴唇和嘴巴改变形状使得食物很快掉出来，伸出舌头，这些动作还伴随着颤抖，眼睛和额头有惊奇和惊讶的表情，样子有些滑稽。

厌恶在很多情况下被认为是一种从原始退避机制进化而来的最早情绪。这些反应的发生涉及味觉和嗅觉的嗅脑的参与。厌恶反应也可以通过给新生儿舌头上放少许苦味物质而引起，包括对于那些由于先天缺陷或疾病导致的没有机能皮质半球的婴儿。脑干调节的厌恶表情伴随着情感状态，驱动表达行为，导致对苦药的拒绝。研究表明，运用丁酸气味能够引起新生儿类似厌恶的表情（Soussignan，2005）。

对于婴儿厌恶情绪的研究，已有研究主要集中在有味觉和嗅觉刺激引起的厌恶反应，这种厌恶的情绪反应是由具有生理意义的刺激引起的。但厌恶情绪会由更广泛的刺激如视觉、听觉刺激引起，而且社会性刺激引起厌恶的情绪反应也会随着婴儿的成长逐渐发展，但对于这方面的研究目前还比较缺乏。

二、恐惧的发展

（一）恐惧的发生

美国著名心理学家华生曾经提出，婴儿一出生就具有恐惧反应，即巨大的响声和身体突然失去支撑两种无条件刺激能够引起婴儿的恐惧反应。但后来的一项研究观察了出生后1～2个月婴儿的行为，得出的结论是婴儿出生时没有恐惧反应。研究指出，恐惧是婴儿1岁以内最后出现的情绪，在7～8个月时会表现出来，因为恐惧感的形成需要婴儿具有一定评价情境与事件危险性的认知能力，需要独立移动和行为抑制的能力，到七八个月时，婴儿初步具备了这些方面的能力。不过，混合着惊奇表情的恐惧在两三个月就可以观察得到。

事实上，婴儿早期并没有恐惧反应，他们还没有防御危险并保护自己的能力。那么，婴儿的恐惧情绪什么时候出现？由什么刺激引起？目前存在不同的理解。心理学家认为，造成恐惧的原因是婴儿把眼前的情形与过去的相关记忆联系在一起。例如，婴儿见到陌生人产生害怕情绪之前，会把眼前的陌生人与他记忆中的一张张熟悉的面孔进行比较。

根据英国精神病专家鲍尔比的观点，恐惧由生物学因素和经验的结合而引起，婴儿更可能对于能够提供危险自然线索的情境和事件做出恐惧反应，并认为疼痛、单独放置、刺激的突然改变和快速接近都可能引起恐惧（Bowlby，1969）。但目前对于婴儿恐惧的研究主要集中在陌生人焦虑、分离焦虑、深度恐惧和碰撞恐惧等方面。

（二）早期的恐惧发展

1. 陌生人焦虑

陌生人焦虑（俗称“怯生”）是指婴幼儿在陌生人接近时表现出的恐惧和戒备反应，这与熟人接近时他们表现出的微笑、细语以及其他积极的回应形成了鲜明的对比（见图4－14）。这种对陌生人的警戒也夹杂着好奇的情绪，通常出现在第一年的后半时期，8～10个月时达到顶峰，在2岁时逐渐下降。

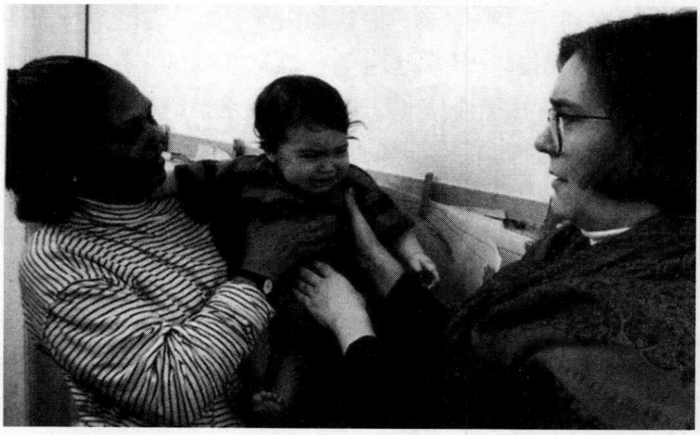

图4－14　怯生：婴儿的陌生人焦虑

尽管陌生人焦虑在6个月大的时候很常见，但儿童之间仍存在着显著的差异。有些婴儿特别是那些有着和陌生人大量接触经验的婴儿倾向于表现出较少的焦虑；而且，并不是所有的陌生人都会引起同样的反应。例如，婴儿在面对女性陌生人时倾向于表现出较少的焦虑。此外，相对于陌生的成人，婴儿在面对陌生的儿童时会有更为积极的反应。

哪些原因导致了陌生人焦虑？首先，大脑的发展及婴儿认知能力的发展在这里起了重要作用。随着婴儿记忆的发展，他们能够把认识的和不认识的人区分开来。认知水平的提高使得他们能够积极地回应熟悉的人们，同时辨认出陌生人。在6～9个月时期，婴儿开始试着去理解他们的世界，试着去期待和预测事件。当某件他们没有预期到的事情发生了，如出现了一个不认识的人，他们便会体验到恐惧。这就好比婴儿有了一个疑问但没有能力回答。

其次，环境因素也可以帮助我们理解婴儿的“陌生人焦虑”。这种焦虑约束孩子冒险离开父母摇摇摆摆地行走。他们以熟悉的照料者为“安全保障”基础，并以此开始探索。当恐惧感产生时，他们就以照料者为“避风港”。作为适应系统的一部分，婴儿遇到陌生人时可能出现两种截然相反的倾向：接近（由于兴趣或友好）或逃避（由于恐惧）。婴儿的行为在这两个极端中求得平衡。

最后，不同文化的养育方式也会使婴儿对陌生人产生不同程度的恐惧。在伊夫（Efe）的狩猎人群和非洲扎伊尔（Zaire）的群居人群中，母亲的死亡率很高。为了确保婴儿存活，伊夫有一种集体养育体系，孩子被一个又一个人收养，既有亲戚又有外人。结果，伊夫婴儿的陌生人焦虑的水平很低。相反，在以色列的集体农庄，频繁的恐怖主义者的袭击使大多数婴儿对陌生人都很警觉。到 1 岁时，婴儿寻找他人流露的线索来决定情绪的反应，集体农庄的婴儿比在城市养育的同龄人表现出更强烈的陌生人焦虑（Saarni et al.，1998）。

2. 分离焦虑

分离焦虑是指婴幼儿与依恋对象分离时表现出的恐惧和戒备反应（见图 4－15）。该焦虑在不同文化中具有普遍性，通常开始于 6～8 个月，在第 14～18 个月达到顶峰，然后其频率和强度在婴儿期和儿童期都会逐渐降低。但是，学龄儿童甚至青少年还会在必须与他们所爱的人长时间分离时表现出焦虑和抑郁。

图 4－15 婴儿的分离焦虑

分离焦虑大部分可以归咎于和陌生人焦虑相同的原因。婴儿逐渐成长的认知技巧使得他们能够提出一些合理的问题，如“为什么我的妈妈离开了?”“她去哪里了?”“她会回来吗?”但这些问题的答案可能因为他们太小而无法理解。关于分离焦虑产生的原因，有两种不同的理论观点：生态学观点和认知发展观点。

鲍尔比认为，婴儿面临的许多情境实际都蕴藏着自然的危险信号；在人类的进化过程中，这些环境如此频繁地与危险联系在一起，使得人类对于它们的恐惧成为一种具有生物基础的自发反应。这种观点能够很好地解释某些跨文化差异：在一些非工业化社会，婴儿和母亲睡在一起并一直保持亲密接触，他们的分离焦虑就会比西方社会中的婴儿早 2～3 个月出现。这是因为那些婴儿很少与其母亲分离，因此任何分离对他们来说都是陌生的和恐惧的。

认知理论认为，无论是分离焦虑还是陌生人焦虑，两者都是婴儿知觉和认知发展的自然产物。杰罗姆·卡根指出，个体在6~10个月时已经具备了以下图式：①熟悉照料者的面容；②这些照料者在家中的可能行踪。7~10个月的婴儿对在家里的分离会较少表现出抗拒，因为他们知道照料者去了哪里，但一旦照料者打破了这种熟悉环境中的熟悉面孔的图式，如拎着包出了房门，婴儿就不能预测他们的行踪，从而可能吵闹起来。

三、依恋的发展

鲍尔比和美国心理学家安斯沃思在长期合作的基础上，于1958年首次提出“依恋”（attachment）这个概念，用以指两个人形成的亲密的情感联系，以相互关爱和希望保持亲近为特征。依恋并不是依赖的一个附属品，而是用情感束缚某个人或某件事的一种手段。因此，小猴子会依偎在一只布做的母猴身边，不是为了要食物，只为了舒舒服服地待着；婴儿会哭闹、喃喃自语、恳求妈妈的拥抱和爱抚。

（一）基本依恋的发展

20世纪60年代，沙佛和爱默生对一组刚出生的苏格兰婴儿进行了18个月的追踪研究。婴儿的母亲每个月都要接受一次访谈，访谈是为了确定：①七种情境中婴儿同亲密伴侣分离时的反应（如被留在婴儿床上，被留下来和陌生人待在一起）；②婴儿的分离反应是指向哪个个体。若一个儿童同某个人分离时总是表现出反抗行为，则认为他同这个人形成了依恋。研究发现，婴儿在同照料者形成密切关系时要历经以下几个连续的阶段：

1. 无社会性阶段（0~6周）

这一时期的婴儿处于无社会性阶段，很多社会或非社会信息都可能会引发偏好反应，很少表现出抗拒行为。在这个阶段的末期，婴儿表现出对社会刺激如微笑的面容的偏好。

2. 未分化的依恋阶段（6周至6~7个月）

这一阶段的儿童对人类更为偏好，但是还未能进一步分化：他们更多地对人而不是对其他类似人的物体如会说话的木偶微笑，任何人把他们从怀里放下来都会让他们感到不安。尽管3~6个月大的婴儿对熟悉的人会开怀大笑，日常照料者对他们的安慰也更有效，但是他们似乎对任何人包括陌生人的关注都感到快乐。

3. 分化的依恋阶段（大约7~9个月）

在7~9个月间，婴儿在与某个特定个体（一般是母亲）分离时开始表现出抗拒行为。这时候婴儿已经能爬了，他们常常缠在妈妈身边，在妈妈回来时热情地欢迎。研究者据此认为，婴儿首次建立起了真正的依恋。

4. 多重依恋阶段

在沙佛和爱默生的研究中，有一半的婴儿在形成最初的依恋几周后，和其他人如父亲、兄弟姐妹、祖父母甚至某个固定的照料者也建立起了依恋关系。到18个月时，很少有婴儿只对一个人产生依恋，有的婴儿会有5个以上的依恋对象。

（二）依恋的个体差异

在婴儿建立起与照料者的依恋的过程中，一直存在较为明显的个体差异。有的婴儿与照料者在一起时显得相当放松和有安全感，而有的婴儿则显得很焦虑，对将要发生什么感到没有把握。对于依恋安全性的测量，现在通用的技术是安思沃斯提出的陌生情境测验。陌生情境测验包括8个连续的情境（Ainsworth et al.，1978。见表4－1）。通过观察和分析儿童在这些场景中的反应（探索行为、对陌生人和分离的反应、与亲密伴侣重聚时的反应），研究者将儿童的依恋划分为以下四种类型：

表4－1　依恋的陌生情境测试

场景	事件	依恋行为
1	家长和婴儿进入游戏室，然后离开	
2	家长在旁边坐着看婴儿玩	家长作为安全基地
3	陌生人进入并坐下，和家长交谈	陌生人焦虑
4	家长离开，若婴儿感到不安，陌生人给予安慰	分离焦虑
5	家长返回，若婴儿感到不安给予安慰，陌生人离开	重聚行为
6	家长离开	分离焦虑
7	陌生人进入给予安慰	接受陌生人抚慰能力
8	家长返回，若婴儿感到不安给予安慰，用玩具吸引婴儿	重聚行为

1. 安全型依恋

大约有65%的1岁婴儿属于这一类。有母亲在时，这类婴儿会独自探索，母亲的离开会引起他们明显的不安。当母亲返回的时候，他们有温暖的回应，如果他们感到很压抑，常常会寻求身体接触来缓解压力。有母亲在场时，这类婴儿对陌生人很随和、大方。

2. 抗拒型依恋

大约有10%的1岁婴儿表现出这类非安全型依恋。这类婴儿紧紧地靠在妈妈身边，很少有探索行为。当母亲离开时他们会相当压抑，但当母亲返回时，他们的表现很矛盾：他们会接近母亲但看上去他们对母亲的离去还在生气，他们甚至抗拒母亲主动的身体接触。抗拒型婴儿对陌生人保持相当的戒备，甚至当他们的母亲在场时也是如此。

3. 回避型依恋

大约有20%的1岁婴儿表现出这类依恋，回避型依恋也属于非安全型依恋。当他们同母亲分离时很少表现出抑郁，甚至当母亲想主动引起他们的注意时，他们仍然表现得很冷漠。回避型婴儿对陌生人相当友善，但有时会像忽视自己母亲那样回避和忽略陌生人。

4. 组织混乱/方向混乱型依恋

研究发现，在美国有5%～10%的婴儿在陌生情境中表现出极度的压抑，这种类型可能是最不安全的（Hertsgaard et al.，1995），它奇怪地混合了抗拒型和回避型依恋的模式。他们似乎对于是要接近还是回避养育者犹豫不决。当母亲回来时，这些婴儿反而不知所措，或者他们会在接近母亲的过程中因为母亲的接近而突然跑掉。他们也有可能在不同的重聚场景中同时表现出这两种模式。

知识链接 4－4　害羞是天生的？

哈佛大学心理学家杰拉姆·卡根认为，诸如害羞一类的情绪可能是一种天生的对周围环境的反应，极度害羞和谨小慎微的行为早在个体出生时就埋下了种子，它们有可能是随着遗传因子来到世上的。从1979年开始，卡根和另外两位心理学家斯蒂文·雷兹聂克和南希·斯奈德曼开始对两组2岁的儿童进行追踪研究。其中一组儿童极为压抑，而另一组则相当活泼开朗，易于接触。研究人员将他们置于特定的环境中，不仅追踪他们的行为，还监测他们的心率和内部生理指标。

研究结果表明，开朗活泼的孩子大多未受到新奇事物的扰乱，而那些害羞的孩子却有极为强烈的生理反应，他们血压升高，瞳孔扩大，声带也变得紧张。4年后研究人员发现，孩子们的行为方式基本上没有改变：害羞的孩子仍然展现一种压抑的行为模式，通常易激动，神经系统容易紧张。卡根由此得出结论，像害羞那样容易引起生理变化的性格，不仅影响人的情感的自然流露，也影响情绪的强弱程度。但他同时指出，害羞不完全是天生的，其他因素也会产生影响。卡根于1987年写道："天生成分对孩子气质方面的影响是很小的，孩子成长的环境同样决定着他的害羞程度。"

（资料来源：Time-Life Books. 情感的力量．孙红玖，连煦，译．北京：中国青年出版社，2002：78）

四、自我意识情绪的发展

（一）什么是自我意识情绪

自我意识情绪是个体在自我意识的基础上，有自我参与的一类复杂情绪，包括羞愧、尴尬、内疚、移情、妒忌、骄傲等，这些情绪往往与对自我意识的伤害或提高有关，在推动、规范人类的思想、情感和行为方面起着重要的作用，是由于自我意识的发展、规则和标准的获得而出现的（Tracy et al.，2007）。

自我意识情绪属于更高级的情绪，例如，当我们感到羞愧或尴尬时，其实是否定自己的所作所为，我们只想退缩，这样别人就不再会注意到我们的失败了。18～24个月的幼儿在感到难为情或者尴尬时，他们会垂下眼睛，低下头，双手捂脸。此时的儿童还会表达骄傲，但妒忌和羞愧直到3岁才会出现。

自我意识情绪发展的前提是自我意识的形成，迈克尔·刘易斯（1998）认为，只有当儿童能在镜子里或照片上认出自己时（婴儿在18～24个月左右才能认出镜子中的自己），尴尬这种最简单的自我意识情绪才会出现。而像羞愧、内疚和骄傲这样的自我评价情绪，不仅需要自我认识，还需要儿童对评价自己行为的规则和标准有所理解才行。当儿童能够理解是实现还是违背了内在的标准时，内疚和自豪才得以发展，5岁儿童基于任务完成的好坏已经表现出了充分的自豪和内疚。

（二）相关研究

3 岁左右，当儿童能用好与不好评价自我的表现时，他们在成功完成一项困难任务后会表现出明显的骄傲，而在没能完成一个简单任务时会感到羞愧（当一个人做错了事并在对此加以解释时强调自身整体的、稳定的不足时感受到的情绪），其表情是目光向下，很消沉的样子，还常常嗫嚅着“我不擅长这个”（Lewis et al.，1992。见图 4－16）。幼儿在规定时间内未能完成某一任务或达到某一标准时，可能表现出一种评价性尴尬，这种情绪常以尴尬的笑、揪自己的衣襟和盯视讨厌的事物为特征。

评价性尴尬是一种程度较轻的羞愧吗？并非如此，研究者报告说，体验到评价性尴尬的幼儿不像羞愧的孩子那样眼睛向下、撇着嘴（Lewis & Ramsay，2002）。在研究中没能成功应对挑战的 4 岁儿童，要么表现出评价性尴尬，要么表现出羞愧，但两者不会同时出现，说明两者是不同的情绪。

研究者还对羞愧和内疚进行了明确区分。内疚意味着一个人未能在某个方面对别人尽到义务，感到内疚的儿童可能会关心自己的错误造成的人际后果，并且尽力接近他人，弥补自己的伤害（Hoffman，2000）。相反，羞愧则更多的是关注自己而不是基于他人的关心。不管源于违反道德、个人失败还是社交失误，羞愧会使儿童消极关注自己，并且可能会促使他们隐藏自己、回避他人（Tangney & Dearing，2002）。

（三）影响因素

自我意识情绪不仅与自我意识的发展有关，而且依赖于成人的指导。成人鼓励孩子体验这些情绪的情况因不同的文化背景而异。在美国的大部分地方，孩子因自我成就如球抛得最远、赢了一场比赛获得了好分数而骄傲；在印第安群落阻尼（Zuni）中，人们以纯个人成就为耻，而骄傲来自慷慨、互助和分享；在日本，关注他人的情感或需要是一种冒犯他人（包括父母、老师和领导）的表现，因而会体验到很强烈的羞愧。

到了 3 岁，自我意识情绪总是与自我评价相连。在一项研究中，父母让 3 岁大的孩子解决简单和复杂的问题，孩子在顺利解决难题后更易表现出快乐，当容易题目解不出时更易觉得羞愧（Lewis et al.，1992）。相反，基本的快乐和伤心情绪始终伴随着成败，并未受难度挑战性的影响，亦即基本情绪并不对自身价值做出评判。

儿童的自我意识情绪随年龄而变化。孩子们如果做了任何被认为是错误的行为都会感到羞愧，即便是偶然事故。学前儿童要体验自我意识情绪时最好有他人在场。对于可骄傲的事件，他们依赖于外部认知，如家长或老师说“你的画真棒”“今天你收拾了玩具，表现非常好”。如果他们的错误行为被他人知晓，他们很可能感到耻辱和羞愧。

第五章　情绪与认知

引言　认知决定情绪

想象一下这样一幅场景：你正沿着街道向前走，看到迎面走来一位朋友。假设其他所有的前提条件都一样，你会将先前难看的表情一扫而光，假装沉迷于某些事情或者陷入沉思之中，直到你们离得更近。这时你再次抬起头，微笑着停下来，你很可能会与这位朋友交谈一会儿。然而在现实生活中，其他的前提条件很少会一样。

在这个描述中，你已认出迎面而来的那个人是你的朋友，你对这一事件所做出的是一种正性的评价，于是你停下来准备接受自己所期待的比较愉快的交谈。试想一下，如果上一次见面时，你们曾经发生过争执，最终不欢而散，你们两人都非常生气，现在你的评价可能会完全不同。你可能会感到不自在，或许仍然有些生气，或许对上次所发生的事情感到尴尬，或许为不知道将要发生什么而感到焦虑。

或许你和你的朋友一直为获得什么在竞争，如为了争取进入某个运动队，或为了工作上职位的提升。也许你早上听说你的朋友已经成功了，而你却一无所获。在这种情形下，他的出现可能导致你的愤怒或妒忌。或许你听说自己已经取得了成功，而他却没有。在这种情形下，他的出现可能导致你出现介于自豪和尴尬之间的情绪，或许你也会感到伤心和同情。

第一节　情绪与认知的关系

一、情绪与认知关系的研究历史

（一）哲学家的观点

早在古希腊时期，人们就开始关注情绪与理智的关系。最早对情绪与理智进行探讨的是柏拉图。柏拉图认为，人是由灵魂和肉体组成的，前者包含理智、激情（情绪）和欲望，其中理智处于支配地位，激情和欲望处于从属地位。因此，对于柏拉图来说，理智和激情是主与从的关系。在他看来，情绪虽存在于灵魂之中，但没有特定的肉体感觉或知觉。他将情绪比作一匹不易驯服的野马，是人类灵魂的潜在威胁（见图 5 – 1）。情绪总是想挣脱理智的控制，威胁着人的心理世界。

图 5 – 1　情绪是"一匹不易驯服的野马"

亚里士多德是第二个对情绪与认知关系进行探讨的人。亚里士多德不同意他的导师柏拉图的观点，他认为灵魂具有认知和动求的功能：认知功能包括感觉、记忆、想象和思维；求动功能包括欲望、意志和激情。他将情绪和人类的爱、恨、怒、憎看作人类高级的认知和低级的纯感官欲望相结合的产物。事实上，亚里士多德可以被称为情绪的认知理论之父。

笛卡尔是一个身心二元论者，他认为心灵和身体既是两个不同的东西，又是可以相互影响、互为因果的东西。他指出，情绪是由外部刺激和体内变化共同引起的；情绪和感觉一样，但与感觉不同，情绪更容易扰乱人的心灵。笛卡尔还认为，有些情绪是心灵的作用，有些则是身体对心灵的影响。按照笛卡尔的观点，情绪一方面产生于身体对环境的反应，另一方面产生于心灵中的记忆、认知力量、想象和思考。

斯宾诺莎关于情绪与认知关系的看法和笛卡尔截然不同。他认为，心灵和身体是不可分割的，情绪是认知的结果。他说："通过情绪，我们能够理解身体的变化，身体自身行动的力量以及有关身体变化的观念一起，或得到增强或减弱，或得到帮助或被阻碍。"

詹姆斯认为，情绪是对外界事物引起的身体变化的感知。他的情绪理论指出，我们因为哭泣，所以伤心。换言之，我们之所以伤心是因为我们体验到哭泣。在詹姆斯看来，情绪的产生是由生理变化决定的，认知在这一过程中无足轻重。

（二）心理学家的观点

1. 扎琼克的观点

20 世纪 80 年代以来，情绪与认知的关系成为心理学家关注的焦点，并引起了广泛的争论。这一争论最初源于扎琼克（R. B. Zajonc）。1980 年，扎琼克就情绪与认知的关系提出了一个极具挑战性的观点，认为情绪并不是认知加工的结果，而是最低的知觉与认知输入的积累，并且存在于对刺激的最早反应中。在此基础上，扎琼克提出了“情感优先假设”，认为积极和消极的情绪反应通过一个最小刺激就可以引发，基本上没有认知加工。这一观点得到了“单纯接触效应”实验的支持。单纯接触效应是指人们频繁接触最初不会引起情感的刺激就会逐渐喜欢这些刺激。

在单纯接触实验中，扎琼克向被试呈现新颖的刺激（如中文文字），以发展他们的情感偏好。在之后进行的识记测试中，被试尽管不能区分哪些刺激是新的，哪些是旧的，但当问及他们更喜欢哪些刺激时，他们报告说更喜欢呈现过的，并且喜好判断的时间显著少于记忆识别的时间。据此，扎琼克推断，被试的喜好判断部分是由于他们对刺激的情绪反应（随刺激呈现的频率而增加），而不是以认知反应为中介。

扎琼克指出，在当今心理学理论中，情绪被误认为是后于认知的，是在各种认知活动发生之后才产生的；其实，情绪性判断是独立于甚至先于那些被人误认为是这种判断所依赖的知觉和认知活动。情绪不仅无须完整的知觉和认知编码过程就能发生（甚至能在此过程之前发生），而且情绪和认知是由分离的部分独立的神经系统所控制。他举例说，一只兔子不可能停下来揣摩一条蛇的门牙的长度或蛇身上斑纹的分布。如果这只兔子想逃命的话，它必须在完成哪怕是很简单的认知过程之前逃跑，即在它充分证实只要稍动一下身子就可能被蛇一览无遗之前就采取行动。这就是说，兔子在知道自己为什么害怕之前它就已经害怕了——它逃跑了。

2. 拉扎勒斯的观点

对于扎琼克的观点，拉扎勒斯提出了质疑。他认为，认知评价是所有情绪状态的构成基础和组成特征，情绪反应的所有三个方面——躯体过程、行为表现和主观体验都需要认知评价作为必要的先决条件，认知评价先于情绪唤醒。在他看来，体验到某种情绪，无论是以原始的知觉形式，还是以某个高级的区分符号过程，个体必须进行认知评价。因此，认知活动是情绪产生的前提条件。

拉扎勒斯认为，一些情绪比另一些情绪更有赖于认知活动，尤其是象征性的认知活动。例如，焦虑中的认知活动比惊悸中的认知活动活跃。焦虑总是涉及象征性的威胁，是预期性的，而惊悸则是直接的、具体的，涉及存亡攸关的危险。尽管任何生物要生存的话都必须能够辨别事件是否有害，但是在低等生物的评估中很少有象征性表象，它们更多依赖于刻板、固有的生理过程，像人类这样的高等生物有更多的变异性，更依赖学习和象征过程。儿童能否经历特定的情绪反应取决于他们是否已经获得对社会环境及其意义的理解，其认知过程和社会环境使情绪的丰富程度远远超过任何哺乳动物，亦即只有当儿童具备了特定的认知条件后他们才能获得特定的情绪。

3. 整合的观点

克莱因纳等人对扎琼克和拉扎勒斯的争论总结道，两人的分歧在于他们对情绪和认知的界定范围不同。拉扎勒斯将认知定义得太宽，而把情绪定义得太窄；相反，扎琼克将情绪定义得太宽，而把认知定义得太窄。两人争论的焦点在于各自都坚持情绪—认知二分法。克莱因纳等人建议将情绪与认知合二为一，使“情绪—认知谁主谁从”的争议消失。其理由如下：

（1）情绪和认知在心理活动发生过程中是一个连续的流程，个体可以从该流程的任何一个环节切入，所有反应同时又可能是一个刺激。刺激和反应既可能是原因，又可能是结果。

（2）情绪与认知的关系不仅是静态的过程，还是动态的过程，它们既可同时发生也可相继发生。

（3）人脑是一个整体，情绪与认知过程是一个涉及生理和心理许多层次的、复合的、多水平的相互作用过程，两者的关系应从整体进行探讨。

基于上述理由，克莱因纳等人认为“情绪—认知谁主谁从”的争论是一个认识上的错误。这个争论的构思是对的，但现实中并不存在。情绪与认知的关系更应该看成一种互倚、整合的关系。近年来，克莱因纳的观点得到了情绪的神经科学研究的有力支持。杰勒米等人使用功能磁共振成像的研究证明，有些情绪信息加工与我们已有的特殊认知加工都发生在前额皮质的相同区域；勒杜也认为，杏仁核不仅是情绪中心，还是认知评价的区域。

二、情绪与认知关系的争论

尽管评价可能会以某种形式出现于许多情绪体验之中，但当个体处于某种情绪之中时，评价对情绪体验而言是否必要这一问题似乎就可以放在一边。在实际生活中，任何情绪体验都是一个思维、记忆、情感、躯体变化和行为的复杂混合体，并处于不断的变化之中。认知交织在这一混合体中，成为情绪的一个部分。因此，关于情绪与认知谁先发生或情绪发生时是否有评价这些问题的争论就变得多余了。（见图5－2）

（一）拉扎勒斯和史密斯的观点

1988年，拉扎勒斯再次加入情绪—认知关系的争论中，他与史密斯一道对知识和评价之间的差别与这一争论的相关性进行了分析。很明显，存在着两种类型的认知，尽管评价和归因通常被认为是同义的，但它们之间不能相互转换。知识有多种形式，它们并非都与情绪有关，只是其中一些与情绪有关。例如，如果我们知道事物在一般情况以及特定情况下如何运转，那么我们只能评价某些东西的意义。但这类知识本身并不会导致情绪，其中介必定是评价。根据这一观点，知识是情绪的必要条件而非充分条件，评价则是充要条件。

根据拉扎勒斯和史密斯的观点，首次评价包括两个主要维度，即动机相关性维度和动机一致性维度，它们分别指：①对个人的目标和关注点来说，这个事件有多大的意义；②对个人需要来说，这个事件在多大程度上与之一致。次要评价的认知成分包括个体对这一事件的解释能力、问题集中性应对的潜能、情绪集中性应对的潜能以及对未来的预期。

图 5－2　情绪与认知关系之争

这些评价维度自身并不能够决定事件对个人的意义，换言之，它们只是提供评价而不能赋予事件意义。对于决定个人和情境之间什么是有情绪意义的这项工作，拉扎勒斯和史密斯认为需要由更多认知结构来完成。他们将这些认知结构定义为核心关系主题，每个主题都暗示来自情境的一种特定类型的伤害或利益。因此，悲伤的主题就是丧失，而高兴的主题就是个人所得到的保证。

（二）帕若特和萨比尼的观点

帕若特和萨比尼（1989）从应用的角度加入了这一争论。他们首先分析了扎琼克有关情绪先于认知发生的观点，认为扎琼克所确认的情绪先于认知的五种方式存在某些缺陷，指出认知是情绪必不可少的组成部分。同时，他们还指出，非认知因素也可以影响情绪。例如，可能存在对像亮度变化这样简单刺激的情绪反应。此外，非认知原因也会导致唤起状态的改变，进而影响情绪（如上楼梯）。

其次，这些研究者指出，情绪现象是由许多认知过程所导致的。有时，这些过程可能是无意识的、自动的和习惯性的，即使个体会知觉到情绪，也不一定了解情绪产生的原因。情绪的认知加工过程既可以是自动的也可以是被控制的。

帕若特和萨比尼认为，他们观点的价值在于对心理治疗的意义。他们列举了几个例子，用以说明不同类型的认知加工是如何体现在心理治疗中的。例如，对抑郁症的认知治疗就并没有将来访者的认知活动视为有意识的信念，即使来访者确实可能存在对抑郁的体验，认知治疗师也假定来访者可能并不知道是什么导致了抑郁。即使认知活动可能被视为自动和无法控制的，治疗师也会告诉来访者尝试去破除坏的认知习惯，并以其他认知方式来取代。

（三）帕金森的观点

帕金森（1997）从人际交流的角度对评价与情绪的关系进行了分析。例如，微笑就是人际交流的一种反应，同时它也在传递某种信息，它可能表示：“我喜欢你，我喜欢你刚才所说的，我希望你能再说一遍。”这样一种信息可能是有意传达的，也可能是无意传递的。于是，微笑就会涉及情绪可能的社会意义。与此类似，微笑的个人意义可能取决于是谁采用了这一反应——母亲、朋友、销售员还是律师。其他人可能会也可能不会知觉到微笑背后的复杂意义，如果他们知觉到了，微笑对他们的意义可能会有所不同。

这种现象在日常生活中随处可见，埃德蒙兹和艾迪诺（2001）在《维特根斯坦的拨火棍》一书中对这一现象的描述更为丰富、深刻。这本书描绘了一个著名场景：当卡尔·波普尔在剑桥访问时，路德维希·维特根斯坦在两人唯一的一次会面中挥舞着一根拨火棒。对于那些目睹了这一场景和许多没能目睹这一场景的人来说，他们可能会从多个方面来解释这一情景。帕金森认为，许多情绪都始于人际活动或交流，情绪服务于人际交流的策略性目标。从这种意义上来说，任何评价都是情绪体验的一部分而不是引发情绪的原因。在帕金森看来，评价就像上面所表述的那样服务于人际互动。

情绪与认知关系的研究经历了一个否定再否定最终走向整合的过程，但这并不意味着情绪与认知关系的研究到此为止。两者的关系仍然存在一些尚未解决的问题。例如，尽管大部分学者认为认知影响了情绪的产生，但到底认知在其中扮演什么角色至今仍没有一个统一的看法。反之，情绪对认知有影响也是个不争的事实，但其中作用的机制需要大量实证研究尤其是神经科学研究来揭示。

知识链接 5－1　情绪与认知的相关研究

一些研究表明，不同的情绪与认知过程中的变化有关。在某种程度上，情绪对认知的变化起着很大作用。焦虑的人对危险和威胁特别警惕，而悲伤或抑郁的人倾向于回忆过去的消极事件。马修斯等人（1985）研究了焦虑的人对威胁的警觉性。他们采用了 Stroop 任务，让被试尽快命名一些词语的墨迹颜色。有些词语是消极词，有些是中性词，要求被试忽视词语的意义，将注意力放到墨迹颜色上。研究的假设是，消极词比中性词更容易引起焦虑被试的分心，因此，焦虑被试命名消极词的墨迹颜色时其反应时间更长。此外，由非焦虑被试组成的控制组，他们在命名消极词的墨迹颜色时比焦虑组更快。研究结果有力地支持了焦虑被试对威胁更警惕的假设。

克拉克等人（1982）的研究让抑郁被试在一天的不同时间回忆过去快乐和悲伤的事情。之所以要求在不同的时间回忆，是因为病人的情绪存在所谓的日变化，即在一天中的不同时间，抑郁程度不同。结果表明，在一天中最抑郁的时候，他们回忆出更多的压抑事情；而在最轻松的时候，他们回忆出较多令人愉快的事情。这项研究表明，回忆消极事件的倾向性随抑郁程度的增加而提高，这就是心境一致性记忆。对此，研究者的解释是，抑郁中的情绪如悲伤是某种形式的损失在起作用。因此，快速地找到与损失有关的信息能使系统重新分配资源，以应付情境中的变化。

（资料来源：M. 艾森克．心理学：一条整合的途径．阎巩固，译．上海：华东师范大学出版社，2000：776－777）

第二节　认知对情绪的影响

一、认知在情绪产生中的作用

我的两位朋友刚旅行回来，一位激动地说："那儿水晶般明朗的天气，成百万的星星，热情友好的人们，雄伟高大的山脉，和谐一体的万物，真是令人心醉神迷！"另一位则沮丧地说："那里到处是臭虫和跳蚤，没有厕所，难吃的食物，无情的高山，我太不幸了！"同样的旅行，却产生了两种截然不同的反应，这是什么原因呢？早在公元1世纪，禁欲主义哲学家就给出了答案：人们不是因实际的事件而生气、悲伤或着迷，而是源于他们对事件的解释。这种观点已被现代心理学家用实验的方法所证实。

（一）归因与比较的作用

心理学家已经证实了认知在各种情绪产生中的作用。例如，想象你在心理学期中考试中得了优秀，你感觉如何？若是不及格，你的感觉又将如何？大多数人认为成功能给人带来快乐，失败会给人带来痛苦。然而你的情绪更多地取决于你如何解释自己所取得的成绩，而不是取决于你实际获得了什么样的成绩；取决于你是把它归因于自己的努力或缺乏努力，还是归因于老师、命运或者侥幸。研究发现：那些认为自己的好成绩来自个人努力的学生会感到自信、自豪和满意；那些认为自己的好成绩是因为运气、侥幸或偶然因素的学生会产生感激、吃惊或内疚的情绪；那些相信失败是自己的过失所造成的学生会感到遗憾、充满内疚或听天由命；那些责备他人的学生往往会感到愤怒。

这是一个有关认知如何影响情绪的例子。两位奥林匹克运动会的竞争者，一位取得第2名，是银牌获得者；另一位取得第3名，是铜牌获得者。他们俩谁会感到更高兴？是银牌得主吗？不是。一些研究者对在1992年奥林匹克运动会和1994年纽约州运动会上获得第2名和第3名的运动员的情绪反应进行了研究，发现铜牌获得者要比银牌获得者更高兴。显然，运动员把他们的表现视为"原本应该实现的目标"。对于第2名来说，他将自己与金牌获得者相比，由于没有获得金牌而不高兴；但对于第3名而言，他将自己与那些没有获得奖牌的人相比，所以他们为自己至少获得一块奖牌而高兴。

（二）认知评价的作用

认知在情绪中的作用主要在于判断和评价刺激物对个体需要的符合程度，它是个体对刺激物产生肯定或否定态度的决定因素。认知评价一方面决定了情绪体验的强烈程度，如听到陌生人遇难的消息后感到同情或伤心，但若听到亲人离世的消息，则会感到悲痛；另一方面，认知评价还决定了会不会产生情绪以及产生何种性质的情绪体验。如那些经常处于抑郁状态的人，其大脑中往往充斥着负性的认知观念（如“不好的”“糟糕的”“不应该的”等）. 而乐观的人则会认为这个世界是美好的，他们往往从积极的角度去评价。

当然，有些情绪可能不需要很多复杂的认知活动。一种爱国标志会使你产生条件化的情绪反应，一种熟悉的纪念品会让你产生简单而温暖的无意识反应。婴儿最初的情绪都比较单纯，他不会说：“我生气是因为没人喂我。”随着大脑皮质的成熟，儿童的认知和情绪会变得越来越复杂化：“我生气是因为这完全错了，这很不公平。”一些情绪完全取决于比较高级的认知能力，如羞愧和内疚要到儿童两三岁时才会产生，因为这些自我意识到的情绪依赖于自我感的形成以及个体知觉自己不良行为、辜负他人期望的能力的发展。

二、认知加工对情绪的影响

（一）感觉和知觉

感觉和知觉是诱发情绪的首要条件，情绪体验在感知过程中产生，并通过感知过程逐渐得以体现。客观事物的物理属性如声、光、嗅、味等刺激脑内的感觉登记可直接引起情绪。这类刺激可能是无条件性的，也可能是条件性的。在早期婴儿身上出现的大多数情绪性反应是无条件性的。例如，不良味觉刺激引起新生儿厌恶表情反应；医院产房内一个婴儿的哭声引起许多婴儿的痛苦反应；3 个月大的婴儿对视觉轮廓模糊的阴影诱导恐惧反应；4 个月大的婴儿对限制其肢体活动产生的愤怒反应，在开始时也是无条件性情绪反应，属于感觉—情感水平反应。

对成人而言，某些原发性厌恶或惊吓反应也可以是无条件的。至于条件性刺激引起的情绪反应，小孩在医院看见身穿白大褂的人向他走近时产生害怕躲避反应是典型的条件反应性情绪的例证；母亲的悲伤表情和身体接触已成为 8 个月大的婴儿警觉和恐惧表情的条件性刺激。成人身体某部位的疼痛被诊断为严重疾病时产生的条件性焦虑能加剧疼痛感。

（二）注意和思维

注意与思维决定着情绪的产生与表现。注意能唤醒情绪的产生，思维能影响情绪反应的方式和速度。注意对情绪的影响已经得到许多研究的证实。在注意抑制的实验中发现，与目标任务相比，分心任务更易被认为是负性的。在视觉搜索过程中，比起离目标任务远的分心任务，那些距离目标任务近的分心物更易被认知为负性，并且会影响后续被试的情绪评估（Raymond，2005）。正如当我们打扰一个忙于工作的人，我们可能会成为影响他工作的人，从而影响良好印象的形成。研究还发现，对不熟悉面孔的抑制，会降低被试随后对这些面孔进行可信度水平的评价，尽管被试根本不认识这些面孔（Fensk，2004）。

认知结构的复杂程度对于情绪体验会产生很大的影响。认知结构复杂度的表现之一是看问题是否善于从多方面进行分析评价。认知结构越复杂，对人对事越善于从多方面进行分析评价，这时所产生的情绪体验就越温和；相反，认知结构越简单，对事物进行评价时所产生的情绪体验就越强烈。例如，你可能从十个方面去评价一个足球队的好坏，而我只能从两三个方面去评价。如果是这样，那么你在评价任何一个足球队时都会感到既有优点也有缺点，而我仅根据极少特征评价就会得出不是好就是坏的极端化结论。越能从多种属性、多个角度对信息进行综合评价，情绪反应就越温和；如果只作单一的评价，情绪反应就越强烈。

与思维一致，想象在一定程度上也决定着情绪的复杂表现：想象力丰富，情绪的表现就显得复杂；想象力贫乏，情绪的表现就显得较单调。伟大的艺术作品往往能激发读者丰富的想象力，从而引发读者的情感共鸣，甚至思想上的震撼。

（三）记忆

当我们回忆过去的某些情景时也会变得情绪化（见图 5－3）。我们也许有意记下了这些情景，并且在头脑中一遍遍地再现，努力想了解当时究竟发生了什么，或者为什么会发生那样的事，或者当时能不能做出不同的反应。也许这种记忆并不是我们刻意选择的，它们出其不意地在我们头脑中闪过。无论这种记忆是怎样出现的，是刻意还是巧合，它可能不只包括当时的情景和发生的事情，还包括我们当时情绪化的反应。我们也许能再次体会到当时的感觉，或者产生不同的感觉。例如，一个人有可能对自己当时的恐惧感到厌恶，再次想起时只有厌恶而不再恐惧了；或者我们有时只能记起当时的情景，但是再也不会有同样的感觉；或者每当我们回想起某个情景时，都会同时想起当时的感觉。

图 5－3　回忆某些情景会让我们变得情绪化

艾克曼和利文森曾做过一个实验，用记忆来刺激情绪，以便研究表情和生理反应在每种情绪中的表现。研究者假设，被试在面对着摄像机，浑身上下接满了测量心率、呼吸、血压、出汗和皮温的各种线的情况下，可能很难回忆起过去的经历。然而恰恰相反，大多数人似乎非常渴望能有机会重现和重温从前的情绪经历。一有机会，一些人甚至会立刻表现出情绪。

不等主试简短的指示语说完，被试的生理反应和主观情绪，甚至一些被试的面部表情就发生了变化。这并不奇怪，因为每个人都有过被回忆触动情绪的经历。研究者事先无法确定，人们在回忆起某种情绪时的表现，是否与最初产生情绪的表现相似。实验证明的确如此。回忆起的场景，即使不能使我们马上重温当时的情绪，也会让我们有机会重新建构生活中的事件，从而改变引发我们情绪的因素。

（四）推理和评价

对事件原因的推测会引发不同的情感效果。例如，老师常常对智力低下的学生得到低分数而产生同情和怜悯，但是对于有能力的学生由于不努力而得到差成绩则不会产生同情。对这两种情境所产生的不同情绪反应，是来自对学习成绩不佳的原因的推论。另外，对事件原因的推论导致的情绪反应也取决于认知水平。例如，小孩摔倒而引起疼痛时向父母发脾气，这是由于他认为摔倒的原因来自父母。又如，幼儿发现母亲不愉快的面容，以为是自己做错了事，因而产生早期的自罪感。

刺激事件对个体有什么影响，其影响是当前的还是未来的，是短暂的还是持久的，是重要的或无足轻重的，是有利的或有害的等，都可作为事件对个体的后果而被评价，并且可因评价的不同而产生不同的情绪反应。对刺激后果的评价所产生的情绪反应取决于认知水平。例如，当身体某部位的疼痛感觉使个体怀疑为严重病症时，可由被料到的后果而引起严重的焦虑；而同样的疼痛感觉发生在儿童身上，它所引起的则仅仅是身体这一部位的疼痛本身。

三、与情绪有关的认知成分

（一）知觉错误与知觉防御

知觉错误中最典型的是妄想和幻觉。妄想是一种错误信念，如“我是神”“每一个人都想打我”。幻觉是大脑对某些人的恶作剧，这些人坚信自己看到或听到了一些根本不存在的事。但那些并非极端的知觉错误（如想象出的威胁）又是怎样的呢？一个有趣的实验揭示了其中的奥秘。约翰设计了一个实验，想要研究大脑如何对真实的外界物体产生反应。这个实验的关键在于，当约翰停止给被试呈现他们先前看到的几何形状时，要求被试想象图形就在他们面前的空白屏幕上。结果出人意料：由真实图形和想象图形引起的脑电波没有差异，即大脑不能区分它感知到的物体和自己想到的物体。

这个实验有助于解释为什么当人们回忆起令人痛苦的事件时会悲伤起来，也可以解释为什么只是想到做手术或将要进行大检查就会使人陷入恐慌。这种念头对于大脑就像真正发生的事情一样真实，因此身体的反应也是相同的。

当注意用于防止收到敏感性或不想知道的信息时，我们称为知觉防御。近年来的研究揭示了人们在面临应激性信息时知觉防御的工作机制。在其中一项研究中，研究人员要求被试观看一场令人极不愉快的电影。结果，与加工积极信息相比，被试加工消极信息的时间更长。此外，在看电影的过程中被试还会转过头去，避免长时间暴露在威胁的场面中。这表明，无论被试是用心理还是用身体的方式来避免威胁，被试有一段时间脱离了知觉环境。在此期间，他们不能再接收新信息。这类证据支持了知觉防御过程的存在，也表明存在着原先未觉察到的危险，可能丢失新的、重要的信息。知觉防御可以解释严重的焦虑情境中记忆的空白。例如，在一起肇事后逃逸的交通事故中，你被吓呆了很长时间，无法记下能让警察追查并起诉肇事者的信息。

（二）希望与绝望

一个人对未来的期望会影响他当下的感受和表现，如希望或绝望。希望是指一种美好的愿望或理想，是人们精神生活的动力。如果人们对生活和未来抱有希望，则容易产生乐观的心态和积极的情绪。有人说“生命的希望是能够在沙漠遇见一片绿洲，在饥饿时有人给你一碗粉面，在迷路时有人指点迷津，在哭泣时有人递上一张纸巾……”有希望才会有新生。拥有希望是一件让人幸福的事情，不论这种希望是你想要变成的样子，还是看见每个事情完成的样子，都会带给你很多的幸福感，或许这种情感是粉红色的！为什么说“希望”一词能够带给人幸福呢？大概是因为“希望”让人看见了美好的样子。不论是完成时，还是将来时，总是推动着人前进。

如果对生活不抱希望甚至感到绝望，那么不仅会容易产生消极情绪，而且很有可能会做出一些极端的行为，如自杀。霍尔伯特·兰夫考特讲述了一个生动的例子以说明标签的巨大作用：一个女子已近十年不开口讲话了，有严重的社会退缩行为。她住在一个精神病院的病房，这个病房被病人们称作“绝对无望”的病房。这时，医院打算重新装修。为了省事，医院方面把这个病房内的病人转移到另一个病房，这个病房有特殊意义：病人们认为这个病房是“出院病房”，即回家前的最后一段时间所住的病房。转病房后没多久，这个沉默的女子就开始说话了，而且似乎很满意她的新社交生活。工人很快装修完“绝对无望”病房之后，病人们又搬了回去。兰夫考特说：“她返回‘绝对无望’病房后短短一周内，彻底崩溃，死去了。后来的尸体解剖未发现任何病理原因，这表明，该病人是死于绝望。”

（三）个人建构与图式

个人建构和图式都是人们对现实世界的主观解释，均可影响知觉和反应。美国心理学家凯利认为，建构并非现实世界的一部分，相反，我们把建构加在现实之上，来赋予其现实意义。建构是预测性的猜测，在现实中接受检验：世界是否公正；老板、配偶和熟人是好是坏，悲哀或快乐，友好或敌对，热情或冷漠，视若珍宝或漠不关心。任何用于他人的建构都可以用于自己。一些建构一成不变，排斥新信息的渗入；一些建构灵活性较大，可接纳大范围的新信息。

皮亚杰的理论则认为，大脑改变了感觉输入，使之符合以前发展起来的图式，这一过程叫同化。随着新信息的不断出现，图式变得日益精细和复杂，用于满足外界需求的调节。我们对汽车有一些关于其外观、工作原理和操作方面的图式。对老板的图式与对同事或爱人的图式可能含义大不相同，对父亲的图式与对母亲的图式也不同。对某一情境的图式又叫脚本，脚本中含有不同情境下恰当行为的规则。自我概念是一个重要的个人图式，在有压力的生活事件发生时，消极的自我图式会使人更易陷入沮丧。此外，对成功或失败的预期图式可能会影响人们对某一情境的准备心态。因此，图式是认知过程中最基本的意义系统。

（四）归类和归因

信息加工将输入的材料分为许多项目，如对象、事件、活动等项目，并按项目的物理属性、功能属性进行归类，也可按刺激项目与个体的利害关系进行归类。刺激由于纳入某种归类中而获得类别的意义。然而，当刺激按其对个体需要或经验、社会标准、人际关系而不是按其物理属性或功能属性进行归类时，那些能满足个体需要和符合社会标准的对象、事件或活动，就被纳入产生满足、愉快或期待、期望的类别，同样还有产生恐惧、愤怒、忧伤或失望的项目等。这种归类是在刺激引起满意或不满意体验的基础上形成，并已经按过去产生的情绪作了归类，新的刺激在归入此类时可以产生同样的体验。

沙赫特的实验结果表明，对行为结果的不同归因决定了人们的情绪反应。例如，让你回答“如果你因为相差几分钟而错过和朋友见面的机会，或者如果你因为相差两个小时而错过和朋友见面的机会，对于这两种情况，你的情绪反应如何？哪一种情况下你可能更感到遗憾？”大多数人都会认为前者更遗憾、情绪反应更强烈，这是因为人们把行为的失误归因于自己。再如，让你比较这样两种情况：“张三下班回家时走了一条平时不走的路，结果刚好遇上车祸而身亡”和“李四在平时下班的路上遇上车祸而身亡”，哪一种情况下事故死亡者的亲属更感到悲伤？绝大多数人会认为在前一种情况下亲属更悲伤，这是因为人们将车祸事故归因于偶然因素。

四、应用：理性—情绪疗法

（一）基本主张

理性—情绪疗法是美国心理学家阿尔伯特·艾利斯（Albert Ellis，1913—2007）于20世纪50年代创立的一种认知治疗方法，它的基本主张是：人的情绪和行为障碍不是由于某一激发事件（A）直接引起的，而是由于经受这一事件的个体对它不正确的认知和评价所引起的信念（B），最后导致在特定情境下的情绪和行为后果（C），因此又简称情绪ABC理论。

一般认为，情绪和行为后果的反应直接由激发事件所引起，即A引起C，而情绪ABC理论则认为A只是C的间接原因，B即个体对A的认知和评价而产生的信念才是直接的原因（见图5-4）。例如，同样面对一次考试的失败，某个同学可能会认为“我要是复习再充分一些就好了”，接下来他就会总结教训，继续努力学习。而另一个同学可能会想“我是应该能考好的，这次真是糟糕透了！看来我的确是水平有限，我笨极了，什么事也干不成”，于是他可能就一味自责、自怨，并可能陷入抑郁而一蹶不振。

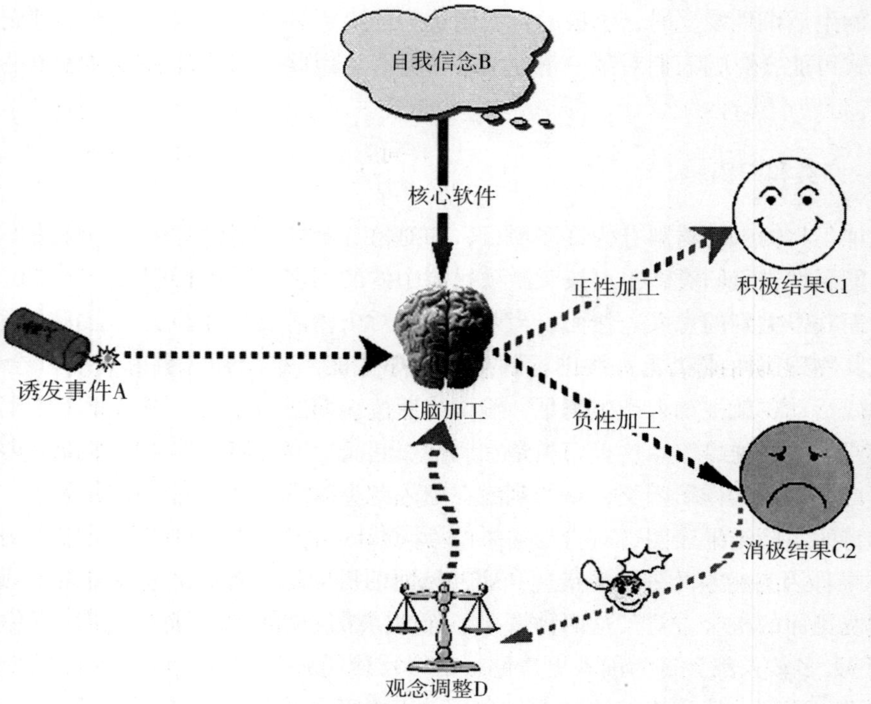

图 5－4　ABC 治疗方法示意图

这说明，合理的认知产生合理的情绪和行为反应，不良的认知直接导致不良的情绪和行为问题。所以，与其说给人带来不适应是事情本身，还不如说是人们对事情的看法，困境是自己制造出来的。这正是所谓的“天下本无事，庸人自扰之”。人的苦恼和愉快、紧张和轻松、焦虑和安宁等都是由自己决定的，所有的情绪问题都是自我灌输了不合理的信念的结果。艾利斯把导致人们情绪和行为障碍的不良认知称为非理性信念，并在临床实践的基础上总结出了三个典型特征，即绝对化的要求、过分概括化以及糟糕至极。理性—情绪疗法是认知与情绪关系在临床实践中应用的最好例证，充分体现了认知对情绪的决定性影响，被广泛应用于各种神经症和行为障碍的治疗。

（二）实践应用

1. 矫正个体的认知偏差

理性—情绪疗法认为，情绪性质主要取决于个体的认知，情绪问题或障碍是由个体的认知错误导致的。如果个体的认知合理，就可以大大减少心理问题和情绪障碍发生的可能性。对于认知偏差引发的情绪问题或疾病的治疗，关键就是改变其认知偏差，用正确的认知代替错误的认知。辩证唯物主义认为，对待任何事情都应一分为二。但人们在遇到具体事情时通常很难做到这一点，而往往将事情的某个方面绝对化、片面化，由此产生认知偏差。

2. 引导个体认识到自己的认知偏差

（1）帮助个体认识到他的认知偏差或非理性信念产生的原因以及非理性的各种表现。

（2）帮助个体理解认知偏差或非理性信念及其与情绪障碍或行为问题的关系。

（3）使个体认识到自己的情绪障碍或行为问题来源于自己的认知偏差，消除这些障碍或问题主要靠自己。

（4）引导与帮助个体改变非理性观念，用合理的观念代替非理性观念。

（5）引导与帮助个体建立起新的合理的认知结构，并使之逐渐内化并稳固下来。

3. 恰当地利用个体的归因

斯多斯和尼斯柏特曾对患失眠症的病人进行实验。他们让患者在睡前服用假药剂（无药效的糖丸）。在某些患者唤醒的条件下，告诉他们药物会引起生理唤醒；在某些患者镇静的条件下，告知患者药物实际上会减小唤醒。正如预期的那样，因为前者把他们的神经衰弱和不安归因于药丸，而不是任何情绪上的先前倾向，因而很快入睡。相反，后者比平时入睡还晚，因为他们在服了所谓放松的药丸后还是那样兴奋和不安，因而他们只能推断情绪上的问题和焦虑比平时更糟。这一实验说明了可利用归因来治疗某些情绪或行为问题，如分裂性和适应性情绪。我们可以恰当利用个体的归因或重新归因作为一种心理治疗措施或手段，如在治疗自卑问题时，可以引导个体将成功归因于能力等内因，而把失败和挫折归因于运气不佳、条件恶劣等外因，以增强其自信心。

4. 进行归因与认知训练

日常生活中存在的事物和发生的事情都有两面性，既有积极的一面，也有消极的一面。因此，遇到任何事情时，既要看到其消极的影响，更要看到其积极的作用，这样便可保持良好的心态，遇到失败与挫折时不气馁、不懊悔，获得成功时不沾沾自喜、不骄傲自满。但是在人们遇到具体问题时经常做不到这一点，而是将事情的某个方面绝对化，以致产生情绪障碍或行为问题。因此，根据理性—情绪疗法的主张，在预防不良情绪或行为问题产生时，可以进行归因与认知训练，以积极的归因替代消极的归因，多角度、客观地、辩证地看待事件的发生。

知识链接 5－2 抑郁的认知理论

许多研究者强调，某种先天存在的认知风格会使人陷入抑郁。贝克对抑郁的认知理论进行了大量著述。他指出，对抑郁的易感性在于某种特定的认知图式，或者说看待世界的方式。图式是加工输入信息、组织和解释日常生活事实的方式。在贝克看来，涉及抑郁的认知图式是用消极方式扭曲了输入信息，导致了抑郁。

贝克认为，有三个重要的生活领域受抑郁认知图式的影响最大。这一认知三元素包括有关自我、世界和未来的信息。有关这些方面的信息被抑郁认知图式以特定的方式加以歪曲。如当考试不及格时，一个抑郁的人可能会对自己说：“我是个彻底的失败者。”这是对自我进行泛化歪曲。过度泛化的字面意思指“夸大某事的重要性”。同样的过度泛化模式也可以用于对世界（“任何可能出错的事终将出错”）和未来（“既然注定要失败，我为什么还要努力”）的认识。贝克（1976）的理论还有许多其他的认知歪曲方式，比如武断的推论（即使在证据不支持的情况下也会得出消极结论）、个人化（假定所有的事情都是自己的错）、灾难化（认为最坏的结果总会出现）等。

根据贝克的理论，抑郁是将这些认知歪曲用于加工日常信息的结果。这些歪曲的应用如此之快，超出了即时注意的范围，从而导致一连串自动的消极思维，深刻影响着个体的感受和行为方式（我不优秀；这个世界与我为敌；我的未来暗淡无光）。一个认为自己是彻底的失败者的人通常表现得也像个彻头彻尾的失败者，甚至放弃去做任何更好的尝试。而且，抑郁情绪会导致更多歪曲，反过来又产生更多负性情绪，陷入一个自我不变的恶性循环。贝克设计了一种改变认知歪曲的治疗形式，即通过提问来挑战人们的认知歪曲。例如，“仅仅一次不及格，就意味着你是个完全的失败者吗?”

（资料来源：兰迪·拉森，戴维·巴斯．自我与人格：人格心理学的认知革命．郭永玉，等译．北京：人民邮电出版社，2012：179－182）

第三节　情绪对认知的影响

一、情绪与注意

一些微妙的信号经常会吸引我们的注意。在一个人声嘈杂的鸡尾酒会中，穿过所有的噪音，突然听到有人在说你的名字，哪怕在这之前你压根儿就没听见说话人说的一个字，这就叫作“鸡尾酒会效应”。该效应源自 Cherry（1953）对听觉选择性任务的研究，在对注意资源有较高要求的双耳分听任务中，具有情绪意义的项目（如被试的名字）即使呈现在不被注意的刺激流中，也可能会被注意到。后来的研究进一步证实，在注意资源有限的情况下，人们对情绪上凸显刺激的意识会更强（Hansen & Hansen，1988）。

有这样一项研究：每次测试中，电脑屏幕上会呈现一对数字，数字中间有一个单词，你的任务是，如果两个数字都是奇数或都是偶数（比如 7 和 9，或者 4 和 6），按一个按键，如果两个数字奇偶性不一样，则按另外一个按键，同时要求你忽视它们中间的单词。但是，如果这个单词是情绪性的，比如“自杀”，这就很难被忽视，因而你会花更长的时间来按正确的按键。即使这个单词与你的任务无关，情绪单词还是比“词表”等中性单词更容易分散你的注意力，并且减慢你的反应（Harris & Pashler，2004）。

情绪对注意的调节作用可以从情绪信息知觉和情绪状态对注意的影响两方面来理解（罗跃嘉等，2012）。情绪刺激可以吸引更多注意投入，从而占据信息知觉上的优先地位。它们无论作为知觉目标还是提示线索，都能增强注意，促进认知加工。已有研究揭示，情绪信息的愉悦度和唤醒度对认知过程具有调节作用，同时，个体的情绪状态也会影响注意分配。例如，高焦虑个体对威胁性刺激投入更多的视觉加工资源，而且这种影响可以跨通道进行。研究者使用 ERP 进行的研究发现，在 250ms 时，处理威胁性信息会干扰高特质焦虑组个体的注意定向和执行控制功能，也可以提高低特质焦虑组的警觉行为（Tracy et al. , 2007)。

恐惧特别能使人的注意聚焦，因而减少了对其他事物的注意（Shiota & Kalat, 2015）。假设一条毒蛇在你附近，并且摆出攻击的架势，那么刚刚在你脑海里的思考都会烟消云散，现在唯一能做的就是选择如何逃跑。研究发现，与高兴和中性的面孔相比，愤怒的面孔吸引了更多的注意并且激发了更多的大脑皮质的兴奋（Schupp et al. , 2004）。极具威胁性的图片会得到注意，即使它出现在视野的边缘。例如，如果之前把某一种图片与突然的噪声进行匹配一同出现，之后观察者会立即注意到这些图片，即便它们出现在远离中央的边缘（Kcster et al. , 2004）。

视觉注意会被自动地导向具有显著情绪意义的刺激，且负性刺激比正性刺激更能有效地捕获注意（Schupp et al. , 2007）。该问题的大多数研究通常采用视觉搜索的研究范式。Hao 等人（2005）采用视觉标记的研究范式考察负性表情的加工优势，结果发现，在预览条件下搜索负性表情比搜索正性表情更快，尽管当负性表情作为干扰子时，负性表情的加工优势会消失。此外，在空间竞争任务中，当目标字母重叠地呈现在情绪刺激之上时，即使情绪刺激与任务无关，它们被编码的程度甚至也会比目标字母更强（Lim et al. , 2008）。除了通常的情绪刺激，研究还表明，相对于与朋友相关的刺激，被试会更关注与他们爱人相关的刺激，并且情绪相关因素与人物相关因素一样（Langeslag et al. , 2008）。

二、情绪与记忆

（一）研究的缘起

20 世纪 70 年代，记忆理论研究的焦点逐渐转移到为什么某些记忆会更加准确的问题上。高尔顿·鲍尔（Gordon Bower）当时是该领域的领军人物，他发现情绪会对人们的记忆造成影响。鲍尔在一系列研究中观察了不同情绪状态下人们对同一单词的学习效果和之后的回忆效果，以及这些被试在情绪状态改变后的回忆效果，提出了“基于情绪的提取效应”：一个人在不快乐状态下学习的内容，在之后他不快乐时的回忆效果会更好。鲍尔据此得出结论：我们会将自己的情绪状态和周遭发生的一切联系起来，如果我们回忆时的情绪状态和在学习该信息时的情绪状态一致，回忆效果将更好。

鲍尔的理论假设是，当一个人在特定的情境下体验到某种情绪时，这种情绪会连同事件一起储存在他的记忆当中。这种记忆表征模式包括心境一致性效应和情绪依赖性记忆。当人们处理和提取信息时，对于那些和当前情绪一致的内容会表现出选择的敏感性，此时，心境一致性效应就发生了。那些与个体目前的情绪相一致的材料更容易被发现、注意和深入加工，联系也更为细致。情绪依赖性记忆是指在一定情境中，如果一个人当时的情绪和将事件存入记忆中的情绪相同，他们更容易提取信息（Eich & Macaulay, 2000）。

知识链接5－3　情感网络理论

1. 基本内容

情感网络理论最初由鲍尔提出，主要探讨心境及其与认知加工的关系，基本内容如下：

◆情绪是意义网络的中心，在这一网络中与任何相关的事物都存在着联系，包括相关的观念、自主性活动、肌肉运动、表达模式和事件。情绪的这些单元是节点，类似于认知节点。

◆情绪与相关事件的编码形式可能是主体—反应—客体。

◆语义网络节点的激活可以促进思维。激活可由一个被刺激的节点传递到其他与之相连的节点。这些节点可以是概念性的、情绪性的或者命题性的。

◆内部和外部的刺激都可以激活节点。

◆激活的传播有选择性。

◆学习导致节点间产生新的连接。

◆当一个网络被激活，达到阈限时，意识就产生了。

2. 基本假设

根据上述内容，鲍尔提出了4个基本假设：

(1) 回忆依赖于状态（如当学习和回忆之间的心境匹配时，记忆的效果会更好）。

(2) 存在着思维上的一致性（如从主题上来说人们的认知活动与心境是匹配的）。

(3) 心境一致性很重要（如当学习内容的情绪品质与个体的心境匹配时，学习效果会更好）。

(4) 心境的强度也很重要（心境强度和学习效果呈正相关）。

根据情感网络理论，情境提供的区分性线索可以促进状态依赖性的回忆，最理想的状态是学习和回忆情境之间的匹配。当个体对与相关材料有关的记忆进行搜索时，心境可能会导致这种搜索产生偏向。这将会导致心境一致性的记忆变得更易获取，个体最终会出现心境一致性的回忆或者思维。此外，在心境促进个体对新材料的学习这样的场景中，如果碰巧新材料与其他任何已经和情感相联系的事物一致，个体对新材料的加工就会出现心境或编码一致性。可以通过精细加工的观点来解释这一现象。如果信息是与心境一致的，那么相对于心境不一致的信息，它和多个节点之间的联系可能更为精细，这就使得它更容易被提取。

心境强度的增加可以导致更多相连的节点被激活，进而导致个体对心境相关内容的意识。有趣的是，积极和消极的心境在这种加工效应上存在着差别。积极的心境可以将个体的注意从消极的材料上移开，指向积极的材料；而消极的心境则可以引起个体对失败、疲劳以及类似的记忆，进而阻止个体对外部刺激的加工。

（二）心境一致性效应

心境一致性效应是指个体在经历一种特殊的心境后，当他们有选择地接触、阐述、学习与情感基调类似的材料时，倾向于以一种相同的心境来解释这种经验。通过先前的情绪联想，这些材料被纳入已有的情感图式中。这种偏向加工又称作心境一致性记忆，即积极的情绪有利于积极信息的加工和回忆（见图5－5），消极的情绪易于消极信息的加工和回忆。

许多实验支持这种心境一致性的观点，其中一项经典的实验来自鲍尔等人（1981）的研究。实验中要求被试读一个故事，故事中的两个角色一个是悲伤的，一个是愉快的。阅读前，被试通过催眠诱发出愉快和悲伤的心境，阅读之后，在一种中性心境中回忆故事，结果发现两组被试有很大不同：在阅读中处于悲伤心境的被试更多地认同悲伤的角色，认为他就是故事的主角，并且回忆的80%的事实都是关于悲伤的细节；而阅读时处于愉快心境的被试则更多地认同愉快的角色，回忆的55%是关于愉快角色的事情。

图5－5　积极情绪有利于积极信息的回忆

对于心境一致性现象，鲍尔的解释是，情绪也像其他东西一样可以作为回忆的线索，即一种心境（如高兴）产生时在心理出现的记忆（或事件）是和这种情绪联结在一起的。因而也间接地与其他情绪（如愉快、欢乐等）一致性的记忆联结在一起。产生这种效应的原因，可能是经过精细加工，在记忆中，情绪一致性的材料就更多地联结在一起，也可能是心境一致性的材料与自我有密切关系，或者可能是心境加强了记忆联结的强度。

与心境一致性效应不同，一些研究者认为，情绪也能增强心境不一致材料的回忆。史密斯等人（1995）的研究发现，认知中关于消极情绪的心境一致性和不一致性效应都依赖于个体的自尊状况。实验中让被试看一段描写一个患癌症的男孩的录像，从而诱发出被试的消极情绪，然后给被试一套中性图片，让其根据图片内容编一个故事。通过判断故事所表达的情绪，研究发现：低自尊被试所描写故事的情绪与诱发出的心境正相关，而高自尊被试正相反。即当引入一个消极情境时，低自尊者表现出心境一致性回忆，但高自尊者并非如此。换言之，高自尊者越是感受到消极情绪，则越表现出积极的认知，即产生心境不一致的回忆。

（三）情绪依赖性记忆

情绪依赖性记忆关注的是个体在明确情绪状态中的记忆效果，即当一种过去事件的记忆处于一种与当前加工阶段相类似的心境中时，回忆效果会得到提高。例如，被试学习时的心境是悲伤的，当再度悲伤时，记忆会提高。重要的是无论材料本身的情感背景如何，事件的所有方面都会发生记忆增强现象。这方面的大量研究得益于鲍尔等人（1978）的一项实验。该实验是让被试学习两个词表，一个是在愉快的心境中学习，另一个是在悲伤的心境中学习，随后让被试在愉快和悲伤的情境中进行测试。结果发现：被试在心境匹配时的回忆成绩明显优于不匹配时的成绩。

此后的一系列实验证明了情绪依赖性记忆的存在。参照早期的研究，艾克等人（1994）在实验中采用欢快和严肃的音乐来引发愉快和不愉快的情绪。一旦参与者处于合适的情绪之中，他们就被要求根据 16 个中性的探测词回忆他们的自传体事件。即当参与者看到一个词，比如说玫瑰，他们就要尽快回忆起一些他们的生活中与之有关的事件。研究数据一方面支持了心境一致性效应：带有快乐情绪的被试回忆中有 72% 被评定为积极记忆，而带有不愉快情绪的被试回忆中只有 52% 被评定为积极记忆。

另一方面，为了检验情绪依赖性记忆，研究者让这些被试两天后又回到实验室。音乐再次被用来引发参与者的情绪。而这一次，一半被试的音乐在两次实验中是匹配的（如他们两次都被置于愉快的心情中），而另一半被试的音乐是不匹配的（如他们在第一次实验中处在不愉快的情绪中，第二次则处在快乐的情绪中）。如果记忆是情绪依赖性的，那么那些有着匹配情绪的被试与情绪不匹配的被试相比，情绪匹配的被试应该回忆起更多的信息。数据显示的确如此：情绪匹配的被试回忆起了 35% 的第一次实验的内容，而情绪不匹配的被试只回忆起了 26% 的内容。

（四）情绪与工作记忆

情绪与工作记忆的研究主要集中于情绪状态方面。典型的研究方法是，先诱导被试进入正性或负性情绪状态，然后再完成工作记忆任务。但由于对正常人负性情绪的研究有助于揭示焦虑和抑郁等心理疾病的机制，现有的研究主要集中在负性情绪对工作记忆的影响上。20 世纪 90 年代，艾森克等人通过大量的实验证明焦虑对认知的影响是工作记忆受损引起的。这一结论可以简单地解释为，焦虑被试会过多关注自己的强制思想、担忧和负面认知等焦虑反应。这种与当前任务无关的反应会分散个体的注意力，从而消耗有限的工作记忆资源，导致要么降低正确率，要么增加反应时间。

进一步的研究发现，诱导的负性情绪对正常人的词语工作记忆和空间工作记忆的影响不一样。研究者通过威胁诱导焦虑，并对词语和空间工作记忆任务的难度进行匹配，结果发现诱导的焦虑仅仅损伤了空间工作记忆任务的表现，并未影响到词语任务，可见负性情绪选择性地影响了空间工作记忆（Lavric et al.，2003）。对抑郁症病人的研究结果也支持这种选择性影响。韦兰德等人（2004）发现，抑郁症病人完全康复后仍然存在认知缺陷，主要体现在空间工作记忆上。对此，研究者的解释是，由于抑郁症主要造成右半球的损伤，因此与右半球相关的空间工作记忆受到的影响更多。

负性情绪对认知过程的影响通常被认为是通过影响工作记忆来完成的（罗跃嘉等，2012）。研究发现，不同类型的情绪状态（负性、中性）对工作记忆的影响可能不同，特定的情绪状态对不同类型工作记忆（词语、空间）的影响也可能存在差异。研究者通过电击威胁诱导正常人的焦虑情绪，结果发现空间工作记忆任务的表现因诱导的焦虑情绪影响而变差，然而言语工作记忆的表现则没有明显改变，他们认为这是由于焦虑情绪和空间工作记忆都对空间注意有较大的需求，两者的竞争引发这种选择性影响（Lavric et al.，2003）。然而，沙克曼等人却不同意这种说法，认为这种选择性效应是优势半球差异造成的，空间工作记忆及负性情绪皆有右半球优势，因此皮质区域竞争才是选择性影响的原因（Shackman et al.，2006）。

三、情绪与决策

人的情绪和情感会对决策过程产生深远影响。在汉语文化中就凝聚了对这一点的认识，例如“情不自禁”“徇情枉法”等。实验心理学研究也支持该现象的存在，例如，愤怒情绪会促使人做出冒险的决定，而恐惧情绪则会使人过度保守（Raghunathan et al.，1999）。针对古典经济学理论关于情绪在决策中起消极作用的观点，研究者指出，情绪性信息可以成为决策判断与结果评价的辅助信息，情绪状态会强化对特定类型信息的加工，如恐惧情绪会使人更多地注意到环境中的威胁性刺激，从而倾向于判断当前情况是危险的；情绪会影响反应和运动机能，从而影响决策行为的表达（Winkielman et al.，2005）。

（一）情绪与决策的理论

1. 后悔理论

20 世纪 80 年代初，洛麦斯等人提出了后悔理论，用以说明预期情绪在决策中的作用。该理论假设：如果决策者意识到自己选择的结果可能不如另外一种选择的结果时，就会产生后悔情绪；反之，就会产生愉悦情绪。这些预期情绪将改变效用函数，决策者在决策中会力争将后悔降至最低。例如，当母亲出现预期自己的孩子将死于接种疫苗的后悔心情时就不愿意给孩子接种此种疫苗，即便死于疾病的机会远远大于死于接种疫苗的机会。研究发现，如果顾客预先出现想象到购买某种陌生产品发生故障时的后悔心情时，就更愿意购买熟悉的产品；如果人们因违规驾驶而导致生命和财产损失的后悔心情事先得到提醒，他们关于安全驾驶的态度和信念就会发生极大的变化（Parker et al.，1996）。

2. 主观预期愉悦理论

1999 年，梅勒斯等人提出了主观预期愉悦理论。该理论的模型如下：假设某人需要在具有结果 A、B 和具有结果 C、D 的两个赌博间做出选择，首先要对两个赌博的总体情绪进行评估。评估第一个赌博总体情绪的公式如下：sARA + sBRB，这里 sA、sB 分别是决策者对结果 A、B 的主观概率，RA、RB 是根据情感判定理论计算出的决策者对 A、B 两种结果的情绪预测值。同理，评估第二个赌博总体情绪的公式如下：sCRC + sDRD，这里 sC、sD 分别是对结果 C、D 的主观概率，RC、RD 是对结果 C、D 的情绪预测值。根据效用理论，决策者在决策过程中会追求愉悦情绪的最大化。因此，根据公式计算出两个赌博的总体情绪后，如果前者大于后者，决策者就选择赌博一，反之就选择赌博二。

（二）情绪在决策中的作用

近年来，随着对情绪与认知关系研究的深入，对情绪影响决策过程的认识也逐渐全面与深入。洛文斯坦等人提出的风险即情绪模型比较有代表性：它表明决策过程中不仅存在受认知评估影响的预期情绪，还存在不受认知评估影响的即时情绪（见图5-6）。所谓即时情绪是指立刻的内脏反应，这些情绪可以直接影响决策行为和认知评估。

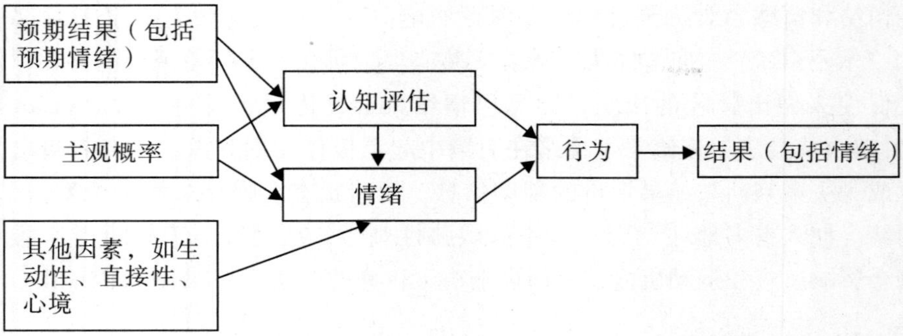

图5-6 风险即情绪模型（Loewenstein et al.，2001）

1. 整合情绪对决策的影响

尽管情绪对理性消极作用的看法支配着西方人的思维，但仍有少数哲学家主张“整合情绪有利于指导”的观点。如大卫·休谟所说，把情绪视为相对于理性是次要的，这种占主导地位倾向是完全落后的：“理性是且只可能是感情的奴隶，且除了服务、服从于情绪，理性永远无法假装成其他作用。”按照这种观点，愤怒提供了对于不公正事件反应的动机，对于遗憾的预期提供了避免过度承担风险的理由。

来自腹内侧前额叶皮质（vmPFC）持久性受损的情感障碍病人的研究表明，vmPFC是整合情绪和认知的关键脑区。研究发现，这种神经损伤既降低了病人感受情绪的能力，又降低了他们决策的最佳化，这种降低不能用简单的认知改变来解释（Bechara et al.，1999）。vmPFC受损的被试反复选择高风险的金融项目，甚至到了游戏中破产的点时使用真钱，而忽视他们对于自己选择的认知理解。此外，整合情绪也会使决策存有偏见。例如，有人会因为害怕乘飞机而决定以车代步，尽管相同里程开车的死亡率远高于乘飞机的死亡率（Gigerenzer，2004）。即使在有据可依的行动方案中整合情绪的影响也十分显著。

2. 情绪反应与认知评估的分离

一般情况下，情绪与认知相互协调，共同指导决策行为，但是在某些情况下，情绪却与认知相冲突，使决策和行为产生异常（见图5-7）。例如，有关焦虑的研究发现，人们对危险情境的情绪反应经常偏离认知评估，且此种情况下情绪反应的作用往往处于主导地位，从而使得行为表现偏离常规。例如，恐惧会使驾驶员猛踩刹车，在急需力量时让他们无所适从；恐惧还使我们失眠、患溃疡病，在需要清楚、流利地表达思想时变得口干舌燥、结结巴巴。情绪与认知产生分离以及情绪反应处于主导地位的现象在恐惧和焦虑症患者那里表现得尤为明显，有些患者在他们认为极不可能（如飞机失事）或客观上并不可怕（如在公众前演讲）的情况下仍会体验到强烈的恐惧情绪。

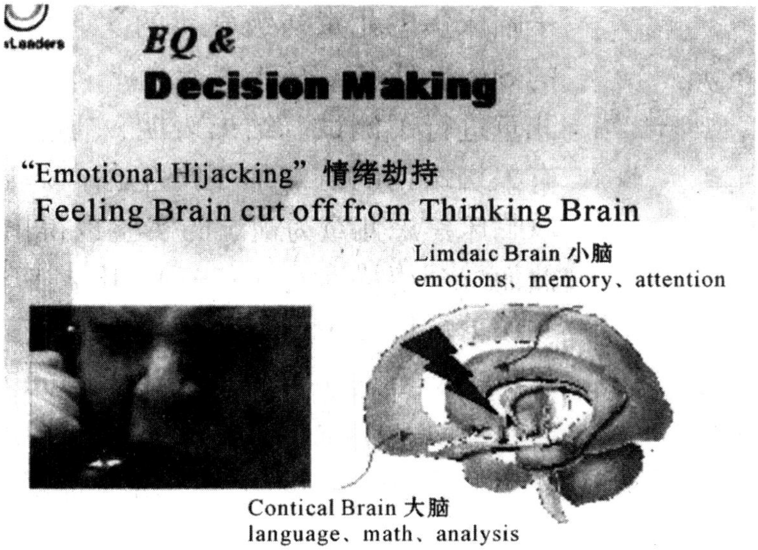

图 5－7　情绪“劫持”认知

3. 情绪对决策行为的直接影响

贝切纳等人的研究证明了情绪的这种直接作用。被试是前额皮质受损的病人和正常人，实验要求被试共同玩一个赌钱游戏。游戏有四套卡片，每张卡片上标明输赢的数量，玩家只需决定翻看哪张卡片即可。其中两套卡片属于高回报、高风险组，因为它们既包含高额赢钱（$100）的卡片，也包含高额输钱的卡片；另两套卡片属于低回报、低风险组，它们赢钱的数额较低（$50），输钱的数额也低。每一轮游戏，被试可在任一套卡片中选取一张卡片。研究发现，无论是病人还是正常被试，当抽到高额输钱的卡片后都避免立即再从此套卡片中抽取卡片。但是与正常组相比，病人会更快地回到高风险组。

进一步的研究发现：前额皮质受损病人与正常人的不同在于翻开卡片之前体验到的唤醒水平不同。当正常被试考虑从高风险组选择卡片时会产生皮肤电反应，而病人却没有这种反应。对此研究者解释，尽管病人知道高回报组的卡片是有风险的，但由于缺少对恐惧的体验，导致他们更快地回到高风险组。后继的研究将相同的任务施测于正常被试，结果发现对消极事件有强烈情绪反应的被试更愿意从低回报、低风险组抽取卡片。研究者据此断定：即时情绪在决策中发挥着关键作用，作为躯体标志的情绪代表了对某一行为总体结果的编码，并借助于一种可感知的方式影响人们的决策过程。缺少这种躯体标志，前额皮质受损的病人就不会考虑自己选择的未来结果，从而做出糟糕的决策。

四、情绪与认知加工偏向

（一）认知加工偏向

认知加工偏向研究较早出现于马丁的蜘蛛恐惧实验和瓦塞等人（1995）关于临床焦虑儿童初级学习的实验研究中，通常采用情绪 Stroop 实验范式，这是一种用于研究情绪刺激对认知加工产生干扰作用的实验范式，通过呈现一系列情绪刺激物，要求被试对这些刺激物中的非情绪信息做出快速反应，以此来考察被试对情绪刺激的注意偏向以及对非情绪信息认知加工过程中的抗情绪干扰情况。例如，准备一堆字卡，字卡中有中性词汇（如看见、写、听）和消极词汇（难过、悲伤、沮丧），将这些词汇涂上颜色，让被试对词汇的颜色进行判断。实验结果显示，被试在说出消极词汇的颜色的速度上会比说出中性词的慢。

采用传统的 Stroop 任务，马丁对 6～12 岁非临床性蜘蛛恐惧儿童进行了测试。结果表明，害怕蜘蛛的儿童会对有关蜘蛛词的认知加工产生偏向。后来，瓦塞等人以临床焦虑儿童为被试的实验也得出了相似的结论。然而，金德特等人（1997）用非临床焦虑儿童分别在压力情境和中性情境下考察了认知加工偏向，却得出了与上述不一致的结论：首先，当药物压力单独呈现时，所有儿童都对与身体伤害有关的信息表现出高度的加工偏向或优先加工权；其次，在中性情境任务中，所有儿童都对威胁性信息产生了加工偏向。这表明，儿童对与威胁性相关的信息加工偏向似乎与其焦虑状态无关。

但是，焦虑的认知行为理论却认为，加工偏向是特质焦虑个体的认知加工特性，与低特质焦虑个体相比，高特质焦虑者更偏好加工威胁性信息或与威胁相关的信息。贝克及其同事提出的图式理论也认为，那些临床焦虑的个体其性格被与个人弱点和危险相关的图式所塑造。当这些图式被带有压力的生活事件激活时，他们将在威胁相关信息的加工中产生偏向，由于这些威胁性材料更容易引起焦虑个体的注意，因而它们也就更容易被理解和提取。

在此前提出的关于抑郁的信息加工理论中，贝克也已指出抑郁症症状的产生、发展和维持来源于认知模式的功能失调，而这种功能失调的根源在于抑郁症患者具有深层的负性自我图式，正是这些图式决定了他们对抑郁状态的易感性。很显然，个体的威胁性图式对于与该图式相关的信息加工起了促进作用。鲍尔的网络激活模式进一步指出，焦虑个体将更多的能量用于激活威胁性结构，而用于激活其他信息的能量相对较少，因而更容易唤起对威胁性信息的回忆。

（二）来自临床问题儿童的证据

有情绪问题的儿童是否在认知加工上也存在同样的问题呢？伦敦精神病学研究所对这个问题产生了兴趣。他们用一系列有关注意、记忆和判断的认知任务检验那些有临床抑郁、焦虑和创伤后应激综合征（PTSD）的儿童。任务中的刺激或者与创伤有关，或者与恐吓有关，或者与抑郁有关，或者是中性的。

结果显示，在情绪性 Stroop 注意任务中，高焦虑的儿童倾向于选择与恐吓有关的信息，PTSD 儿童倾向于选择与创伤有关的信息，而抑郁儿童对任务中的两种信息都没有注意。然而，在记忆任务中，抑郁儿童选择性地记住了更多与抑郁有关的单词。在判断任务中，要求被试估计坏事将降临在他们自己身上或降临在某个不确定的他人身上的可能性。结果表明，在焦虑组、PTSD 组和控制组之间没有差异，所有被试组都认为，坏事将发生在别人身上，而不是在自己身上。而抑郁组儿童认为，坏事发生在自己身上和发生在别人身上的可能性是一样的（Dalgleish，1997）。但是在同样的控制条件下，其他抑郁组却得出了相反的结果。

上述研究表明，只有在情绪信息的认知加工中涉及大量的记忆成分时，抑郁才与认知加工偏向有关；而当大量注意成分参与认知加工时，焦虑才会引起加工偏向。对成人被试的研究也得到了同样的结果。对此，研究者解释，焦虑是一种情绪，它需要对环境中的潜在危险快速做出反应，因此最有可能与注意加工偏向有关。相对而言，抑郁情绪要求在某种损失产生后反思认知资源的变化，因此最有可能与记忆加工偏向有关（Power & Dalgleish，1997）。

（三）来自非临床被试的证据

对于非临床被试而言，心境一致性效应是认知加工偏向存在的最好例证。该效应表明，个体学习或记忆与自己当前心境状态相一致的刺激比不一致的刺激效果更佳；当人们处于良好的心境状态时，他们倾向于用积极的眼光去知觉和解释事件。据此，研究者推测，人格特质在认知过程中也将产生类似的效应，即个体在信息加工中的差异可以归咎于相对稳定的人格特质，正是这些特质使特定的个体偏向于加工与其人格类型相一致的信息。有研究发现，个体在认知过程中会有选择性地注意、提取并重新建构事件，以使它与自身内在的人格特质相吻合。史密斯等人的实验结果表明，高感觉寻求者对新异的、与特质相关的刺激（如性、暴力、刺激性药物等词汇）有更强烈的定向反应；外倾者在回忆与性、暴力及药物相关词汇时的成绩比内倾者好。

我们认为，如果认知加工偏向源于大脑中储存的认知图式，那么它就不单单存在于神经症患者身上，也不仅限于情绪水平，它很可能是人格特质作用的产物。换句话说，特质一致性效应可能存在。当然，个体对信息的选择性加工，对于那些包含着情绪性成分特质（如特质焦虑、特质愤怒或亚临床抑郁）的对象而言，将会更加明显。一般认为，那些在积极情绪特质上得分高的人会注意并记住愉快的刺激，而在消极情绪特质上得分高的人则会注意并记住那些不愉快的刺激。研究者证实了特质一致性记忆的存在：高神经质比低神经质个体能够回忆起更多的消极词；高神经质被试在提取消极的个人记忆时也更快、更频繁，外倾者则倾向于提取那些高兴的记忆事件。

第六章　情绪与个性

引言　遇到下列情境你会怎么做

◆你走在大街上，看到一个年轻女子独自坐在路边的椅子上哭泣。你停下来看着她，她抬起头看了看你，对你说“你好”，然后接着哭。你是应该走开还是提供帮助？你是否觉得她其实更需要独处？

◆你需要赶去参加一个约会，你的朋友答应开车送你，但是朋友在准备出门时动作很慢，你担心会迟到，所以变得很紧张。你是应该催促他/她加快速度还是努力使自己保持冷静？

◆有人给你讲了一个笑话，但是你觉得这个笑话是侮辱人的。你会直接指出那个笑话冒犯了你，还是只是以不笑来向对方暗示？

◆有个长相迷人的异性笑容满面地向你打招呼，你认为这是在调情还是发出想进一步交往的信号？还是仅仅表示友好？

◆你正和一个你已经交往了好几个月的人安静地坐在一起。你正在想你们之间浪漫的事情，但是你不知道你的伴侣在想什么。这是否是第一次说“我爱你”的好时机？对方会不会在想跟你分手？

第一节　情绪与智力

一、情绪与智力的现状

（一）情绪失控的年代

我们或多或少都曾体验过这种经历——情绪突然爆发，事后又为此后悔不已。近几十年来全世界类似的报道不断给我们敲响警钟：在家庭、社区以及集体生活中，情绪不良、绝望或恣意妄为正持续增长。“钥匙儿童”回家守着电视，除了看到保姆或钟点工，相伴的只有孤独和寂寞；遭遗弃、被冷落或受虐待的孩子陷于痛苦之中；婚姻关系中充满丑陋的暴力，愤怒与绝望日积月累，汹涌澎湃（见图6－1）。病态情绪正在全球扩散：抑郁症患者人数猛增；青少年携枪上学；交通事故成倍增加，愈演愈烈；被解雇的员工心怀不满，回公司滥杀无辜……泛滥的不良情绪触目惊心。

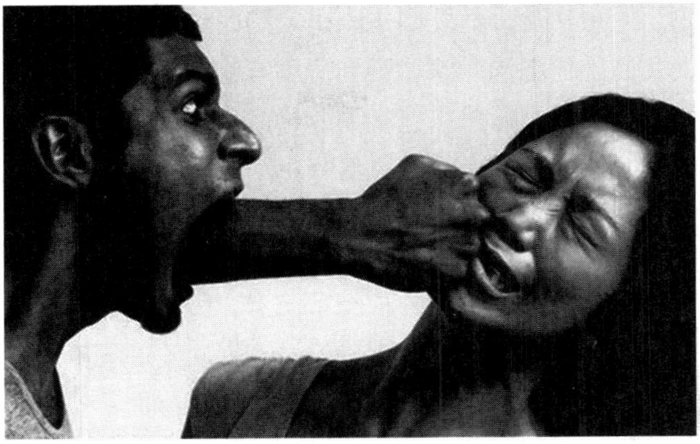

图6－1 有的婚姻关系中充满丑陋的暴力

近年来，科学家们对情绪的研究取得了长足进步。最奇妙的莫过于通过脑成像之类的高科技手段，人们已经能够将大脑的运转过程变为可视图像。借助于这些技术，人类有史以来第一次有机会揭示大脑的奥秘，使我们能够探究一个人在思考、想象、感受情绪或做梦时，这些错综复杂的细胞究竟是怎样运作的。神经生理学的研究成果使我们更清楚地了解到脑的情绪中枢如何驱使我们愤怒或哭泣，帮助我们理解激发爱或攻击性的大脑，其原始低级的部位怎样被引导发挥出更好或更糟的功能。对情绪活动功能及失调的科学揭示使人类的情感危机有了某种补救的可能。

20世纪90年代以来强调情绪智力的重要性就在于提醒人们要注意将情绪与智力、人格、道德结合。越来越多的证据显示，人的基本伦理观根植于潜藏的情感能力。就个体而言，冲动是情感的媒介，所有的冲动都源于情绪的激烈化并想以行动表现出来。受冲动支配的人也是道德有缺陷的人。控制冲动的能力正是独立意志与人格发展的基础。与此同时，利他主义产生于移情，这是一种觉察、辨认、理解他人情绪的能力。缺乏对他人的需要或绝望情绪的感受，就谈不上关怀。我们这个时代所提倡的道德观念，其实最根本的就是两个——自制与同情，而这正是情绪智力的核心。

（二）情绪为何失控

人类进化到今天，为什么唯独情绪占据了精神世界的核心地位？社会生物学家指出，危急时刻情绪高于理性，并发挥主导作用。当我们面临危险、破产、失去亲人、屡遭挫败或谈恋爱、结婚成家等事件时，仅仅依靠理智不足以圆满解决问题，还需要情绪指引才能做出正确反应。每一种情绪都好比是起跑前的“各就各位”，使机体做好准备，正常运行，以应对生活中的一切挑战。在进化历程中，这种内在情境一次又一次地反复出现，直至烙印在神经系统成为先天的、自主性的情绪反应倾向，这也证实了情绪的生存价值。

“人类”一词出自拉丁语“Homo Sapiens”，意指能思考、有思想的物种。想象一下情绪在人类生活中的重要性，就会发现这个词的确有误导之嫌。仅凭经验就可知道，进行决策或采取行动时，情绪与理智是并驾齐驱的，有时情绪甚至略占上风。我们把由智商评定的纯理智看得太重、强调得过多了。其实，当情绪爆发时，理智就无能为力了。以下是国外一个由玩笑引发的悲剧：某日凌晨1点钟，14岁的琼想给父母开个玩笑，于是躲进壁橱里。她想在父母访友归来刚进家门时突然跳出，大叫一声，吓他们一大跳。但其父母以为女儿当晚住在同学家。听到房里有响动，父亲马上掏出 K375 手枪，先查看了女儿的房间。一见有人从壁橱跳出便立刻开枪。琼颈部中弹后应声倒下，12 小时后不治身亡。

恐惧原本是人类进化过程中遗留下来的原始情绪，驱使人们远离危险，保护家人。正是这种恐惧本能驱使父亲拿起枪搜寻他以为的入侵者。恐惧使父亲甚至没来得及听出女儿的声音，没来得及看清枪口对准的是谁，便开枪了。进化论生物学家认为，这类自主性的反应早已烙刻在我们的神经系统上，因为在漫长而又危险的人类史前时期，它关系到人类祖先的生死存亡。更为重要的是，据此才能完成进化的主要任务——种族繁衍，并把这一反应模式融入基因，一代代传递下去。琼的悲剧真是对人类进化的残酷嘲讽。

无视社会规范，激情一再冲垮理智，这是人类的本性使然。我们与生俱来的情绪神经回路至少是人类最近五万年以来的最佳生物学设计。百万年以来，进化过程缓慢而又精细地建构着我们的情绪。最近一万年来，尽管人类文明有了飞跃发展，但并没有在情绪的生理模板上留下什么印痕。我们对每天遭遇的事物的评估及反应不仅取决于我们的理性判断与个体经验，还源于远古祖先的回声。

（三）情绪对智力活动的影响

情绪对智力活动有巨大的干扰作用。神经科学家用“工作记忆”这一术语指代人对解决问题所需事实的关注能力，前额叶是工作记忆的皮质区。然而，与边缘系统联系的通道传输来的强烈情绪，如焦虑、愤怒之类，可对神经产生“静电干扰”，破坏前额叶保持工作记忆的能力。所以，当我们烦躁不安时，我们常说“简直无法思考”。这也是为什么长期的情绪困扰可导致儿童的智力缺损，学习能力被剥夺。

即便在理性的决策过程中，情绪同样会产生很大影响。美国爱荷华大学医学院的神经病学家安东尼奥·戴马西欧博士致力于研究对情绪生活有长期影响的重要因素。他特别关注前额叶杏仁核通道受损给患者造成的影响，发现患者作决策的能力严重受损，但认知能力和智商一点都没降低。虽然他们的智能完好，可是他们在事业上或个人生活中的决策却是一败涂地，哪怕对像约会这样的平常小事也犹豫不决。

戴马西欧指出，因为不能获得过去习得的情绪经验，所以决策能力受损。作为思维与情绪的交汇点，前额叶杏仁核通道是通向情绪记忆的必经之路，那里储存着人们日常习得的喜怒哀乐等各种情绪体验。剥夺了杏仁核的情绪记忆，无论新皮质怎么深思熟虑也不能激发起与过去体验相关的情绪反应，一切事物都变得索然寡味、苍白冷漠。不管是过去最心爱的宠物还是讨厌的仇人，现在都激不起吸引或反感之心。这些患者彻底“忘掉”了以往的情绪经验，他们在通向杏仁核“记忆之仓”的途中已无路可走。

基于以上研究，戴马西欧提出了反传统的观点，认为在理性决策中，情绪的参与必不可少；情绪指引方向，纯粹逻辑再纵横捭阖。我们今天面临的世界充满了太多不可知的选择，如如何投资退休金，与何人结婚，等等。生活教给我们的情绪经验（诸如惨败的投资教训、离婚的痛苦之类）在决策过程一开始就指引我们排列、集合所有的可能性，筛除一些，突出另一些，以便做出最佳选择。因此，在我们进行思考推断时，不仅有思维中枢，还有情绪中枢的参与。可见，情绪在智力活动中举足轻重，情绪与智力携手共进。

二、情绪智力的提出

（一）“冷智力”的不足

所谓“冷智力”（cool intelligence），是指对客观事物进行推理以及解决客观问题的能力，涉及中立和非个人信息，如理解词汇、空间知觉或解决数学问题（Mayer，Panter & Caruso，2012），通常用“智商”（IQ）来衡量。由于这种智力针对客观信息，较少涉及个人相关意义，如同计算机处理信息一样，因此冠之以“冷”。传统智力如言语智力、空间智力、逻辑—数学智力、知觉—组织智力都属于冷智力，它们以抽象和符号操作规则的方式处理信息，这类信息原则上没有直接的个人影响，比如词汇意义、模式理解和空间位置。

在20世纪大部分时间，心理学属于冷智力时代。在冷智力的实证研究和实践应用方面，心理学有许多新的发现：①IQ的遗传性因社会阶层而有显著差异；②没有发现与IQ变化相关的基因多态性；③晶体智力和流体智力在行为和生物层面完全不同；④环境对IQ有重要影响，人类的整体IQ在不断提高；⑤智力的性别差异部分归因于可识别的生物因素，部分是社会化因素（Nisbett et al.，2012）。随着生物技术和认知神经科学的发展，有关智力的遗传学和脑神经科学研究也取得了重大进展（Plomin & Deary，2015）。

尽管传统智力（一般智力）在实践中有举足轻重的作用，但是，高智商者在个人生活中一筹莫展的事例并不少见，这已是心理学的公开秘密。IQ测试、SAT学习能力倾向测验等，尽管现在颇为流行，其实很难预测人生的成败。不可否认，IQ与人生境况的确有关：低IQ者大多一辈子干体力活，而高IQ者多收入丰厚。不过，如果以IQ预测一个人的未来成就，例外大大多于一般。有心理学家指出，IQ至多只能解释成功因素的20%，其余80%则归于其他因素。甚至连《钟形曲线》的作者赫恩斯坦（Richard Herrnstein）和默里（Charles Murray）也承认：“若一个新手在SAT学习能力倾向测验的数学项上得分仅500，那么他不宜以当数学家为自己的人生目标，但这并不影响他追求经商、当参议员或成为百万富翁的人生梦想……与人生的其他因素相比较，测验分数与成功的关系微乎其微。”

在一项关于传统智力与情绪智力的研究中，503名成年人和229名青少年完成了多因素情绪智力量表的测试（Mayer et al.，2000）。这一量表要求被试对一系列情绪问题提出解决办法，如确定某一情境会产生何种情绪。被试的回答由专家和所有完成量表的人来评价。结果表明，在成人样本和青少年样本中，情绪智力与传统智力只有微弱相关。这提示我们，情绪智力所测的是与传统智力不同的能力。而且成年人的得分较年轻人高，说明情绪智力有重要的环境成分。值得一提的是，在该情绪智力量表中，女性的情绪智力显著优于男性。

（二）情绪智力的兴起

情绪智力可以追溯到1920年桑代克提出的“社会智力”，这是一种理解和管理男女老少从容不迫应对各种人际关系问题的能力（Mayer，2014）。遗憾的是，桑代克并没有对社会智力作深入研究。20世纪80年代，美国哈佛大学教授加德纳提出了多元智力理论，认为至少存在8种智力，其中内省智力和人际智力与情感、自我认识、影响他人并理解社会规范和道德观念有关（Gardner，1993）。只可惜加德纳并没有用实证的方法来验证自己的理论，因此没有留下太多评估空间。与此同时，美国耶鲁大学心理学家斯腾伯格提出了智力的三元理论，其中实践智力与人和社会有关，拥有实践智力的人能很好地领会社会行为规则，并利用这些规则改善自己的生活质量（Sternberg，1985）。为了测量这种智力，斯腾伯格设计了许多高仿真的问题解决情景，并得到了有价值的研究证据。

图6－2　EQ与IQ孰轻孰重

从1905年到1990年，只有少数几种以人为中心的智力，主要是社会智力，对这些智力的研究总体是令人失望的（Mayer，2018）。基于此，美国心理学家沙洛维和梅耶于20世纪90年代提出了“情绪智力”（emotional intelligence，简称EI，后被误用为EQ）的概念，这是一种识别、理解和管理情绪以及用情绪促进思维的能力（Salovey & Mayer，1990）。在吸取早期研究经验的基础上，梅耶等人不仅完善了EI的概念和理论体系，还致力开发EI的测量工具，他们编制的情绪智力量表MSCEIT既证实了EI的存在，又表明了EI具有个体差异性（Mayer et al.，2003）。由于EI可以客观测量，因此它可以像IQ一样用来预测一个人的表现。分析研究表明，在学术成就中，EI是仅次于IQ和尽责性的第三重要的预测源（MacCann et al.，2020）。无论是在学术界还是在实践领域，EI都产生了广泛影响，这预示着“情商”时代的来临。

知识链接6－1　一般智力与情绪智力孰轻孰重

有这样一个学生，他大学入学在进行SAT学习能力倾向测验和其他测试时得了5个800分的高分。遗憾的是，聪明过人的他进校后成天闲逛、旷课、睡懒觉，结果花了整整10年工夫才拿到学位。那些学历、机遇、潜力差不多的人为什么命运迥异？这很难用IQ来解释。在一项对20世纪40年代95名哈佛大学毕业生直到中年的追踪研究中发现，那些大学期间考试成绩最高者与成绩较低者相比，在以后的收入、成就、行业地位等方面并不一定有更大的成功。他们在生活满意度、友谊、家庭以及爱情上也不见得更理想。

该研究对照组中 450 名被试均来自马萨诸塞州萨默维尔市有名的“肮脏贫民窟”的移民家庭，其中 2/3 靠社会救济。这组被试中有 1/3 的人 IQ 低于 90。同样，IQ 与他们今后的工作或生活也没什么相关。例如，IQ 低于 80 的人中有 7% 的人失业达 10 年甚至更长，而 IQ 高于 100 的人里面也有 7% 的人同此命运。以 47 岁的年龄来说，IQ 与社会经济地位确实有所相关。但对儿童来说，应对挫折、控制情绪、与人相处的能力对未来人生的影响更为重大。

另一项研究的对象是 1981 年毕业于伊利诺伊州多所高中的 81 名告别演说者或毕业典礼致辞者，这些学生当然是所在学校平均学分绩点最高的人。他们在大学的表现依然很好，学习成绩优秀，但到了将近 30 岁的时候，他们取得的成就仅为中等水平。在高中毕业 10 年之后，他们当中只有 1/4 的人在所在职业领域处于同龄人的最高水平，很多人表现得并不是很好。

这就是问题所在：学业优良却并不能为人生的机遇或激流险滩提供准备，高 IQ 却不能保证成功或人生幸福。我们的学校和传统教育只看重学业能力，而忽视了情绪智力这样一些特质，殊不知，正是这些特质主宰了我们的命运，决定着我们的成败。情感生活如同数学或阅读一样，要求有特殊的能力，而操作技能有高有低。为什么有人生活和事业一帆风顺，而另一些人虽有同等的智力，却处处碰壁，这就是情绪智力高低不同的结果。从某种程度上讲，情绪智力是一种“中介能力”，它决定了一个人怎样才能充分而又完美地发挥他所拥有的各种能力，包括他的天赋智力。

（资料来源：丹尼尔·戈尔曼．情商．杨春晓，译．北京：中信出版社，2010：39 –40）

三、情绪智力的构成

（一）情绪智力的内涵

1990 年，沙洛维和梅耶提出将情绪智力作为一种独立的智力成分，它是个体准确、有效加工情绪信息的能力集合。情绪智力被界定为“觉知和表达情绪、情绪促进思维、理解和分析情绪以及调控自己与他人情绪的能力”。1995 年，戈尔曼在其《情绪智力》一书中将情绪智力界定为五个方面：了解自己的情绪、管理情绪、自我激励、识别他人情绪以及处理人际关系。认为情绪智力对个体成就的作用比一般智力的作用更大，而且可以通过经验和训练得到明显的提高。与沙洛维和梅耶的观点相比，戈尔曼更侧重于个体的社会适应性，例如对他人情绪的理解和人际问题的解决。此外，他还提出了情绪智力的自我激励的能力，实质上是指提高个体的内部动机、自尊心、自信心或自我效能感等方面。1997 年，沙洛维和梅耶对情绪智力作了重新界定，将它定义为四个维度：

1. 情绪的知觉、评估和表达能力

（1）从自己的生理状态、情感体验和思维中辨别自己情绪的能力。

（2）通过言语、声音、表情和行为从他人、艺术作品、各种设计中辨别情绪的能力。

（3）准确表达情绪与情感相关需要的能力。

（4）区分情绪表达中的准确性和真实性的能力。

2. 情绪对思维的促进能力

（1）情绪促进思维并导向注意重要信息的能力。

（2）产生有效而适宜情绪的能力，并对情感判断与记忆起促进作用。

（3）心境起伏导致个体观点从乐观向悲观变化时，能够从多角度考虑问题的能力。

（4）不同情绪状态对特定问题解决产生促进作用的能力。

3. 理解与分析情绪，运用情绪知识的能力

（1）给情绪贴标签，认识情绪本身与语言表达之间关系的能力。

（2）理解情绪所表达意义的能力。

（3）认识和分析情绪产生原因的能力。

（4）理解复杂心情的能力。

4. 成熟调节情绪，促进情绪和智力发展的能力

（1）以开放的心情接受各种情绪的能力。

（2）根据对信息的判断与利用，成熟浸入或远离某种情绪的能力。

（3）成熟察觉自己和他人相关情绪的能力。

（4）管理自己和他人情绪的能力。

（二）情绪智力的成分

1. 了解自己的情绪

自我觉知是指当某种情绪刚一出现时便能察觉，这是情绪智力的核心。监控情绪时刻变化的能力是自我理解与心理领悟力的基础。当人们出现了某种情感时，要承认并认识这些情感；即使情感有麻烦，也不躲避或推脱。能够说出“我感到忌妒”是很重要的，即使承认它可能使你感到不舒服。忌妒或许并不符合我们对自己的看法。即使不能迅速准确地定义某种情感，我们也有必要知道，我们正处于何种情感状态，能够估量自己的决定，在一定程度上处理问题时或许会格外小心谨慎。

2. 管理自己的情绪

这种能力是指人们一旦意识到自己开始感到不安，他们能够控制这种情感。调控自我的情绪，使之适时适地适度，这种能力建立在自我觉知的基础上，它主要是指发展某种“内在的慈母”方式，在困难面前学会安慰自己。例如，一个好的经理知道该在何时推动下属攀登新的高峰，何时祝贺他们已取得的成就。再如，当情绪消沉时，解决的方法是不再纠缠于这件事，而是干些能使自己振作起来的其他事情，如洗个热水澡、看本好书、吃顿精美的晚餐、安排一次按摩或者计划下一次假期的日程，以享受其中的快乐。不管采取什么方式，只要能使自己感到自己在关心、重视自己就行。

3. 自我激励

情绪（emotion）与动机（motivation）这两个词都来自同一个拉丁词根 movere，意思是感动或鼓动。因此，这两个词的词义相互关联就不足为奇了。情绪激励我们，但如果它太强大，我们又听任它占有压倒性的优势，那么情绪也可能操纵、控制我们。如果想从生活中得到自己希望得到的那些东西，那么必须在情绪方面发展某种控制能力。它或许要求抑制冲动，不要过早表露出喜悦满意之情。个体可以发展种种方式来指导自己的情绪，即

可以将紧迫的情感需求先放到一边，确信自己有能力之后再处理。如果能够做到这一点，或许就能进入灵活应变的状态，并能表现得很出色。

4. 识别他人的情绪

移情是在情绪自我觉知的基础上发展起来的又一种能力，是最基本的人际关系能力。具有移情能力的人能通过细微的社会信号，敏锐地感受到他人的需求与欲望。当个体开始承认并了解自己的情绪系统时，也就有能力更准确地认识他人的情绪。体验他人情绪不等于同情，当人们知道有人真诚关心他们时，他们不会感到这是恩赐。例如，某个男士给一个遭逢亲人去世的朋友寄去吊唁卡。卡上原来印着“致以最深切的同情”几个字，他删去了“同情”两个字，改写为“与你们同样感到最深切的哀痛”。他失去过亲人，知道那是一种什么样的感受。后来，他的朋友谈到，这件小事在她看来是如何不同寻常。小小的改动，使她觉得损失和痛苦变得能够承受了。

5. 处理人际关系

人际关系艺术就是调控与他人的情绪反应的技巧。处理人际关系需要情绪方面的智慧，因为人际关系并不仅仅依靠权力和预先确定的角色。只有理解他人的情绪，我们才能激励他们成为卓有成效的领导者，在工作中得到同事的配合和支持。我们能够做到互谅互让，并在情况需要时自动做到这一点。我们以前的僵硬态度是因恐惧和焦虑而造成的，现在它逐渐发生了变化，人们不但能够接纳自己，也能够接纳他人。在家庭生活中，情感文化对培养快乐而有凝聚力的家庭至关重要。无论其形式如何，一对一的关系也让人获益匪浅。情绪智力使我们能够通情达理地面对人们的非难和攻击，做到为人诚实而勇敢。

四、情绪智力的相关研究

（一）情绪智力与健康

从理论上讲，EI 高的个体能够比较成功地管理自己和他人的情绪，因此他们更有可能保持良好的情绪状态和心理健康，预防各种心理疾病，这似乎是 EI 最直接的功能（李一茗等，2016）。研究表明，EI 的确与人们的情绪体验、生活满意度、心理疾病等心理健康的指标有关。研究者采用自我报告法测量了 EI，发现 EI 较高的人在面对消极情境时更有可能保持积极情绪，而在积极情境中更可能提高积极情绪（Schutte et al.，2002）。对于高 EI 者来说，来自他人的社会支持对自己的积极情绪体验并无影响，但对于低 EI 者来说，他人的支持越多，积极情绪越多（Gallagher & Vella-Brodrick，2008）。

这意味着 EI 与积极体验之间的关系可能在很大程度上并不依赖于他人，而是源自个体自己的调节能力。这一点已经得到实证研究的支持，研究证明了情绪的自我管理能力与个体的情绪体验紧密相关（Burrus et al.，2012）。情绪调节能力还与个体的生活满意度和幸福感有关，研究发现，实际调节情绪的能力越高，生活满意度和幸福感越强。此外，情绪感知、理解和调节方面的某种缺陷，都可能是导致个体出现临床障碍的重要因素，抑郁、焦虑、创伤后应激障碍、饮食失调、药物滥用、赌博成瘾以及各种人格障碍等，都与情绪智力的不足有关（Hansen et al.，2009）。

但是，EI 并不总是与健康呈正相关。研究者考察了情绪智力和压力反应的关系以及睾酮的调节作用，选用皮质醇作为压力的生理指标，结果发现：在社会要求情境下，高 EI 者往往有更高的压力水平，睾酮得分越高，这种关系越强烈，且从这种高皮质醇水平中的恢复速度更慢（Bechtoldt & Schneider，2016）。此前的实验研究表明，高 EI 者能更快地感知到情绪，但是，在观看了令人沮丧的电影后，高 EI 者也报告了更高的焦虑、愤怒水平和更低的精力水平（Petrides & Furnham，2003）。在家庭功能失调或者面临经济损失时，高 EI 者存在更高的心理适应问题和更高的沮丧水平（Davis & Humphrey，2014）。可见，情绪智力有其负面效应（孙建群等，2019），EI 高并不意味着更健康，因为影响健康的因素数不胜数。

（二）情绪智力与绩效

"情商"（EQ）的支持者一度乐观地认为，对于一个人的工作成就或绩效，EQ 比 IQ 更重要。事实上，情绪智力与绩效的关系远比这复杂。从个体绩效来看，EI 可能有助于个体应对职业压力，保持良好情绪和身心健康，表现出优越的工作绩效。研究表明，EI 与工作满意度正相关（Ouyang et al.，2015），这可能与 EI 高的个体具备良好的情绪管理能力有关。对于独立性较强的任务，EI 与任务表现本无关系，但是当有时间压力时，EI 可以预测个体的任务表现（Lam & Kirby，2002）。从团队绩效来看，EI 与人际互动的质量相关，可能会促进团队合作，有利于工作绩效的提高。研究表明，由 EI 较高的个体组成的团队，更可能会使用合作的冲突解决策略，表现出较低水平的冲突强度，团队绩效会更好（Ayoko et al.，2008）。伍尔夫等人发现，情绪知觉与促进团队任务合作以及支持队员的行为相关（Wolff et al.，2002）。EI 较高的员工，能更好地感知、理解和对团队成员的情绪线索做出回应，促进团队合作，这可能有利于实现良好的工作绩效（李一茗等，2016）。

另外，当工作活动不需要 EI 时，EI 反而会存在隐性代价（Grant，2014）。在约瑟夫和纽曼的一项元分析中，研究者综合分析了几百项研究中 EI 和工作绩效的关系，这些研究中的样本涉及 191 个不同岗位的上千名员工（Joseph & Newman，2010）。结果表明：情绪智力与工作绩效之间不存在一致性的关系，即当工作需要倾注大量的情绪时，EI 越高，绩效越好；反之，对于不需要倾注过多情绪的工作，高 EI 可能是缺点而非优点。研究者针对 EI 对工作绩效可能的负面效应做出了解释，即在无须过多情绪活动的工作中，高 EI 的员工在本应专心完成任务的时候，却把注意力放在了情绪上（Grant，2014）。例如，在分析数据或修理汽车的工作中，察言观色会分散注意力。由此看来，情绪智力与绩效之间并不是一种线性的关系，更不应将 EI 与 IQ 做机械的比较。

（三）情绪智力与适应

心理学家发现，情绪智力与社会适应的许多指标相关，包括更多地表现出亲社会行为，更多地表现出共情以及在大学生群体中更少表现出与同伴的消极交往。保罗等人的研究发现：情绪管理分量表的分数与交友质量正相关，与观察到的异性交往的质量、异性间社会交往中的成功印象管理正相关（见图6－3）。另有研究发现，情绪管理技能与保持积极情绪的倾向有关，善于管理他人情绪的成年人有更多的社会支持，而且对所获得的支持更满意。罗森塔尔设计了一套衡量辨别他人情绪特征能力的测验，叫非言语测验。它呈现给被试的是一组某青年女性表现厌恶、母爱、感激、嫉妒、请求宽容等情感的录像带，每个画面都有一至几条非言语交流信息，要求被试通过非言语信息辨别人物的情绪情感。研究结果表明，测验得分较高的儿童在学校表现出更好的适应能力，更受人喜爱，学习成绩更好，但他们的智商只有中等水平。这一研究也与现实情况相吻合，社会实践中那些取得较大成就的人往往是那些社会适应良好、学习成绩中等的人，而未必是成绩拔尖的人。

图6－3　情绪管理与交友质量正相关

有意思的是，情绪智力有可能导致人际的情绪操纵与欺骗。研究者考察了EI与夫妻关系质量的关系，结果发现，与EI都不是很高的夫妻相比，夫妻二人都是高EI的经常在夫妻关系质量上得分更低（Brackett et al.，2005）。该研究同时指出，虽然夫妻两人情绪智力都低将导致糟糕的夫妻关系质量，但一人情绪智力高或两人情绪智力都高，并不会显著改善夫妻关系质量。情绪操控也发生在非夫妻关系中，奥斯汀等人认为，虽然情绪智力与使他人情绪变糟的倾向负相关，但是宜人性起到边界调节的作用，即当个体的宜人性较低时，高EI者更有可能使他人情绪变糟（Austin et al.，2014）。总之，无论是社会适应或是人际适应，EI都能发挥一定的作用，但我们绝不能拔高这种作用。当较高的情绪智力与健全的人格结合时，EI方能对适应产生促进作用。

第二节　情绪与人格

一、人格理论中的情绪

（一）古典精神分析理论

在西格蒙德·弗洛伊德（Sigmund Freud，1856—1939，见图6－4）开创的古典精神分析理论中，情绪处于核心地位。无论是在考察的情绪范围方面还是情绪在整个人格结构中的作用方面，古典精神分析都比其他任何人格理论更胜一筹。在精神分析的文献中我们可以找到关于每一种情绪的资料，不仅有诸如焦虑、内疚、抑郁等常见情绪，还有心理学家现在比较感兴趣的羞愧感、妒忌、羡慕及乐观等情绪。研究者认为，特定的人格类型倾向于体验某些特定的情绪。就情绪在人格结构中的作用而言，古典精神分析强调焦虑在人格机能各方面的作用，尤其强调在防御机制中的作用。

图 6－4　西格蒙德·弗洛伊德

弗洛伊德甚至将情绪等同于无意识。他经常使用“无意识自罪感”“无意识焦虑”等概念，并认为情绪可以被压抑到无意识中去。弗洛伊德在面对焦虑症或恐怖症患者时，常常使用谈话疗法从患者的无意识中把他们的恐惧情绪和焦虑对象揭示出来。后来他解释焦虑时却认为，对事件的评价可以是无意识的，但是反应则不可能是无意识的。因此，焦虑往往来自如下过程：开始是对其感受到威胁的事件进行无意识的评价，从而体验到危险，但又无法摆脱困境，消除紧张状态，只好压抑到无意识中去，然后以情绪行为或反应的形式表露出来。弗洛伊德认为，情绪受无意识控制，但都是在意识中发生的。因此他把情绪看作能量释放的过程，承认情绪活动必须伴随意识体验。

（二）新精神分析理论

新精神分析理论一方面继承了弗洛伊德理论中关于无意识和防御机制的观点，继续强调负性情绪在人格结构中的作用，如在埃里克森的心理社会发展阶段理论中，最初的三个阶段分别与不信任感、羞愧感和内疚感相联系；另一方面，这一理论更加强调社会文化和环境因素的作用，对古典精神分析理论过分强调生物本能的观点作了有益的补充和改进。总体而言，新精神分析理论关于情绪的观点主要如下：

（1）情绪是一种能量的释放，这种释放会伴随特定的体验和表情。

（2）重视情绪行为产生的外因，如对外界刺激的知觉。

（3）动机是一个更为复杂的过程。启动行为的力量可以有观念、情感、情绪等多种形式；行为是受知觉、冲突、观念、情感等因素共同制约的结果。

（4）知觉可以是无意识的过程，是情绪的引发源，但不是决定因素。

（5）开始关注意识层中的内容，如观念和体验都是在意识层面产生的。

（6）丰富了对情绪各成分的认识，承认情绪不只是能量，还包括表情、愉快或不愉快的体验的组合物。

（三）特质理论

人们常用特质来描述情绪状态，如攻击、友好、热心。特质理论家用特质来描述人格，并将其归类，因此，人格特质中包含情绪也就不足为怪了。两千多年前的古希腊医生盖伦就将人类气质分为多血质、黏液质、胆汁质和抑郁质四种类型。1903 年，冯特提出可以把这四种气质类型作两极划分：多血质与抑郁质构成两极的一对，胆汁质与黏液质构成两极的另一对。他还指出，从这两对的两极对立中可以分出许多混合类型。20 世纪 50 年代以后，英国心理学家艾森克以冯特的两对气质分别作为横轴和纵轴，构成一个环形图式，将各种人格特质按四种气质排列在图式的圆周上。艾森克强调了排列在圆周上不同位置的各个特质彼此之间有着不同程度的相似性或对立性。很显然，艾森克排列的人格特质就是情绪特质（见图 6－5）。

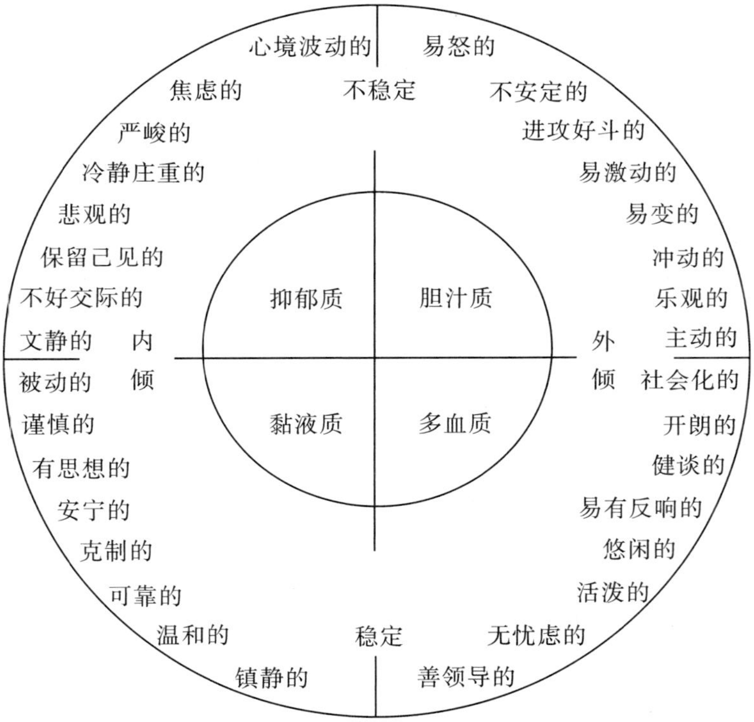

图 6－5　艾森克排列的人格特质

在艾森克的特质理论中，第一个基本维度是外倾—内倾，第二个基本维度是神经质—稳定性，这一维度表明人格从异常到正常的连续特征。在该维度上得高分的人“情感的易变性是外显的、反应过敏的，倾向于过于强烈的情绪反应，他们在情感经历之后较难面对正常的情境”。有时我们会将这种人视为反复无常的人，他们常常会对微小的挫折和问题情境产生强烈的情绪反应，而且需要经历很长一段时间才能平静下来。这些人比一般人更易激动、动怒和沮丧。艾森克指出，情绪不稳定的人表现为高焦虑。而处在该维度另一端的人则似乎能很快从困境中摆脱出来，他们在情感方面很少动摇不定。情绪稳定的人反应轻微而缓慢，且容易恢复平静。这种人不易焦虑，稳重温和，容易自我克制。

（四）社会认知和信息加工理论

长期以来，认知理论只研究人的思维，不涉及其情绪或动作。凯利（1955）的个人建构理论认可焦虑、恐惧和威胁等情绪的重要性，但它所强调的是构念；而且，总体上讲它并没有包含人类的情绪。班杜拉（1986）也强调通过直接经验或观察学习（替代性条件作用）而获得情绪反应的重要性，尤其是获得焦虑与抑郁情绪。按照班杜拉的观点，焦虑是对与消极结果相关的低自我效能感的情绪反应，而抑郁是对与积极结果相关的低自我效能感的情绪反应。因此，当感觉不能够处理可能有心理或生理伤害的情境时，人就会焦虑；而觉得不能够应对可能会失去奖赏的情境时，人就会产生抑郁。

在米歇尔的认知—情感人格理论中，情绪和情感与编码方式、期望和信念、目标和价值以及能力和自我调节系统一起构成了人格的基本单元，该单元是指个体的感觉、情绪及情绪反应，其中包括生理反应。同一个体对待不同情境的情绪情感反应不同，不同个体对待相同情境的情绪情感反应也不相同，这种反应的差异反映了人格的差异。情感反应不仅与认知过程密不可分，而且还影响着所有其他认知—情感单元。

从一个被“冷落”的角落开始，人格的社会认知和信息加工理论对情绪越来越感兴趣，它们不仅考察认知过程如何影响情绪，也考察情绪如何影响认知过程。同时，这些人格理论家所考察的情绪范围相对有限。当研究更广范围的情绪时，他们强调的是导致这些情绪体验的认知归因，而不是个体差异或各种情绪与人格机能其他方面的联系。

二、情绪在人格中的地位

（一）情绪在人格中的核心作用

从传统的人格理论中我们大致可以看出情绪在人格中的作用，概括起来，这些理论有两个重要观点：①除了精神分析理论以外，传统的人格理论都只关注焦虑和抑郁，而极少关注其他情绪；②没有一个理论把情绪强调为人格机能的主要组织成分。

基于此，进一步发展的人格理论应当突出情绪的核心作用。首先，与传统的人格理论相比，新的人格理论关注更广范围内的情绪。它不仅关注焦虑和抑郁，还关注羞愧、羡慕、嫉妒、厌恶、自豪和爱；不仅用特定情绪的分数来考察个体差异，还用个体各种情绪关系模式的分数来考察其差异。例如，不仅要看重个体在诸如焦虑等情绪上获得的是高分还是低分，还要看重该分数与个体在其他情绪上获得的分数相比较的情况。换言之，根据情绪的个体模式来考察人格是重要的。

其次，新的人格理论要将情绪放在核心位置，而不是驱力和认知之类的伴随物或结果。在这样的一个理论中，情绪在人格组织中处于核心地位，并强调情绪对思维、行为和动机的意义。换句话说，这样的人格理论拓宽了情绪的范围，强调情绪的模式及情绪在人格机能组织中的核心地位。概言之，情绪在人格中的核心作用要素包括：①强调一系列广泛的情绪；②强调个体的情绪模式或情绪组织；③把情绪作为人格组织的核心（如影响到思维、动机和行为）。

（二）情绪在人格结构中的位置

鉴于传统人格理论对情绪的作用没有足够重视，伊扎德提出的分化情绪理论将情绪放在人格结构的核心位置。这一理论从情绪的动机品质着眼，认为人格是包括相对独立又相互作用的六个子系统的复杂组织，六个子系统分别是体内平衡、内驱力、情绪、觉知、认知和活动。它们组成四个等级的动机：内驱力、情绪、情感—认知的相互作用和情感—认知结构。在这个人格结构和动机系统中，情绪是核心动机和组织力量。在分化理论中，情绪与认知相结合所形成的人格倾向，既是人格各子系统的成分，又是人格的主要结构形式。

许多关于人格特质的研究，实质上是关于情绪特质的研究。这意味着人格特质是由情绪组成的。普拉奇克明确指出："如果把人格特质确定在人际关系这个范畴之内，那么在人格特质与复合情绪之间，应当说没有什么区别。"人们经常用一些情绪词汇描述个人特征，如易怒的、冲动的、抑郁的、害羞的等等。由于人格特质是某些心理特征在行为中重复而恒定出现的基础上产生的，因此情绪既可能以状态的形式出现，又可能以特质的形式存在。例如，某人经常表现出快乐的、欢喜的、愉悦的情绪反应，他将被归入具有乐观人格特质一类的人当中。从这个意义上讲，人格特质可视为与特定情绪反应相一致的行为倾向。

（三）"大五"人格特质：外倾性和神经质

在"大五"人格中，外倾性是与情绪关系比较密切的一种特质，它反映了个体神经系统的强弱及其动力特征，该维度一端是极端外向，另一端为极端内向。外倾者爱好交际，通常还表现为精力充沛、乐观、友好和自信。内倾者的这些表现则不突出，但这并不等于说他们就以自我为中心和缺乏精力。正如一个研究小组所解释的那样，内倾者含蓄而不是不友好，自主而不是追随他人，稳健而不是迟缓。研究表明，外倾性与积极情绪体验的频率和强度相关（Lucas & Baird，2004）。那些外倾性得分高的人不仅感觉更高兴，而且在面对积极刺激时也会比内倾的人表现出更多积极情绪（见图6－6）。这种相关非常稳定，以至于很多研究者提议将积极情绪作为外倾性的核心特征，或者是外倾性的结果。一种可能的原因是，外倾性个

图6－6　外向的人更容易体验到积极情绪

体的多巴胺奖赏环路有更强的激活，增加了奖赏情境下的愉快情绪体验（Depue & Collins，1999）。

神经质是“大五”人格中与情绪联系最紧密的特质，该特质反映个体情绪状态的稳定性及内心体验的倾向性，它依据人们情绪的稳定性及其调节加以评定。消极情绪有不同的种类，如悲伤、愤怒、焦虑和内疚等，它们有不同的原因，并且需要不同的对待方式。但是研究一致表明，那些倾向于体验某一消极情绪的人通常也容易体验到其他的消极情绪。在神经质上得分低的人多表现为平静，自我调适良好，不易出现极端和不良的情绪反应。神经质得分高的人情绪往往不太稳定，一个可能的原因是神经质个体倾向于选择或创造那些让他们不愉快的情境，他们更倾向于引导对方表现出不友好的行为，这反过来也增加了自己的不愉快。另一个可能的原因是，在相同的情境下，神经质个体只是单纯地比其他个体体验到更多的不愉快，他们有更多情感上的反应（Shiota & Kalat，2015）。研究表明，神经质确实能够预测个体在实验任务中的痛苦反应强度，比如在观看令人心烦意乱的电影时。

（四）人格障碍：情绪的作用

情绪是人格的核心结构，人格出问题往往是因为情绪和情感出问题。在美国精神病学会制定的人格障碍的诊断标准中，情感范围、情感唤起以及情绪反应强度明显偏离正常是诊断人格障碍的重要标准。在十种主要的人格障碍中，其中八种都与情绪体验和反应有密切关系。例如，逃避型人格障碍患者社交方面持焦虑态度，不信任人际关系，一方面盼望他人接纳、喜爱自己，另一方面对他人可能的贬低和羞辱高度敏感。反社会人格障碍的人往往感情冷酷，缺乏同情心，不信任别人，易愤怒、冲动和攻击，常参与不负责任的社会行为，对别人造成损害也不内疚。而边缘型人格障碍患者的人际关系非常紧张而不稳定，甚至伤害自己；情绪不稳定且激烈（见图6－7），变化快速；常感到孤单、空虚、烦闷；有操纵性自杀行为。

图6－7　边缘型人格障碍患者情绪极端不稳定

从各种人格障碍的具体表现中我们不难看出情绪在其中所起的作用，人格障碍患者通常都与消极情绪有关，表现为猜疑、仇视、偏激。他们很难与人相处，在适应性上固定不变，应对策略贫乏，常以偏执怀疑、自我爱恋、消极攻击等行为处理问题。患者的应对方式限制了他们新的学习机会，把社会和外界对自己的不利看作是不应该的，对自己的弱点无所觉察，且大多具有脆弱性的特点，缺乏恢复能力。某些行为怪癖的人格障碍（如分裂型人格障碍）患者表现出高于平均水平的智力、创造力和快乐程度（陈少华，2018）。总之，人格是否正常在很大程度上取决于情绪和情感反应。

三、情绪的个体差异

（一）情绪前提的个体差异

情绪前提是指引发情绪反应的前提条件。情绪心理学家对情绪前提一般持两种观点："直接观点"认为，引起情绪的内外部刺激不经认知中介而直接刺激情绪产生，这是一条相对自动的、几乎不涉及认知中介的加工路径；"间接观点"则认为，潜在引发情绪的刺激必须得到认知加工才会促使情绪产生，引起情绪的并不是事件或情境，而是对事件或情境的主观评价，这是一条比较缓慢的、需要认知加工的路径。事实上，这两种观点都有其合理性。一些基本或原始的情绪，几乎不需要认知的参与；而复杂或高级情绪的产生，则离不开认知评价。

就常识而言，一些人由于有好的身体、生活在较好的社会和经济条件中，因而应该比其他人更幸福。然而，在大多数研究中，诸如收入和教育的因素几乎解释不了典型情绪状态中的变异。在极端的情况下，外部情境明显起关键作用。一个人在进入监狱时不可能是逍遥自在的，在刚中彩票后也不可能是悲哀的。然而，即使在看上去决定情绪反应的强烈情境中，这种反应也有显著的个体差异。

唤起的交互作用是与情绪前提有关的人—环境交互作用中的一种，它涉及个体在由他人唤起的反应上有差异。例如，在一项研究中，抑郁与非抑郁的女性面对的客观压力逆境水平没有差异，但是她们在依赖性人际事件的发生频率上确实存在差异，这种充满压力的人际交互作用，至少部分是由抑郁者本人造成的。在一项类似的研究中，波尔格等人（1991）利用日记对一组已婚被试样本作了压力源的追踪调查。他们发现，在神经过敏症上得分较高的被试比得分低的被试与配偶和他人的争吵更多。即使在大致相似的环境中，超前的和唤起的互动模式也导致了重大差异的情绪前提，并因此导致情绪反应的个体差异。

（二）情绪体验的个体差异

每个人都有情绪体验，这是人类的共性，但这些情绪绝非均匀地分布在我们之中。一些人比其他人更容易体验到特定情绪。从范畴角度看，有许多问卷用来评鉴个体在体验具体情绪中的差异，如焦虑和愤怒。也有为评价多种情绪而编制的量表，如差别情绪量表、多重情感形容词检测表以及心境状态剖面图。研究者通过这些测量，为体验具体情绪时出现的个体差异提供了文献证据。另一种取向不是针对体验某一特定情绪时的个体差异进行评鉴，而是评鉴情绪体验本身性质的个体差异。莱恩等人（1990）使用情绪觉知水平量表测量了口头表述特定情绪状态能力的个体差异。一种极端情况是失读情绪者，他们几乎没有辨认和描述情感的能力；另一种极端情况是一些高水平情绪意识的个体，他们具有较高的理解和描述复杂情绪的能力。

从维度上讲，华生等人（1988）编制的正面和负面情绪细目表（PANAS）评鉴了正面和负面情绪的个体差异。拉森（1984）使用情感强度测量（AIM）评鉴了情绪体验强度上的个体差异。PANAS 和 AIM 都把情绪定义为高激活状态，但是它们对情绪体验结构所作的假设有所不同。另一种取向考察了个体描述体验时赋予每一情绪体验维度的相对权重。费尔德曼（1995）探究了个体在使用愉快和激活维度描述情绪体验时的差异。实际上所有被试都使用了愉快维度，但是他们使用激活维度的程度不同。对有些个体而言，情绪体验本质上就有“好”与“坏”的差别（如图 6－8 中圆的内部所示），还有些人对他们的情绪体验作了更细致的区分（如图 6－8 中绕着圆的多种情绪）。

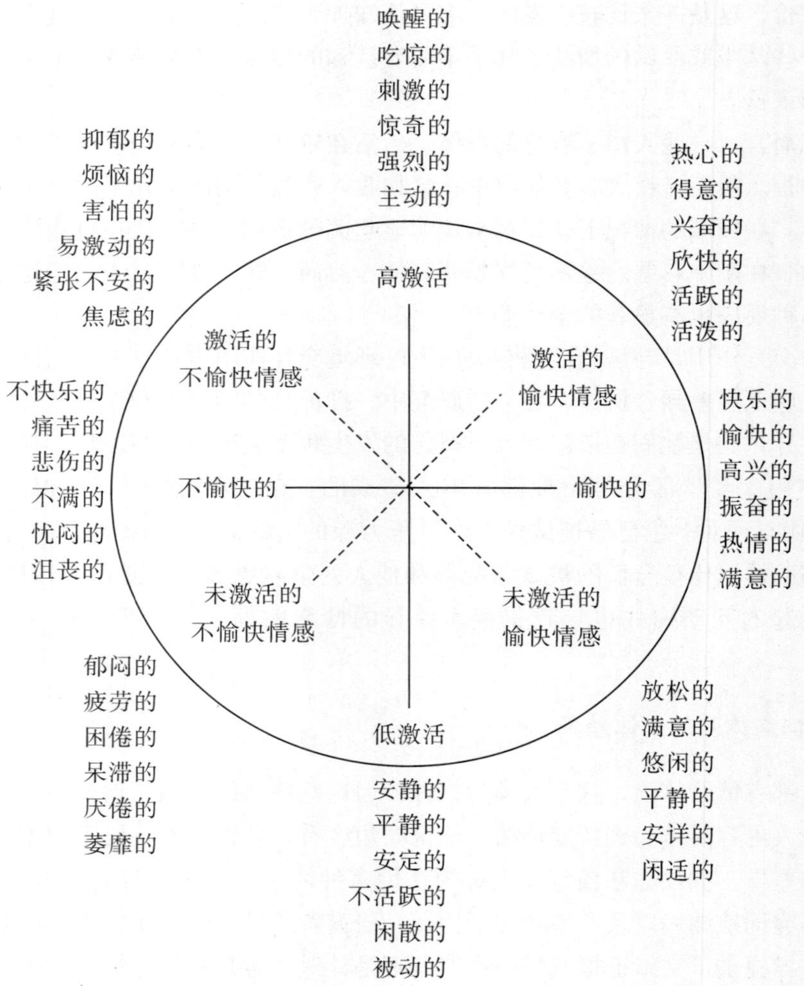

图 6－8　情绪体验的结构（Larsen & Diener，1992）

但是，正如拉森所说，日常生活中的情绪和人格特质之间的相关并不能为气质观点提供严格的检验。这是因为不同的人格可能造成不同的环境。如果是这样的话，任何观察到的人格与情绪的关系都可能是由这些工具性生成情境所致，而不是由负面或正面情绪本身对事件的不同反应倾向而产生。采用实验法或许可以更直接地评价气质观点，即在实验室背景中向所有被试呈现同一标准刺激。例如，拉森等人发现，当想象一个不愉快情境（如一位好友死于一种痛苦的疾病）时，神经质与负面情绪体验相联系；而想象一个愉快情境（如中了10万元大奖，然后去度假）时，外倾性与正面情绪体验相联系。有理由推断，高神经质个体比低神经质个体对不愉快刺激有更强的负面情绪反应，而外倾者比内倾者对愉快刺激有更强的正面情绪反应。

（三）情绪表达的个体差异

人格心理学家长期以来关注行为表达的一般差异，早期的表达性概念包含了一系列广泛的行为。例如，奥尔波特和弗农（1933）将表达性界定为所有的“运动内容，它所具有的区别性足以把个体相互区分开来”，并且认为分析表达行为的一致性是理解人格的第一步。表达性包括各种从书写、紧握拳头到情绪表达性等表达行为方式，他们把表情的直接研究作为人格研究中最自然的方法。但是，他们开创性的实验研究却几乎找不到一般的表达性因素的证据，因此他们推断，有必要去理解较具体的表达性层面。

20世纪70年代初，人们重新开始了表达性个体差异的研究。与此同时，对面部表情的令人振奋的研究也正在进行。两者的融合引起了人们对情绪表达性的极大兴趣。最初的概念强调“个体确实能够对其自我表现、表达行为及非言语情绪展示加以监控的个体差异”，甚至还包括表达性的潜在结果，如“人际成功的一个有力要素”。最近，表达性的概念变得更为集中了。克林等人（1994）强调人们“情绪外现”的个体差异，格鲁斯和约翰（1995）把情绪表达性定义为伴随情绪的典型行为变化（面部的或体态的），如微笑、皱眉、大哭或暴怒地冲出房间等。

与早期强调表达性的单一维度相比，格鲁斯等人（1998）更强调情绪表达性的多面性。研究者发现，在对表达性进行自我报告和同伴评定时，出现了三个很一致的相关层面，即正面表达性、负面表达性和冲动强度。这些层面预测了在实验室中加以测量的诸如情绪表达行为之类的标准尺度。正面表达性预示了诸如大笑之类的欢乐表现而不是悲哀表现，负面表达性预示了诸如哭泣之类的悲哀表现而非欢乐的表现。这些研究结果表明，我们需要一个层次模型，在该模型中，具体的表达性层面被纳入到一个概括的表达性因素之中。

知识链接 6－2　情绪个体差异的脑机制

越来越多的研究者开始到大脑中寻找情绪差异的原因。许多研究采用脑电图描记法（EEG）来探索大脑是否有一个整体的活动模式来预先安排人们趋向于特定的情绪特质。情绪研究者尤其对额叶偏侧化感兴趣，即大脑的左侧额叶与右侧额叶在一般情况下和任务状态下哪一侧的活动更强烈。研究显示，左侧或右侧半球受损多少会对情绪产生影响，理查德·戴维森（1984）假设大脑的两个半球分别对应不同类型的情绪体验。在一项经典的研究中，戴维森及其同事（1993）计算了在静息状态下，右侧额叶和颞叶的激活与左侧相应区域的比值。几天后，这些被试再次回到实验室，观看快乐、恐惧、厌恶的视频，并且评价他们对每段视频的主观情绪体验。结果发现，右侧脑区有更多激活的个体对两段负性视频的主观感受更痛苦，而那些左侧脑区有更多激活的个体对正性视频的评价更积极。

对于这些效应，一种可能的解释是，右侧额叶专门负责负性情绪，而左侧额叶则专门负责正性情绪。虽然这一假设被认可，但是后来的研究表明，效价并不是区分这种偏侧化效应最好的方法。在一项研究中，额叶偏侧化并没能预测特质性的积极和消极情绪，但预测了用问卷调查的特质性行为趋近（对奖赏体验的追求和与世界交流的趋势）和行为回避（对潜在威胁回避的趋势）分数。其结果是，右侧额叶有更多激活的个体在行为回避上的得分比行为趋近更高，而左侧额叶有更多激活的个体则恰恰相反（Sutton & Davidson，1997）。尽管对于情绪的偏侧化研究已经进行了几十年，但是仍然还要走很长的路来探究其中的真实情况（Davidson，2004）。

（资料来源：Michelle N. Shiota，James W. Kalat. 情绪心理学 . 2 版 . 周仁来，等译 . 北京：中国轻工业出版社，2015：296－297）

第三节　情绪与动机

一、情绪与动机的关系

（一）概念分析

心理学将动机定义为激发和维持有机体的行动，并将使行动导向某一目标的心理倾向或内部驱力，具有激发、指引、维持和调节行动的功能。美国心理学家伍德沃斯 1918 年最早将动机应用于心理学，认为动机是决定行为的内在动力。例如，一个人看电视时感到饥饿，对食物的生理需要让他起身去厨房寻找吃的。如果饥饿感足够强烈，他也可能自己去做点什么吃。再比如，孤独感让人们去给朋友打电话或是去个有人的地方，对人生追求卓越的渴望激励人们去上大学。

动机一词源于拉丁语 movere，意指“趋向于”（to move）。在自然界，所有生物有机体都会趋向于某些刺激和活动而远离其他刺激和活动，这是由它们的喜好和厌恶所决定的。情绪一词也是源于拉丁语中的 e 和 movere，意指“向外运动”。可见，从词源学的角度来看，两者在本义上有内在联系，都可视为行为的动力，都与活动目标密切关联。情绪经常会使人的活动目标发生变化。例如，你走进一家商店，目的是要买一些日用品，突然，里面有一只狗向你狂吠，你可能马上从商店里跑出来。此时，害怕的情绪将你的活动目标变成了自我保护。这种内在动机的变化正是情绪与动机关联的表现。人们追求许多目标，是因为达到那些目标会让人愉快；人们避开许多活动，是因为那些活动会使人感到痛苦。一般而言，成功伴随着愉快的情绪，失败伴随着不愉快的情绪。可见，人类的情绪与动机密不可分。

研究者们认为，与个体的利害关系、动机、主要目标以及与幸福有关的事件是诱发情绪的原因。有助于个体实现目标或得到满足感的事件会引发愉快感，而那些阻碍目标实现的事件则会引发消极的情绪；与个人的利害、动机、目标关联不明确的事件，会使个体产生惊奇或好奇感；目标未能实现会引发悲伤的情绪；当有人阻碍目标实现时，则会导致愤怒的产生。在关于目标实现与情绪的自我报告研究中，有许多证据支持上述观点。从广义的角度讲，无论是在先天的本能还是在后天的学习中，个体都会将许多人或事物视为实现自己动机的相关对象，因此许多情绪的产生都与动机有关。从该角度出发，我们可以解释如爱情、欲望、好奇心和享乐等现象。

（二）两者的关系

情绪与动机的关系可以从两个方面来分析：

第一，情绪是伴随动机性行为而产生的。一般行为的产生都受到动机的激发、引导和维持。由动机促成的行为，目的在于寻求需要的满足。由此可见，动机性行为的结果是能否使动机获得满足，并由此产生相应的情绪体验。目标实现，需要得到满足，则会产生积极的情绪体验；目标受阻，需要没有得到满足，便会产生消极的情绪体验。此外，在寻求满足的过程中也可能产生焦虑、沮丧等各种复杂情绪。

第二，在某些情况下，情绪本身即可视为动机。有时候情绪本身就是行为的动机，亦即情绪可以促成行为的发生，这种行为叫作情绪性行为。比如恐惧，这种情绪可以成为行为的动机，它所促成的行为可能是逃跑，也可能是攻击。对于那些情绪化的人来讲，情绪往往起着支配行为的作用，这时候，情绪扮演着动机的角色。

需要注意的是，情绪与动机在性质上有两点不同之处：首先，动机的起源主要来自内在生理或心理的需要，如饥、渴、性等生理需要，同时还必须具备相应的诱因（外在条件）。而情绪则是对刺激情境的一种内在感受或态度。其次，动机产生之后，在未获得满足之前，它所促成的行为就将持续下去。情绪则不然，哪怕是强烈的情绪，如果没有发泄的机会，时过境迁，也会自行淡化或消失。

二、情绪的动机功能

（一）情绪具有激励作用

情绪能够以一种与生理性动机或社会性动机相同的方式激发和引导行为。有时我们会努力去做某件事，只是因为这件事能够给我们带来愉快与喜悦。从动力性特征看，情绪可分为积极增力的情绪和消极减力的情绪。快乐、热爱、自信等积极增力的情绪会提高人们的活动能力，而恐惧、痛苦、自卑等消极减力的情绪则会降低人们活动的积极性。有些情绪兼具增力与减力两种动力性质，如悲痛可以使人意志消沉，也可以转化为力量。

想象一下我们每天从事的活动，从开始到维持再到结束，似乎没有哪件事情能够离得开情绪。喜欢就做，不喜欢就放弃，很多活动往往源于我们一时的心情。为了体验激情，我们会去挑战极限；为了避免孤独，我们会去交友；为了获得成就感，我们会努力工作。学习、交友、工作的动机也许就是为了获得某种体验和感受，或者说情绪本身就是动机。

（二）情绪作为动机的指标

情绪也可能与动机引发的行为同时出现，情绪的表达能够直接反映个体内在动机的强度与方向。所以，情绪也被视为动机潜力分析的指标，即对动机的认识可以通过对情绪的辨别与分析来实现。动机潜力是在具有挑战性的环境下所表现出的行为变化能力。例如，当个体面对一个危险的情境时，动机潜力会发生作用，促使个体做出应激的行为。对这个动机潜力的分析可以由对情绪的分析获得。当面对应激情境时，个体的情绪会发生生理、体验以及行为三方面的变化，这些变化告诉我们个体在应激情境动机潜力的方向和强度。当面临危险时，有的人头脑清晰，沉着冷静地离开；而有些人则惊慌失措，浑身发抖，不能有效地逃离现场。这些情绪指标可以反映出人们动机潜能的个体差异。

（三）情绪对认知活动的影响

传统的智力概念关注认知性因素，如记忆、抽象思维、问题解决等，但是心理学家很早就认识到了非认知因素的重要性。其中，情绪和动机就是非认知因素的重要组成部分。作为一种与人的切身需要密切联系并且具有主观体验、生理反应和表情行为等多种成分的心理活动，情绪必然卷入旨在满足某种需要或实现某种目的的动机之中。它不仅制约动机活动的心理、生理表现，而且其本身就构成一种独特的动机变量。

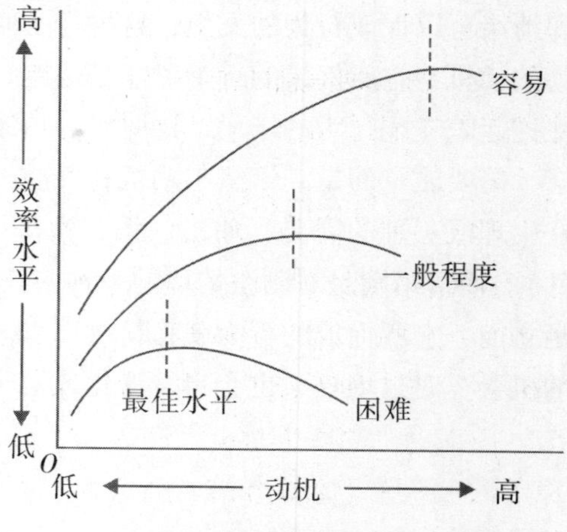

图 6－9　情绪的动机功能

情绪对认知活动效率的影响与动机的影响如

出一辙，两者与认知活动效率均呈倒U形关系（见图6-9）。同时，这种倒U形关系还依赖于认知任务的难度，只有在中等难度的任务中，中等强度的动机（情绪）才能使活动效率最佳。研究还表明，低度的焦虑也有利于促进学习与工作的效率，适度的焦虑会使人的兴奋性提高，注意力增强，反应速度加快，从而对认知活动和学术能力倾向产生积极影响；过度的焦虑正如过于强烈的动机一样，它会使工作能力降低、注意力分散，思维变得狭窄、刻板。

三、情绪与内在动机

（一）内在动机

内在动机指的是人自发地对所从事的活动的一种认知，它直接与活动本身有关，由于做某种事能激发人的兴趣，令人愉快，因而活动本身就是行动者所追求的目的。内部动机可分为三种：第一种是对于活动本身的兴趣，第二种是完成活动的乐趣，第三种是任务对人的能力的挑战。

无论是为了展示自己的能力还是为了学到一种技能，我们有时会把进行某项活动作为一种乐趣。此时，我们做事并不是为了得到奖赏，也没有其他功利性目的，这时的行为动机为内在动机，活动本身就是一种愉快的结果。这种内在动机与马斯洛需求层次理论中的较高层次的需要有密切关系。相对而言，外在动机有着明显的外部驱动因素，如报酬、分数、奖励、尽义务和得到表扬等，正如大多数人工作都是为了从外部得到报酬一样。

情绪的分化理论提出三种稳定的动机变量，即内驱力、情绪和感情—认知的相互作用倾向。这一理论主张，在情绪领域内，有两种正性情绪状态可用来解释内在动机。一个是“兴趣—兴奋”及其与知觉、认知过程的相互作用，如兴趣—兴奋作为情感因素，驱动外部感官指向一定的对象，从而产生注意。这时兴趣起着动机的作用。另一个是“享受—快乐”状态，它也可用来说明内在动机。例如，快乐的享乐色调驱策个体展现于外，使个体处于最大的接收信息的准备状态。兴趣—快乐的相互作用、互相补充或叠加起着同样的动机作用。有学者指出，内在动机产生于主体的兴趣和享受。

（二）情绪在内在动机中的作用

内在动机是因个体对从事的活动本身感兴趣或厌恶而引起的趋近或回避的动机，情绪在其中起关键作用。个体在从事活动时，不需外在的、附加的推动力量，即可持续产生一些自主行为，如听音乐、读小说、与小动物玩耍等，并在这种活动中获得满足。布鲁纳认为，内部动机的产生是由三种内驱力引起的：①好奇的内驱力。相对短暂的好奇心和相对稳定的求知欲。②好胜的内驱力。力求在同辈群体中显示自己才能或力求达到某种理想状态的动力。③互惠的内驱力。希望与他人协同活动、减少冲突以更有效地完成任务的愿望、需求。

德西用“满足的潜在意识”来解释情绪与动机的关系，指出人的内部条件包括多种成分，如内驱力、情感、能力等。作用于人的外在信息是否进入知觉和注意是要经过筛选的，也就是经过探索，视其与内部各条件成分的匹配与否而后决定的。当输入信息与内部条件出现某种程度和某种形式的结合时，基于个体需要而产生满足的潜在意识，这种意识才成为动机，从而支配人的行动。德西认为，内在动机状态包括内驱力、情感、能力和自我确认的体验。这意味着，导致人的认识倾向和行动倾向的内在动机是复杂的，它既是先天的，也是习得的；既是认知的，也是感情的。

举例来说，等待高考的学子在得到医科大学招生的信息时，他会权衡自己的数学能力和生物学水平、对医学的爱好和服务于医疗的愿望等。当他了解到自己的学识水平和应考能力并具有相当的信心和把握时，就会决定报考，并就此进入紧张的复习状态。这就是人们生活中经常发生的满足的潜在意识。这种意识整合了内在的生理唤醒和情感成分，建立起被录取的期望和信心，推动人采取实现愿望的步骤和进行达到目标的活动。这时建立的期望越受到强化（如复习课程的效果），达到满足愿望的意识就越鲜明，这一意识的动机性质就越强烈。目标（被录取）为行动提供方向（复习功课），行动在达到目标后结束。

在德西的动机模式中，情绪因素处于相当重要的地位。因为诸如需要、愿望、自信的体验等都具有情绪成分。但是德西并未指明他把情绪视为动机，也从未提到满足的潜在意识中含有情感成分。总之，易于被人们用语言表达成为自身所意识到的动机，常常是它的内容，也就是动机的认知成分。而动机的动力方面是情感、兴趣、愿望或期待，即在情感和认知的相互作用中，情绪是动因，唤醒提供能量。

四、与动机有关的情绪

（一）好奇心

第一位将好奇心（见图 6－10）作为心理学研究内容的是英裔美国心理学家麦独孤（William McDougall，1871—1938）。他提出了一种以本能为基础的策动心理学理论。该理论认为，本能是一种先天的心理—生理配置物，但本能结构可以通过学习和经验而改变。因此，他强调的本能过程是心理方面而不是生物方面。他特别强调本能与情感的联系，认为本能的情感因素是动机的因子。好奇心是人类基本的也是重要的本能过程。本能驱使人去采取达到自身目的的行动。下面以伯莱恩的研究为例，系统地介绍这一有代表性的内在动机理论。

1. 好奇心是基本情绪

伯莱恩在研究认识或智力活动的动机来源时认为，在没有明显动因的情况下，个体发生了对外界对象的选择性知觉，原因是有机体内在的好奇心对注意起支配作用。伯莱恩把好奇心描述为：“本能地去认识（某种物体或对象）的一种简单冲动。它支配和维持注意，诱发机体去活动，以得到对该物体的充分熟悉。”伯莱恩所描述的好奇现象，正是现在被人们广泛确认的兴趣。

2. 好奇心既是先天的，也是习得的

在好奇心的习得性质上，伯莱恩认为“新异性”是核心概念。由于好奇心的内在策动，有机体在个体生活中不断为外在物体或事件所吸引，物体或事件的新异因素被有机体捕捉，用以发展个体的知觉和思维。情感和思维的结合成为捕捉具有新异性刺激的习惯性注意倾向。刺激事件的新异性、不一致性和不确定性是个体情感指向的重要参照点。它所引起的心理过程，除发生巨大的陌生性和威胁性之外，主要是注意和探索倾向。

3. 唤醒是增强好奇心的能量因素

在人类的高级思维和创造性动机中，伯莱恩加进了唤醒概念。这一概念成为新异性引起的情感动机中的能量因素。伯莱恩认为，唤醒有来自自主神经系统的，有来自皮质的，还有来自运动系统的。唤醒的各个来源有各自分开的解剖基础和不同的功能。它们分别对下丘脑、边缘系统和特定的感觉通道起作用。他还设想唤醒的不同类型可能与各种具体的情绪相联系，认为唤醒有三个决定因素：

图6-10　好奇心

（1）生理心理变量。这是指刺激物的物理、化学性质的质和量。

（2）人性学变量。这是指与生存需要有关的诸如饥饿驱力或怒、惧等情绪。

（3）新异性变量。包括新异性、不确定性、不一致性、复杂性和冲突等。

4. 好奇心通过引起概念冲突达到认知

新异刺激的不一致性和不确定性与原有的内部模式不协调，就产生知觉或概念之间的冲突。知觉和概念的冲突引起进一步的探究活动。知觉和概念的冲突中包括怀疑、困惑、矛盾、混乱或毫不相干。这些知觉和概念的冲突都会增强好奇心或唤醒，从而驱使人进一步去探索。如果在探究活动中产生习惯化，就达到了新的认知。这时，好奇心消失，唤醒下降。

总之，伯莱恩的唤醒—好奇理论向人们展示：①唤醒的作用与情绪相联系。这为好奇心成为内在动机的一部分提供了依据。②动机是由知觉和概念冲突引起的。这就解除了内在动机先天性的神秘色彩。它说明好奇心作为内在动机既是先天的，又是习得的；既是情绪的，又是认知的。

知识链接6-3　好奇心是大脑进化的结果

美国密歇根大学进化心理学家史蒂芬·卡普兰（Stephen Kaplan）将早期的人类描述为“活动范围广阔但仍固定居所的动物”。他们掌握的环境信息越多，生存下去并传递基因的可能性就越大。要收集那些知识就需要走出去，去未知世界探险，去寻找新的水源和可食用的植物。这意味着他们会有生命危险，他们可能会成为其他肉食动物的盘中餐，也可能会迷路再也回不了家。那些既能收集信息又能自我保护的个体，其生存的概率是最大的。

或许是为了鼓励人类去冒险寻求新信息，人类进化过程中充满了好奇与愉悦。我们大部分人都明白哥白尼所描述的他在学习中找到“难以置信的精神上的愉悦”是指什么。神经学家已经在我们的大脑中找到了产生这种愉悦感的某类化学物质。美国加州理工学院的科学家做了一个实验：向一些大学生提40个冷门的问题，并同时对他们的大脑进行扫描。科学家要求被试读完每个问题后在心里默默猜测问题的答案，并表明是否好奇正确答案是什么。若是好奇的话，问题会被再次呈现，并附有答案。扫描显示，那些激起他们好奇心的问题刺激了他们大脑中与学习和爱情相关的尾状核。尾状核里密布着传递多巴胺的神经元。多巴胺是一种化学物质，在我们进行性行为或者进食的时候会布满我们的大脑。可见，大脑进化出了这种将求知欲和我们最本能的愉悦等同起来的引导程序。

尾状核也影响着我们在视觉上对美的反应。我们对于美学的偏好和对于知识的渴望之间可能存在一种很深入的联系。大量研究表明，给不同文化背景的人看景观照片的时候，他们都更偏好展现大自然的画面，特别是与水相关的，比如河流、海洋和瀑布。更为有趣的是，研究显示人们偏好最一致的场景都带有神秘色彩，这些场景中会有一些在画面上看不见的东西，比如一条通向远方的弯弯曲曲的小路，或隐藏在厚厚落叶中的一条可通行的窄道。当看到一些我们知道对自己有好处的东西时，我们会感到愉悦。而那些我们知道其存在但是尚不了解的信息，同样也能给我们带来愉悦。

（资料来源：伊恩·莱斯利．好奇心：保持对未知世界永不停息的热情．马婕，译．北京：中国人民大学出版社，2017：28-29）

（二）考试焦虑

1. 什么是考试焦虑

考试焦虑是对各种考试、测验所产生的焦虑，有人称之为成就焦虑或学业评估焦虑。它是一种“高度唤醒”和“过度担心”的心理状态（见图6-11），让人感到浑身不自在、紧张、出汗、心怦怦跳。这种担心和唤醒的混合作用容易让人心烦意乱，因而分散了考试时的注意力，是一种典型的与情绪有密切关联的（成就）动机。

图6-11　考试焦虑：一种高度唤醒的状态

尽管人们对考试焦虑已经有比较充分的认识，但是关于考试焦虑的概念至今还没有一个统一的定论。曼德勒（1952）提出，考试焦虑是一种处于无助和紊乱状态下的情绪。西伯（1977）等人从可观察的外部行为出发，认为考试焦虑是在考试或类似评价情境中伴随担心可能失败或消极结果而产生的一组现象的、生理的和行为的反应。萨拉森等人（1990）从考试焦虑发生的角度，提出考试焦虑是学生在评价情境中，易于产生威胁性的知觉、低的自我效能、自我贬低的认知、预期的失败归因以及更强烈的情绪反应和唤醒。换言之，当个人的智力、动机、社会能力和学习能力不符合考试情境的要求时，就会诱发考试焦虑行为。

卡弗等人（1983）认为考试焦虑是更广泛的“评价性焦虑”的特殊形式，考试焦虑者将更广泛的情境解释为评价性的，他们通常将自己的注意力聚焦于考试焦虑的社会性评价上。总之，考试焦虑是在一定的应激情境激发下，受个体认知评价能力、人格倾向与其他身心因素所制约，以担忧为基本特征，以防御或逃避为行为方式，通过不同程度的情绪性反应所表现出来的一种动机状态。

2. 如何应对考试焦虑

（1）充分准备。很多患有考试焦虑的学生是因为没有很好复习功课，或准备得太晚。因此，应对考试焦虑最直接的方法，就是在考前努力做好复习。另一个方法是在考期到来之前进行适当的过度学习，把知识掌握牢固。准备充分的学生一般考分高，焦虑少，不会过度紧张。一些人在学习中缺乏技巧，对他们来说，掌握学习技巧将是克服考试焦虑的一个有效方法。

（2）学会放松。放松是降低考试焦虑的一个方法。如果你能从别人那里得到情感上的支持，那么参加考试时的焦虑程度也会降低。因此，你不妨在考试之前和你的老师谈一谈有关问题，与朋友或室友一起准备考试，这些都会对你有所帮助。

（3）考前演练。如果你在考前认真演练一下，做一次模拟考试，将是降低考试焦虑的一种好方法。在演练前，先想象你自己一头雾水，考试超时，或者感到恐慌，然后平静地计划自己如何应对每一种场面，如何把注意力集中在任务上，如何一次只集中解决一个问题，等等。

（4）改变认识。考试焦虑的主要原因是担心自己考不好，因此，改变那种自我破坏的思考方式可能是最好的解决办法。如果你把考试焦虑中困扰自己的想法或烦恼列一个清单，然后就可以针对清单中的每一个问题，学会运用冷静和理智的回答来战胜自己的担忧。例如，一个焦虑的学生可能会想：“如果我在这次考试中考砸了，所有的朋友都会认为我是个笨蛋。”通过对认知的重新建构，这个学生可以这样想：“如果我准备充分，并能控制我的情绪，我一定会通过这次考试。即使我不能通过考试，我的朋友仍然会喜欢我，而且下次考试我还有机会。”不论考试有多难，那些善于应对考试的人总是采取一种现实的态度，自己尽力而为，同时也不抱幻想。

（三）成功恐惧

你有过“不敢成功”的经验吗？例如，为了使自己能被一个群体接受，你有意隐藏自己的才能。你是否曾为此而在比赛中故意输给别人？你是否有时为了讨好朋友而“明知故问”？几乎每个人都在特定的情境中这么做过。所有的这些行动都包含着一种成功恐惧，即积极地避免成功。很明显，这种恐惧会抑制一个人取得成功的努力。

成功恐惧指害怕在竞争的环境中取胜。马蒂纳·霍纳（Matina Horner）在1968年正式提出了成功恐惧的概念，又称其为“逃避成功的动机”（motives to avoid success），是指个人对自己获得成功后出现的结果感到恐惧，即由于预见到成功会产生让人恐惧的结果，所以在从事类似活动时就倾向于放弃积极行动，以消极的行为应付活动。霍纳认为，成功恐惧适用于女人而不适用于男人，它是人的一种稳定倾向（人格特质）。一般情况下，成功会给人带来愉快欢乐，但在特定的人际关系中或具有某种人格特质的人身上，在产生愉快欢乐情绪体验的同时，往往会伴随着恐惧的心理状态。例如，担心成功会招致一些妒忌者的挑剔、围攻或来访者的严重干扰，或担心不能再次成功而失去名誉。

下面有六个问题，看看你同意哪些，不同意哪些：

（1）只有我做得比别人都好时，我才高兴；

（2）成就博得尊敬；

（3）把我所经手的每一件事都做得漂漂亮亮是最重要的；

（4）成功付出的代价总是大于成功所获得的奖赏；

（5）我相信成功者往往是孤独和忧郁的；

（6）我认为现在的社会过于强调成功。

如果你同意前三项陈述，表明你对成功持积极的态度；如果你同意后三项陈述，表明你可能有逃避成功的倾向。为什么有人会逃避成功呢？通常是出于以下原因：①要成功就必须改变自己已有的“自我概念”，而有些人不愿改变；②要成功就可能成为“出头鸟”，而有些人害怕因此而被自己所属的群体拒绝；③对一位“成功者”往往会有些额外要求，而有些人害怕背那些额外包袱。例如，有一位女秘书被提拔为部门主管，但她却因此提出辞职。当问及原因时她说：第一，她不想做一个“女强人”；第二，她害怕办公室里原来的那些朋友会因为听命于她而不再拿她当朋友；第三，她讨厌去干对别人指手画脚的事。这个例子生动地说明了女秘书逃避成功的三个原因。

根据成就动机的理论，一个人追求成就动机的强度等于追求成功的倾向减去害怕失败的倾向，具体计算公式如下：

$$Ta = Ts - Taf$$

其中，Ts 为追求成功的倾向，Taf 为害怕失败的倾向。

$$Ts = Ms \times Ps \times Is$$

其中，Ms 为稳定的追求成功的需要，Ps 为获得成功的可能性，Is 为成功的诱因值。

但是对于女性而言，除了追求成功和害怕失败的倾向以外，她们在追求成功的过程中还额外多了一个害怕成功的倾向。因此，女性的成功动机强度计算公式就变成：

$$Ta = Ts - Taf - Tfos$$

其中，*Tfos* 为害怕成功的倾向。

当然，不论女性或男性，都可能产生成功恐惧。但是，对那些认为“女人不该出人头地”的女性来说，成功给她们带来的心理冲突更为严重。因此，对很多女性来说，问题的关键并不是她们真的害怕成功，而是她们所要面对的“成就”与“被社会接受”之间的冲突。在那些事业有成的女性观念中，“成功”是一种可被接受的女性品质。因此，对于年青一代有才华、有理想的女性来说，如果不能首先改变束缚女性的传统道德观念，将难以干出一番事业。“逃避成功”是一种不可取的态度。同时，过于强调“成就”也是不可取的。我们的社会总是在宣传一些成功的但又很可怜的工作狂。但在现实生活中，真正的成功者靠的是把握好成就需求与其他需求之间的平衡。

第七章　情绪与健康

引言　别让糟糕的情绪毁了你

设想你是一位40多岁的男子，结婚已20年，有两个十几岁的孩子。孩子们有时很乖巧，有时又令人头痛。你的工作很稳定，却缺乏挑战性，这使你的抱负在一点点消退。你生活得很舒适，日子一天天过去。房子很宽敞，分期付款已经供完。你和妻子的关系很平淡，除了对孩子的教育问题有一些小的分歧外，你们从来没有发生过争执。

然而，近几个月以来，你经常会在夜里三四点钟突然醒来。天气并不热，但你汗流浃背。你发现自己有些躁动不安，想再睡着似乎是不可能的了。于是你或者躺在那里，任凭心脏剧烈地跳动，脑子里反复想着乱七八糟的东西，或者起来找一些事情做。有时你也能再次睡着，但当闹钟使你再次醒来时，你发现自己已筋疲力尽。起床后你仍觉得昏昏欲睡、没有精神，似乎生命力已经耗尽。你变得对任何小的噪音都很警戒，哪怕是很小的挫折都会让你极端恼火，不能够集中精力做该做的事情。

你对任何事情都充满了厌恶感，缺乏应有的激情。这种潜在的厌恶感慢慢演化为被动、单调的接受。随之，你感到莫名其妙的焦虑，担心某些可怕的事情会发生。这样的情况持续了一段时间之后，你似乎已经不再有饥饿感，体重开始下降，工作也开始受到影响。在家时你很少和家人说话，甚至懒得从沙发上站起来，似乎生命力已经从你的体内消失，你根本不知道如何去应对将要发生的事情，甚至对正在发生的事情也不知该如何处理。

第一节　情绪与健康概述

一、健康与情绪健康

在早期的医学科学中，医生很少会考虑人格、情绪与健康和疾病的关系。如果一个人生病，原因一定是生理上的，如病毒或细菌。今天，行为医学强调饮食、吸烟、运动、情绪、压力或其他行为对健康的影响。心理学家一致认为，情绪和其他经历能影响人们的健康、疾病和康复模式，这是因为，情绪和压力都是大脑的活动。

（一）健康：生病的对立面

健康是每个人追求的目标。我们可以将健康定义为没有疾病，但这一定义将健康与疾病绝对对立起来。很显然，一个人可能会没有疾病，然而他未必能完全享受满意的生活。正如本章“引言”中提到的那位男子一样。健康必须是一种躯体强壮和精神充满活力的状态。世界卫生组织将健康定义为“身体、心理和社会都完好的一种状态，它不仅仅是没有疾病或虚弱”。在身体方面，健康意味着一个人能享受精力充沛的生活，有能力去追求美好生活和探索环境。同时，一个健康的人还能充分享受情感的实现和自尊，这两者都是积极的精神健康的表现。从社会的角度看，健康表明一个人社会适应良好，有比较亲密、和谐的人际关系。总之，健康首先反映在体质的外部表现方面，它本身包含了生理机能的正常运作及其平衡状态。但我们不能以是否有疾病作为衡量健康的标准。因为健康包含生理、心理和社会三个层面，这三个层面相互影响和相互作用，如图 7－1 所示。

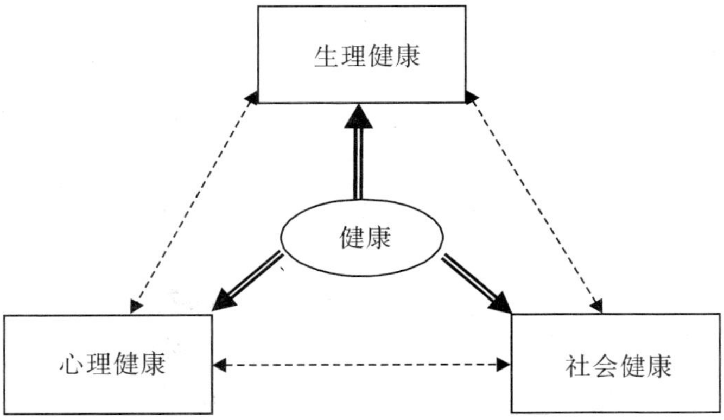

图 7－1　健康的模式

（二）健康的生物心理社会模型

第三届国际心理卫生大会为心理健康下的定义是，“心理健康是指在身体上、智能上、情感上与他人心理健康不相矛盾的范围内，将个人心境发展成最佳状态”。这次大会还具体指明心理健康的标准是：“身体、智力、情绪十分调和；适应环境，人际关系中能彼此谦让；有幸福感；在工作和职业中能充分发挥自己的能力，过有效的生活。”根据这些标准，我们认为心理健康应包括两层含义：一是指无心理疾病；二是指能积极调节自己的心态，顺应环境并有效地、富有建设性地发展和完善个人生活。

西方传统的生物医学模型认为，身体与心理两极是对立的关系，医学医治的是同心理无关的生理身体，心理只对情绪和信仰起重要作用，同身体没有任何关系。然而，随着时间的推移，研究者开始发现它们之间的各种交互作用，使得生物医学模型受到动摇。很多证据表明：好的和坏的生活事件都可以影响免疫功能；在预期到压力的消极结果后，人们会有一定的韧性；充分的社会支持可以减少死亡的可能性。这便导致了生物心理社会模型（biopsychosocial model）出现，该模型包括三个成分：生物是指现实的生物学疾患，心理和社会是指健康的心理和社会成分，将健康同心理状态和社会环境联系起来。最佳健康（wellness）综合了一个人生活的生理、智力、情绪、精神、社会和环境的方方面面（理查德·格里格、菲利普·津巴多，2016）。

（三）情绪健康及其表现

情绪健康是心理健康的重要内容，是指一个人能表现出与环境协调一致的情绪反应，这种情绪反应不仅要符合当时的场合、氛围，还要符合人的年龄、身份、文化特点。从一个极端看，大约有 85% 的心理问题与情绪不健康或情绪障碍有关。健康的情绪不仅指对身体健康有益的积极情绪，也包括恰当的消极情绪。生活中我们常常会有一种偏见，以为健康的情绪就是积极情绪，事实上，消极情绪的体验也是必不可少的，它对于培养一个人的自我意识和责任感有重要意义。情绪健康的一个重要原则是，无论是积极情绪还是消极情绪，情绪反应都应适时、适宜、适度，具体表现为：

1. 情出有因

任何情绪、情感的产生必须由一定的原因引起。例如，可喜的现象引起欢乐的情绪；不幸的事件引起悲哀的情绪；挫折引起沮丧的情绪，等等。无缘无故的喜、怒、哀、乐，莫名其妙的悲伤、恐惧，这种情绪就不健康了。

2. 表现恰当

一定的刺激会引起一定的情绪反应，反应和刺激应该相互吻合，例如因成功而喜悦，因失败而痛苦，该高兴就高兴，该悲哀就悲哀。假如失去亲人还无动于衷，或者受到挫折反而高兴，受到尊敬反而愤怒，则是情绪不健康的表现。

3. 反应适度

情绪表现的持续时间和强烈程度都应适当，不能无休无止，也不能过分强烈或过于冷漠。刺激强度越大，情绪反应就越强烈；反之，情绪反应也就越弱。如果微弱的刺激引起强烈的情绪反应，则是情绪不健康。

4. 情绪稳定

情绪稳定表明一个人的中枢神经系统活动处于相对的平衡状态，也反映了中枢神经系统活动的协调。一般来说，情绪反应开始时比较强烈，随着时间的推移，反应逐渐减弱。如果反应时强时弱，变化莫测，经常处于不稳定状态，则是不健康的情绪。

5. 心情愉快

以愉快的心境为主，积极情绪多于消极情绪。如果一个人经常情绪低落，愁眉苦脸，心情郁闷，或总爱发脾气，常常焦虑和担心，则是情绪不健康的表现。

二、情绪与健康的关系

（一）中国古代的观点

我国古代很早就非常重视情绪对健康的影响。《黄帝内经》的七情说认为，过度强烈的喜、怒、忧、思、悲、恐、惊七情反应会引起神志异常、气机紊乱、精血亏损、脏腑功能失调而致病。《黄帝内经》说："喜怒不节则伤脏，脏伤则病起于阴。"又说"喜伤心，怒伤肝，思伤脾，悲伤肺，恐伤肾"，并且强调，"心者，五脏六腑之主也，故悲哀忧愁则心动，心动则五脏六腑皆摇"。这说明情绪不但可以影响健康，而且会导致疾病发生。

《黄帝内经》还提出了情志相胜法，并以此来治疗某些疾病。情志相胜即不同情绪相互影响，"怒胜思""恐胜喜""悲胜怒""思胜恐""喜胜悲"。《石山医案》就记载过明代名医汪机用"怒"法治疗贾妇因过度思念丈夫而导致的疾病，即所谓"病郁也，得怒则解"。华佗也曾用"怒激吐瘀"法治病。这种方法在许多文学作品中也能见到。《儒林外史》中范进中举后癫狂不止，其岳父采用惊吓的办法将他镇住；《红楼梦》中的宝玉，每次发病时家人就拿他父亲贾政要来考他的学问吓唬他。这种"当头一棒""一瓢冷水"的做法有时的确能对一些异常行为起到立竿见影的作用，但并非科学的方法。

（二）现代医学与心理学的研究

现代医学及心理学的研究表明，神经系统受到不良刺激会影响丘脑、下丘脑和脑干，并使全身各系统发生变化，导致机体正常功能（如免疫功能）紊乱，身体的抵抗力降低。在一切对人体健康不利的因素中，排首位的是不良的情绪与恶劣的心情，如忧虑、颓丧、贪求、怯懦、妒忌和憎恨等。临床观察结果还表明，高血压、心脏病、胃溃疡、支气管哮喘、月经失调、癌症等众多疾病均与情绪有密切关系。

生活事件和境遇对人体的免疫功能影响很大。研究发现，应激事件会降低人的免疫功能，增加疾病的易感性。如果一个人长期处于矛盾、焦虑、紧张状态，那么其体内环境容易失去平衡。这些消极的情绪体验使个体免疫球蛋白 A（免疫屏障，是抵御外界病毒、细菌入侵的第一道门户）的分泌受到抑制，人体 NK 细胞（自然杀伤细胞）水平降低。德国柏林的罗纳德教授曾分别对 3.8 万名健康人及 1.8 万名癌症和心脏病患者的心理状态和社会状况进行了调查。结果发现：在这些病例中，只有 30% 的发病原因是纯粹的生理原因，70% 的致病原因与心理因素有关。

（三）情绪变化与生理活动

情绪变化总是伴随自主神经系统的反应，情绪对生理的影响表现在：微血管收缩，手脚冰冷；血糖升高；呼吸急促；心跳加快；肠胃蠕动减慢，消化不良等。在情绪刺激的作用下，神经、呼吸、循环、消化、内分泌等系统都会发生一系列变化并引起代谢水平和肌肉组织状态的改变，主要表现在以下几个方面：

（1）脉搏、血压、血管容积的变化。从脉搏变化速度看，当人处于紧张、恐惧或暴怒状态时，心跳加速。痛刺激时，一般表现为脉搏加快；非痛刺激时，脉搏减慢。情绪状态的变化会引起皮肤血管的收缩或舒张，从而导致血压、血管容积的变化。例如，愤怒时脸红，皮肤温度升高；恐惧或过度悲伤时脸色发白，皮肤温度降低。

图 7－2　情绪伴随强烈的生理活动

（2）呼吸变化。不同情绪状态下，人的呼吸系统的活动会有变化，或加速或减慢，或变浅或加深。例如，剧烈的情绪反应往往引发呼吸加深、加快；突然惊惧时呼吸会发生临时中断；狂喜或悲痛时会有呼吸痉挛等现象发生。研究表明，不同情绪状态下呼吸频率不同，高兴时 17 次/分，恐惧时 64 次/分，愤怒时 40 次/分。

（3）腺体和内分泌的变化。焦虑和抑郁会抑制胃肠蠕动和消化液的分泌；暴怒会使食欲锐减；激烈紧张时肾上腺素分泌增加会引起血糖升高。

总之，情绪的剧烈变化往往成为许多疾病加剧和恶化的先兆。因为神经系统机能正常是有机体健康的保证，情绪反应过于强烈有可能导致神经系统的机能失调，特别是大脑皮质细胞遭到破坏，从而使机体的正常功能发生紊乱，诱发疾病或加剧病情。

三、情绪对健康的积极作用

情绪对健康起促进或者破坏作用，主要衡量标准不完全是情绪的积极与消极，而是情绪的目的性是否恰当和反应是否适度两项原则。衡量情绪对健康是否有利有五项标准：情绪的倾向性、健全性、稳定性、效能性和适度性。

（一）情绪促进健康

情绪能够促进心身健康。保持愉快、乐观的情绪状态能增强机体的抵抗力，提高有效适应环境的能力，减少疾病发生的可能性。如果在此基础上能保持适度的兴奋和紧张，那么对健康的正性作用会更加明显。原因在于，上述情绪能保持大脑及整个神经系统一定程度的张力状态，利于充分调动机体潜能，不仅能提高工作的效益和耐久性，而且能增强机体的活力，促进良好的食欲和睡眠，使机体产生强大的生理、心理驱力，保证神经系统、内分泌系统的正常运行及免疫功能的提高，从而使机体处于健康状态。

笑声和幽默最能体现情绪对健康的促进作用，但个中的原因至今仍然是个谜。人们推断，欢笑是通过改善呼吸作用、降低血压以及可能增加体内产生某种治愈激素的供应来起到帮助作用的。欢笑时横膈膜得以松弛下来，肺得到扩张（结果导致血液中的氧增加），心血管系统也因此得到锻炼。

艾克曼宣称，因微笑而导致的面部肌肉放松动作可以对神经系统、心跳速度和呼吸系统起到一种真正的镇静作用。下一次当你感到痛苦时，你可以尝试着在脸上堆起一种真正高兴的微笑，尝试着使你的眼睛中也充盈着笑意。幽默可以帮助病人分散注意力。当你因为观看或阅读某些东西而大笑不止时会“忘记”疼痛。笑不仅是一种令人愉快的经历，还是一种积极的自然现象，有助于保证身体最大限度地获得益处。欢笑很可能真的是最好的药物！

知识链接 7-1　让生活充满欢笑的方法

首先，你可以尝试着尽可能长时间地与那些开朗、快乐的人待在一起。如果你整天都和那些拉长着脸、悲观沮丧的人待在一起，那么很可能最后你也拥有一张拉长的脸，也会习惯于看事物黑暗的一面。沮丧是会感染人的。花尽量多的时间与那些常常会欢笑、会尽情享受生活的人待在一起，你将会从与他们的相处中获益良多。开朗和精神愉快的朋友所带给你的好处很可能会比医生给你开的任何药都要多。

其次，尝试着不要把自己弄得过于严肃。许多相对来说在工作上要担负较大责任的人认为，他们无论在什么时候都必须保持一种严肃的态度。然而，他们大错特错了。只要你在真正有必要时能够注意保持一种严肃的态度，那么即使允许自己偶尔笑一笑，也并不会损失什么。有这样一位病人，他是工厂里的领班。这位病人在工作时常常会头痛得非常厉害，原因是他把自己的责任看得太重。当休假时他从未头痛过，因为那时他可以享受与家人和朋友在一起的愉快时光。后来，当心理医生成功说服他把工作中的角色看得轻一些，在工作中多找些乐趣时，他发现头痛终于不再困扰他了。

再次，列出你最喜欢的搞笑电影和书籍的清单。如果你有一台录像机，那么你可以收藏一两部你认为非常有趣的电影，你知道这些电影能为你提供一两个小时真正的放松。另外，你还可以收藏一些你最喜爱的有趣书籍。当你发现你所钟爱的一位作家的作品常常使你忍俊不禁时，你可以将他或她写的一两本书收藏起来，这样当有一天你的心情不好时，便可以用它来使自己高兴起来。有趣的是，当你知道有某种可以使你变得开心一些的书籍时，你甚至无须真的去阅读它，只要有一种把它拿起来进行阅读的冲动就足够了。

（资料来源：弗农·科尔曼．心理的力量：隐藏的功能．樊伟，译．合肥：安徽人民出版社，2004：112-114）

（二）乐观情绪的作用

卡内基·梅隆大学的谢尔登·科恩（Sheldon Cohen）等人探讨了情绪的正面效应，即在人的总体生活态度中能够带来愉悦、享受和满足感的一组情绪和感受对健康的积极影响。在科恩实验室的一项典型研究中，研究者对被试情绪的正面效应和负面效应作了评估。正面效应得分较高的人比较活泼、乐观、愉快并且更放松；负面效应得分较高的人则比较忧愁、紧张和暴躁（查尔斯·布鲁克斯、迈克尔·丘奇，2011）。在评估结束几周之后，将被试暴露在感冒病毒之中，并且在随后几天对他们进行了密切观察。研究结果表明，正面效应得分较高的人中患感冒的人数要少于负面效应得分较高的人。另有一项研究调查了法学院一年级学生在开学两个月后的免疫系统机能，结果发现被评估为乐观的学生在免疫系统机能上明显优于被评估为悲观的学生。此外，积极的情绪能够提高免疫系统中抗病毒细胞的数量，并降低脑卒中与心血管疾病的发病率。

虽然积极的情绪和乐观的态度有利于提高我们的免疫力，但是目前还没有充分的证据表明这种积极情绪和观念能够治愈已经发生的疾病。例如，一些研究表明晚期癌症患者的存活时间不受他们是否乐观的影响。不过，在剩余的时光中，乐观者的生活质量无疑会更好。在生理和心理上，乐观地对待生活都是一种增进健康的行为。乐观者更容易取得成功，并且更容易清除生命中出现的障碍，这是一种激发他们免疫系统变得更强大的特性。对于乐观者而言，压力并不一定产生对健康的威胁，乐观的态度和积极的情绪状态显然提供了强大的心理支撑。事实上，我们可以学着以更加积极的方式面对逆境。

四、情绪对健康的消极作用

任何过度的、不适当的情绪都有可能危及健康，尤其是过度的愤怒、憎恨、忧愁、惊恐、抑郁等消极情绪对健康的损害更为明显。一方面，不健康的情绪可以导致心理活动失去平衡；另一方面，它还会引起身体各系统、器官的生理生化反应及行为障碍，如自残、自杀等行为。科学研究证明，易激怒、有敌意的人容易患高血压；急躁、情绪反应强烈的人易患心脏病；长期抑郁的人容易患结肠炎；压抑情绪的人容易患溃疡病，等等。

（一）对神经系统的影响

神经系统是不良情绪首当其冲的影响对象。不健康的情绪可以使神经系统的功能发生紊乱，从而无法正常支配机体的各系统、器官而损害健康。过度激烈、紧张的情绪会引起大脑机能失调，进而使交感和副交感神经的兴奋与抑制功能失去平衡，其拮抗协调作用因遭到破坏而致病。同时，过度消沉的情绪会降低神经系统的活力，使机体抵抗力下降，增加被疾病侵犯的机会或使疾病久治难愈。《红楼梦》中的林黛玉就是因长期郁郁寡欢而使机体各种生理功能均下降而香消玉殒的（见图 7－3）。

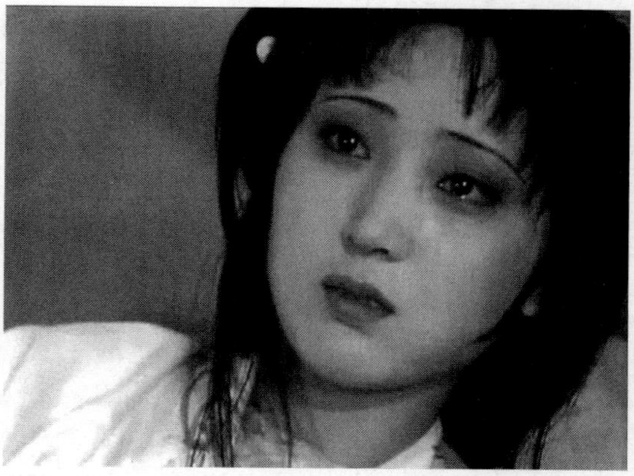

图 7－3　《红楼梦》中的林黛玉

（二）对心血管系统的影响

心脏和血管是对情绪反应最敏感的器官，它们总是很快卷入情绪的兴奋中。我们经常会有这样的体验：兴奋、激动时，心跳加快、面红耳赤；惊慌、恐惧时，心跳加快、面色苍白。这都是因为激情状态下心血管变化所致。激动、紧张会引发心血管紊乱、心律不齐、血压升高，久而久之就会产生病理变化，如高血压、冠心病，严重时还可能出现脑血栓和心肌梗死。由于强烈兴奋、盛怒的情绪刺激引起心脏病猝发而突然死亡的事例时有发生。据说周瑜就是被诸葛亮三气之下引发心脏病而死的。有一退休干部，酷爱下棋，连赢三局，一时兴奋过度而死，经查是因为情绪大起大落致使心脏病猝发而死。心身医学研究表明，急躁易怒、任性、要求过高，并长期处于焦虑、紧张情绪状态的人易患高血压和冠心病。

已有大量的研究发现了愤怒与心血管疾病的关系。而对你的心脏产生最大威胁的态度是敌意。怀有这一情绪的人，其思想充满了对他人的敌意，间歇性出现愤怒，性情极为易怒。同样，在心血管领域，心肌梗死后若出现抑郁状况，将在梗死之后的一年内成倍增加并发症的发病率和猝死的概率。研究还发现，精神压力或对周围环境的无力感会增加高血压的发生概率。此外，年轻男性若患有抑郁，也将增加他患高血压的风险。

（三）对消化系统的影响

消化系统是对情绪变化敏感的另一个系统。很多人都有这样的体验：心情忧愁时即使是山珍海味也难以下咽，心情愉快时粗茶淡饭也吃得津津有味。这说明消化系统的功能受情绪的左右。著名的“胃瘘”实验有力地证明了情绪对胃肠道功能的影响。心身医学家沃尔夫选择一名胃瘘病人作为观察对象，当病人情绪低落、抑郁时，通过胃瘘管可看到胃蠕动消失，胃黏膜因血管收缩而变得苍白，胃液分泌减少，胃酸浓度降低；当病人处于焦虑或愤怒状态时，胃蠕动加剧，胃黏膜充血变红，胃液分泌增加，胃酸含量升高，有时甚至可以看到胃黏膜受到胃液的侵蚀。这一实验能够解释人为什么忧愁时不思茶饭，生气时反而饭量增大。这是因为愤怒时胃的上述变化会使胃对食物的消化能力过度加强而引起饥饿，大量进食可以缓解紧张状态，减轻高酸度的胃液对胃黏膜的侵蚀。

（四）对免疫系统的影响

情绪状态及其所伴随的生理反应直接影响免疫系统的功能。拉伯特等人（1990）的研究证实，人为地诱发情绪状态会对被试的免疫系统功能产生因果性的影响。研究者让女大学生观看了两段录像，一段是幽默的，另一段是悲伤的。结果发现：观看了幽默的录像后，被试的免疫系统活动得到增强；而看了悲伤的录像后，被试的免疫系统活动受到抑制。研究还发现，人们免疫系统功能的基线水平与其应对日常问题的情绪活动方式之间存在着明显的相关。那些经常运用幽默作为应对机制的被试，健康问题较少；而那些经常运用哭喊作为应对机制的被试，健康问题较多。

“悲痛”的情绪（如悲伤）和焦虑会影响我们身体免疫系统的运作，且该影响可能是长期的。刚刚丧偶的人更容易患病，特别是传染病。专家还发现，精神压力大的人在受压期间的结疤能力明显衰退。当情绪发生时，神经递质和激素被释放，对免疫细胞产生作用，由此便可解释高压事件对免疫系统疾病和复发的重要影响（弗朗索瓦·勒洛尔、克里斯托夫·安德烈，2015）。这些疾病包括带状疱疹、类风湿性关节炎、哮喘等。反过来，免疫细胞释放的物质，如胞嘧啶，会对我们的神经系统产生作用。正面情绪对免疫系统的运作具有益处，有时是暂时的，有时则是长期的。其中，社会支持对艾滋病血清检验呈阳性的人来说将改善他们的免疫系统。

科恩等人（1995）通过大量的研究证明，消极情绪状态会提高人们对疾病的易感性，那些处于消极情绪状态的被试比那些处于积极情绪状态的被试更容易感染病毒，并患更严重的疾病。这里容易造成误解的是：人们可能会认为，既然消极的情绪状态与较低的免疫系统活动和较高的疾病易感性有关，那么在日常生活中就可以通过尽可能地减弱或压抑他们的消极情绪状态而获益。事实上，格罗斯等人（1998）的研究表明，尽管压抑一个人的消极情绪状态可能会有些即刻的免疫获益，但消极情绪状态的压抑或抑制会导致比这一短期获益更严重的、相反的生理和健康后果；而且，主动地压抑消极情绪状态会导致心血管系统的交感激活水平的提高，增加患冠心病的可能性。

第二节　压力与健康

一、应激与相关情绪状态

（一）什么是应激

和情绪一样，应激（stress）是个很难被定义和量化的概念。加拿大内分泌学家汉斯·塞里（Hans Selye，1979）将应激定义为个体对作用于其上的任何要求所做的非特异性反应。塞里在医学院时注意到，患有多种不同疾病的人在很大程度上有共同点：他们发烧、没有食欲、不活跃；大部分时间在睡觉，且免疫系统变得更活跃。随后，在实验室研究中，他发现小白鼠当暴露在热、冷、疼痛、禁闭环境或给以猫的图片等刺激时，会对这些不同的刺激物产生相似的反应。这些反应包括心率增加、呼吸加快和肾上腺素分泌。塞里由此推测，对个体的任何威胁，除了引起特异性反应以外，还激活了一种一般性的应激反应，他将这种反应称为一般适应综合征（詹姆斯·卡拉特，2012）。塞里也因此被誉为“压力科学之父”。

当代心理学认为，应激是一种反应模式，当刺激事件打破了有机体的平衡和负荷能力，或者超过了个体的能力所及时，就会体现为压力（理查德·格里格、菲利普·津巴多，2016）。这些事件包括各种各样来自外界或内部的情形，统称为应激源（stressor）。每个应激源都是一个刺激事件，要求有机体做出适应性的反应：必须赶在截止日期前上交毕业论文；在信用卡还款之日前凑足金额；在小孩上学前找到一个理想的学校，以及各种突如其来的压力事件。个体为了应付这些改变而做出的反应包括许多方面，它们是多种反应形式的综合体，如生理的、行为的、情绪的和认知的（见图 7 - 4）。

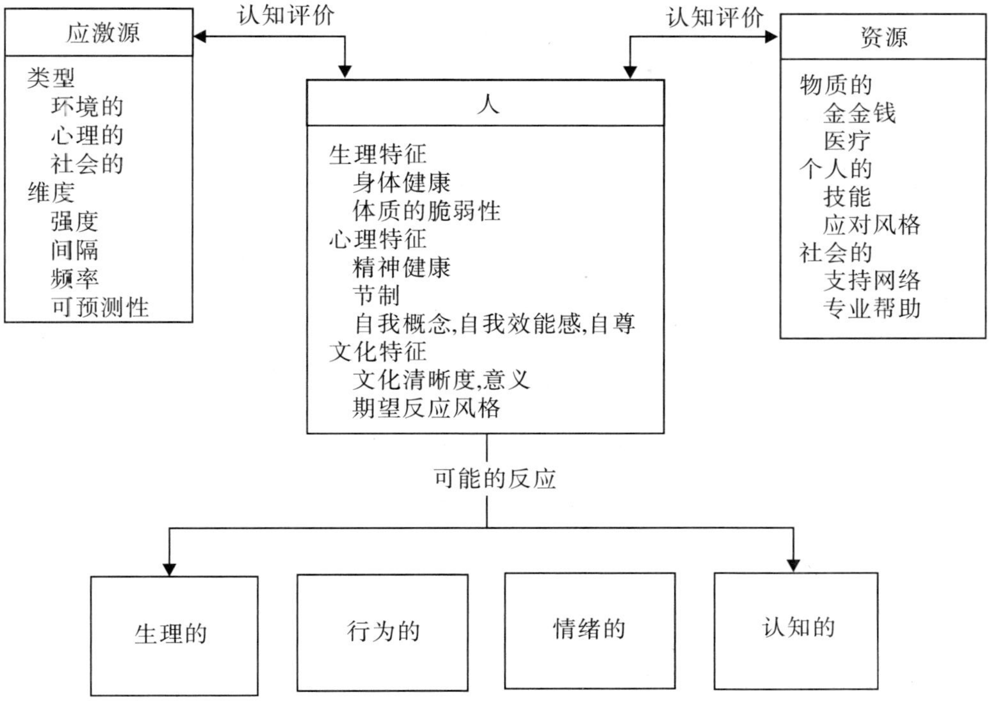

对于压力情境的认知评价和应激源，以及生理的、社会的和个人可利用来应对压力的资源之间交互作用。个体对威胁做出各种反应，一些反应是适应性的，另一些则是非适应性甚至是致命的

图 7 - 4　应激模型（理查德 · 格里格、菲利普 · 津巴多，2016）

一般认为，应激这一概念至少有三种不同的含义：

（1）应激是指那些使人感到紧张的事件或环境刺激。从这个意义上来讲，应激对人是外部的。当我们将应激看成是外部刺激时，称之为应激源更恰当一些。我们每天所经历的日常需要就是作用于我们自身的力，如太多的工作、太少的收入、孩子的降临、各种各样的考试等等。

（2）应激是一种主观反映，是紧张或唤醒的一种内部心理状态，是人体内部出现的解释性、情感性、防御性的应对过程。这些应对过程是发展变化的，它们也能产生心理紧张，所产生的特殊后果依赖于某些因素，如认知评价。

（3）应激也可能是人体对需要或伤害侵入的一种生理反应。坎农和塞里都使用应激这一含义。需要会提高人体的自然唤醒水平以达到高水平的活动。这些身体反应的作用大概支持行为和心理上的应对努力。有证据表明，引发应激的重复出现可能会导致生理障碍，长期的应激状态可能会引发消极状态，包括心理衰竭、疾病和死亡。

（二）应激与其他情绪状态的区别

1. 焦虑

焦虑通常是指“有机体在当前遇到一些危险时所产生的一种特殊的、不愉快的紧张状态”。最严重的焦虑反应是惊恐攻击，这些攻击包括“强烈的忧虑、恐惧或恐怖的突然发作，有时还会体验到死亡的逼近”。要将焦虑与应激区分开来似乎不太可能，即使我们用一章的篇幅来讨论这个问题也难以做到。因此，可以认为应激与焦虑都是环境压力的主观心理结果。

2. 冲突

两个目标之间的竞争会引发冲突。有事实表明，冲突能使老鼠患溃疡，这说明负面情绪对健康有潜在的危害。冲突有三种类型：①双趋冲突，出现于同时存在两个具有同样吸引力的目标物而只能取其一时；②双避冲突，发生于当两个目标都没有吸引力而只能避开一种、接受一种时；③趋避冲突，存在于同一个目标既有正面特征又具有反面特征时。婚姻可以给人带来持久稳定的亲密关系、分享合作关系以及对家庭生活的憧憬，但它也让人感到失去了自由和独立，有太多的责任感。

3. 挫折

挫折是指一个人在有目的的活动中，遇到阻碍其达成目的的障碍。心理学上指个体有目的的行为受到阻碍而产生的情绪反应，并给个体带来消极影响乃至实质性伤害，表现为失望、痛苦、沮丧甚至攻击行为。挫折包含三个方面的含义，一是挫折情境，二是挫折认知，三是挫折反应。例如，为考大学而努力学习的学生，当他的入学考试没有通过时，便会有种挫折感；一个人想给他的老板或心爱的人留下好印象，但是总有人从中作梗，他也会有挫折体验和反应。

4. 小应激

近年来，拉扎勒斯建议，应该用“小应激”这个术语来代替频繁使用甚至是滥用的应激这个词。小应激是“令人激恼的，使人有挫折感的，令人烦恼的要求”，而这些要求在某种程度上每天都与环境有着交互作用。小应激虽然没有应激的灾难性类型那样强烈，但具有持久性，就像肉中之刺。日常生活中的小应激事件包括弄丢车钥匙，账单越堆越多，不断被打扰，在最匆忙的时候鞋带却断了，没完没了的排队等候（见图7－5），等等。

图7－5　小应激：没完没了的排队等候

二、应激的生理反应

（一）对于强烈威胁的紧急反应

19 世纪 20 年代，坎农第一次科学地描述了动物和人类对于危险的反应：一系列的神经和腺体反应被引发，使躯体做好防御和挣扎或者逃跑的准备。坎农将这种双重的应激反应称为战斗或逃跑反应。这种应激反应的中心位于丘脑下部，包括许多种情绪反应。丘脑下部有时被视为应激中心，原因在于它在紧急事件中的双重功能：对自主神经系统的控制，对垂体腺的控制。

自主神经系统能调节有机体的活动。在应激条件下，呼吸会加快加深，心率增加，血管收缩，血压上升。除了这些内部变化之外，肌肉受刺激后使得喉部和鼻腔的通道打开，从而使更多的空气进入肺部，同时面部出现强烈的表情。信息还传递到胃部肌肉，使得消化之类的特定功能停止，虽然它们和目前应对的紧急事件毫不相干。

垂体腺接收到来自下丘脑的信号时，会分泌两种对应激反应起重要作用的激素：促甲状腺激素（TSH）会刺激甲状腺，使肌体获得更多可利用的能量；促肾上腺皮质激素（ACTH）被称作“应激激素”，会促使肾上腺皮质释放控制新陈代谢的激素，并且使肝脏释放更多的糖进入血液。促肾上腺皮质激素还会通知其他组织释放将近 30 种激素，每一种都能在肌体适应性的防御准备中充当一定的角色。

（二）动物的应激反应

现代压力科学始于塞里对小白鼠的研究。1936 年的某天，塞里往实验室的小白鼠身上注射了分离自奶牛卵巢里的激素，以观察发生在这些可怜的啮齿类动物身上的变化，来辨识激素的作用，结果发现，老鼠们染上了出血性溃疡（凯利・麦格尼格尔，2017）。它们的肾上腺肿大，而胸腺、脾和淋巴结——免疫系统的所有部分都缩小了，成了一群可怜的病老鼠。后来，给另一些老鼠注射盐水（包括其他东西），结果也出现了相同的症状。塞里认为，老鼠们生病不是因为被注射的东西，而是注射的过程。塞里发现，他可以通过让老鼠遭受任何不舒服的体验而制造出同样的症状：将其暴露在极热或极寒的环境里；强制其运动不允许休息；用噪声不停骚扰；喂食毒药；甚至抽取部分小鼠脊髓。48 小时内，老鼠们肌肉紧张，消化道溃疡，然后免疫系统失灵。接着，它们死掉了。

塞里选择用“压力”一词既指他对老鼠做的事情，也指它们的身体如何应对（我们称之为应激反应）。染病垂死的老鼠让塞里想起了以前的病人，他推测，是日积月累的生活压力和挫折让病人身体变得虚弱。他猜测，蔓延在人群中的许多情况，从过敏到心脏病，都是他在老鼠身上观察到的过程导致的结果。塞里错了吗？不完全是，如果你等同于塞里的小白鼠——被剥夺权利、折磨或者虐待——那么是的，你的身体会付出代价。大量科学研究表明，严重或创伤性的压力会损害健康。遗憾的是，塞里对压力的定义非常广泛，包括在你身上发生的一切以及身体对生活的反应。因此，对于动物的应激反应，我们要谨慎对待，否则就有可能得出“压力是有害的”的片面结论。

（三）塞里的适应综合征理论

根据塞里的应激理论，许多应激源都会引发相同的反应或一般性的躯体反应。所有这些应激源都需要适应：一个有机体必须找回平衡或稳定，从而维持或恢复其完整和安宁。应激源带来的反应被称为一般适应综合征（general adaptation syndrome，简称 GAS），它包括三个阶段——警戒阶段、抵抗阶段及衰竭阶段（见图 7－6）。

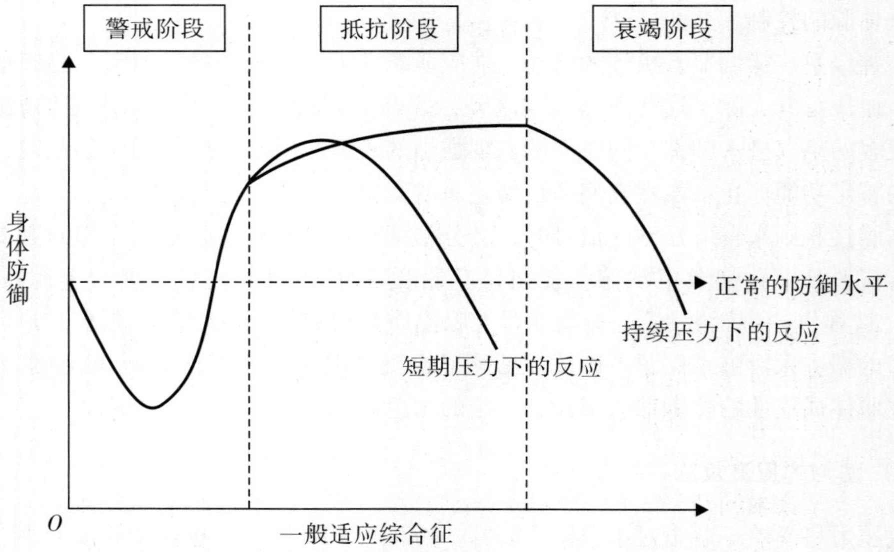

图 7－6　一般适应综合征的三个阶段

1. 警戒阶段

在 GAS 的第一阶段，身体动员交感神经系统去面对即将发生的威胁——参加一个你还没学会逃避疯狗追击的测验。如同我们前面看到的，伴随任何紧张情绪的产生，肾上腺素和去甲肾上腺素的释放，会导致能量提高、肌肉紧张、对疼痛的敏感性降低、消化停止（以便血液更有效地流向大脑、肌肉和皮肤）和血压升高。

当压力强烈或延长时，这些身体变化会引起明显的全身肌肉紧张、胃痛、头痛，以及其他的“不适”感觉。在一般适应综合征的早期阶段，往往很难将感冒症状与心理压力症状区分开来。因为引起警戒反应的种种事件基本上会产生同样的身体反应，所以其中的差别通常是相对细微的。在警戒阶段，身体能量的迅速动员使个体对压力的抵抗暂时弱于原先的抵御，而随着进入下一个阶段，这种事态会很快发生改变。

2. 抵抗阶段

在 GAS 的第二阶段，身体会努力抗拒或者应对不可避免的持续压力。在这个阶段中，警戒阶段的生理反应会持续存在，但这些反应使身体更易遭受其他应激源的攻击。例如，当你的身体准备与流感做斗争时，你会发现自己很容易因较小的挫折而引起愤怒的情绪。在大多数情况下，身体最终将适应应激源并恢复正常。

在此阶段，身体能量被充分调动，且对压力的抵抗处于高水平，然而这种抵抗是以消耗能量为代价的。如果遇到新的压力，身体的应对能力便会削弱。此外，如果压力继续，个体的能力最终会耗尽，从而导致 GAS 的第三个阶段的到来。

3. 衰竭阶段

在 GAS 的最后阶段，持续的压力消耗了身体能量，从而降低了身体免疫力并最终使人患病。在警戒阶段和抵抗阶段，长时间让身体保持同一水平的高效反应会有害健康。肌肉紧张会引起头疼和颈部疼痛。血压升高可导致慢性高血压。如果正常的消化过程被中断或停止时间太长，那将会导致消化功能紊乱。

如果压力继续存在，个体的能量可能会衰竭，从而降低对压力和感染的抵抗力。如果长期处于高强度的身体压力条件下（如长时间处在极为寒冷的温度下），在衰竭阶段有可能出现死亡。不过，心理压力导致猝死尚属少见，但它会严重地损害身体的机能。

在对 GAS 有所了解之后，还要记住以下两点：第一，并非所有的压力源都会压垮身体，使身体衰竭，显然，我们可以有效地应对大多数压力；第二，对压力的情绪及其他心理反应大致遵循着同样的 GAS 模式，仅在应对失败时才会出现“情感衰竭”。塞里不相信人们会追求一种没有压力的生活。他指出，某些压力是积极而有意义的，尽管它们可能需要身体产生短期的能量：参加运动比赛、恋爱、考试、为自己喜欢的工作付出努力。有一些消极压力自然也是不可避免的，这就是生活！

健康心理学家泰勒及其同事（2000）在研究中发现，这些应激中的生理反应对于女性和男性会产生不同的结果。泰勒指出，女性不会体验到战斗或逃跑反应，相反，应激源会导致女性产生一种照料和结盟反应：在应激时刻，女性首先通过照料孩子的需求来确保他们的安全；女性还会和她们所在的社会团体中有着相同目标的成员结盟，从而减少对孩子的伤害。由于男性和女性在养育后代上的进化轨迹不同，因而压力带来的相同的初始生理反应最终会导致截然不同的行为。

三、不同应激源的心理反应

托马斯·霍尔姆斯（1967）及其助手的研究证明了这样一个假设：压力事件会减弱人对疾病的自然抵抗力，因此压力会增加致病的可能性。霍尔姆斯发现，灾难、抑郁和悲伤常常是疾病的前奏。还有一个更令人吃惊的发现：凡生活中出现大的变化之后，人们都需要重新进行适应，其生病或遭遇意外事故的可能性也会随之增大。

（一）生活事件

表7－1　学生压力事件量表

等级	生活事件	LCUs	等级	生活事件	LCUs
1	亲密家庭成员的死亡	100	16	学校工作负担的加重	37
2	亲密朋友的死亡	73	17	出众的个人成就	36
3	父母离异	65	18	在大学的第一学期	35
4	服刑	63	19	生活条件的改变	31
5	个人严重的受伤或疾病	36	20	和老师的激烈争论	30
6	结婚	58	21	低于期望的分数	29
7	被解雇	50	22	睡眠习惯的改变	29
8	重要课程不及格	47	23	社会活动的改变	29
9	家庭成员健康上的变故	45	24	饮食习惯的改变	28
10	怀孕	45	25	频繁的汽车故障	26
11	性问题	44	26	家庭聚会次数的改变	26
12	和亲密朋友严重的争吵	40	27	缺课过多	25
13	改换专业	39	28	更换学校	24
14	父母的冲突	39	29	一门或更多的课程跟不上	23
15	你的女友或男友	38	30	轻微的交通违章	20

（二）灾难性和创伤性事件

一个事件如果不仅是消极的，还是无法控制、无法预测或暧昧不清的，它产生的压力就更大，这些情况在灾难性事件中尤为突出。在人类历史上，灾难性事件频频发生，过去一个世纪，人类经历了两次世界大战以及台风、地震、海啸、恐怖袭击，每个人都会经历天灾人祸，这不仅给人类发展带来了深重的灾难，而且给经历灾难的人们造成严重的心理创伤。例如，美国的9·11恐怖袭击事件（见图7－7），就在2001年9月11日那天，客机撞向世贸大厦和五角大楼，导致近3 000人死亡。再如2008年5月12日发生在我国的“汶川大地震”，造成近7万人死亡，很多人无家可归。心理学家试图将人们对于灾难的反应进行概化，以便在新的灾难发生时缓和最糟的结果，从而保护自己。

遭遇强暴和乱伦的受害者、飞机和其他严重交通事故的幸存者、退伍军人以及其他一些亲身经历了创伤性事件的人们，可能在情绪上会出现创伤后应激障碍（post-traumatic stress disorder，简称PTSD）。PTSD是一种应激反应，个体不断以某种形式重复体验创伤性事件，比如噩梦。患者对日常的生活事件感觉麻木，并且感觉和他人越来越疏远。最后，这些反应带来情绪上的伤痛将导致各种症状的出现，比如睡眠问题、对于幸存的内疚感、

图7－7 灾难性事件：美国9·11恐怖袭击（来源：新华网）

注意力集中困难以及极端的惊恐反应。性侵的受害者通常会出现许多创伤后应激的症状。在遭到性侵两周后进行的评估中，94%的受害者被诊断为PTSD，遭袭击后的第12周，仍有51%的受害者符合诊断标准（Foa & Riggs，1995）。

研究者根据大型调查数据估计，有半数的人在一生中至少经历过一次创伤性事件，但是，只有不到10%的人会出现严重的PTSD症状，难道某些人会对PTSD相对免疫吗？答案为“是的”。换言之，有些人比其他人更容易遭受PTSD。研究表明，家族中有精神紊乱病史的人，儿童时期受到过伤害的人，神经系统过度敏感的人，消极面对困难和压力的人，容易感受到孤独和寂寞的人，以及那些没有接受过如何面对伤害的训练的人，他们在经历创伤性事件后更容易出现PTSD症状（查尔斯·布鲁克斯、迈克尔·丘奇，2011）。可以肯定的是，当伤害来袭时，创伤后应激障碍并不是不可避免的。很多人能够有效地处理压力和创伤，继续他们正常的生活。我们不应该认为经历创伤性事件会使人崩溃，关键在于如何应对。

（三）慢性应激源

在讨论应激的生理反应时，我们对那些有明确攻防的急性应激源和持续很长时间的慢性应激源进行了区分。在涉及心理应激源时，并非总能轻易地给出一个明确的区分。例如，你的自行车被偷了，起初它是一个急性的应激事件，但是当你开始不断地担心新车再次被偷时，该事件就变成了慢性的。研究者已经在那些患有癌症等严重疾病的人们身上发现了这一模式：应对癌症诊断和治疗所造成的焦虑导致的慢性焦虑对健康造成的损害要远大于疾病本身（Stanton et al.，2007）。

当我们长期处于慢性压力之下，体内的皮质醇会持续释放，这样皮质醇就扮演了长久的系统“关闭”角色，同时，免疫系统受到抑制。长期的慢性压力不仅会抑制机体对疫苗的反应，还会增加我们对普通感冒甚至艾滋病的易感性（乔·马钱特，2019）。当压力持续存在，这种“关闭”系统就不再起作用了，机体对皮质醇也不再有相应的反应。这会使免疫系统失控，机体会对过敏甚至更严重的慢性炎症变得更为易感。

对许多人来说，慢性应激来自社会和环境条件。人口过剩、犯罪、病毒蔓延、经济衰退、环境污染、艾滋病和恐怖主义的威胁均属于慢性应激源。有些人群所承受的社会地位或种族界定而导致的慢性应激，对他们的整个健康都产生了影响。例如，非裔美国人比白种美国人患心脏病的比率更高。研究表明，潜在的原因并非基因方面的差异，相反，非裔美国人的高血压是偏见带来的慢性应激导致的结果：地位低下的工作、有限的教育、找工作的徒劳以及较低的社会经济地位。高血压源于在努力达到基本生活目标时遭到的挫败感，这与基因毫无关系。类似地，那些在社会经济中居于劣势的妇女也处在慢性应激中，她们更有可能早产或生出低体重的婴儿。那些生于贫困或偏见中的儿童比起拥有特权的同龄人来，在生活中要冒更大的风险。

（四）日常的“烦心事”

生活中的一些重大事件不仅会直接造成不良后果，而且会引出数不清的挫折和麻烦。此外，许多人还面临着来自工作或家庭生活的各种压力。因此，心理学家拉扎勒斯及其同事专门研究了日常生活中那些不被注意的、经常性的压力，他们将这一类事件称为“烦心事”或“小应激”。这类“烦心事”包括的范围很广泛，如交通堵塞、丢失物品、跟别人争吵、上司提出无理要求等。

拉扎勒斯等人的研究持续了整整一年，调查了100人，请他们详细记录下自己在日常生活中遇到的各种烦心事及其发生的频率和严重性。同时，这些被调查者还填写了关于他们的心理健康和身体健康状况的问卷。研究结果正如拉扎勒斯所料，根据那些经常发生的、较为严重的烦心事来预测人的健康状况，要比根据重大生活事件所作的预测更加准确。日常烦心事造成的压力与人的身体和心理健康状况有密切联系。当然，重大的生活变化有着长期效应，它能够较有效地预测人在1～2年内的健康状况。

值得注意的是，许多人可以用日常的积极体验抵消日常烦心事的影响。研究者要求132名男性和女性报告生活中的挫折(“烦心事”）和激励（“高兴事”）的频次和强度，同时测量了参与者血液中标示心血管疾病风险的物质含量（Jain et al.，2007)。结果发现，报告的烦心事越多、越强，这些高危物质的含量就越多；报告的高兴事越多、超强，高危物质就越少。

四、应对压力

应对压力是每个人生活中的必修课。应对是指对付那些被知觉为紧张或超过了个体资源所及的内在或外在要求的过程，包括行为的、情绪的或动机上的反应及想法。

（一）保持冷静

应对压力所带来的生理紧张和消极情绪的最直接的方式是要平静下来：暂时停止工作，通过沉思、冥想或者放松来降低身体的生理唤醒。例如，逐步放松训练——学着使从脚趾到头顶的肌肉交替紧张和放松，清空大脑，集中精力去冥想，这样就能使血压降低、应激激素水平下降，缓解愤怒或焦虑情绪，提高免疫力。

另一个缓解压力和疾病的有效方式是锻炼。在同样的压力下，身体健康的人比不健康的人会出现更少的健康问题；面对紧张性刺激，身体健康的人显示出较少的生理唤醒。人们锻炼得越多，他们的焦虑、抑郁、易怒情绪就会越少，患感冒和其他疾病的概率也会越小。

当情绪激动或者烦恼时，也许还有其他方式来保持冷静。许多人对按摩的轻柔抚慰反应良好，还有人喜欢运用听音乐、写日记或烤面包的方式。这些活动能使机体从压力反应的“恐慌阶段”和消极情绪的紧张中恢复过来，但是你并不能总逃避你的问题，因为放松也不会改变你失业、挚友背信弃义、做具有危险性手术的事实。因此，有时候还需要其他的应对策略。

（二）解决问题

压力应对的两条主要途径分别是：情绪指向的应对（为了减轻压力产生的不适）与问题指向的应对（直接面对问题）。情绪指向的应对方式关注由问题产生的情绪，无论是生气、焦虑还是悲伤。这种方法对于应对那些不可控制的应激源产生的影响更加有效，如你有责任照顾患阿尔兹海默症的父母。在此情境中，没有什么来自环境的“威胁”需要你去排除。你无法找到改变外界应激情境的方式。相反，你需要改变自己对于此事的感觉和想法，在任何灾难和不幸过后的一段时间里，出现向情绪低头以及被压倒的感觉都是正常的。在这一阶段，人们往往需要强迫性地谈论这件事，以此达成妥协，使之有意义并决定应该做些什么。

不过，大多数人最后都会开始关注于解决问题本身。问题指向的具体应对步骤取决于问题的本质：是一时紧急的决定，是一个持续性的困难（如残疾后的生活），还是一个可预期的事件（如需要做一个手术）。一旦确定了问题，应对者就可以尽可能地向专业人员、家人、朋友、专业书籍以及在同样困境中的其他人学习。学识渊博能够增强人们的控制感和提高人们康复的速度。

（三）改变认知策略

一种有效适应压力的方法是改变自己对应激源的认知评价，换一种方式来考虑自己的处境、角色以及归因方式。心理上应对压力的方式有两种：一是重新评价应激源自身的性质；二是重新组织对应激反应的认知结构。学习换一种方式考虑特定的应激源，重新标定它们，或者想象它们处于较小威胁的情境中，都是用以减小压力的认知再评价方式。例如：你是否害怕在公众面前演讲呢？有一种应激源再评价技术是想象你的所有潜在批评者都裸体坐在那里，这样可以很大程度削弱他们对你的威胁感；你是否因为羞于参加一个派对而感到焦虑呢？去寻找一个比你更害羞的人，然后通过引发一次谈话来减少其社交焦虑。

你也可以通过改变你对自己说的话或改变你的处理方式来控制压力。认知—行为治疗师梅彻鲍姆（1993）提出了一种三阶段的应激思想灌输法。在第一阶段，人们首先要对他们的实际行为获得更多的认识，是什么引发了它，结果如何。做到这一点的最佳方法是记日记。例如，你发现自己成绩很差是因为没有留多少时间做课后作业，自然难以很好地完成作业。在第二阶段，人们开始认同那些可以抵消非适应性的新做法。也许你会安排一些固定的“学习时间”，或者限定你每晚打电话的时间不超过十分钟。在第三阶段，当适应性行为建立后，个体要对他们的新行为结果进行评价，避免先前那种令人难堪的内心独白。

知识链接 7－2　重新思考问题，改变思维方式

1. 重新评价情境

尽管你不能摆脱应激性事件（那个讨厌的邻居不可能搬走；你不可能改变失业或患有慢性疾病的事实），但你可以换一种不同的思维方式，我们称之为“重新评价”过程。重新评价可以使愤怒化为同情、忧虑转为果断、损失变成良机。

2. 从经验中学习

一些创伤性事件和不治之症的受害者报告说，经验使他们变得更坚强、更愉快，甚至会成为一名品质更优秀的人。在逆境中善于发现意义和好处的能力对心灵的康复非常重要，它能缓解严重疾病的进程。

3. 进行社会比较

在困难的情境中，成功的应对者通常会将自己与其他不幸的人相比较。即使他们患有致命的疾病，他们也会发现有些人的情况比他们还要糟。有时，成功的应对者也把自己与那些比他们做得更好的人进行比较。如果人们能够从被比较的人那里获得有关应对方式、控制疾病或改善压力情境的信息，这样的比较就是有益处的。

4. 培养幽默感

罗德·马丁（2001）对幽默进行了20多年的研究，一直坚信幽默的益处。马丁发现，在应激发生期间，与在通风的房子里来回踱步相比，幽默是一种较好的应对方式，尤其是当这种幽默使你看到问题的荒谬性，并使你远离问题或者获得控制感的时候。不过，讽刺性的、怀有敌意的幽默往往会使事情变得更加糟糕。

（资料来源：卡萝尔·韦德，等．心理学的邀请．3版．白学军，等译．北京：北京大学出版社，2006：555－556）

（四）寻求社会支持

社会支持是他人提供的一种资源，即告知某人他是被爱、被关心、被尊重的，他生活在一个彼此联系且相互帮助的社会网络当中。除了社会情感支持的形式外，他人还可以提供有形的支持（金钱、交通、住房）和信息支持（建议、个人反馈、资讯）。你的健康不仅依赖于你的身心状况，还依赖于你的人际关系。思考一下你的家庭成员、朋友、邻居和同事能帮助你的所有方式：他们会关心你、爱护你；他们会帮助你评价问题并计划行动的进程；他们能为你提供一些资源和服务，如借钱、借车，或者当你生病的时候帮你做笔记。

图7-8 社会支持是应对压力的有效方法

拥有朋友不只是一件令人快乐的事，它还能增进你的健康。压力会增加人们患感冒的危险性，而拥有众多朋友和社会关系则可以减少这种危险性。在一组暴露于流感病毒的近300名志愿者中，那些拥有最多朋友的人得病的可能性最小。社会支持对于压力比较大的工作者来说尤其重要。在应激事件过后，社会支持可以使人们的心率和应激激素很快恢复正常。

生活在亲密关系网中的人甚至比其他人活得更长。国外在对数千名成人进行的连续十年的研究中，拥有许多朋友、关系、是教会会员和其他团体成员的人，总体上比那些没有这些关系的人活得更长久。社会支持的积极效果不仅表现在有助于对压力事件的心理调节上，还可以促进个体从已确诊的疾病中康复并减少病人死亡的风险。一项研究调查了严重的肾病病人的死亡率，发现家庭支持水平上升1%可以带来死亡可能性下降13%（Christensen et al.，1994）。

（五）和压力做朋友

正如美国斯坦福大学心理学家凯利·麦格尼格尔在《自控力》一书中指出的那样，如果压力是我们生活中不得不面对的一部分，我们无法逃避，那么为什么不尝试“和压力做朋友”呢？麦格尼格尔认为，压力固然有其消极影响，但这些影响主要来自我们对压力的看法，是压力加上压力有害的信念在作孽（McGonigal，2017）。“相信压力有害”可能成为全美第十五大导致死亡的原因，比皮肤癌、艾滋病和自杀夺取的生命还要多。最近的研究也表明，改变对压力的看法，会使你更健康幸福。你看待压力的态度会影响一切，从心血管健康到发现生命意义的能力。压力管理的最佳方式，不是减轻或避免，而是重新思考压力，甚至是拥抱它。

很多时候，压力是可以依靠的资源，而非要消灭的敌人。生活中大多数给我们带来压力的事件都是有意义的事件，学习、工作、恋爱、谋生、育儿，哪一件事情没有压力？正是这些压力事件让我们不断成长和进步，提升我们的抗挫折能力，让生活更有意义。我们不担心拥抱压力的好处只适用于小事情，它恰恰在最困难的情况下对人的帮助最大——面对失去亲人的痛苦，应付慢性病，甚至克服严重的飞行恐惧症。麦格尼格尔指出，把压力当朋友会改变我们对自己的看法，知道自己真正需要什么，能做什么。这不是纯粹的智力游戏，聚集压力的好处能转化你生理和情绪上的反应，从而改变你应对生活挑战的方式。

第三节　情绪与疾病

一、情绪与疾病的关系

（一）情绪是疾病的诱因

情绪可以作为致病的诱因，它与疾病的关联可以是直接的，也可以是间接的。首先，情绪能够直接导致疾病发生，冠心病是情绪直接影响的例子。人的认知过程对社会竞争、敌意关系或外来威胁的解释，或敌意诱发、竞争反应的外显行为以及经常的敌意状态会加剧神经内分泌反应，从而影响心血管系统活动及血压和心率上升，并导致动脉损伤或动脉硬化。这些心因性反应的改变所导致的血压升高进一步使动脉壁增厚和发生心肌梗死或脑卒中。这种严重病症可被生活中突发的负性事件（如地震）所激活，从而危及心血管系统。

其次，情绪可以作为疾病的间接诱因。例如，抑郁能从多方面导致自我刺激和风险行为。像酗酒和吸烟被看作产生生理改变而导致严重慢性病的病源。酗酒破坏肝脏，吸烟导致细胞变异，随之而来的可能是肝硬化和肺癌。来自这些病源的风险因人而异，可能有基因的影响，也可能是吸烟和酗酒的后果，这些间接的途径是致病的重要因素。

（二）情绪是疾病的产物

情绪不仅可以作为疾病的原因，还可以视为疾病的结果。同疾病有关的直接生理联系或间接的认知或行为联系所引起的情绪有可能成为疾病延续的原因。

其一，为减少对自身疾病的怀疑，个体在生病前，那些潜伏着疾病的生理状况会导致负性情绪，对这些负性情绪应当保持清醒，过度的担忧或焦虑常常会对疾病产生潜在的负性后果。

其二，疾病导致身体机能下降并打乱日常生活的情况可能使压抑的心境增长，如癌症患者、关节损伤病人等对症状的解释和控制过程感受到痛苦，因而失去战胜疾病的信心。

其三，疾病过程中特别是受神经内分泌系统影响的免疫系统疾病患者的情绪更容易恶化，从而使他们的认知、行为和心理继续受到负性情绪的影响。不难发现，情绪与疾病之间存在双向联系，两者互为因果，相互影响。

（三）情绪的致病机制

科学家在考察由情绪导致的疾病时会有很多困惑，例如，情绪既然是进化的结果，为什么会致病？情绪的基本功能是生理性的还是社会性的？同样消极的情绪为什么在有些个体身上致病，有些则不会？对于诸如此类的问题，科学家有不同的观点。

生理学家假设，情绪是生物体对环境中的威胁所做出的快速反应，过度的反应将导致生物体机能异常；社会学家则认为，情绪是个体与社会群体之间相互依赖、相互作用的媒介，异常的社会压力会导致异常的个体机能；认知心理学家的观点是，情绪是认知系统与生理系统之间的调节系统，不合理的认知评价会导致不良的情绪反应，从而导致过度的生理反应。尽管角度不同，但科学家们都认同一个基本原则，即情绪是自适应性的（傅小兰，2016）。情绪反应是个体调节自身以适应环境的结果，只有长期或过度的不良情绪反应才最终导致个体出现破坏性适应，即产生疾病。

（四）基因的作用

有研究认为，基因变量是从情绪到疾病的直接通道。例如，基因可能对敌意攻击与动脉硬化的联系起作用；敌意本身是复合情绪，动脉硬化是由动脉壁细胞损伤的移植和社会情境诱发的敌意两者共同促成的。不过，这一假设尚未得到广泛证实。众所周知，抑郁个体很可能是严重的吸烟者，这个间接的因果通道极大地增加了抑郁个体罹患心血管疾病和多种癌症的风险。

然而，近来的研究确定了基因变量是介入这种联系（吸烟与心血管疾病和多种癌症）的基础（Lerman et al.，1998）。它的机制是：多巴胺（诱导愉快的神经化学物质）的某个受体基因（如 DRD4 等位基因）促使抑郁者倾向于去吸烟以控制负性情绪。这种基因与有效的多巴胺受体的联系在脑中的奖励中枢起作用。多巴胺的奖励作用使抑郁者的负性情绪得到缓解。这样，抑郁个体的基因结构提供大量的受体通过吸烟去“治疗”他们的抑郁心境；同时，基因被确定为有对多巴胺再吸收的效果。

二、情绪与身心疾病

（一）情绪对身心疾病的影响

身心疾病是由心理因素引起的肌体损伤或身体功能损伤，如哮喘病、偏头痛和高血压等。关于情绪对身心疾病的影响，学者们提出了多种解释。一种观点认为，从生物学上讲，情绪提供了能量让我们生存。然而在今天，社会并不赞成剧烈的身体反应，因此我们虽然能从生理变化中体验到情绪，却没有机会从行为上发泄这种能量。而有机体的变化却持续不断，结果产生了病理现象。另一种观点认为，当情绪中的生理反应太大或太小时就会产生身心疾病，这导致过度的或不良的适应。

在许多解释身心疾病的心理学理论中，马尔的理论具有代表性。他指明了恐惧（焦虑）的重要性，认为恐惧经常阻止行为表现出来。例如，愤怒和焦虑之间的冲突会引起高血压；在儿童中，因与成人分离产生的恐惧和哭喊会导致气喘病；而胃溃疡则是在依赖性与焦虑的冲突中产生的。他还指出，急剧的焦虑会导致交感神经系统活动占据优势，因而使胃分泌减少。而在长期慢性焦虑中，副交感神经系统占优势，并且引起胃酸分泌过多，因而引起溃疡。

（二）情绪与胃（肠）溃疡

现代医学家运用多种测试方法，发现情绪对胃机能的影响十分明显。与实验人员进行紧张的谈话，或者在被试感到焦虑、痛苦、愤怒、羞辱、内疚时，胃液的分泌量、胃液的酸度以及胃的运动都会发生明显变化。采用催眠暗示的方法，使被试处于不同的情绪状态，结果发现：气愤、恐惧、激动、焦虑等情绪可使胃的分泌量增加，酸度增高；而抑郁、悲伤、失望等情绪，则使胃液分泌量减少，酸度下降，胃的运动减慢。

紧张情绪引起的胃及十二指肠溃疡较为常见。人处于惊恐、紧张的情绪状态时会出现胃痉挛，不只是胃的肌肉，甚至连供给胃壁营养的血管平滑肌也处于痉挛状态，使胃壁营养不良，抵抗力下降，而这时胃液的酸度增高，对胃壁起着腐蚀作用，所以很容易产生溃疡。因此，得溃疡的病人，除了注意饮食和生活起居外，还应特别注意保持恬静乐观的情绪。要预防胃病，必须注意调节好自己的情绪。吃饭的时候，切忌争吵或训斥孩子，因为进餐时发怒，胃液的分泌立即受到抑制，从而影响消化，经常这样可能导致胃病。

（三）情绪与支气管哮喘

支气管哮喘是一种呼吸系统疾病，病人哮喘发作时表现为呼吸困难、胸闷或咳嗽，有濒死感，同时伴有焦虑和恐惧。大约34%的病人发作时伴有激动和不安，5%的病人发作时有抑郁情绪。病人情绪不稳且性格内向，表现为依赖性、受暗示性高，易焦虑，被动，经常压抑情绪不表露，期望被他人接纳，社会交往少而且欲望过高，易发生情绪冲突。研究表明，不良、消极的情绪反应，如焦虑、失望、沮丧、恐惧等情绪会导致垂体—肾上腺皮质功能紊乱、迷走神经兴奋、β－肾上腺受体功能低下，从而引起支气管平滑肌痉挛、黏膜水肿、血管通透性增加，即出现哮喘发作。

（四）情绪与高血压

强烈的焦虑、紧张、痛苦、愤怒以及压抑等情绪因素是高血压的诱因。实验证实，在愤怒时，外周动脉阻力增加，舒张压明显上升；而在恐惧时，因心脏输出量增加而导致收缩压升高。有高血压遗传因子的人调节血压机制失常，从而引起高血压；也可能因心理社会因素而引起的不良心态，特别是负性的情绪反应作用于心脏β－受体，会增加心脏输出量和外周动脉的阻力，导致高血压。

弗朗兹·亚历山大认为，高血压病人内心具有两种不同的感觉，这两种感觉之间具有强烈的冲突。一方面，病人有一种消极无助的情绪；另一方面，病人具有很强的攻击性和敌对性的冲动。因为表现敌对情绪对病人来说是致命的，因此病人不得不时刻小心控制自己的情绪。从理论上讲，这种内部的冲突会产生长期的自动唤醒、血管收缩以及血压升高。长此以往，会出现动脉血管的永久性改变，从而产生高血压。

（五）情绪与癌症

癌症是一种严重危及人类生命的常见病、多发病，是由于机体内某种体细胞失去正常的调节控制而不断增殖，同时有不同程度的分化障碍，并常侵犯临近组织或转移到远离部位的恶性情况。研究表明，病人往往长期处于高度紧张的生活环境中，或者在过去几年当中经历过重大生活事件，如失去亲人或离婚。当人们遇到这些重大生活事件时，往往不能有效应对，并伴有大量的消极情绪。这些负性情绪往往会引起应激反应，使机体的免疫功能下降，结果破坏了机体的内部状态，产生了适宜癌细胞生长的内环境，促进了癌细胞的迅速生长。

目前，关于心理因素、情绪表达和癌症发病率之间的关系研究还在进行中，尚未取得明显进展。有一项研究发现，某些表象讨喜、内心经常克制负面情绪的人格即 C 型人格具有较高的癌症发病率。不过，该结果并未得到进一步证实。例如，专家对 1 000 名前来诊断自己是否确实患有乳腺疾病的女性进行了心理测评，结果并未发现存在压抑情绪倾向的女性比善于表达的女性有更高的患癌率（弗朗索瓦・勒洛尔、克里斯托夫・安德烈，2015）。此外，有几项研究发现，在 45 岁以下的女性中，人生中遇到的重大事件（如亲友过世、分离）与她们患乳腺癌的概率有一定联系。可见，即使情绪等心理因素与癌症有某种关联，可能也不占据主要地位，更值得关注的应该是真正具有决定性影响的某些习惯，例如，吸烟，酗酒，常吃过于油腻、不含纤维的食品等，这些癌症诱因才是应该尽量避免的。

知识链接 7－3　情绪建构论的心理疾病观

多年来，科学家和临床医生都从传统情绪观的角度看待心理疾病，如慢性压力、慢性疼痛、焦虑、抑郁等，认为每种疾病都有一个把自己和其他疾病区分开来的生物指纹。研究人员会从本质论的角度提出问题，假设每种疾病都是不同的："抑郁症如何影响你的身体？情绪如何影响疼痛？为什么焦虑和抑郁经常同时发生？"

最近，这些疾病之间的分界线逐渐消失了。即使很多人患有同一种疾病，但他们的症状有可能会存在较大差异——出现变化很正常。同时，不同的疾病也会有相同的症状，会出现几种疾病致使大脑同一个区域萎缩的情况，病人会呈现出较低的情绪粒度，这时，同一种药可以缓解多种疾病。

根据这些发现，研究人员开始摆脱传统情绪观的束缚，他们不再认为不同心理疾病具有不同本质。相反，他们开始专心研究一些常见的、会导致各种心理疾病的因素，如遗传基因、失眠、大脑内感受网络或关键枢纽损伤。如果这些区域出现损伤，大脑的麻烦就大了——抑郁症、恐慌症、精神分裂症、自闭症、失读症、慢性疼痛、痴呆、帕金森综合征和注意力缺陷多动症都和关键区域损伤有关。

巴瑞特认为，一些明显和"心理"有关的重大疾病都源于身体预算的长期失衡，以及泛滥的炎症侵袭。研究者根据具体情况将它们分类并命名为不同的疾病，就像情绪建构论者将相同的身体变化归类命名为相同的情绪那样。如果建构论的观点是正确的，那么如"为什么焦虑和抑郁经常同时发生？"这样的问题将不再神秘，这是因为，和情绪一样，这些疾病本质上并不存在明显界限。

> 通过对压力、疼痛、抑郁症和焦虑症的详细分析，巴瑞特发现，一些严重的心理疾病都与免疫系统有关。在我们具有预测功能的大脑内，免疫系统将我们的身心健康联系在一起。如果预测不准，也没有进行核查，就会引发身体预算长期失衡，导致大脑炎症，进一步摧毁内感受预测，形成一个恶性循环。以这种方式，构建情绪的相同系统也会导致疾病的产生。

（资料来源：莉莎·费德曼·巴瑞特．情绪．周芳芳，译．北京：中信出版集团，2019：255－256）

三、人格、情绪与疾病

（一）人格类型 ABC

在20世纪50年代，弗里德曼和罗森曼报告了从古代就受到怀疑的问题：某一族群的人格特质与患病特别是患冠心病的可能性是否有关。他们确定了两种行为模式，分别标定为类型A和类型B。A型行为模式是一种复杂的行为和情绪模式，包括极端好胜、富有攻击性、缺乏耐心、有时间急迫感和怀有敌意。A型的人通常对生活中的某些核心方面感到不满，极富竞争性且野心勃勃，而且通常是一个孤独者。B型行为模式则恰好与类型A相反，他们有较少的竞争性和较少敌意。弗里德曼等人报告说，那些显示出A型行为模式的人比一般人群更容易患上冠心病。

类型A和类型B最初都用来解释行为和冠心病之间的关系。20世纪90年代以来，研究者又提出了第三种行为族群——C型行为模式，这类行为模型可以用来预测哪些个体容易患上癌症或者加速他们的癌症病程。类型C被描述成“善良、隐忍或自我牺牲、合作且愉快、不果断、耐心、服从外部权威，而且不将消极情绪外露，特别是愤怒情绪”。C型行为与有助于减慢癌症病程或其他严重疾病进程的“斗志”相矛盾。那些不愿意接受他们注定会死亡现实的个体通常要比那些认命了的个体生存的时间长。

类型C个体的被动性并不是面对疾病的最好办法。那些乐观的个体将失败进行外部归因，他们将原因归结为事件的不稳定和变动。这种应对风格对于乐观者的健康有很大影响，研究者已经证明，乐观主义对于免疫系统存在影响（Segerstrom et al.，1998）。乐观的人较少患有疾病的躯体症状，通常更加健康，寿命更长。积极的态度可以减少躯体体验到的慢性应激，并更有可能做出健康的行为。

（二）A型人格、敌意（愤怒）与冠心病

大量研究发现，A型行为与心脏病及其他许多并发症有关。随着对A型行为模式中敌意（愤怒）的关注，一系列元分析为作为冠心病危险因子的A型行为和敌意提供了最新的资料。马修斯（1988）的研究显示A型行为与疾病有重要联系。20世纪90年代中期，米勒及其同事在许多研究的基础上着重对敌意进行了元分析，结果证明了敌意和其他与愤怒有关的情绪会增加患冠心病的可能这一假设。

其他一些与压力有关的生理机制也可能解释 A 型行为、敌意与冠心病和其他健康问题的联系，已调查的此类生理机制有皮质醇和睾丸激素等激素的分泌、动脉粥样硬化形成和血栓形成中可能包含的血小板活动、冠心病患者的心肌缺血事件等。A 型行为与敌意的生理相关反映了导致冠心病的因果机制这一假设，得到了一系列研究结果的支持，这些研究有压力引起的心血管反应和人类疾病的测量联系起来的研究，以及比较完善的心理社会压力、行为模式和心血管反应的动物模型。

A 型行为和敌意似乎也与损害健康的行为及对可能会使健康问题恶化的疾病反应相关。例如，A 型行为与怀疑患心肌梗死早期阶段的健康护理寻求的延迟有关，而敌意则与抽烟、睡眠不足及酗酒有关。格拉斯的不可控模型已用来预测 A 型行为者将不能很好地坚持医疗休养方式，因为这引起了他们的心理抵抗。值得注意的是，与健康有关的行为似乎难以解释流行病学研究中敌意与冠心病的关系。可见，A 型行为模式和敌意联系如此广泛，它们可以影响致病的多种途径。

（三）C 型人格、抑郁与癌症

关于人格特征可以导致癌症的论述，最早可以追溯到古希腊医生盖伦，他在当时就指出，忧郁的妇女比乐观的妇女更有可能患上乳腺癌。C 型行为模式与 A 型行为模式相反，其主要特点是不表达愤怒，将愤怒藏在心里并加以控制；在行为上表现出与别人过分合作，原谅一些不该原谅的行为；生活和工作中没有主意和目标，不确定性多；对别人过分有耐心，尽量回避各种冲突；不表现负面的情绪；屈从于权威，等等。在上述特征中，对愤怒的压抑、抑郁与癌症的发生、恶化和预后不良有联系的研究报告比较多。

心理学家莉迪亚·特莫肖克博士详细描述了 C 型行为，她认为此类行为对癌症进程有推动作用。被她称为 C 型的行为包括自我牺牲、过分老实、被动应付、乐于让步和不抒情感（抑制情感），尤其是抑制愤怒和其他不愉快的感情。不抒情感被认为是这类行为的核心因素。特莫肖克说："不抒情感类似于敌意行为在 A 型行为中的作用。"

20 世纪 80 年代，特莫肖克进行了一系列研究，对象是患有恶性黑素瘤（最致命的皮肤癌）的病人。在其中一项研究中，特莫肖克和她的合作者招募了 3 组被试：20 名患有黑素瘤，20 名患有心脏病，20 名健康人。每个被试都观看了 50 条不同的激发忧虑的语句，他们的心理唤醒程度都被客观地测定，并且每位被试都被要求主观地给每条语句对他们的干扰打分。对于某种抑制性应对方式，其表达出来的不适应该比心理学测定出的少得多。正如预计的那样，癌症病人抑制的感情比其他的病人多得多。

四、消除"情绪性"疾病

（一）冥想与放松技术

冥想泛指那些使人以某种方式集中注意，以阻断原有的思绪、焦虑或意识流的心理技

图 7-9　冥想有助于缓解心理压力

术。一些人经常使用冥想技术来缓解自己的心理压力和紧张情绪（见图7-9），他们在日常生活中的生理唤醒水平和焦虑程度比较低。即便我们不需要每天都进行冥想，学会冥想技术还是很有用的，它可以在需要时有效地阻断自己持续的焦虑和恐惧。通过冥想达到放松的方法很早便出现在世界上的许多地方。在东方文化中，镇静头脑和舒缓躯体紧张的方法已经被沿用了多个世纪。今天，源自日本和印度的忍术和瑜伽练习还被广泛运用。

冥想有两种形式：①开放式冥想。其特点是注意力比较开放和宽阔，个体通过扩展自己的注意来客观地体验事物的整体。常见的做法之一是在原野上散步，抛掉所有的自我意识，在平静中感受世界。②专注式冥想。其要点是把自己的注意集中到一些外部物体或者重复出现的内部刺激上，如一个物体、一种想法或自己的呼吸。通过练习，一些人体验到意想不到的效果：注意深度集中，周身感觉愉快，彻底摆脱了烦心事和精神负担。

越来越多的证据显示，完全的放松是一种有效对抗压力的反应。放松反应是一种肌肉紧张度、皮质兴奋性、心率和血压都有所降低，呼吸变得缓慢的状态。此时，大脑中的电活动降低，从外界环境输入中枢神经系统的刺激也有所减少。在这种低唤醒水平下，人们会从压力中恢复过来。要想达到放松状态，应该满足四个条件：①安静的环境；②使肌肉紧张度降低；③舒服的姿势；④不断重复的心理刺激，如在心中反复吟诵一个短语。放松法对由情绪引起的紧张性头痛、高血压、考试焦虑等都有较好的疗效。

（二）生物反馈技术

生物反馈是一种自我调节的技术，它有许多特殊的应用，如控制血压、放松前额肌肉（包括紧张的头部），甚至消除严重的脸红现象。生物反馈最初由心理学家米勒（1978）开创，它可以通过提供清楚的外部信号来意识到本来很弱或者内在的反应。病人的躯体反应被转化成不同强度的光和声的信号，再通过仪器加以监测和放大，使病人可以“看到”他们自己的躯体反应。病人的任务就是控制这些外部线索的水平。

让我们来看一个生物反馈的应用。你是否曾注意到，当你放松时，你的双手会变热，而你焦虑时，双手就会变冷。实际上，手的温度就是压力作用于你躯体的一个反应。在生物反馈中，研究参与者被告知他们的手部或手指的温度，然后被要求试着升高它。例如，在一项研究中，一些男性通过数字仪可以读出他们手指的温度；在生物反馈过程中，他们可以将手指的平均温度从华氏 79.8 度升到 87.4 度。为什么会这样呢？研究表明，使皮肤变得温暖的生物反馈训练可以有效降低血压。尽管研究者还不清楚生物反馈训练中通过皮肤温度来降低血压的生理机制，但如果你对高血压感兴趣的话，你可以找一个生物反馈过程作为药物治疗的补充。

生物反馈给治疗身心问题带来了希望。一些偏头痛病人通过生物反馈训练成功地摆脱了痛苦。训练时，将病人的前额和手等部位连上传感器，病人的任务是试着把流向大脑的血液导向四肢。偏头痛的原因之一是过量的血液流向头部，因此，这种反馈可以减少病人头疼的频率。生物反馈的早期成功让很多人相信，可以通过这种技术来治愈焦虑、恐怖症、药物成瘾、慢性疼痛和各种身心疾病。事实上，生物反馈并不能彻底治愈疾病，但能够起到有效的辅助治疗作用。

（三）情绪宣泄技术

“宣”为疏导，“泄”为放出，“宣泄”是把情绪（特别是消极情绪）通过疏导的方式释放出来。宣泄包括倾诉、哭泣、喊叫、写情绪日记、写情绪书信以及心理咨询和辅导等多种方法。宣泄是处理情绪问题的一种基本方法，对保持身心健康非常有益。但宣泄也要把握一个“度”的问题，而且要合理合法适宜，这样才能真正给个体健康带来益处。

72 位患有风湿性关节炎的成人参加了关于宣泄对疾病影响的研究。风湿性关节炎会导致周边关节的慢性炎症，并伴有疼痛和残疾。研究者假定情绪宣泄可以帮助病人缓解与疾病有关的压力，因此，可能减轻一些日常功能上的问题。一半病人被安排到宣泄组，在连续 4 天里每天用 15 分钟向录音机倾诉心灵最深处的感受和身边充满压力的生活事件。控制组则将同样多的时间用在中性任务上，如描述彩色风景画。在短期内，宣泄组的病人情况更糟一点，因为任务引发了许多负性情绪。然而，治疗 3 个月后，宣泄组的病人比控制组的病人持续体验到了更少的生理机能不良，即更少的问题，如在行走和弯腰时疼痛感更少（Kelley et al.，1997）。对于宣泄组的病人，独自对录音机进行相对简单的情绪释放可以给机能带来可观的改进，可见情绪宣泄对疾病的治疗是有帮助的。

（四）康复治疗技术

近些年，康复治疗技术已经成为一种蓬勃发展的替代性医疗手段。一些研究项目正在研究康复疗法对那些患有诸如风湿性关节炎之类疾病的病人的疗效，在这些研究中可以非常精确地测量到改善情况。康复疗法看上去好像是通过释放病人体内的自我治愈力量来起作用的，实际上，很多治疗师一致认为，尽管接受职业治疗师的治疗可能会带来一些益处，但其实大多数人自己也能够运用康复疗法。每一个人都可能成为康复治疗师，而让治疗师看病的好处在于你可以从他们的人格力量或热情中获得益处。让他们的双手置于或接近你的身体，然后将他们身上那种良好的、舒适的健康感觉传递到你的身体中。

第八章　恐　惧

引言　恐惧背后到底隐藏着什么心理

为了弄清楚“为什么有些人喜欢被吓”，任职于匹兹堡大学的恐惧社会学家玛姬·克尔做了不少研究。这些年来，她不断造访世界各地的骇人景点，希望能够通过那些令情绪和心灵震撼的经历去探索——恐惧如何触发我们的生理机制，又如何触动我们的心理感知。

玛姬·克尔和她的研究团队在恐怖屋的地下室设立临时实验室，让购买门票的人参与实验。在过去的两年时间里，超过 250 人在进入恐怖屋之前和之后填写了情绪问卷。通过对大脑活动的测试，研究者发现，对于那些感到无聊或疲惫的人以及那些经历过非常恐怖和惊险刺激的人来说，恐惧的情绪会让他们的大脑活跃程度降低。换句话说，恐惧造成的刺激，能够为我们带来不可思议的愉悦——甚至比跑五公里更令人放松。

有意思的是，研究还发现，当我们与其他人一起“被吓”时，这种“放松”效果会翻倍。或许，这就是人们为什么喜欢看恐怖片、玩云霄飞车、去恐怖屋探险……偏要让自己吓破胆的最大原因。

第一节　恐惧的本质

人人都有过恐惧的体验，这是一种由于感觉到即将来临的威胁或危险而产生的情绪反应。日常生活的琐事经常包含着某种危险。比如，在拥挤的街道上，我们不得不小心翼翼地避免经常威胁着生命安全的事故和那些出人意料的事情。非正式雇员担心他们的职位，总经理对自己的决定焦虑不安，女话务员因为那些异常兴奋的来电者而担惊受怕。物价暴涨时，家庭主妇不得不辛辛苦苦地节省有限的家庭开支来养活全家。丈夫和妻子争吵，父母和孩子争执。总之，实际上在生活中不可能没有任何形式的恐惧和不稳定。

一、什么是恐惧

（一）恐惧的定义

在古英语中，恐惧意指危险，在早期的用法中，多指那些非常强烈和极端的恐惧情绪，常赋予无生命的东西或抽象的事物以人或生物的特性、思维与活动。恐惧这个词源于一个听起来很像哭泣声的古撒克逊语，除了害怕和担心的意思之外，这个古撒克逊语还暗指某种不明之物在前方等着我们。的确，所有的恐惧情绪都混杂着一种要被伏击的感觉、一种对害怕什么事情将要发生的担忧。恐惧警示我们某种行为有可能导致灾难性的后果，但正因为恐惧预示着某种可能发生也可能不发生的坏事，结果往往是人类会被一些本不存在的或者不能解释的事物所慑服。

现代心理学家对恐惧的内涵有不同的理解：弗洛伊德认为，“恐惧作为一种焦虑来自自我对危险的反应”；苏联心理学家彼得罗夫斯基在其主编的《心理学辞典》中则指出，“恐惧是在个体的生物生存或社会生活受到威胁的情境中产生的情绪，这种情绪是以实际的或想象的危险源为目标的”；我国学者叶奕乾主编的《普通心理学》中对其的界定是，“恐惧是个体企图摆脱、逃避某种情境时产生的情绪体验，这种体验是由缺乏处理可怕情境的能力所引起的”。

据此，我们认为：①恐惧与快乐、愤怒、悲伤、厌恶一样，是人类基本的、原始的情绪，是由于感到危险的迫近或者意识到邪恶的存在而产生的一种痛苦和不安的情绪反应；②恐惧是个体感受到自身有被损害或被剥夺的可能性而又无能为力的结果，是因关心某人或某事是否安全而产生的焦虑情绪；③恐惧的可能性包括现实的和想象的危险。

（二）恐惧的表现

达尔文对恐惧做过这样的描述：心脏急剧跳动，或者停止跳动，其后果可能是晕厥；人们看到的是一个濒死的面色苍白的人，呼吸困难，鼻翼扇动……咽喉哽塞，眼球突出，瞳孔放大，肌肉僵硬。当恐惧达到高潮时，惊慌就爆发为可怕的叫喊，皮肤大量出汗，身体所有的肌肉都松弛了，随后就是极度的疲倦，精神力量完全失去作用。内脏同样受到震荡，括约肌也停止工作，整个机体失去控制。达尔文还观察到，恐惧时手臂僵硬地伸着，这与人在愤怒时手臂紧握的姿态正好相反。达尔文认为，恐惧和愤怒的表达是对立的。这一观点已经被后来的研究证实。

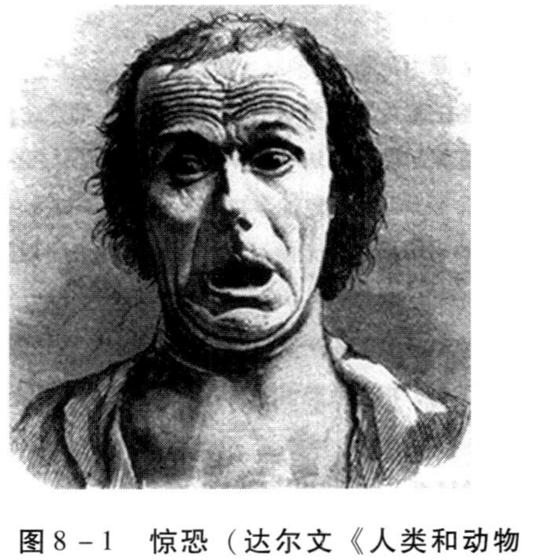

图 8－1　惊恐（达尔文《人类和动物的表情》中的插图）

1. 生理反应

额眉平直，在眼睛张大时额头有些抬高或平行皱纹，眉头微皱，眼睛张大时上眼睑上抬，下眼睑紧张。口微张，双唇紧张，向后平拉，显示口部横拉，窄而平。心跳加速，脸色苍白，流汗，毛发悚然，呼吸加速，唾液分泌失调，口干舌燥。极度恐惧时面部肌肉较为紧张，口角后拉，双唇紧贴牙齿，甚至引起大小便失禁。

2. 内心体验

激动，受惊，产生不确定感、不安全感和危机感。感觉“透不过气”，胸口憋闷。恶心，绝望，神经质，有不真实感或远离感。在恐惧中，除恐惧成分外，含有较多的兴趣和惊奇成分，还含有痛苦、愤怒、惊慌等负性情绪成分。

3. 行为表现

屏住呼吸，一动不动，蜷缩，哭泣，战栗，失声。逃跑，退缩，在没有退路时也可能转化为进攻。极度的恐惧可以表现为全身瘫痪，不能活动，甚至被吓死。

（三）恐惧的特征

根据上述表现，我们将恐惧的特征概括如下：

1. 恐惧与危险相关

恐惧是对危险情境认知的结果。尽管有些恐惧可能是下意识的反应，如走在路上差点被车撞的一刹那，但是大多数恐惧都与我们对危险的认知有关。例如，正值笔者修改书稿期间，新型冠状病毒（SARS－CoV－2）在全球漫延，这种病毒因传染性和死亡率在许多国家引起了恐慌。

2. 恐惧是一种身体反应激烈的情绪

恐惧的身体反应包括心跳加快，呼吸急促，肌肉紧张，手脚颤抖。所有这些特征都与体内被触发的交感神经系统及其神经递质有关。恐惧会让我们“毛发竖起”，这在我们全身都被体毛覆盖时是看不到的，但那时，我们的毛发会竖起，让我们看上去很有攻击性（猫也是如此）。这些剧烈的器官变化和体表征兆都清楚地突显了恐惧的首要功能：帮助我们逃跑或减少伤害（弗朗索瓦·勒洛尔、克里斯托夫·安德烈，2015）。

3. 恐惧为身体行动做好准备

恐惧往往伴随逃跑这一行动，偶尔还想攻击。不过，面对恐惧，我们大都能保持镇静，将自己的攻击性控制到最低程度。但是，恐惧激发的行动并不总能被我们的意志所控制，正如蒙田所说：“（恐惧）有时候会给我们的脚上插上翅膀……有时候又会给我们的双脚钉上钉子，使我们动弹不得。”如今我们了解到，恐惧让人准确逃跑，却也为其他策略留出了一条捷径，这就是美国人所说的3F：攻击（fight）、逃跑（flight）、动弹不得（freeze）。

4. 恐惧常常是下意识的情绪

与车祸擦肩而过的人在事后会有这些感受：心跳剧烈无比，惊出一身冷汗，甚至整个身体都吓得发抖。事情过去以后他们才回过神来，发现自己是那么恐惧。责骂孩子看都不看就跑过马路的母亲经常用愤怒来掩盖她们的恐惧。这些反应都是在我们意识到危险之前产生的，因此是一种下意识的反应。正因为如此，恐惧的产生往往就在一瞬间，从而使得它有进化的意义。

5. 恐惧具有典型的面部特征

恐惧有其标志性的面部表情：双眼和嘴都大大张开，眉毛高高挑起，如达尔文所言。不过，眼睛和嘴部的张开方式有别于喜悦时的表情。眼轮匝肌和前额肌肉等细微的肌肉在激烈的恐惧刺激下收缩，产生了这些面部变化，而我们自己几乎完全意识不到这些肌肉的存在。艾克曼的跨文化研究表明，恐惧的面部表情具有普遍性。

二、与恐惧相关的概念

（一）恐惧与焦虑

恐惧与焦虑都是人受到威胁和处于危险情境中的退缩或逃避的体验和行为。恐惧有一个具体对象，那么焦虑呢？焦虑通常是指对不确定事物的恐惧，我们无法解释那是什么事物，甚至也无法确定它们在时间和空间中的位置。它们是不可预测的，通常是对未知事物或不一定存在的威胁的预感。简言之，焦虑是找不到原因的恐惧。引发焦虑的原因模糊且难懂，它们很擅长隐藏自己，但是很值得把它们找出来（乔瓦尼·弗契多，2018）。弗洛伊德在这方面投入了大量的时间和精力，他相信，焦虑是各种重要心理问题特别是神经症的汇聚点。

恐惧和焦虑的区别在于：①恐惧是在进化中形成的、单一的基本情绪；焦虑则是社会化的复合情绪。②恐惧的产生有确定的引发刺激源，被称为“后刺激”现象，即被某个具体的恐惧刺激所引起；焦虑则常常是“前刺激”现象，没有明确的对象，例如对威胁刺激的预期。③恐惧与应对行为相联系，特别是与逃避或回避行为相联系；焦虑则被看作“未解决的恐惧”“对恐惧的恐惧”，抑或是随着对威胁的知觉和恐惧而转化为适应不良的唤醒状态。④尽管恐惧发生时也有其他情绪如痛苦的伴随，但是焦虑发生时有多种情绪并发。

（二）恐惧与应激

应激是指个体生理或心理上感受到威胁时的一种紧张状态。这种紧张状态使人在情绪上产生不愉快甚至痛苦的感受。应激有时具有预警功能，可以使人面对应激的来源，进而消除压力，解除威胁。格雷阐述了对动物的恐惧与应激反应的研究成果。简单说来，某一种动物先天存在着对另一种动物的恐惧，这种本能性的恐惧使它对掠食者能够提前警觉，迅速识别，及时逃避，以便在相当的范围内求得生存。例如，某种水鸟内部先天存在着对鹰的本能恐惧和识别能力。实验者用纸做成具有不同相似等级的鹰的形状，让它们掠过水面，以此对水鸟的应激反应进行等级测验。实验结果表明，纸鹰的形状越趋向逼真，水鸟表现的恐惧越剧烈。正如动物因本能恐惧而对威胁物作出应激反应一样，人类在生活中也常常依靠本能的恐惧去避开危险，求得安全。

（三）恐惧与恐慌

当你走在某座城市里出了名的危险街区，你肯定格外警惕：一丝微弱的声音都可能让你吓一跳。你三步一回头，不敢直视路人的目光。这些就是恐慌的反应，因为你总觉得危险就要到来。但是当一个携带棒球球棒的人远远地朝你飞奔而来，一边指着你一边向跟班示意，你立马就会变成恐惧反应，因为危险就在当下。

恐慌是用来描述强烈的恐惧感的临床术语，即使危险实际上根本不存在。人所害怕的特定情境可能会触发恐慌（例如做口头报告、站在高处、看见蛇）或是有时莫名地产生恐慌，即使根本没有任何明显先兆。当年幼的孩子目睹父母大吵时，他是恐惧的，而之后的他会因为不知父母是否会离婚而恐慌。值得一提的是，现代儿童最大的恐惧之一就是父母离异，而学校中越来越多的孩子都来自离异家庭。

表 8－1　恐惧与恐慌的区别

恐惧	恐慌
对眼下正在发生的危险的反应	对可能发生或想象中会发生的危险的反应
持续时间短	可以长期持续
对象明确（我知道我恐惧什么）	对象有时模糊不清（我不知道要发生的危险会是什么样的）
以身体反应为主（血压飙升、身体颤抖）	以心理反应为主（焦虑、担忧等）
演变而成的精神疾病：恐惧症（对多种不同情景有无法控制的恐惧）	演变而成的精神疾病：一般性焦虑症（对上学、生活有无法控制的忧虑）

（资料来源：弗朗索瓦·勒洛尔、克里斯托夫·安德烈．我们与生俱来的七情．王资，译．北京：生活·读书·新知三联书店，2015：322）

（四）恐惧与恐惧症

想象一下，你一直恐惧蜘蛛。你正打算去朋友的乡间别墅过周末，但你不会因为那里的橱窗里有几只蜘蛛而很早就开始怕得发抖。如果你真的看到一只蜘蛛，你会毫不留情地杀死它。但是，如果你对蜘蛛有恐惧症的话，你会坚定地拒绝去朋友的别墅度假，即使被胁迫也还是会拒绝。而你一想到要去一个遍地是大蜘蛛的国家旅游，你就会在几个月前开始不停地担忧。如果你面对面地碰到了一只蜘蛛，你的恐惧会大到没有能力把它杀掉，甚至会有被袭击的感觉，惊恐至极，此时你的恐惧就达到了无法控制的地步。

恐惧症是恐惧的一种特殊形式，是指对某一物体或某种情境所产生的超乎寻常的紧张和恐惧，这种紧张和恐惧是无理由的。恐惧症与环境无关，既不受任何解释的影响，也无法通过讨论消除；它不受意愿的控制，并且导致病人回避他所害怕的环境。恐惧症病人一般都意识到他们的恐惧是不真实的，别人对同一件事没有不适当的害怕反应。恐惧症是一种焦虑障碍，而恐惧是一种情绪体验。恐惧是恐惧症的一个特征，但不能用它来界定恐惧症。

三、恐惧的作用

恐惧的形式多种多样，你只要看看下面这些词汇就知道了：害怕、不安、神经质、担心、惶恐、惊慌、生气、担忧、神经过敏、胆怯、敏感、困扰感、不安全感、忧心忡忡、猜疑、沮丧、威胁感、苦恼、悲伤、悲痛、压抑、愤怒、惊恐、恐怖、惊吓、畏惧、战栗、痛苦、烦恼、忧虑不安等等。如果一个社会为某种感觉创造出一大批如此丰富的词语，那么就可以肯定地说，这种感觉普遍存在，并且具有重大意义。

（一）恐惧的益处

1. 恐惧可以使人愉悦

恐惧尽管是一种令人不快的感觉，不过人们并不总是设法回避它。相反，有人寻求恐惧，对他们来说，战胜危险局面是一种极大的消遣。赛车手、斗牛士和登山者自愿投身巨大的危险中。成千上万的观众热衷于间接体验从事这种危险的运动方式时产生的紧张感。恐怖的电影和书籍是制造恐惧和紧张并能够带来数百万元收益的娱乐形式。甚至幼儿非常喜爱的捉迷藏游戏，也是一种能带来轻微的不安经历的娱乐形式。如果父亲或母亲只是到角落里稍躲片刻，然后就出来，这会给幼儿带来乐趣。当父亲或母亲躲藏起来时，孩子会神色紧张，而只要大人再次出现，紧张的神色就会被兴高采烈的叫喊所取代。不过，如果父亲或母亲在他们的藏身之处待的时间过长，孩子就会由紧张转为害怕，并且可能由于恐惧而开始哭泣。

2. 恐惧让人更加警惕

在少数特别的情况下，恐惧是有帮助的。在危险环境中，恐惧会加快我们的反应速度，当情况变得困难时，它会使我们的注意力变得敏锐。演员和政治家常常谈到在出场之前会产生轻微的恐惧，然而这对他们具有刺激作用。笔试或跳伞都是伴有恐惧的活动。歼击机飞行员声称，当他们有恐惧感时，能够战斗得更为出色。

如果将恐惧症病人安置在画面移动非常快的电脑前，画面快到不能完全看清的地步，我们发现这种恐惧也可以造成身体反应的爆发。例如，恐惧蛇的人会有这样的反应：下意识感受到的快速爬行动作，即便被河流画面盖住，照样能造成恐惧的生理表现……越是恐惧某种东西，就越有能力迅速发现它的存在。

3. 恐惧有进化意义和生存价值

在《牛津英语大辞典》从词源学的角度对恐惧作出解释之前，恐惧就早已存在了，不论我们是否喜欢这种情绪，它确实客观存在着。同时，大自然总有一些事物天生就有令人恐惧的属性，如悬崖峭壁和饥饿的猛兽。世上充满危险，而正是它们提醒人类在靠近时产生恐惧的情绪。无论是人还是动物，恐惧是提升生存的一种本能，具有重要的进化意义。

表 8－2　恐惧在人类生存中的作用

恐惧的对象	人类历史上经历过的危险
动物	被进攻，被咬，伤害（人那时是猎物）
陌生人	来自其他部落成员的暴力
黑暗	丢失，夜间被掠夺者进攻
高处	摔下或残疾
血	受伤
水	淹死

如果我们不会恐惧的话，就不可能活这么长久。没有恐惧，人就会走到汽车飞速行驶的公路上，就会从屋顶上跳下来，就会无所畏惧地去触摸毒蛇。在人类进化的过程中，人们恐惧某种东西，并将这种基因遗传给下一代，这样一代一代传下去，恐惧的特点以及对恐惧的反应会被选择，这有利于种族的生存和发展（见表 8－2）。

4. 恐惧在什么时候是有益的

适度的恐惧有助于取得良好的成绩，恐惧过少时人们就容易忽略不计，相反，过多时就会使人变得不灵活或者拘束，甚至发呆。经历危险局势会对危险形成一种重视态度，并有助于自卫。对美国士兵的一项研究表明，毫无作战经验的部队很少表现出恐惧，并且会因过于漫不经心而忽略安全措施。一旦他们获得作战经验，就会变得更为警惕，表现出更多的恐惧，并且较少犯轻率的错误。

在困难环境中，略感恐惧是有益的。例如，人们发现，同那些在手术前不是完全无忧无虑的患者相比，完全无忧无虑的患者在手术后对疼痛和痛苦抱怨得更厉害，他们更为闷闷不乐，情绪更为恶劣。前者在手术后的恐惧更少，感到的疼痛也更小，总之，他们能够更好地承受外科手术。相反，手术前感到特别害怕的患者，在手术后也会感到极大的恐惧，并且抱怨疼得厉害和身体状况很糟糕。这表明，轻度的恐惧是有益的，而当它表现极端时，就会有害并且产生破坏性的影响。

（二）恐惧的不利影响

在火灾或地震引起恐慌的情况下，可能出现这样的情景：人们盲目地四处乱跑，放弃所有他们习以为常的社会责任。例如，一位从熊熊烈焰的房子里跑出来的母亲忘了把她的婴儿抱出来。也可能发生这样的事：士兵在轰炸中不知所措，尿了裤子，并且因恐惧而浑身乏力，无法将他们负责的其他人带到安全地带。演员和官方发言人会因为陷入恐惧而忘词，说不出话来，恐惧让我们无法正常发挥。

与我们更显谨慎的祖先相比，那些对野兽、高处、黑夜、流血之争不太恐惧的原始人显然没什么时间繁育后代。相反，过于恐惧的人错过了重要的狩猎或采集时机，也错过了战争，于是也就缺乏生育后代的机会，因为在原始时期，人们征战的目的之一常常就是劫持妇女。这就是恐惧的双重限制：恐惧不足置生命于高危之中，恐惧过度则减少了生存的概率。这也证明了许多哲学家的观点：恐惧的对立面并非勇敢，而是“关于该做和不该做的事的科学”——谨慎（弗朗索瓦·勒洛尔、克里斯托夫·安德烈，2015）。

如果对常人不怕的事物感到恐惧，或者恐惧体验的强度和持续时间远远超出正常范围，那么恐惧给人带来的可能不只是困扰，甚至还会出现恐惧症，严重影响正常的生活和工作。严重的恐惧对一个人的事业是不利的，它阻碍人们心智的发挥，削弱人们的活力。在运动场上，运动员越是害怕就越有可能出现失误，成绩就越不好。在考场上，学生越是害怕，思维就越迟钝，从而大大影响他们能力的发挥。

研究还发现，恐惧是许多精神障碍（如强迫症、恐惧症等）的重要成分或核心症状。此外，与恐惧有关联的过分警惕也会造成丧失区别能力：所有与恐惧相似的东西都会立即变成警报爆发。所谓“一朝被蛇咬，十年怕井绳”就是这种反应，不仅张开犬牙的巨型狗让人恐惧，就是温柔可爱的小狗也让人恐惧。

知识链接 8－1　“新事物恐惧心理”缩短寿命

美国一项最新研究发现，由于经常性地畏惧接触新事物，由此而产生的恐惧压力心理可能会导致寿命大大缩短。众所周知，压力会对健康有许多影响，如伤害脑细胞、降低脑细胞的活性等，但在某些情况下，压力也能够提高对炎症的免疫力。因此，对于单个个体一生中压力产生的影响是难以测量的。美国芝加哥大学索尼亚—凯维格丽说，在探索动物健康生理机制的同时，我们也需要考虑到个体的特征和行为风格。

在研究野生灵长类动物时，凯维格丽开始对压力的个性化态度产生浓厚兴趣：“我看到许多动物虽然遭遇同样的压力刺激，但它们对此的反应却是相当的不同。”因此，她决定以老鼠为实验对象，研究“新事物恐惧心理”对于健康状况的影响。

刚出生不久的老鼠，跟人类和其他物种一样，它们对于未知的新事物表现出了一系列的反应：或是畏缩，或是体验。为了最大限度地减小实验老鼠的遗传差别，研究者分别从 14 个不同的鼠窝中挑选出 14 对幼鼠作为实验对象，而每对幼鼠中，一只天性胆怯，一只天性勇敢。研究结果发现，在经历过一次新体验后，胆怯幼鼠血液中压力激素的水平比勇敢幼鼠的高出 20%。而“新事物恐惧心理”对于老鼠寿命的影响也是惊人的：受试的胆怯老鼠的平均寿命是 599 天，而勇敢老鼠的平均寿命是 701 天。研究者还计算出，在生命的任何一个时间点，那些对新事物有恐惧心理的老鼠的死亡率比那些勇敢接受新体验的老鼠高出 60%。

目前，“新事物恐惧心理”与寿命长短的关系是否也存在于人类，这点尚未得到证实。一个复杂的原因是，现在的儿童往往受鼓励去克服恐惧，这可能自小就改变他们对于新事物和陌生人的反应，难以进行控制实验。凯维格丽还说：“害羞的儿童长大成人后不一定保持害羞性格。”

有趣的是，这种现象在老鼠中也存在。凯维格丽及其同事发现，一些老鼠随着时间的推移逐渐失去了幼年时对于新事物的那种畏惧心理。他们现在正在进一步证实这种态度变化是否也能延长它们的寿命。加拿大麦吉尔大学麦克尔—米尼说：“这是一项具有重大意义的研究。我们过去知道了许多有关个体对于新事物的态度区别及其产生的健康影响，但还没有一项研究是着眼于个体的一生寿命。这项研究填补了该研究领域中的空缺环节。”

研究者补充说，畏惧行为和无畏行为对于一个物种的发展都是有益的。无畏促使长寿，这固然是好事；但如果处于危险的环境，若出现掠食性动物或者有毒植物，那么那些因畏惧未知新事物而逃离的个体就有可能在日后延续后代遗传基因。

（资料来源：https：//wenku. baidu. com/view/）

第二节　恐惧的进化与文化

一、动物与人类的恐惧

（一）我们害怕什么

我们生来就有害怕的情绪吗？是的，至少有一点：突然的、巨大的噪音几乎让每个人感到害怕，从刚出生的婴儿到老人都是如此。这一恐惧还存在于几乎所有的动物中，除了那些听不见声音的动物。害怕与亲密的人分开可能也是一种与生俱来的恐惧（Shiota & Kalat，2015）。在许多哺乳动物和包括人类在内的灵长类动物中，与母亲分开时幼崽（婴儿）会悲痛地哭号（Shair et al.，2003）。许多古老的精灵故事，如《奇幻森林历险记》描述的就是一个小孩在森林里迷路的恐惧。现在，儿童更容易在商场里或者公园里迷路，对与亲人分开仍然感到恐惧。

但是，人类的恐惧大部分是后天习得的。行为主义代言人华生首次尝试描述了实验室恐惧，尽管今天看来他的研究在科学和伦理上都有缺陷，但是华生通过条件反射使一个9个月大名叫艾伯特的婴儿学会了对小白鼠产生恐惧，的确证明了恐惧可以后天习得。但华生忽视了一个事实：有些恐惧的习得比另一些恐惧要更容易。你是否被铁锤锤到过手指？可能会，但你是否对铁锤感到恐惧？一般不会。你是否出过车祸或看见有人在车祸中受伤？可能有过或看到过，但你是否对汽车感到恐惧？几乎不会。相反，很多人对蛇或蜘蛛感到恐惧，尽管我们很少有人真的看过蜘蛛或被蛇咬过。

研究者认为，人类有内置的倾向来学习对某些事物的恐惧。对蛇产生恐惧的原因可能是蛇在我们进化的历史中就是威胁性的（见图8－2）。我们的祖先远离蛇，所以能生存得足够长来传递他们的基因。这一准备状态的证据还包括一些关于猴子的研究，它们可能与人类分享相同的准备状态（Shiota & Kalat，2015）。

（二）动物的恐惧与防御行为

恐惧的生物学意义是适应环境保存生命，避开可能的伤害。动物的恐惧表现为它的防御行为。防御行为主要有两大类：一类是躲避行为，另一类是回避行为。躲避行为是指动物受到伤害性的疼痛刺激时发生的防御行为，表现为逃跑、远离刺激源，如动物受到电击时逃走。这是一种先天的非条件反射。回避行为是指动物通过学习或生活经验，在出现可能有伤害性刺激来到的信号时，动物就逃跑，或是去按压一个杠杆，切断电路，从而免于电击伤害。

回避性的条件反应分为两种：一是消极的回避，即动物学会用抑制一个先天的或习惯的行为去回避一个有害的事件。例如，老鼠有一种“钻进黑暗洞里”的先天行为，如果每当它进入实验箱的洞里就被安放在洞中的电栅地板通电击中，几次之后，老鼠即可抑制住自己的钻洞行为，不再钻入这个实验箱的小洞里。二是积极的回避，即当出现危险信号时，动物会主动作出反应来避开或制止伤害刺激。这通常是一种工具性的条件反应，如老鼠主动去按压一个杠杆的开关来避开刺激。

（三）人类的恐惧

恐惧通常由三种影响综合而成：一是与生俱来的；二是随着神经系统的成熟而发展起来的；三是通过个人经验和社会经验的学习而获得的。儿童要经过漫长的时期才能逐渐发育成熟，在这一过程中，他们有限的先天反应会发生较大变化，这种变化是成熟的结果，是本身经验积累和观察学习的结果。人类的恐惧心理有些是先天的。人类和动物一样，有对特定环境产生恐惧的反应程序。例如，新生儿意外听到响亮的噪音或受到其他强烈的、突如其来的新异刺激时容易产生恐惧反应。

人类个体的恐惧有其发生发展的过程，许多恐惧是在后天生活经验中形成的条件反射的结果。初生婴儿没有恐惧的表现，随着年龄的增长和知觉的发展，才开始出现恐惧与不安的情绪。例如，1 岁以后的幼儿有了“高处恐惧”（实验表明，幼儿和小的哺乳动物都有“视崖”——深度回避）。很小的婴儿对黑暗并不表现出恐惧，但是，4 ~5 岁的孩子就不敢单独在黑暗中睡觉。随着生活经验的增加，对某些事物的恐惧减少了，如对陌生人、突然的灯光刺激等，但对另外一些事物的恐惧却增加了，如对蛇的恐惧。

二、恐惧的生理基础

美国神经生理学家约瑟夫·勒杜克斯（Joseph LeDoux）声称已找到人脑中控制恐惧的两条神经线路：一条线路反应很快，但往往过于敏感，总是发出错误的警报；另一条反应慢一些，但综合了更多信息。一旦后者发现前者的恐惧反应毫无理由，就会立刻终止这种反应。需要指出的是，第二种反应也完全是一种无意识的生理现象，而不是我们主动结束对某物的恐惧。

（一）恐惧发生的路径

假想你晚上独自在家看书，忽然听到隔壁有怪异的声音，接下来，你的脑部会发生一连串变化：大脑会将接收到的声波信息转化为脑部能理解的语言，提醒你进入警戒状态。这一连串变化发生的路径是：耳朵—脑干—丘脑。紧接着，信息传递的路径一分为二：一条是“羊肠小道”，通到杏仁核与邻近的海马体；另一条是“康庄大道”，通到颞叶的听觉皮质进行声音的分析与理解。人脑的重要记忆库是海马体，它会很快将这个声音与以前听过的声音进行比较，并将对比后的结论传送给杏仁核作进一步分析。如果结论令人安心，人的警戒状态就不会持续升高；但如果仍觉得无法确定，人就会陷入不安。如果进一步分析依旧得不到满意答案，杏仁核便会发出警告，激活下视丘、脑干与自主神经系统。

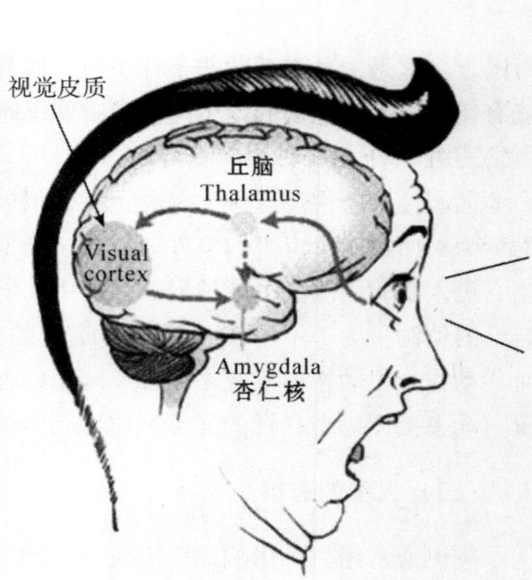

图 8-2　恐惧的生理机制

在这种时刻，杏仁核作为大脑主要警示系统的优点便表露无遗，它会继续“导演”一连串的变化：指示脑干细胞让人脸上露出害怕的表情，使人变得紧张且易被惊吓；使正在进行但不重要的肌肉活动僵凝，心跳加速，血压升高，呼吸变缓。同时，杏仁核会与海马体联手指挥，使人的注意力集中于恐惧的来源，让肌肉进入备战状态，让眼睛专心注意一切危险事物（见图 8-2）。一旦这些信号全部传递出去，恐惧便骤然成形：你会感觉胃部抽紧、心跳加速、肩颈肌肉僵硬、四肢颤抖。全身僵凝成一个专注的姿势，仔细凝听任何声音，脑中飞速盘算可能的危险与应对之道。这整个过程完全浓缩在一两秒钟之内。

（二）恐惧与杏仁核

1998 年 2 月，《星期日泰晤士报》刊登了一篇报道，宣称一组已发现人脑恐惧中枢的科学家“证实恐惧作为人类最强烈的情感之一具有化学依据，并提出研制新一代抗恐惧药物的可能”。研究表明，在大脑底部，有一个杏仁状的脑结构——杏仁核，它是大脑中的“恐惧中枢”，对判断惊恐信号起关键作用。约瑟夫·勒杜克斯教授认为，大脑基本上是一个由神经传递素组成的复杂精密的回路系统，反常行为一般均可归因于该系统的功能紊乱。例如，一个反常的“英勇”或“毫不畏惧”的人极有可能患有杏仁核反应缺乏症。

德尔加多等人的实验证明：①刺激动物的杏仁核能产生无条件的恐惧行为。给杏仁核以弱刺激，动物表现出警觉反应；增加刺激的强度时，动物先是退缩，然后逃走。②电刺激病人的杏仁核时，病人也报告有不明确的恐惧感。研究人员还推测，眼白大小的变化可能是杏仁核唯一可以接受和反应的“恐惧”信号。现实生活中，人高兴时白眼珠少，不吓人；但在恐惧时，白眼珠变大，杏仁核就把白眼珠当成了危险信号。

在对恐惧系统广泛研究的基础上，科学家们借助影像技术探查了人类大脑对恐惧的反应。其中一项研究发现，表情恐怖的照片会引发杏仁核内活动的一次快速起落。科学家们相信，将来影像技术能够协助确定恐惧处理障碍疾病的疗程。例如，强迫症患者会因对细菌极度恐惧而不停地洗手，通常这类病人需要接受数月的行为治疗，目的是训练病人学会战胜恐惧。但是，如果影像检查显示出杏仁核在受到惊吓刺激时持续活动，而不是像正常情况下那样过一段时间便减弱乃至消除其活动，那又意味着什么呢？这可能意味着该部位有缺陷，即使终生接受为调整行为而设计的治疗也不能遏止异常的恐惧反应。在这种情况下，药物治疗本身可能更为有利。

（三）恐惧与其他中枢

1. 双侧颞叶

脑神经生物学家指出，大脑皮质双侧颞叶是恐惧反应中的基本中继站之一。因此割除猴子的双侧颞叶，将导致恐惧反应几乎消失：正常情况下，猴子恐惧人和蛇，而手术后的猴子就不恐惧做试验者接近或抚爱它们，并且一点也不恐惧与蛇游戏。即使它们被蛇咬了，还能靠蛇很近。因疾病造成颞叶损伤的人情绪反应非常弱。

2. 腹内侧额叶

美国纽约大学心理学和神经科学教授伊丽莎白·费尔普斯领导的研究小组发现，除杏仁核在恐惧认知和消除过程中起关键作用外，腹内侧前额叶皮质对维持恐惧的消除过程也有重要作用。

3. 膈区

膈区被损伤后的实验动物其反应因动物种类不同而有差异：大鼠表现为狂怒，失去恐惧感。深入分析表明，膈区的损伤削弱了大鼠保持条件性惧怕反应的能力，小鼠在膈区受损后的表现是逃跑行为的增加。

4. 大脑半球

研究表明，大多数男性和右利手者，大脑左右两半球的分工比较明显；而女性和左利手者，两半球的分工相对不太明显。研究发现，对动物的恐惧包括温驯的小猫、小狗的恐惧者，绝大多数是女性和左利手者。据此有人推测，可能是男性和右利手者的左半球有更大的控制力，能抑制住不必要的、过度的恐惧。

三、先天和进化的恐惧

（一）恐惧是否会遗传

如果你从小就害怕牙医的那套钻拔牙工具，那就怪你母亲去吧。科学家声称小孩可能在还没有长出第一颗牙的时候就已经惧怕牙医了。他们相信恐惧感也是可以代代相传的，而且主要是通过母亲传给孩子。这一设想是源于科学家们对“恐惧气味”的研究。美国一项研究表明，新出生的老鼠幼崽通过闻它们母亲所发出的气味来学会何为恐惧。密歇根大学神经学家亚采克·德比克（Jacek Debiec）进行的一项试验中首先设法让雌性老鼠对薄荷的味道感到恐惧，随后他让这些母老鼠与雄性老鼠进行交配，之后在母老鼠及其幼崽面前释放薄荷的味道，结果发现这些幼崽很快就理解了母亲的恐惧感。德比克（Shiota & kalat，2015）解释说：

新出生的幼崽在头几天无法学习关于周围环境的危险信息，但如果恐惧的信息是发自它们母亲的话，那这些幼崽是可以从母亲身上学习到这些信息并长期记忆下去的。我们的研究表明婴儿在他们的早期便可以从母亲身上学到何为恐惧，甚至在他们有过恐惧的经历之前他们基本上就知晓了母亲的恐惧经历。更重要的是，这些由母亲传递下来的记忆是一辈子的，而婴儿学到的其他知识如果不重复记忆的话很快就被忘掉。如果是父亲一方花更多的时间照顾婴儿的话，那他们也可能将自己的恐惧感传递给婴儿。而其他一些恐惧类型，如蜘蛛恐惧，是根深蒂固在人类脑海中的，但也会由于父母的反应而被放大。

那么，胎儿是否能从母亲那里接受到恐惧呢？研究显示，亲身经历了“9·11”恐怖袭击的孕妇会将恐慌感传给了她们的胎儿。来自美国和英国的研究人员对38位在怀孕期间经历过“9·11”恐怖袭击的孕妇及其婴儿进行了跟踪调查。袭击发生时，所有接受调查的孕妇都身处纽约世贸中心之内或附近。科研人员在学术杂志《临床内分泌及代谢》上发表的报告声称，他们在这些孕妇产下的婴儿1岁时进行的检测显示，这些婴儿体内带有少量的皮质醇，而这正是人体处于压力状态下才会分泌的激素。化验结果还发现，这些婴儿的母亲体内有低量皮质醇的存在。低量皮质醇往往意味着病人患有创伤后应激障碍。

（二）先天的恐惧

动物的一些恐惧不是习得的，而是天生就有的。老鼠恐惧猫，甚至在还没有看见对方之前就已经恐惧。老鼠天生就不喜欢在高台上或者在暴露的明亮处走路，这明显来自它们的遗传：它们的祖先是小小的啮齿动物，只在夜间出动，顺着地面移动。相反，人类却因为黑暗而恐惧，而光亮不会让他们恐惧，但是大多数强盗在夜间作案。幼小的鸭子即使从来没见过成熟的鸟，也会恐惧食肉猛禽的身影，但不会恐惧飞行鸟类的身影。如图8-3所示，如果让画面中的影子在幼小鸭子的上方飞过（鸭子一动不动），当影子头朝A方向（鸭子感觉是食肉猛禽）时会引起鸭子的恐惧，但影子头朝B方向（看起来像一只鸭子或一只鹅）则不会令鸭子恐惧。由此可见，恐惧是与生俱来的。

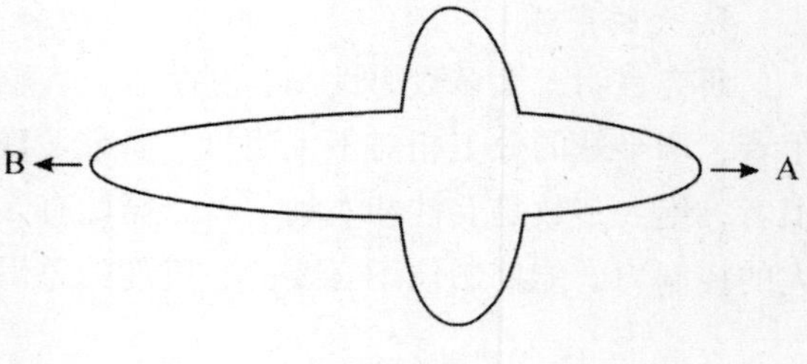

图8-3　鸟类天生的恐惧

儿童也具备天生的恐惧。所有的孩子都会在成长中的某个时期出现极端的恐惧表现，这种恐惧随时间推移会渐渐消失，并且在教育和社会生活中变得可以被控制。例如，对空旷或陌生人的恐惧，只会在孩子可以移动后出现：将8个月以下的孩子放在一个下面是空旷平地的玻璃平面上，孩子没有恐惧的表现。事实上，只有在孩子“需要”恐惧时，恐惧才会出现，以便避免冒过大的风险。家长的教育会在将来让孩子克服恐惧的性格，并且可以调整孩子对恐惧的反应：只害怕巨大的空旷地或没有依靠物的环境；当家人都不在场时，才对自己不认识的陌生人产生怀疑继而感到害怕。

（三）进化的恐惧

进化心理学家假设，自然选择影响人类恐惧的存在以及恐惧的持久存在：大多数恐惧实际上都与构成我们祖先面临的危险物质和情景一致，如动物、黑暗、高处、水。虽然这些危险在现代技术环境中已不再是危险了，因为新技术已掌握了自然现象的大部分规律，但恐惧在人类的下意识中还是留下了一些记忆。心理学研究表明，人类最初的恐惧源于失去支持和大响声，这两种恐惧可能是人类始祖之一的猿猴从生活环境中习得而遗传给人类的。例如，小孩怕雷声，怕从他人手中落下等。

尽管进化心理学对恐惧发生的解释很难成型，但在动物身上得到的不同研究结果似乎证明了它的准确性。通常实验室猴子当它们第一次见到蛇时就会表现出抑制和撤退。如果没有坏的事情发生，它们的恐惧会习惯化，然而最初的防范已经表明了内置的恐惧（Nelson，Shelton & Kalin，2003）。如果猴子看见另一只猴子对蛇表现出恐惧，它也会习得恐惧，尽管这只猴子没有被蛇咬甚至也没有看见其他猴子被蛇咬（Mineka，1987）。这一效应具有特异性：如果猴子看见电影中的另一只猴子逃离蛇，它学会对蛇恐惧，但如果它看的是编辑过的电影，一只猴子逃离花，这只猴子并不会对花形成恐惧（Mineka，1987）。

知识链接 8－2 恐惧的“生理反射”

大多数恐惧几乎都掺有不间断的思想内容。因为发现一种危险，于是恐惧，甚至夸大了危险的实际情况。但有时候恐惧的情绪似乎在有意识的危险之前就存在。某种粗暴的声音，或突然一个不出声就靠近我们的人将手放在我们的肩上，都可以给我们造成强烈的恐惧情绪。这些恐惧肯定是我们能感受的最原始的恐惧：它们是在我们认为的安全范围内猛然出现的，不可控制，是潜在的威胁。

值得一提的是，对恐惧非常敏感的人，我们观察到对突然出现的刺激（粗暴的关门声、电话或门铃声、被没有看见的来人突然质问等），他们都有一种频率很高的“惊跳的反应”，同时他们的心跳明显加快。这类恐惧完全符合威廉姆·詹姆斯及其弟子的观点：我恐惧因为我浑身颤抖。

从生理上，感觉器官向丘脑发出信号，丘脑相当于感觉传导的电脑中心。面对这些危险信息，丘脑直接向我们大脑最原始的部分——嗅脑发出信号，嗅脑将直接启动恐惧的生理反应，而此时大脑皮质和有意识的思想还未来得及作出干预。进化的好处是明显的：面对一些自然危险，最好的办法是不能丢失千分之一秒的时间去思考……

（资料来源：弗朗索瓦·勒洛尔，克里斯托夫·安德烈．情绪的力量：爱情、愤怒、快乐．杨燕明，译．北京：民主与建设出版社，2004：266－267）

四、文化与恐惧

（一）恐惧的文化差异

恐惧感在某些文化圈中似乎比在别的文化圈中更为常见。任何文化都有特定的恐惧表现方式。比如我国有些地方的人认为，生殖器对生命具有绝对重要的意义，精液有极高的价值。俗话说："百粒麦一滴血，百滴血一滴精。"性生活过度被看作是不健康的。中国人对遗精感到恐惧，而马来西亚人却没有这种忧虑。别忘了，直到不久前，在许多西方国家手淫还被视为精神疾病的原因，无数青年人一想到手淫的可能后果就受到严重忧虑的折磨。

最近，对生活在原始条件下的澳大利亚土著人进行的一项研究表明，他们患有多种身体上的病痛，这些病痛与那些通常由恐惧引起的病痛是一致的，其表现是易疲劳、失眠、背痛和呼吸困难。伦敦大学精神病院教授伊萨克·马克斯到访过许多国家和地区，如印度、以色列、欧洲和南北美洲，一再遇到相同类型的障碍：广场恐惧症、性恐惧和强迫性精神病。他认为，不同文化对于恐惧的主要区别在于描述恐惧的语言不相同。在前工业社会，咒语引发的恐惧起重大作用。伏都教的死刑是最极端的表现：德高望重的巫师对他宣布死刑判决的牺牲者施行魔法，牺牲者便会停止进食，听凭自己衰竭，躺着等死，而死亡确实在短短几天就会来临。

（二）文化影响下的恐惧

根据所处历史时期的不同，来自文化影响的恐惧与天然的恐惧不一样，而且恐惧是可以改变的。事实上它们出现并消失在人类的某个时代：恐惧世界末日、怕鬼、怕狼人。不同的宗教信仰，还存在恐惧道德败坏，恐惧诱惑人的妖精、巫婆，恐惧不同方式的鬼魂。这些"恐惧"从情绪的严格意义上讲是必须讨论的，此时涉及更多的不是恐惧的生理内容，而是心理不安的状态。正如同焦虑一样，这种恐惧更符合等待危险要出现时的恐惧，而不是危险已经在眼前的恐惧，因此它们与将来有关。但是，它们在日常生活的语言中也被排列在"恐惧"中，其中一些恐惧不能经受时间或事实的考验。例如，专家们曾经预测铁路将是灾难，因为人类的神经系统没有能力承受画面的快速变动以及其他我们至今尚未经历过的快速。另一些恐惧虽然具有文化的特征，但与实际的危险有关。例如对疾病的恐惧，如麻风病、梅毒等。对艾滋病、癌症等疾病的恐惧将成为21世纪人类的主要恐惧之一。

正如古罗马诗人维吉尔所写："恐惧是出生低下的标志。"这无疑是因为，在大多数国家，贵族阶级都出自战将，对他们而言，恐惧就代表着残疾。我们认为，有文化特征的恐惧起社会调节作用。长期以来，人们认为启发恐惧是一种很好的教育手段：孩子应当恐惧家长，才能不犯错误；仆人恐惧主人，工作效率才能高，等等。从理论上讲，只有这样，每个人才能正确地实现自己的社会作用：小学生因为恐惧，服从惩罚；信教者去教堂而且因为恐惧地狱，才不犯罪。然而，这种恐惧仅仅属于社会的“被支配者”，目的在于让人就范、各司其职。但对于“支配者”来说，它是不该存在的。

第三节 恐惧的形成与克服

一、恐惧的形成

（一）恐惧的天然线索

在恐惧症病人和婴儿身上我们看到，一般情况下的恐惧倾向都有先天预置的特性，并始终贯穿从婴儿到老年的全过程。鲍尔比提出了一个恐惧的“先天线索及其派生物”的量表，归纳出四方面的特性作为恐惧的诱因：①突然性；②新异性；③剧烈性；④危险性。事物前三种特性结合起来达到的强烈程度决定着恐惧的程度，有时意味着危险，危险性尽管有时需要个体的认知评估，但它直接决定着恐惧感的强烈程度。

例如，陌生人突然而迅速地走近，对婴幼儿意味着不确定性和不可预料性，从而让其产生恐惧反应。在一定的时间和空间内，期望的或熟悉的事情没有发生，可能意味着新异或危险。在高等动物中，种属成员大量死亡的情况是新异的，也是危险的信号，可以引起动物的极大恐慌。此外，孤独、灾害等也对人产生威胁。鲍尔比根据依恋和分离反应等现象，证明孤独是最根本的和天然的恐惧线索。儿童先天需要成人的哺育，衰老、疾病和独处使人们处于恐惧的威胁之中。

（二）与生俱来的恐惧

受到伤害的威胁，无论是身体上还是心理上的，都是恐惧的诱因、主体及其变体。主体就是身体受到伤害的危险，其变体就是任何我们所知道的、有可能以任何方式伤害到我们的威胁。身体受制于人是与生俱来的愤怒诱因，同样恐惧也有与生俱来的诱因：空中快速飞来的任何物体，如果我们不闪躲就一定会受到伤害；突然失去某种支撑，会使我们倒下。身体疼痛的威胁是与生俱来的恐惧诱因，虽然在疼痛出现的那一瞬间，或许我们还没有任何恐惧感。

另一个与生俱来的、人类共有的诱因就是见到蛇。欧曼的研究表明，人类的生理特征决定了与刀枪相比，我们对爬虫形状的物体更容易产生恐惧。然而有相当一部分人似乎并不害怕蛇，相反，他们还喜欢与毒蛇进行身体接触。另外，在很高的地方行走，一旦走错一步都有失足的可能，这也是与生俱来的一个诱因。有人经常被这种情形吓得魂飞魄散，但是也有相当一部分人没有这种诱因。

（三）后天习得的恐惧

在大多数曾经遭受过精神上强烈的或重复的创伤的人身上，恐惧可能会扎下根。总体而言，一种恐惧由三种不同经验直接获得。第一个为唯一的精神创伤经验。一次车祸可能让我们持久地恐惧驾车。第二个为多次重复出现、令人紧张的经验，而且不能控制。多次经历飞机飞行中的颠簸可以导致对空中飞行的恐惧，尽管没有到发生灾难或遇到紧急降落的地步。第三个为发生之后。一次具体事故之后，意识到自己差一点就遭受灾难，而之前也有危险要降临的意识一闪念，如一个被抢劫的人，最初感受还不甚强烈，但当他听说自己的进攻者在同一天下午还杀死了一个人时，其恐惧可想而知。

在后天的学习中，我们有可能变得对任何事物都感到恐惧。毫无疑问，有些人会对根本不会造成任何危险的东西感到恐惧，如孩子怕黑。无论成人还是孩子，都会出现毫无根据的恐惧。例如，把电极放在某人的胸口测量心脏的活动（EKG 或者心电图），仅仅是用来记录而不会传递电流，对于不了解这种仪器的人来说，这就会令他们惊慌。一位认为自己将要受到惊吓的人，会真切地体会到恐惧，尽管毫无根据。只有极富同情心的人才能尊重、体谅且耐心劝说恐惧那些我们不以为然的事情的人们。然而，大多数人对这样的恐惧会选择置之不理。体会到他人的恐惧时我们不但要接受它，而且要帮助他人去面对这种恐惧。优秀的护士能够理解病人的恐惧，能从病人的角度考虑，并说服他们打消恐惧的念头。

知识链接 8－3　恐惧的个体差异

你住在一个安全的街区还是生活在一个战火不断的国家？即使你住在一个明显安全的环境中，你也可能经历过可怕的体验——威胁生命的事故，强奸或者抢劫，亲人突然离世或者发现死尸等。如果这样，会增加你的恐惧感受（Rosen & Schulkin，2004）。如果童年期被性虐待，你可能在成年期比其他人更容易形成严重的恐惧和焦虑。

在研究者所调查的所有国家中，女性比男性平均报告更多恐惧和焦虑（Fischer et al.，2004）。为什么会这样？研究并没有做出明确回答，但可能会有若干解释。女性可能更容易成为性攻击和家庭暴力的受害者。但是，恐惧和焦虑的性别差异出现在早期，从 1 岁之前就开始显露，那时还不会有这些遭遇（McLean & Anderson，2009）。在动物中也发现：在各种情境中，雌鼠比雄鼠表现出更大的恐惧，如对光的恐惧（Toufexis，2007）。男性和女性在不同情境下的恐惧并不存在差异。例如，男性和女性对电击或者预示电击的线索表现出相同的恐惧反应。但是，平均来说，女性对突然的尖叫声表现出更大的惊跳反应，表明有更大的“背景焦虑”（Grillon，2008）。男性和女性有相似的社交恐惧症（回避他人）、幽闭恐惧症（对幽闭环境的恐惧）、伤害恐惧的发病率。女性更容易害怕各种动物（如蜘蛛），会体验到恐惧和厌恶的混合情绪（McLean & Anderson，2009）。

（资料来源：Michelle N. Shiota，James W. Kalat. 情绪心理学 . 2 版 . 周仁来，等译 . 北京：中国轻工业出版社，2015：165－166）

二、正常与病态的恐惧

恐惧不安是我们日常生活的组成部分，每个人都会有恐惧的体验，这些体验大多数时候是正常的。当我们站在峭壁上或身处一个陌生的国度，都会小心谨慎。这是一种普遍而正常的、带有保护性质的恐惧形式，无须专业人员的帮助。然而在我们中间有少数人，因为对去上班之前要乘坐公共交通工具怕得要命而不能工作。这样的恐惧就是不常见的、消极的和不正常的。

（一）正常的恐惧

在危机状况下，恐惧是正常的。这是一种缺乏置身特定环境的经验而引起的恐惧反应，这种反应是由于人类作为一个物种在发展和保存受到严重威胁时而引起的。而什么都不畏惧的人遭遇危险的可能性更大。为了免遭危险，人既需要勇气又应该谨慎。我们在突如其来的危机中往往不得不迅速而不假思索地采取行动以避免发生灾难。但是，最严重的危险已经过去时我们才感到害怕。在紧急情况下肩负重任的人往往能非常成功地控制整个局势，事后他们才会有后怕的反应。

儿童有时会在受伤后对某一种客体产生恐惧。不过有些刺激似乎比其他刺激更容易引起恐惧。一个 7 岁女孩的经历就能说明这一点。她在公园里听到草丛中有响动，以为那是一条蛇，便慌张地逃走，一直跑下小山，但没有对任何人讲这件事。一小时后，在她父母的汽车里，她的手被车门轧伤了，不得不把手包扎起来。后来她才向父母讲起蛇的事，因为她对蛇的恐惧越来越强烈。为了照顾她，父母小心翼翼地避免提到蛇；电视节目中一出现蛇，就把电视关掉，并且把有这方面内容的报纸藏起来。他们这样做其实是错误的。这个女孩至少到 20 岁的时候还怀有对蛇的恐惧。

很明显，车门带给她的痛苦比任何一条蛇带给她的痛苦要大得多，然而，她不是对车门恐惧，而是对蛇恐惧。其原因可能在于人类大脑的程序设计使得蛇这类客体比车门这种人造物品更容易引起人们的恐惧。在汽车、砖、草地、动物及自行车引起的痛苦程度相同时，我们对动物产生恐惧的可能性比对其他物体产生恐惧的可能性更大。某些刺激对于我们的恐惧感就像避雷针一样。甚至对于成年人来说，某些刺激比其他刺激更容易引起反感。这是一种正常的自然反应。

（二）病态的恐惧

尽管我们有时会感到紧张和恐惧，达到某种程度时人们还会问自己：“我会不会慢慢变成疯子?”不过，恐惧不会如此轻易地使人发疯。一般来说，我们能够成功地自己解决问题，在这样做时，亲人和朋友可能会给予我们帮助。如果我们的担心强烈到无法用正常手段予以克服时，那么就可以去找专家诊治。这类需要治疗的恐惧，人们通常称之为“临床”或“病态”恐惧。不过，这种恐惧与正常的恐惧和紧张只是表现程度不同，形式上并无差异。

惊恐不安的恐惧症病人经常问医生，他们是否还属于正常人，是否就要“神经失常”了。医生的回答是：他们是正常的，即使他们的恐惧感不正常。某些恐惧可能异常强烈并具有消极影响，因而在统计学意义上可以说是反常的；但有这类恐惧体验的人从其他任何方面来看都是“正常的”。如果有一个人患上广场恐惧症，这并不意味着他正在变成疯子，相反，他是一个相当正常的人。只是常见的恐惧在他身上以特别强烈的方式表现出来，并给他的生活方式带来了消极影响。

尽管专业人员的建议可以起安定作用，不过轻度的恐惧感和紧张感无须治疗。学会理解自己的问题并知道其他人也有类似的忧虑是有益的。通常我们能够自己克服日常生活中的恐惧感，本章关于克服恐惧的方法或者亲朋好友对我们都会有一定程度的帮助。但是，在我们意识到自己的生活日益受到恐惧感的限制时，应该去寻求专业帮助。如果对性接触的恐惧妨碍我们培养正常的婚姻关系，或者我们对污秽特别敏感，以至于一天花六个小时洗手，把手洗得发白流血，这表明无论如何都要接受专业治疗了。

三、恐惧的克服

（一）接受恐惧

一方面，不要因为恐惧而感到羞愧。有关恐惧的专业人员也会毫不犹豫地原谅恐惧情绪：在法国，营救作为抵押的人质的优秀武装人员中，如果在两次任务之间某成员感到“自己不能胜任”，谁都不会强行要求他必须完成任务，而且这对他的声誉毫无影响。正常的恐惧是对危险存在的提醒，也是自己状况较差的信号，请在行动之前尊重它。

另一方面，不要尽力让恐惧消失。恐惧完全消失是不现实的，关键是要调整它，才能带着恐惧行动。在治疗恐惧症患者时，首先要向患者解释治疗的目的不是要根除他们的恐惧情绪，而是渐渐地让恐惧的程度降低，使恐惧变得可以与生活共存，而且患者能够自立。

（二）积极面对恐惧

很多时候，我们的恐惧并非源于让我们恐惧的对象，而是恐惧本身让我们感到恐惧。在恐惧对象还没有出现时，我们就开始恐惧。由此形成一个恶性循环：恐惧让我们感到更频繁的恐惧，更严重的恐惧……之所以产生这种循环，是由于我们不能或不敢面对恐惧。因此，一种有效克服恐惧的方法是：不要逃避，积极面对。具体做法是：

首先，要在自己的控制下面对恐惧。如果个体没有需要，强制他克服恐惧是徒劳无益的。将恐惧水的人用力推下水，永远不可能治愈他们的恐惧。

其次，逐渐面对恐惧。开始时面对不太重要的恐惧，如果恐惧鸟，就先看鸟的照片，然后看有关动物的录像带，参观养鸟场，最后自己去天然养鸟场选择自己喜欢的鸟。

再次，选择长时间面对恐惧。长时间处于令人焦虑的情境中，直到焦虑减至一半为止。

最后，有规律地面对恐惧情境。因为大多数恐惧由来已久，所以很少能一次就解决问题。

总之，回避恐惧永远也不可能使恐惧消失。尽管面对恐惧有无数的困难，但是积极面对却是战胜恐惧的唯一出路。

（三）培养控制能力

如何解释大多数人坐飞机时比开车时恐惧呢？实际上，飞机被认为是比较安全的交通工具，因为乘坐飞机的死亡率比驾车的死亡率低。然而我们还是感到在汽车中安全些，这是因为我们认为在汽车中自己控制局面能力较强，自己知道路程，自己是车速的主人，可以想停就停等。事实上，恐惧情绪常常与不能控制的局面有关。

为了控制自己的恐惧，最好的方式是掌握信息。如果我们对飞机恐惧，那么请空中小姐和驾驶员解释飞机的运转方式，并请他们解释在机舱有时听见的声音意味着什么。如果我们恐惧某种动物，那么就去向专家咨询它们的习性，大多数情况下我们会发现恐惧是不必要的。如果我们认为自己被关在电梯里面会觉得窒息，那就请医生朋友解释人体对氧气的需要情况。

（四）积极自我调节

（1）保重身体，多与人交流。那些总是忍受过度恐惧的人们应该做一次全面体检。营养不良、过度劳累和某些疾病如低血糖都会使人产生恐惧。同时，要经常和别人交流感情，把自己的恐惧当作秘密会增加恐惧。

（2）实事求是，接受不可避免的恐惧。对自己的恐惧过于担心只会使问题严重化。生活中任何大的变化总伴随着一定的恐惧，承认事实，真正的恐惧自然会得到控制。人生来会有一些不现实的想象，也总是在事情还没有发生时就产生一些想象中的消极后果。我们经常听到有人说“我病倒了”“我的记忆力差极了”之类的话，这不免会使他们产生恐惧。

（3）改变说话时的情绪和态度。人们经常夸大事情的结局，甚至将某件事解释为灾难，由此增加自己的恐惧感。例如，假设你的汽车出了故障，正常的反应是“仅仅有点不方便，并非什么大的灾难”；相反，如果你说“事情总发生在我身上，我生来就是个倒霉蛋”，那么你很可能会把自己引入自卑和长期焦虑的境地。

（4）学会放松自己。一个人不能同时心情轻松而又焦虑重重。许多患有焦虑和恐惧感的人认为自己从来不能放松。我们常听到焦虑型的人这样说：“如果我真的放松了，那我非得去看医生不可。”但实际上放松是一种能够学会的技能。

（5）为你的生活树立一种信念或目标。没有信念或目标，人会变得多疑和不诚实，最终导致恐惧。一种正确的信念或目标永远是你生命的保护伞，如毕生为他人服务，你会感受到无穷的乐趣。

第四节　恐惧症及其治疗

一、恐惧症概述

（一）恐惧症的界定

恐惧症是以恐惧症状为主要临床表现的神经症。病人对某种被本文化中的多数人认为毫无危险的情境突然产生强烈恐惧，恐惧迫使病人不得不回避令人恐惧的情境。恐惧发作时，病人并不能说清恐惧的原因。这种恐惧可能是慢性的，人们经常能感受到，但更多地是以突然发作的方式出现，发作时间可能持续几分钟、几小时或几天。恐惧症是一种非常普遍的精神障碍（约占12%），在精神病学中的患病率仅次于抑郁症，而酒精依赖则紧随其后。恐惧症发作时往往伴有明显的自主神经症状，病人极力回避所害怕的情境，他本人也知道害怕是过分的、不应该的或不合理的，但并不能防止恐惧发作。

（二）恐惧症的表现

有些病人从未意识到自己的恐惧，他们只是抱怨身体发生了某些变化，而这些变化就是恐惧的后果。例如，他们称自己出汗、心脏跳动时快时慢或者不能深呼吸。因此，恐惧感可能存在很长时间，但并没有明显的零星恐慌发作。首先，呼吸困难是恐惧症的一种普遍症状，这种症状常常使病人抱怨："我得不到足够的空气!""我必须不停地张着嘴大口喘气。"人们有时可能会看到，当事人实际上更经常拼命深呼吸。当然也可能出现相反的情形，即呼吸过重。他可能被窒息和梗阻的感觉折磨着，这种感觉很强烈，如果是待在拥挤的房间里，他就不得不打开窗子。

其次，胸部可能出现不舒适的疼痛。与此相关的有心区疼痛，病人感觉到自己的心跳，上腹部有压迫感以及心区有发胀感。产生强烈恐惧时，可能会出现比较强烈的尿急或便急感，使得当事人总是待在卫生间附近。过度紧张也会引起恶心和呕吐，由此形成对在公共场合呕吐的恐惧，最后可导致对相应环境的回避。有严重恐惧感的人的特点是非常容易受刺激，容易不知所措及责骂配偶和孩子。他们容易疲倦，很难坚持自己的日常工作。

恐惧还会引起食欲不振、厌食和随之而来的体重下降，有时还有轻度腹泻的趋势。受这些痛苦折磨的人会感觉乏力、头晕，尤其在走路和站立时感觉特别明显。当事人会因此而心里不踏实，以至于要扶着靠得最近的椅子或者紧挨着房屋的墙壁走路。如果还有剧烈的窒息感、心悸和心区不适，就容易出现对眩晕、昏厥、致命的心脏病发作的恐惧。

（三）恐惧症的病因

1. 遗传因素

许多研究都表明遗传是恐惧症产生的一个重要因素，如托格森（1983）发现同卵双生子的同病率为31%，而异卵双生子的同病率为0。与此相似，肯德勒等人（1993）也发现，女性同卵双生子的同病率为24%，而异卵双生子的同病率仅为11%。赫蒂玛等人（2001）对数据进行元分析后发现，恐惧症的遗传力系数为0.40，这表明遗传是恐惧症产生的主要原因之一。

2. 生物机制

生理的高度唤醒是恐惧发作的主要特征，它由下丘脑的活动引起并受交感神经系统调节。恐惧发作由神经递质和去甲肾上腺素引起，肾上腺素也有一定作用。个体产生焦虑情绪时，神经递质和去甲肾上腺素便会引发身体的活动以应对生理上的损伤。当这种反应最为明显时，被称为斗争—逃避反应。恐惧发作时，心跳速度加快，也更加有力；血液流向肌肉，远离肠子（从而产生恶心的感觉）；骨骼肌更加紧张，血压升高。所有这些变化使身体准备好随时作出快速剧烈的反应。恐惧症患者在逃离恐惧情境时或因换气过度而发抖、呼吸困难、眩晕时，生理变化可能会更加明显。

3. 文化因素

与广泛性焦虑症一样，高度的社会压力也会增加恐惧症发生的可能性。生活在城市中的丧偶、离异或者分居的个体，是恐惧症的高危人群。受教育程度低下、父母早亡或者遭受过身体虐待、性虐待，也会增加恐惧症发生的可能性。

4. 心理因素

克拉克（1986）提出的认知模型确认了恐惧发作的三个诱发因素：①与特定刺激物或情境联系在一起的恐惧或焦虑认知；②高度的生理唤醒，与不同的情绪状态有关；③可能导致生理紊乱的其他事件。

根据克拉克的观点，上述每个因素都会成为引发恐惧症的核心认知成分，即个体以灾难性的方式对身体感觉进行解释。这些身体感觉其实只是正常的焦虑反应，个体却对其进行了错误的解释。其他诱发因素包括与其他强烈情绪（如愤怒）有关的紧张状态、摄入咖啡因导致的心跳加速等。

灾难性的错误解释是指把身体的一些感觉看得过分危险，特别是把这些感觉的变化看作是严重的生理或心理疾病出现的信号，如心脏病发作等。这种想法激活了个体的斗争—逃避反应，使个体的生理唤醒程度提高，而这又被以灾难性的方式加以解释："我的心脏跳得这么快，我真的要心脏病发作了。"引发焦虑情绪的认知强化了身体的感觉，身体感觉的变化又进一步引发焦虑情绪，这样一个恶性循环最终导致了恐惧症。

二、广场恐惧症

（一）概念

“广场恐惧症”这个概念是一百多年前由一名叫威斯特伐尔的德国精神病医生首次提出的。当时是指有一类病人，只要参加公共广场集会或群众性狂欢就会出现病理性恐惧反应。一旦迅速离开广场，病情随之消失。以后发现广场恐惧症病人对商场、大百货公司，登高，仰视高大建筑物，乘坐电梯、公共车辆、过江轮渡，穿过隧道和繁忙的马路以及走过很深很长的走廊等都会产生恐惧反应。深入病理、心理机制的研究发现，任何环境如果有拥挤、封闭的特征，使个体感到无法逃脱或回避，皆可导致恐惧发作（见图8－4）。因为病人感到进入或留在这些地方，对自己不安全，有生命危险，有发生晕厥或失去控制而无法逃离的可能。因此，广场恐惧症实际上名不符实，应称为“特殊境遇性恐惧症”。

图8－4　封闭空间导致广场恐惧症

广场恐惧症有两个特征：一是害怕独处；二是在不能回避的环境中显得非常无助。虽然这两种情况也会单独出现，但是它们更经常同时出现。恐惧症往往在成年期的早期出现，它对女性产生的影响是男性的3倍。据估计，有3%的美国人患有恐惧症，有1%～6%的美国人患有广场恐惧症。大多数广场恐惧症病人在18～35岁时发病，且女性多于男性，大约2/3的广场恐惧症病人是女性。这类病人初期只对1～2种环境产生恐惧和回避，如乘汽车恐惧时改乘火车旅行尚能适应。随着时间推延，病情逐渐加重，对上述任何场所、环境都产生包围感和威胁性恐惧心理，伴随严重的回避行为，最严重时自我封闭在家，整天不能外出。

（二）症状

1. 广场恐惧症无惊恐发作

这类病人在广场恐惧症状出现前和病程中从无惊恐发作，其主要表现有以下几方面：

（1）害怕到人多、拥挤的场所，如会场、剧院、餐馆、菜市场、百货公司。

（2）害怕使用公共交通工具，如乘坐汽车、火车、地铁、飞机等。

（3）害怕单独离家外出或单独留在家里。

（4）害怕到空旷的场所，如旷野、空旷的公园。

当病人进入这类场所或处于这种状态便感到紧张、不安，出现明显的头昏、心悸、胸闷、出汗等自主神经反应；严重时可出现人格解体体验或晕厥。由于病人有强烈的害怕、不安全感或痛苦体验，常随之出现回避行为。在有一次或多次类似经历后，常产生预期焦虑。每当病人遇到上述情况，便会感到焦虑紧张，极力回避或拒绝进入这类场所。在有人陪伴时，病人的恐惧可以减轻或消失。

2. 广场恐惧症有惊恐发作

（1）广场恐惧症起病前从无惊恐发作，不在害怕的场所也无惊恐发作，只在经历害怕场所或情境时极度恐惧才达到惊恐发作的诊断标准。回避害怕场所或情境，或恐惧症状得到有效控制，惊恐发作便会停止。这种情况的广场恐惧症是原发病，惊恐发作属继发反应。

（2）广场恐惧症起病前经历过一次或多次惊恐发作，害怕单独出门或单独在家，担心自己出现惊恐发作时无亲友在身旁救助，如果有人陪伴便可消除担心。在惊恐障碍得到有效治疗后，广场恐惧症会逐渐消失。这类病例的原发病是惊恐障碍，广场恐惧症为继发症状。

（3）广场恐惧症和惊恐发作可见于同一患者，患者不但在人多拥挤的场合会感到紧张不安，在一般情况下也有惊恐发作。这种情况常需分别给予适当治疗，两类症状才会消失。

（三）诊断

广场恐惧症是以害怕单独离家外出到人多拥挤的场所，伴有预期焦虑和回避行为作为特征的一种恐怖障碍，可伴有或不伴有惊恐发作。如害怕的场所仅限于社交场所，病人主要担心自己的表情和行为举止会被别人给予坏的评价时应诊断为社交恐惧症；如害怕的场所只限于某一特定处境，则应考虑单纯恐惧症的诊断；害怕被污染而回避某些物体或场所，与强迫观念有关者应诊断为强迫症；回避与既往严重精神创伤有关的场所，则应考虑创伤后应激障碍；儿童期害怕离开家庭或亲人，则应考虑分离焦虑障碍；拒绝上学，则应考虑学校恐惧症。

三、社交恐惧症

（一）概念

社交恐惧症又叫社会恐惧症，是恐惧症中最常见的一种。患病人数约占恐惧症病人的一半。社交恐惧症是一种对任何社交或公开场合感到强烈恐惧或忧虑的精神疾病。病人对于在陌生人面前或在可能被别人仔细观察的社交或表演场合，有一种显著且持久的恐惧，害怕自己的行为或紧张的表现会引起羞辱或难堪。有些病人对参加聚会、打电话、到商店购物或询问权威人士都感到困难。

一般人对参加聚会或暴露在公共场合的事情都会感到轻微紧张，但这并不影响他们出席。真正的社交恐惧症会导致无法承受的恐惧，在严重的案例中，病人甚至会长时间地把自己关在家里孤立自己，总是处于焦虑状态（见图8－5）。他们害怕自己在别人面前出洋相，害怕被别人观察。与人交往，甚至在公共场所出现，对他们来说都是一件极其恐惧的事情。研究显示，与男性相比，女性更易受社交恐惧症的影响。尽管这种精神障碍可能在5～35岁出现，但是它通常在20岁左右最容易出现，平均每100个人中大约有3个受到过社交恐惧症的影响。

图8－5　社交恐惧症：孤立自己

（二）分类

1. 一般社交恐惧症

如果你患了一般社交恐惧症，在任何地方、任何情境中，你都会害怕自己成为别人注意的中心。你会发现周围每个人都在看着你，观察你的每个小动作。你害怕被介绍给陌生人，甚至害怕在公共场所进餐、喝饮料。你会尽可能避免去商场和进餐馆。你从不敢和老板、同事或任何人进行争论而捍卫自己的权利。

2. 特殊社交恐惧症

如果你患了特殊社交恐惧症，你会对某些特殊的情境或场合特别恐惧。例如，你害怕当众发言、当众表演，尽管如此，你在别的社交场合却并不感到恐惧。推销员、演员、教师、音乐演奏家等，经常会有特殊社交恐惧症。他们在与别人的一般交往中，并没有什么异常，可是当他们需要上台表演或者当众演讲时，他们会感到极度的恐惧，常常变得结结巴巴，甚至愣在那里。

上述两类社交恐惧症都有类似的躯体症状：口干、出汗、心跳剧烈、想上厕所。周围的人可能看到的你的症状有脸红、口吃、轻微颤抖。有时候，病人发现自己呼吸急促，手脚冰凉。最糟糕的结果是，病人会进入惊恐状态。

（三）成因

1. 生理原因

2000年在上海召开了有关社交恐惧症的研讨会，主讲人美国精神病学教授戴维西汉先生说，社交恐惧症的发病是因为人体内一种叫5－羟色胺的化学物质失调所致，这种物质负责向大脑神经细胞传递信息。5－羟色胺过多或过少都可引起人们的恐惧情绪。

2. 心理原因

社交恐惧症病人一般自尊心较强，害怕被别人拒绝或者对自己的外貌没有信心。

3. 家庭原因

社交恐惧症病人从小性格受到压抑，或者是父母没有教会他们社交的技能，或者是家庭搬迁过于频繁。

4. 社会原因

社交恐惧症病人本身所处的社会环境较为恶劣，与人交往时受到的挫折较多。

知识链接 8－4　你有社交恐惧症吗

你是否患有社交恐惧症？一般情况得由精神科医生来鉴定，但是下列测试题也可用来了解你的社交恐惧程度。每个项目都有4个答案可以选择，它们分别代表：1——从不或很少如此；2——有时如此；3——经常如此；4——总是如此。请根据你的实际情况在每项陈述后圈出相应的答案，此数字也是你每题所得的分数，将分数累加便是你的最后得分。

(1) 我怕在重要人物面前讲话。　(1　2　3　4)

(2) 在人面前脸红我很难受。　(1　2　3　4)

(3) 聚会及一些社交活动让我害怕。　(1　2　3　4)

(4) 我常回避和我不认识的人进行交谈。　(1　2　3　4)

(5) 我不愿意让别人议论我。　(1　2　3　4)

(6) 我回避任何以我为中心的事情。　(1　2　3　4)

(7) 我害怕当众讲话。　(1　2　3　4)

(8) 我不能在别人的注视下做事。　(1　2　3　4)

(9) 看见陌生人我就不由自主地发抖、心慌。　(1　2　3　4)

(10) 我梦见和别人交谈时出丑的窘样。　(1　2　3　4)

得分及解释：

1～9分：放心好了，你没患社交恐惧症。

10～24分：你已经有了轻度症状，照此发展下去可能会不妙。

25～35分：你已经处在社交恐惧症中度的边缘，如有时间一定要到医院求助精神科医生或心理医生。

36～40分：很不幸，你已经是位严重的社交恐惧症患者了，快去求助精神科医生或心理医生，他们会帮你摆脱困境的。

（资料来源：戴晓阳．常用心理评估量表手册．北京：人民军医出版社，2014）

四、动物恐惧症

当某种物体被看作危险的来源，并且这种物体可能导致的伤害被夸大时，对这种物体的恐惧就发展成为特殊恐惧症。特殊恐惧症包括对某种动物的过度恐惧（如蜘蛛恐惧症），对诸如狭窄空间、开放空间或者高地之类的环境的恐惧（如恐高症等），以及对窒息或者呕吐的恐惧。

（一）病程

在特殊恐惧症中，动物恐惧症是最常见的一种。大多数儿童在 2～4 岁时都经历过害怕动物的阶段，即使孩子没有受到过动物的攻击或者看到过其他孩子受到动物的伤害，这种恐惧也会出现。到青春期开始时，大多数孩子对动物的恐惧已经消失，只有少数人的这种恐惧一直保留到成年时期，其中大多数是女性。抱怨自己害怕动物的成年人一般会说，这种恐惧从 6 岁以前或“在我能记事的”童年就开始存在了。少数人能够回想起早期的童年里有一个短暂时期并不害怕动物，恐惧症在三四岁时才开始出现。

幼儿出现对动物的恐惧是正常的，甚至是天生的。许多人厌恶蜘蛛、老鼠、狗和其他动物，这也是正常的。但这还不是强烈到足以引起恐惧症或需要治疗的恐惧。精神病医生发现，成年人中出现的这类恐惧症远远少于广场恐惧症或社交恐惧症，这说明动物恐惧症在成年时期出现得较少。

（二）病因

对成年人来说，产生动物恐惧症的开端往往是对童年的模糊记忆。但有少数人能够说出引起动物恐惧症的确切事件。一位女患者对猫的恐惧开始于她还是个小女孩时看见父亲将小猫溺死。对狗的恐惧通常是由被狗咬伤引起的。而恐鸟症则可能是这样开始的：患者还是孩子的时候在某个广场摆姿势照相，那里有成千上万只鸽子成群结队地飞来飞去。一只鸽子站在她的肩上而她却不能动弹，为了照相她必须站着不动，这时她就产生了恐慌。这样拍出的照片成为她的恐惧症开始的资料。羽毛恐惧症开始于患者还是婴儿的时候，她当时被固定在儿童车里，一位帽子上插着硕大羽毛的陌生妇女俯身想看看婴儿，恐慌就在这时产生了。

（三）临床特征

（1）由某种特定的动物引起的强烈的恐惧。

（2）恐惧时常伴有自主神经症状，如心悸或心慌、出汗、震颤或发抖、口干、呼吸困难、胸痛或胸部不适、恶心或腹部难受、头晕或站立不稳、寒战或燥热潮红、针刺或麻木感等。

（3）预期性焦虑，即在将要面对恐惧的动物之前所出现的焦虑。

（4）对所恐惧的动物或相关情境极力回避。

（5）患者知道所存在的恐惧以及回避行为过分、不合理、不必要，但又无法控制对特定动物的恐惧和回避，从而给患者带来明显的精神痛苦，或妨碍其工作、学习、生活和社交等方面的正常社会功能。

五、恐惧症的治疗

（一）生物治疗

1. 基因疗法

基因治疗是指通过基因水平的操纵从而达到治疗或预防疾病的治疗方法。基因水平的操纵主要包括用正常基因替代致病基因、封阻或剪断致病基因、修复被损害的基因和重建正常的基因表达调控体系等内容。发表于《科学》杂志上的一篇文章报道，瑞士科学家发现了人脑对恐惧作出反应的分子学机制，这一发现将有助于开发治疗恐惧症等疾病的药物。

2. 药物疗法

尽管有许多方法对治疗恐惧症有较好的疗效，但在特定的情况下，药物治疗可以起到立竿见影的作用，尤其是抗抑郁药，因为恐惧感常常会因为抑郁症而加重。已研究出来的最好的这类药品是三环抗抑郁药物。镇静剂则相反，尽管处方中含有许多镇静剂以暂时减轻恐惧感，但是它们并无持久效果。无论何种药物，一定要在医生的指导下服用，同时还要注意避免产生药物依赖。

3. 外科疗法

治疗恐惧的外科疗法有脑叶切断术或脑白质切断术。手术时，额叶中的一小部分脑白质被切断，恐惧因此减少。过去的手术方法常常导致不由自主的性格变化，这使得手术名声不佳。后来，对手术进行了修正，遭到破坏的脑白质因此少了许多。这种后来修正过的手术方法事实上只引起极少的性格变化，而且能对那些患有长期慢性恐惧症且受到严重影响而所有其他方法在他们身上已经一概失效的患者有很大帮助。

（二）心理治疗

1. 精神分析疗法

按照精神分析的解释，恐惧的成因可以追溯到患者童年期的经历。他们童年期可能遭遇过不愉快的甚至创伤性的经历，即便只有一次这样的经历，但印象深刻，形成了烙印，未能及时消除恐惧感，因而形成了恐惧症。例如，童年时曾经被狗咬过，于是形成了恐狗症；童年时曾经遭遇溺水，于是产生了恐水症。对儿童恐惧症的治疗应注意分析症状产生的情绪背景及其象征意义，通过心理治疗予以适当处理。

弗洛伊德 1909 年根据著名的小汉斯病例，提出了他的恐惧症理论。直到近年，精神分析的恐惧症理论仍然主要依据这一案例。弗洛伊德认为，恐惧症由以下步骤形成：①病人（如果是男性的话）恋着母亲，并且企图勾引她。②他因嫉妒而恨父亲，并想杀死他。第一、二步合起来便是恋母情结。③病人害怕父亲会以阉割的方式来报复他。④这一冲突在病人心中激起极大的焦虑，因为这一情结在意识层面上是不可以接受的。这种焦虑便转置到中性的对象（恐惧对象）上。正是这个对象将冲突标志化了，从而变为可以接受的恐惧诱发物。⑤当病人洞察了这一种深层冲突的性质后，他的恐惧便治愈了。

2. 行为疗法

行为疗法不是要发现潜意识中的意义，而是要促使病人面对使自己不适的环境。对长期存在的恐惧症和强迫症而言，行为疗法是最好的治疗方法，这种疗法可以在几天、几个星期之内见效。它不必费力在潜意识中搜寻，而是力求彻底消除恐惧症和强迫症，其做法是直接促使患者面对不适环境，让患者最终学会驾驭这种环境。这种方法在大多数情况下有效，甚至已经存在多年的问题也会迎刃而解。

这一方法的原则就是与你害怕的事物进行对抗，直至你对它们习以为常。只要坚决与自己的恐惧对抗，它就会销声匿迹。持续几个小时的长时间的对抗练习，效果要好于每次只持续几分钟的短时间练习。你越快地面对自己最严重的恐惧，你恢复健康的速度也就越快。在对抗练习期间一般会感到胆怯，不过因胆怯而产生的紧张感一般是无害的，它很快就会平息。为了防止在事故之后患上恐惧症，必须立刻将恐惧扼杀于萌芽状态——不要回避，而应在事故之后立即重新进入创伤性环境来与恐惧进行对抗。

“Okay，现在请放松……就像上周那样，我会把这块红布在你面前举起来，一直数到10。……在你生气之前我会把它放下来的。”这张卡通画既嘲讽了也总结了系统脱敏技术。当个体被暴露在逐渐增加的激发恐惧的刺激面前时，应学会保持一种平和放松的状态。

有许多种对抗疗法，其中包括速度非常缓慢的渐进式方法，诸如系统脱敏法（见图8－6），还有更快的方法，如过度刺激法。你所遭受的恐怖环境可能仅仅存在于你的想象中，或者是在幻灯片和照片上，或者是在真实生活中。在实际生活中进行对抗练习会促使恐惧症消失得更快。通用的方法是进入恐怖环境，在其中停留几个小时，直至感觉较好为止。对抗疗法也可以在一组恐惧症患者中进行。梦魇也可以像恐惧症那样得到治疗，即有意识地体验它们。当人们学会左右它们时，它们就会消失。

图8－6　行为疗法——系统脱敏技术

（三）社会疗法

社会疗法是针对影响恐惧的社会因素，如经济、文化、政治等因素，采取必要的措施营造一个安全的社会环境。例如，加快社会经济建设，为人们提供更多的工作和就业机会，这样失业的恐惧就会减轻。此外，加强文化建设，发挥媒体的积极作用，而不是对恐惧源过分渲染。例如，2019 年底爆发的新型冠状病毒，因传染性和致死率在全球范围引起了极度恐慌，其中民众的过分恐惧与媒体的过分炒作有很大关系。最后，充分利用国家机关的作用，创造一个祥和的治安环境也是消除某些恐惧症的外围条件，对某些恐惧源（如犯罪、病毒）有效防控和及时消除是国家和政府应尽的职责。

第九章　愤　怒

引言　暴力频频因何故

某中学生因对老师的管理不满，在教室内用砖头将其打成重伤。监控视频显示，一名老师刚进入教室，准备将手中的雨伞收拾起来。突然从其身后蹿出一个穿校服的男生，拿着砖头狠狠地向老师头上砸去，连续 9 次暴击。在同学的阻拦下，最终制止了想要继续施暴的这名学生。

某小学一个 10 岁小孩大闹校园，把油漆泼洒到课桌、计算机、打印机上，毁坏停车场的汽车，等等。原因很简单：三年级同学叫他“神经病”，而他要叫他们知道他的厉害。

曼哈顿一家夜总会门外拥挤着一群青少年，你推我搡，跌跌撞撞。突然，有人抽出 K38 自动手枪向人群扫射，造成 3 人死亡，8 人受伤。报道指出，近年来类似这种自以为遭到轻视而报复杀人的案件在美国越来越常见。

据报道，在被害人年龄不到 12 岁的凶杀案件中，有 57% 的凶手是他们的父母或继父母。其中几乎有一半的父母声称他们不过是想“教训教训”自己的孩子。触发这种致命殴打的原因只是孩子挡住了电视机、哭闹或尿布湿了之类的琐事。

第一节　愤怒的情绪

一、愤怒的含义

愤怒是一股势不可当的力量，发泄愤怒足以使事情发展到我们所期望的反面。当遭到不公正的对待时，当感到被轻视、被冒犯时，或者当无法容忍某种行为时，我们便会表达愤怒。愤怒是穿戴着盔甲的恐惧，是在别人伤害我们之前做出的防御性反应（乔瓦尼·弗契多，2018）。愤怒可能是对挑衅的直接反应，也可能是未来反击的推动力。

（一）说字解“怒”

说来奇怪，失容失态的“怒”并不依男，反傍女。这与女人的窈窕姣好风马牛不相及。其实说穿了一点不奇怪，古代读书人对女人有成见，在造字上加点非议不是不可能。

就字形来说，“怒”字上半截睚眦飞动，恨意四溢；而下半截埋着个“心”，更显得心计深沉，发自心底。中国象形字就有这种特点，一个字就有一个字的“性格”。像“怒”字，就很有气冲冲的样子。作为生理、心理现象，怒是七情之一。按儒家学说，七情指喜、怒、哀、惧、爱、恶、欲（《礼记·礼运》）。中国的医书则把七情归结为喜、怒、忧、思、悲、恐、惊。无论如何，怒都是一种基本的情绪。

（二）词源学的解释

当人长期感到害怕或受到胁迫后，他的情绪会逐渐变得愤怒。这一观点从词源学上也可以得到证明，最早用来表达愤怒的词汇与恐惧一词很相像，它的准确含义是：外在环境因素给人带来不幸后所产生的一种现象。困扰和痛苦压抑到一定的程度，人就会变得疯狂，这种疯狂状态在我们现在人的眼里就是一种被痛苦所引发的“主动情绪”。古挪威语“angr”是愤怒和痛苦共同的词源，它们都保留了古语中“悲痛”的意思。假如我们将恐惧看作是被动情绪的话，那么愤怒就是一种具有内在激发力的主动情绪。

此外，愤怒似乎与身体的表现紧密相连。正如词典里的解释那样，愤怒还包括皮肤的痛楚和伤疤。虽然起鸡皮疙瘩不等于恐惧，但疼痛与伤疤却用来直接指称愤怒（当然这种指称关系在古语中更为明显）。伤口的青紫色暗含着一种愤怒的情绪，其原因大概是，当人们愤怒的时候，脸上的毛细血管在高压的作用下破裂，呈现出青紫色。

（三）愤怒的感觉

愤怒这个词涵盖了许多各不相同的经历。愤怒的感觉有一个范围，从轻微的恼怒到疯狂的暴怒，其间的区别在于愤怒感的强烈程度。不同的愤怒也会带来不同的感受。愤慨是自以为是的愤怒，愠怒是被动的愤怒，恼怒则是指一个人的忍耐力遭到了过分的考验。复仇是一种愤怒的行为，通常是经过一段时间思考所受冒犯之后出现的，有时会比引起这种愤怒的行为更加激烈。

图 9－1　“怒火中烧”

汉语中有“怒火中烧”一词，这一词语在某种程度上描述了愤怒的感觉。尽管愤怒潜伏在大脑的情绪中心，但它随时都可能跳出来对争吵、想象中的轻蔑、叛逆或威胁做出反应。被催促、被耽搁、被阻挠、被利用、被捉弄和被委屈也是产生愤怒的诱因。就像某种极具活性的化学元素，愤怒可以与任何一种情感相伴。恐惧、悲伤、辛酸、嫉妒、惊讶、尴尬、厌恶，甚至爱，都能和愤怒联系到一起。事实上，科学家已经告诉我们，尽管人们觉得愤怒和仇恨更为相似，但愤怒通常因爱而生。

愤怒是一种强烈的情绪，是一股很难控制的巨大力量。愤怒可能是冲动的、不由自主的，短促而猛烈；也可能是静默的、有预谋的，愤怒者头脑清醒，比较克制。愤怒的有趣之处在于，它可以被克制，潜藏很长时间，也可以短暂性地猛烈喷发，然后恢复到比较平静的状态。令人失去理智的愤怒电光火石地喷发之后，你对某人的怒气可能持续很长时间。愤怒其实是正常的感觉，但是失控的愤怒，很容易导致你与他人发生争执、打斗或自我伤害。

（四）对愤怒的误解

（1）男人比女人更容易发怒。调查发现，男人和女人发怒的频率是一样的，不同的是，男人发怒的强度要大一些，而女人发怒的时间要长一些。

（2）愤怒是一种“坏东西”。愤怒可以使人精神振奋，增进沟通，增强自尊，帮助消除恐惧和不安全感。

（3）愤怒是一种“好东西”。愤怒可能会导致暴力、财产损失、酗酒、身体溃疡、攻击、自残等行为。

（4）只有在公开表达愤怒时，才会成为一个问题。大约只有 1/10 的人会将愤怒公开表达出来，而实际上那些强忍怒火或抑制愤怒的人同样需要进行愤怒管理。

（5）愤怒只是一种心理状态。愤怒会造成生理反应，影响到肌肉、血压、血糖、心率、呼吸、肠道，甚至是手指头的温度等。

（6）愤怒是由于人和人的冲突引起的。有时接触到难闻的气味、身体不舒服时也有可能会让人感到愤怒。

二、愤怒的原因

人们一旦面临生活中不可回避的挫折和烦恼，认为自己的合法利益和目标受到阻挠，愤怒是极难避免的。当我们受到别人不公平的对待，或是因为他人的顽固、失职给我们带来极大的不便，或他人对我们的计划横加阻挠时，除了发怒，我们似乎别无选择。

（一）什么引起了愤怒

在实验室或控制情境下诱发情绪时，往往会采用某些特定的刺激，如词汇、图片、音乐或影视片段。但试想一下，如果研究者要在实验室诱发愤怒情绪，且不能违背伦理规则，应该怎么做？研究者通常通过给被试看电影片段诱发悲伤、恐惧、快乐或厌恶等情绪，例如，用突然的大噪音、恐怖电影或者电击诱发恐惧。但是，很难找到一种电影片断能可靠地诱发大多数人的愤怒而不会同时引起其他情绪。

在控制条件下，一次尖刻的侮辱会引起大多数人的愤怒，但也会引起与之伴随的恐惧、悲伤和尴尬，且一些被试不会注意到这次无礼行径，或者只是简单耸耸肩，认为眼前这个粗鲁的人今天正好运气不佳。你可能许诺将给予丰厚的奖励但是最后拒绝履行，这同样会引起一些被试愤怒，但不是所有人。恐惧在某些情境下几乎是共通的反应，愤怒却有特质性——人们会被完全不同的事物所激怒（Shiota & Kalat，2015）。

有研究者指出了归咎在愤怒中的作用，请看如下研究：高中生阅读一些情境的描述，对情境的各方面打分，然后讲述他们在这些情境中会有多愤怒，并报告总体上他们感到愤怒的频率。通常，当学生感到一种情境应归咎于人，他们说会感到愤怒。那些倾向于在日常生活中经常感到愤怒的学生通常将不愉快的情境归咎于人（Kuppens et al.，2008）。另一项研究发现，刚刚感受过愤怒的被试更容易将意义模糊的词解释为威胁（Barazzone & Davey，2009）。由此可见，归咎于人会引起愤怒吗，或者是愤怒使你寻找可以归咎的人吗？研究认为，其中可能存在双向的因果关系。

（二）愤怒的一般原因

1. 不希望发生的事情引发愤怒

我们希望获得自己预见的一切，受到他人的尊重，获得或保存有利的东西，保护自己的时间和空间。当发生的一切并不如自己希望的那样，愤怒就是对事物失望的表现。不幸的是，生活中充满令人失望的事件。

最深爱的人会让我们最愤怒，这似乎有些奇怪，但恰恰是他们才有可能对我们造成最深的伤害，最令我们失望。当一段恋情刚刚开始时，我们也许会沉浸于对爱人的幻想中，假如对方没能满足这些幻想，我们就会发怒；而且看起来，对亲近的人发怒往往比对陌生人发怒来得安全。还有一个原因也造成了我们对最关心的人发怒，那就是这些人最了解我们，知道我们害怕什么，清楚我们的弱点是什么，明白什么会对我们造成最大的伤害。

2. 在我们看起来对方是故意的

如果被人踩了一脚，根据自己认为对方是故意还是无意，我们的反应将不同。假如我们认为这种侵犯是有意的，不是偶然的或者必要的，那么我们就会更加愤怒。然而这个故意与否的概念相当微妙。人们对它的敏感性如表 9－1 所示，反映出的不仅是“有意”或“无意”。

表 9－1　不同意识水平导致的愤怒

水平 1 完全无意	一个驾车者因刹车过晚，蹭了自己的车身后侧 一个同事为了帮助你，却将咖啡打翻到你的电脑键盘上
水平 2 有意的，但并无意识损害你	自己正在等待车位，在没察觉你在等待车位的情况下，另一个驾车者占据了这个位置 一位在会议上霸占所有发言时间的同事，把焦点完全放在自己的问题上

（续上表）

水平 3 有意的，并有损害你的企图	驾车者明明看到你在等待车位，他还是决定强占这个车位 同事有意识地把持会议发言机会，因为他认为他的想法比你的想法更有意思
水平 4 有意的，并且有破坏你的愿望	因为你占据了他认为属于他的位置而生气，驾车者将你的车剐了一下 同事有意剥夺你的发言时间以便当众表现出对你的控制权

（资料来源：弗朗索瓦·勒洛尔，克里斯托夫·安德烈．情绪的力量：爱情、愤怒、快乐．杨燕明，译．北京：民主与建设出版社，2004：29）

当我们愤怒时，有将对方行为夸大的倾向。其实在同事的例子水平 2 中（无意中他占据了所有发言机会）的态度很快被看作如同水平 3 中的态度（他明知故犯），或者被看作水平 4 中的态度（他要侮辱你）。此外，当配偶或老板改变了作息时间而事先未通知你时，尽管对方没有损害你的愿望（水平 2），也会使你愤怒。事实上，这种忽视包含着在对方眼中地位的下降，在家庭中或某种场合下，每个人的重要性是以对方对自己的关注来衡量的。自己在其中的地位是人类和动物生活的根本。

3. 事件与我们的价值观相违背

我们都有价值观念或规范系统，它们用于判断一个人的行为是否可被接受，是否“正常”或是否可以容忍。这个系统自我们童年期就开始形成，它根据文化的不同而不同，甚至每一个家庭都有自己的系统。大家一致同意，具有相当普遍意义的价值是相互性：我们总希望对方用我们对待他的态度回报我们。缺少相互性则很容易让我们愤怒。夫妻关系中的最大问题，就是每一方都按自己的立场来理解“相互性”，认为自己比对方付出的努力更多。

这种价值系统还会以另一种形式出现，认知治疗师称作“基本信念”。基本信念多少有些下意识的规则，它是我们人格的组成部分，决定着什么是“正常的”，什么是“不正常的”。在治疗中，当我们成功地让病人表达出自己的情绪时，会发现他们表达出的句子常常包括“应当”这样的词汇。被表达出的属于基本信念的句子，如“我应当成功地完成我所有的工作”“我应当让所有的人爱我”“人们应当以我对待他们的态度来回报我”“世界应当充满正义感”。当现实与自己的信念不一致时，我们就会产生非常强烈的情绪。对于那些冒犯我们行为和信仰的人，我们会动怒，甚至无须亲眼见到本人，仅仅看到有关某人宣扬我们所反对的行为和信仰的报道，就会令我们愤怒。

4. 通过愤怒避免或控制事件

人们更容易在下级面前表现愤怒情绪而不容易在上级面前表现，更容易在弱小者面前发火而不易在身体强壮者面前发火。在失望中，我们的神经系统非常迅速地决定采取“服从”态度或“恐吓”态度。根据进化心理学家的观点，上述调整已经在人类进化过程中被自行筛选，那些不善于在服从与恐吓中作出选择的人，寿命较短或者后代较少。例如，一个过于好斗的雄性寿命较短，一个过于服从的雄性则没有性伴侣。

由此看来，用“我们的情绪源自思想”来解释愤怒产生的原因的确是个有效的办法，它也为心理治疗师们带来了福音，可以让我们有章可循地学会控制愤怒。不过，我们有时候之所以愤怒，并非由于我们的思想，而恰恰是因为我们思虑不周或“想歪了”。毫无疑问，针对不同触发事件的重要性或突发性，人们有着不同的“评估系统”。

（三）职场上的愤怒

什么使你愤怒？一位澳大利亚研究者向158名职工提出这个问题，并要求他们描述因工作引起愤怒的事件。从这些描述中，他将工作中引起愤怒的事件归结如下：

（1）受到不正确的待遇（44%）：无辜地受到批评，没得到承认或应有的奖赏。跟他人相比，负担较重，受到不应有的惩罚。

（2）发现不正常的行为（23%）：自己是谎言、玩忽职守、偷窃、偏向、懒惰、恶劣待遇或骚扰等各种表现的见证人。

（3）面对他人的不称职（15%）：眼见工作进展慢或质量差，其中充满错误，不遵守规定，尤其在上述结果影响到自己的工作时。

（4）自己是不被尊重的对象（11%）：受到无礼、傲慢、讽刺性的对待或被低估。

（5）当众被侮辱（7%）：在同事或客户面前遭到贬低或激烈的批评。

图9－2　职场上的愤怒

人们是否能表现出自己的愤怒（见图9－2）呢？如果愤怒由下级造成，77%的人能表现出愤怒；如果因为同事造成，只有58%的人表现出愤怒；而如果由上级造成，45%的人表现出愤怒。但是面对上级，30%的人反映他们会采取策略对上级报复（调查报告列举了一例，一个餐馆服务员在客人的菜中多倒了点盐，向厨师长进行了报复）。这显示在将近一半的愤怒中，都有上级侮辱下级人格的情况，它不仅是造成愤怒的原因，也是构成仇恨的原因。

三、愤怒的作用

（一）愤怒的积极影响

1. 愤怒释放心理能量

一个人经常发怒，说明他希望通过发怒来改变他的生活处境；相反，假如一个人从不发怒，那他一定是对生活失去了信心。发怒是心理能量的释放。当然，发泄愤怒、处理使自己感到愤怒的事情，绝不仅仅意味着采取敌对行动，还包含了多种行为的可能性。愤怒让我们做好战斗的准备：肌肉紧张度增强，使心脏和呼吸能更好地为肌肉提供营养。

从进化的观点来看，伊扎德认为，愤怒对于集中能量进行防御非常重要。愤怒常常掺杂着防御和躯体充满力量的感受，可能会导致身体上或言语上的攻击，但并不一定总是如此。需要指出的是，攻击的原因有许多，这些原因中的某一些是情绪方面的，但不仅仅是愤怒。有趣的是，伊扎德也指出，愤怒的体验和表达可能是积极的。例如，他认为加以控制的愤怒表达可能会加强卷入其中的两个人的关系。

2. 愤怒让人采取行动

尽管愤怒带给人不适的感觉，但它确实也有助于人们采取行动和释放美妙的感受。阿喀琉斯曾经说过："愤怒的感觉比喝了蜂蜜还要香甜。" 当他踏入战场、所向披靡的时候，他已成为嗜战者的代表。德国神学家马丁·路德也证实了愤怒的积极效应，他写道："愤怒时我可以很好地写作、祈祷和讲道，因为此时我情绪高涨、感觉敏锐，所有世俗的烦扰和诱惑都一扫而光。" 愤怒似乎比其他任何一种情感都更能令人勇敢坚强。适当的愤怒可以提高人的学习和工作效率，使个体感觉更敏锐，信心倍增。

3. 愤怒治疗恐惧

愤怒令人兴奋的特性导致一些心理学家认为，愤怒是治疗恐惧的天然良药。研究发现，肾上腺素和去甲肾上腺素与恐惧和愤怒两种情绪有关联，恐惧与肾上腺素的增加有关，而愤怒与去甲肾上腺素的增加有关，两者都拥有强大的力量。愤怒释放的心理能量足以用来对抗恐惧，原因还在于愤怒具有恐吓的功能：它可以避免斗争，而斗争无论如何都会耗费精力并且有危险。人类能存活至今，部分是因为在我们祖先的小部落以及社会团体中，大多数冲突都以一方面对另一方的恐吓愤怒时屈服而解决。

4. 愤怒具有威慑作用

愤怒的威慑作用非常重要，它可以避免冲突的发生。对于地球上的所有生物而言，冲突是既有高风险性又耗费精力的行为。人类之所以能够存活到今天，从某种程度上讲，就是因为大部分纷争最后都是以一方向另一方的威慑屈服而解决的。这在人类祖先各部族之间和所有群居动物之间都是相似的。这一现象在我们的近亲——大猩猩身上同样存在。和人类一样，大猩猩也为身份地位、资源分配或情爱嫉妒而争夺不休，冲突不断，但很少会导致真正的搏斗和自相残杀。幸好如此，不然必定会导致伤亡。

（二）愤怒的消极影响

1. 愤怒带来损害

图 9-3　愤怒可能会导致交通事故

不论因何而起，愤怒常常会带来身体上、精神上、社会上和经济上的损害。一个愤怒的人会提高他说话的音量并且变得脾气暴躁，他的脸会涨得通红，他比平常更为坐立不安、四处走动；而且，由于恐惧常伴随着愤怒，因此他还会出汗。累积起来的、没有发泄出来的愤怒会导致高血压和所有其他与压力有关的疾病症状。过量的胃酸导致溃疡，而持续的愤怒导致精神疾病症状，如失眠。汽车驾驶员的愤怒是引发交通事故的主要原因，严重的可能会导致车毁人亡（见图 9-3）。愤怒常常与痛苦和不舒服联系在一起，因此我们会反过来把红肿的、令人痛苦的灼伤和创伤用“angry”（引申意为“肿痛发炎的”）这个词来形容，这一点绝不是偶然的。

2. 愤怒导致疾病

许多疾病都是由愤怒引起的。高血压、心脏病和脑卒中，所有这些疾病通常都是由不加控制的愤怒所导致的结果。现在，我们知道愤怒并不仅仅是以这种直接而又简单的方式导致疾病的，而且有大量的证据证明，那些压抑自己愤怒的人比那些以一种更自然、更情绪化的方式对自己的愤怒做出反应的人更有可能患上癌症。伦敦精神病学研究所的一项研究表明，那些压抑愤怒的女性比那些在感到愤怒或伤心时宣泄自己情感的女性更容易患乳腺癌。

3. 愤怒干扰思维

愤怒会干扰大脑的正常思维，导致思想不集中，甚至失去理智。人在冷静时大脑的思维清晰而敏捷，符合逻辑而合理。而愤怒时人容易做出片面的、不合逻辑的判断和偏激的、错误的举止。强烈而又持久的暴怒很可能导致间歇性精神错乱（多见于男性），患者在出现毁灭性的愤怒之后，常常被关进监狱或被送往精神病院。而这些人在正常情况下，是很平静的，甚至有点腼腆。他们愤怒之后，会对自己的举止感到羞愧和内疚，因为自己愤怒情绪的程度与导致愤怒的原因很不成比例。从某种角度讲，发怒是因为我们不知道怎样表达自己的意见。一般说来，脾气暴躁，沾火就着，是缺乏理智和自尊的表现。

4. 愤怒破坏关系

愤怒是一种比较危险的情绪，它有可能会伤害我们愤怒的对象。也许只是愤怒的言辞，脱口而出也好，精心措辞也罢，目的都是要伤害这个对象。这种伤害他人的冲动是否属于愤怒反应系统中必要的、内定的一部分？假如是，那么我们在年幼的时候就应该表现出这样的冲动，并且只能在有人教导我们控制这种冲动之后它才会减弱；假如不是，那么愤怒的冲动仅仅是在采取激烈的方式解决问题，而并不一定要对激起我们怒火的人造成伤害。无论如何，愤怒都有可能破坏正常的人际关系，而群体的愤怒会影响到社会的稳定。

知识链接 9－1 “路怒症”引发交通事故

面对糟糕的交通状况，加塞，前车随意变道时，你有没有骂人或动手的冲动？甚至想故意来个“顶牛”消消气儿？有没有前面车辆稍慢就不停鸣喇叭或打闪灯？有没有突然刹车或加速等危险驾驶行为？如果有，你可能患“路怒症”（Road Rage）了。如果全部都有的话，那么很不幸，你应该算是重度路怒症病人了。

汽车时代，“路怒症”早已是一个世界通病。根据美国的研究数据推测，患“路怒症”的美国司机达5%～7%，其中公交车、出租车和长途车司机患这种心理疾病的比例更高，达30%以上。目前数据显示，在我国有超过10%的交通事故的起因都是“路怒症”。而即便没有过激的行为，在开车过程中，很多司机也都会存在生气的情绪。

1. 什么是“路怒症”

“路怒症”的说法产生于20世纪80年代的美国，这个词最近几年才在中文媒体上变得常见。“路怒症”指汽车或其他机动车的驾驶人员有攻击性或愤怒的行为。此类行为可能包括粗鄙的手势、言语侮辱、故意用不安全或威胁安全的方式驾驶车辆，或实施威胁。“路怒症”可引起口角纷争、伤害以及可能导致受伤甚至死亡的撞车事故，这种行为可被认定为攻击性驾驶的极端案例。

司机是“路怒症”最大的患者群。为什么平时看起来和善的人，一旦开车上路就好像变了个人似的，吵架吵到脸红脖子粗？根据资料显示，开车是有一定的压力的，因为其具有固有的危险性。即使你是最守规则、最安全的司机，但是在路上仍然有一系列的无法预测的不稳定因素，如天气、事故和道路上不守规矩的车辆和行人。尤其是车辆和行人，他们做出一些危及你安全或者阻碍你行动的行为时，多数人都会切换到愤怒模式，导致很快做出非理性的决策。你可能会想：他们需要知道他们所做的是多么危险和愚蠢。事实上，你内心其实是想惩罚他们。

在美国，“路怒症”也已经让美国交警头疼了很多年。20世纪90年代是美国公路暴力犯罪最猖獗的时代，一些很小的不值得一提的原因都可以引发一起公路冲突：旁边的车放摇滚乐的声音太大，前面的车开太慢堵路，后面的车喇叭不停地响，另一台车很招摇地超过了自己的车，路过的摩托车的驾驶员伸出中指，甚至只是对方车上挂了一面有争议性的旗子……这些情况在美国公路上都足够让某些司机掏出手枪，或者开足油门一头撞过去。

2 “路怒症”的诊断

美国国立卫生研究院针对路怒症进行了一项调查研究：在近10 000个司机中，有5%～7%的司机存在着不同程度的“路怒症”，而根据研究，造成“路怒症”的原因是间歇性爆发性障碍（Intermittent Explosive Disorder，IED）。被确诊为这种症状的人一般在十几岁的时候就会采用比较暴力的形式来发泄愤怒，比如打人/损坏东西等。

（资料来源：https：//auto.163.com/。）

第二节　愤怒的生理学

一、愤怒的生理反应

（一）愤怒的表达

达尔文认为，无论是灵长类动物还是人类，愤怒的基本表达都是：血冲到脸部和头顶；眉头紧皱；瞳孔收缩，冒火的双眼似乎要从眼窝里凸出来；鼻孔翕张；嘴唇翘起，牙齿露出，发出咆哮声，这是因为呼吸时气流只能从紧咬的牙关之间进出。尽管达尔文也指出，这种表达只有从儿童或精神病人身上可以观察到，因为他们缺乏控制力，但他还是为这种简单的描述沾沾自喜。对于绝大多数成年人而言，愤怒的表达不过是眉头紧皱，双目圆瞪，鼻孔扩张，牙关紧咬（见图9－4）。这时，双膊前伸，肩膀和整个上身都向前倾。的确，没有任何事物能像一阵狂怒那样让你血脉偾张，让你突然感到一阵热潮，尤其是在寒冷的时候，愤怒赋予身体能量。

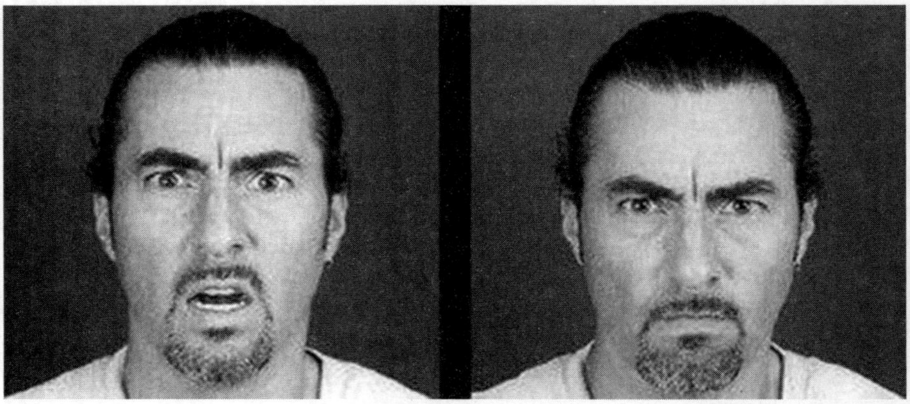

图9－4　你能区分哪一张是愤怒吗

正如达尔文所言："盛怒之下，人会咆哮着呵斥别人滚开，很少有人能够克制自己，他甚至会粗暴地殴打或推开别人。"愤怒还会改变声音。在怒气冲冲的时候，人们会胡言乱语，唾沫横飞，就像达尔文所言，语言会变得混乱不清。在不加约束的情况下，愤怒通常是最喧闹的情绪，以尖锐、粗暴且快速的声音发泄出来。关于愤怒，有一件事是肯定的：它会逐步升级。你能看到它在暴怒者的脸上逐渐加剧。不仅如此，愤怒时整个身体好像膨胀了，直到最后通过言语和行为爆发出来。

（二）愤怒与恐惧差异

从能量的角度分析，恐惧与愤怒可以看作是紧急事件情境的两个阶段，恐惧是“聚集阶段”，而愤怒是“释放阶段”。恐惧的表达意味着紧急事件的开始，严格地说只是一种印象；愤怒的表达则是能量向外释放的开始，其方式是用威胁性或侵犯性行为扫除紧急事件所代表的障碍物。两者的表情及生理差异见表9－2。

表9－2 恐惧与愤怒的差异

	恐 惧	愤 怒
眼睛和前额	双眼圆瞪，瞳孔扩张，前额皱起，双眼凝视、模糊	双眼前凸，注意力集中，瞳孔收缩，双眼明亮有神，前额皱纹密布
口和腭	口张开，腭向后缩	口紧闭，腭前伸
血液循环	面色苍白，血液流向心脏	面色红润，皮下血液供应增多
双手和双臂	双手张开，双臂向后，就像被打倒时的姿势	双手握紧，在攻击时双臂前伸

区分这两种情绪表达的意义在于，当两者混杂在一起时，我们能够确定当事人真正体验到的是什么情绪，而不只是听信他所说的。如果当事人满嘴是宣泄愤怒的词句，而同时他的双眼和嘴都张得大大的，前额皱起，皮肤惨白，那么他所体验到的情绪中恐惧的成分要比愤怒多。这时，双眼的作用十分突出：恐慌时，双目圆瞪凝视，眼神中明显含有大量的紧急事件突发时的表现，以至于他的大脑负荷过重。从某种程度上讲，当事人对这种情境并没有真正看清。相反，愤怒时，双眼注意力集中，愤怒的当事人可以准确地把物体扔到他想扔到的地方，或者把拐杖准确地摔到他瞄准的地方。

（三）愤怒的生理征兆

愤怒让人感觉不舒服。战斗或逃跑症候会使我们在生理上有很多变化，这种人类历史的遗留物使我们能够与敌人战斗或者在必要的时候逃离敌人。愤怒使我们感觉自己好像真正膨胀起来了。由于愤怒，人的皮肤颜色会出现变化，变红、变紫或偶尔变白。愤怒引起的生理征兆包括：①心脏怦怦直跳；②喉头或胸部发紧；③消化滞胀或饥饿；④过敏性肠道综合征的某些症状；⑤脑后部刺痛；⑥胸部/心脏部位的疼痛感；⑦头痛；⑧体内的烦躁感。

尽管这些生理征兆让人不适，但如果愤怒得到正确认识而不是被抑制，它们就会变弱。愤怒是本能的，具有原始性。更令人害怕的是对因愤怒而失去控制的恐惧。任何事情都可能发生，我们的理智功能停止了。人们变得精神不正常，不可理喻或发狂。颇有意思的是，在美国，“疯”一词意为愤怒，但在英国，“疯”指精神不正常。这说明了愤怒和精神不正常之间的某种联系。

知识链接 9－2　愤怒与自主神经系统

愤怒会表现在生理唤醒过程中，如心率和呼吸频率。愤怒所伴随的生理状态很像恐惧的表现，而攻击的其他特征是肾上腺作用的结果。攻击开始时，下丘脑中的一部分传递刺激增加肾上腺释放皮质醇和其他应激激素，那些激素的反馈又增强下丘脑的活动。因此，在攻击刚开始时，唤起是自我维持和自我放大的（Kruk et al.，2004）。因此，当你刚被激怒时，你的愤怒增加得十分迅速。

愤怒和交感神经活动的关系常用于解释高敌对倾向和心血管疾病的关系。但是，一些研究表明，愤怒的表达方式能预测健康问题，而非愤怒的体验本身。如西格曼（Siegman，1994）推断，有敌意的人经常且爆发性地表达愤怒，更易产生心血管疾病。然而，经常体验到愤怒的人但是有区别地进行表达的人风险较小。

另一项研究发现，口头表达愤怒且试图理解别人的观点的人比那些愤怒时很少用语言表达出来的人，其静息态的血压要低（Davidson et al.，2000）。这一效应在研究者控制了其他可以预测高血压的变量如性别、体重、吸烟等因素后仍然显著。尽管我们不能从这些相关研究中获得因果关系的推论，但心脏疾病的产生很可能在于人们如何处理和表达他们的愤怒，而不在于愤怒本身。

（资料来源：Michelle N. Shiota，James W. Kalat. 情绪心理学.2 版. 周仁来，等译. 北京：中国轻工业出版社，2015：180）

二、愤怒的中枢

（一）额叶与暴怒行为

1935 年，富尔顿和雅各布森观察到损伤黑猩猩的前额叶皮质后，可以消除它们的情绪反应。在正常情况下，当由于学习操作发生错误而得不到奖赏时，动物会发脾气。但是这些研究者发现，被切除了前额叶的动物，对错误的反应发生了很大的变化，即使是最容易激动的动物也变得很驯服。这种情形使得葡萄牙神经病学家莫尼兹产生了利用额叶切除的办法来治疗精神病人的想法。在一次手术中，他成功地切除了病人的额叶与脑的其他部分的联系，病人的情绪症状和暴怒行为得到了控制。

不过，这种手术有明显的副作用，做了额叶白质切除手术的病人，其智力活动没有全部丧失，生活可以自理，也可以重新工作，但是行为变得僵化不灵活，解决问题时即便错了还是重复进行。这种病人很难教育，他们想干什么就干什么，很少考虑后果。病人的情绪反应没有区别地被抑制了，即不仅纠正了过度的情绪反应（狂怒等），而且根本没有任何情绪体验，或者只有欣快的体验。由于没有恐惧的情绪体验，社会性约束对他们不起作用。根据这些情况我们可以推断，额叶在控制人类情绪反应和行为活动中起着重要的作用。

（二）颞叶与中脑

心理学家克鲁维和神经外科医生布西发现，切除了两侧颞叶的末端以后，可以使原来容易发怒和有狂怒攻击行为的猴子变得非常驯服，并且伴有一些奇怪的行为，这些行为被统称为 Kluver－Bucy 综合征（克鲁维尔—布西综合征，又称颞叶切除后行为变态综合征）。其主要表现除温驯外，还包括不再有害怕或恐惧的情绪体验。例如，它们不再躲避发出“咝咝”叫声的蛇，同时活动过度增加，并且将看到的任何东西不管是坚果、螺栓、钉子或是燃烧着的火柴都放进嘴里咀嚼。性行为也增加了，不管对方是雄性还是雌性，都试图与之交媾。在切除颞叶的同时也损伤了周围的区域，其中包括杏仁核、梨状叶、前下脚和海马体，因此情况变得更为复杂。

研究发现，刺激猫的中脑腹侧被盖，可以引起猫的吼叫，同时伴有毛发竖立、瞳孔放大的躯体反应。这一区域因此被称为“怒叫中枢”。近年来的研究表明，怒叫中枢的位置在中脑尾侧滑车神经核的水平位置，在腹侧被盖的楔状下核的外侧部。刺激这个区域除了引起猫的吼叫外，而且引起呼吸加快、血压上升，慢性实验的动物还表现出攻击行为或逃避行为。电刺激猴子和老鼠的中脑中央灰质及邻近被盖区可以引起攻击行为。从解剖学上看，怒叫中枢接受来自下丘脑、中脑中央灰质、前脑等与情绪有关部位的神经纤维。因此，怒叫中枢不是一个孤立的喊叫中枢。

（三）隔区狂怒综合征

一般认为，位于下丘脑与杏仁核之间的隔区对情绪反应有抑制性的影响。有研究表明，损毁人类、猫和兔子的隔区时，会出现情绪行为增强的反应。心理学家布雷迪和神经学家农塔发现，隔区受损的大鼠对物体的反应过于激烈，并且不加区别地对一切移动的东西都进行攻击，甚至平时能引起其好奇心的物体，这时也能诱发动物狂怒或恐惧的情绪反应。把一群隔区受损的动物放在一个公共笼中，将会引起一场混战；把刚刚从损伤隔区的手术麻醉中清醒过来的大鼠也放进这个公共笼中，它会立即投入战斗。大鼠的情绪变化在手术后2～3周可以恢复正常，条件是每天都让它能看见正常的动物和实验者。如果将它隔离，恢复期将会延长。如果同时损伤了杏仁核，隔区损伤后的狂怒活动就会消失，这说明隔区不是孤立地对愤怒起作用。

（四）杏仁核与侵犯行为

研究发现，杏仁核本身是个很复杂的结构，刺激或损伤它的不同部位，会产生许多不同的甚至是相反的结果。例如，有的实验结果表明，切除杏仁核以后动物会出现驯服的反应，另有实验则表明切除杏仁核会使得动物产生被激怒的反应。在损伤和切除杏仁核时，很难做到手术位置非常准确。因此损伤不是有利于这一控制系统，就是有利于另一控制系统。埃格和弗林进一步发现，杏仁核不仅对行为有直接的双重影响，而且可以通过调节下丘脑的作用来间接地支配侵犯行为。他们观察到，如果杏仁核的基底内侧核群和下丘脑同时被刺激，可以抑制单独刺激下丘脑时引起的攻击行为；如果是杏仁核的基底外侧核群后部受到刺激则效果相反，可以促进刺激下丘脑时引起的攻击行为。

在高等动物群体如猴群中，其支配—顺从的等级制度很清楚，它受包括杏仁核在内的神经系统的控制。普里布拉姆及其同事们发现，切除了猴子的杏仁核会使猴群的支配—顺从等级发生戏剧性的变化。手术前，一只名叫戴夫的猴子是一个猴群的霸主，它可以肆无忌惮地欺侮群内的任何一个猴子。泽克是二把手，它可以欺侮除戴夫以外的任何一只猴子。切除了戴夫的杏仁核之后，戴夫变得极其温驯懦弱，它避开其他猴子，社会地位一下子降到了猴群的最底层。这时泽克坐上了第一把交椅，其他猴子也都提升了一级。当泽克的杏仁核也被切除后，上述情况和社会等级的变化再次重演。

三、愤怒与性别

（一）愤怒的性别差异

一般而言，男性的愤怒通常表现为攻击行为，女性则表现为较易激动；男性好斗，女性爱发脾气。一些生理学家认为，荷尔蒙即性激素对两性性格的形成起关键作用。但美国学者爱伦·马祖尔在深入研究的基础上却指出，荷尔蒙固然对两性的性格差异有一定的影响，但是从生物学的角度看，过分夸大这种影响是不恰当的。他认为，一个人不论性别如何，他首先是一个“社会的”人，其情感和行为习惯是在“社会化过程”中逐渐形成的。因此，绝不能脱离社会环境，孤立地以“生理决定论”的观念来谈论和看待人的情绪，而必须将两者结合起来科学分析。

在一般情况下，男性的攻击动机和行动与女性相比更加直接而强烈。女性发怒时倾向于“语言的攻击”，如争吵、谩骂；而男性往往直接诉诸行动，甚至是暴力行为。两性荷尔蒙差异所导致的性格差异恰恰在此显现出来。人们常常说女人“喜怒无常”，这其实是说她们注重别人对自己的看法和评价，容易受情绪的支配。不过，这既是优点也是缺点，从一方面看，可以说她们情感敏锐、细腻；从另一方面看，则理解为她们心理脆弱、易怒，情绪不稳定。

（二）偏见及其后果

马祖尔认为，女性较为温和、软弱，较少攻击性，她们在受到伤害、遭受打击时普遍倾向于容忍、退让、独自悲伤，而男性则具有较强的攻击性和暴力倾向。这一说法似是而非，与我们的日常经验并不相符。应当说，女性的攻击性和报复欲丝毫不亚于男性，有时甚至胜过男性，只不过表现方式有所不同而已。女性的攻击和报复往往更加隐蔽而深思熟虑，有时造成的后果更为严重。

从理论上讲，女性同男性一样，也拥有自我保护和自我发展的天然权利。因此，在遇到矛盾和冲突时，她们同样有权采用各种各样的手段来保护自己，捍卫自己的人格尊严和利益。简单地说，女性心胸狭窄、易怒、喜欢争吵、难以控制自己的情绪，这不过是许多男性的偏见。这种偏见的形成有其历史原因：自古以来，女性便处于依附地位，在经济和政治上被男人主宰、压制。在日常生活和家庭生活中，女性生气和发怒被认为是“不规矩的”，攻击和报复别人更是一种罪恶。虽然随着社会的进步，如今女性在很多方面已经争取到平等的权利，但社会的偏见却依然影响至今。

（三）实证研究

为了考察由性别差异导致的发怒和攻击方式的差异，萨布里娜·桑菲利坡随意选取了10名被试，男女各半，对他们进行了详细采访。这些人都在30岁左右，有固定的职业和稳定的收入，并且都已结婚。她让他们每人叙述3个使他们特别生气和发怒的事件，然后对30个事件分成两组进行仔细分析，找出其中的共同性和差异性。

桑菲利坡发现，不同的人在发怒和攻击的方式上存在个体差异，而同一性别的受访者在这方面却没有明显的共同之处，即并非所有的男性都具有强烈的攻击性，也不是所有的女性都性格温和，不具攻击性；相反，所有的人在同别人发生冲突或受到伤害时，都会发怒和实施攻击，每一种攻击形式在男性和女性身上都有所表现，只不过每个人各有其习惯性的发怒和攻击方式而已。唯一的性别差异在于，女性被试较少采用身体攻击的方式，而男性被试在这方面的倾向更加明显一些。

人在何种社会环境下会发怒并采取攻击行动，在男女两性身上也存在明显的差异。女性在私人领域，在与关系较为亲密的人的交往中，尤其是在家庭环境中经常生气和发怒；而男性更加注重社会和职业环境、个人事业上的成功、与朋友（特别是同性朋友）的关系，当他们在这些方面遇到障碍、遭遇挫折或同别人发生冲突时，比较容易发怒，倾向于采取攻击行动。调查表明，在配偶关系中，女性常常表现得易怒和富有攻击性，因为她们更看重亲密的家庭关系和气氛，保持相亲相爱的夫妻关系对她们来说极其重要，因此，她们经常为小的误解和琐事而生气，特别对丈夫与别的女性的交往十分敏感。而男性在家庭生活中表现得较为大度和忍让，不但较少采取直接的攻击行动，而且对妻子的发怒和攻击比较宽容。

男女两性对发怒及其后果的反应同样存在某些差异。女性在生气和发怒时情绪反应比男性更加激烈，持续的时间也更长。另外，女性发怒时的想象比男性更加细致而周密，对后果的担心也更重。正因为如此，她们的攻击和报复行动往往经过深思熟虑，更能奏效并对别人造成伤害。而男性发怒时的想象较为直接和粗鲁，较少考虑后果，比较容易导致攻击行动。不仅如此，女性生气和发怒更多的是出于道德原因，而男性则大多是因为公认的规则被破坏。

第三节　愤怒与攻击

一、愤怒引发的攻击

（一）我们为何攻击

攻击首先意味着有目的地干预某事，意在改变它。攻击行动既可能是建设性的，也可能是破坏性的，是一种试图改变或损害某一对象的敌意行为。它可能是针对身体的，即造成伤害的。当有人不尊重你的人格时，你会很生气并有想踢那个人一脚的冲动。但这样做也许会太过分。于是，你会通过语言来表达你的敌意，对别人进行口头攻击（见图9－5）。你可能大声责骂对方，也可能用非常和蔼的口气说出极其隐晦却带有侮辱性的词句。

图9－5　愤怒可引发攻击行为

一种因愤怒而实施的攻击性行为，其目的在于重新调整受到伤害的自我价值感，即转变自己的心情，使自己不再感到受了伤害，甚至使自己觉得是一个胜利者。我们所体验到的伤害，即来自别人的让我们感到恼怒的过分行为使我们的自我价值受到侵犯，我们觉得紧张，感到生气、愤怒或者害怕。通过实施敌对行动，我们希望能好受一些，不再觉得自己是个受害者，而证明自己是个强者，至少建立一种内心的平衡："你可以伤害我，我也可以伤害你。"在这中间，有一种原始的力量在起作用。

然而，通过实施攻击性行动而获得满足的愿望，恰恰无法以这种方式得到实现。我们很容易陷入一个暴力循环的怪圈，因为在我们用暴力对别人进行报复、给别人造成伤害的同时，我们也会产生一种负疚感，而这样的心态反过来又会作用于我们的自我价值感，使我们更加心虚和不安。我们害怕看到对方的反应，因为愤怒的发泄同样会引发愤怒的反应。愤怒是一种互动的情绪。不论我们的愤怒发泄带来的是愧疚感还是担心，由此产生的紧张情绪不但不能帮助我们找到一种建设性的解决办法，反而会使我们更加烦恼。为了找回内心的平衡，我们往往试图通过新的敌对行动来展示我们的力量，从而越来越深地陷入暴力的怪圈。

（二）被动攻击

被动攻击与主动攻击相对，因为这类行动虽然充满敌意，但并非主动采取的，因而十分隐蔽。也正是语言上的矛盾说明了这种攻击方式的自相矛盾性。表面看来，某人并未采取某种公开的、主动的、具有攻击性或伤害性的行动，他可能什么也没做，什么也没说，但他的行为仍然具有某种攻击性并带来了伤害性后果，只不过这种攻击性和伤害性对方虽然感觉到了，却难以说出来，难以做出恰当的反应罢了。

1. 身体表现

某些被动攻击行为会以身体的方式表达出来。这种表达方式大多是非意愿性的，攻击者自己并未意识到。我们无法控制自己什么时候打哈欠，什么时候不打。但打哈欠在某些场合的确具有很强的攻击性。当然，我们可以用"无法控制"来为自己开脱。另外，一个人打哈欠有各种各样的原因，如累了、没睡好觉、感到无聊等。可是，当你同他人在一起时总是打哈欠，他人就会认为你瞧不起他们，同他们在一起感到无聊。

2. 沉默

沉默是指受到攻击和伤害后出现的一种“失语”状态。当遭到严重威胁、攻击和伤害时，我们往往说不出一句话来。但这并不意味着我们理屈词穷，无言以对，而是因生气暂时陷入了一种“语塞”状态。有些人在与别人发生冲突时一反常态，变得笨嘴拙舌，不善言辞。然而，正因为他们难以通过语言表达自己生气时的感受，无法宣泄自己的怒气，他们便越是感到自己受了伤害。即使冲突已经结束很久，他们仍然情绪低落，沉默不语。人们把这种现象称为“生闷气”。

（三）自我攻击

自我攻击是心理治疗和精神病学的一个术语，属于被阻碍的攻击的一种表现形式，指一种攻击行为并非指向外部，即针对他人，而是指向内部，即针对自己。有的研究者认为，这类人大多具有十分丰富的愤怒想象，但由于他们担心此种想象会导致不利于自己的后果，于是往往将它们抛弃，从而将怒气转向自身。

1. 日常的自责

自愧和自责作为一种最为缓和的自我攻击，在日常生活中极为常见，通常以语言的方式表达出来。我们常常说或听见别人说“我真恨自己……”“我真笨……”或“我真该打自己一个耳光……”等。然而，在更多的情况下，这种自责却是以“内心独白”的形式进行的，即尽管我们并没有将对自己的指责用“可以听见”的语言说出来，但在内心，我们却在对自我进行谴责。心理学研究表明，惯于自责和自我攻击的人大多是那些比较内向、软弱、内心比较压抑的人。他们在同他人发生冲突时不善于或不大敢于表达自己愤怒的情感，因而只有生自己的气，对自己进行谴责。

2. 自戕行为

所谓自戕，是指针对自己身体而做出的伤害性行为，如自伤、自残等。自戕行为经常发生在受过心灵创伤并保留这方面深刻记忆的人身上。萨克西等人提出了一种治疗心灵创伤的新理论，认为这类人宁愿身体受到伤害也不愿精神和人格遭到伤害。几年前，人们对自我伤害行为尚未作出合理的解释，有人甚至猜测这是否是某种类型的精神疾病。通过研究，我们已经弄清楚自戕行为发生的原因：这是童年时代或多年前遭受过心灵创伤的人发泄自己的愤怒情绪、进行自我攻击的独特方式。他们由于保留着对这类创伤的深刻记忆，同周围世界发生了分裂，甚至“自我”也分裂为肉体的“我”和精神的“我”。他们极其敏感，建立起一道严密的精神防线。

3. 自杀冲动

自我攻击的生理表现形式是自我伤害行为，即自戕行为，其极端方式便是自杀。有证据表明，在死亡率较高的国家和地区，自杀的比例较低，反之亦然。这说明自杀与经济发展水平和物质生活水平之间存在某种联系。埃尔文·林格尔认为，当一个人的生活视野变得越来越狭窄、生活前景变得越来越暗淡、情感越来越贫乏时，便会出现自杀倾向。个人和社会之间关系的失调，个人生活价值和意义的丧失，突然遭受毁灭性挫折，人格和尊严遭到侮辱等，都可能导致自我伤害行为的发生甚至自杀。

二、愤怒与攻击的生物学基础

（一）愤怒与攻击的神经解剖学

攻击行为通常是冲动的，冲动的原因之一是前额叶皮质的损伤。前额叶特定部位损伤的人在接受指导语如“听到突然的声音时试着不要惊跳”后不能抑制情绪表达。他们在赌博决策时也更容易输钱，偏好即时的小额奖励，而不是迟延的大额奖励（Shiota & Kalat，2015）。有爆发性愤怒史的人，包括冲动的杀人犯，表现出类似的行为模式，即使他们没有脑损伤（Davidson et al.，2000）。原因可能在于，他们的前额叶皮质虽然是完整的，但是不够活跃。

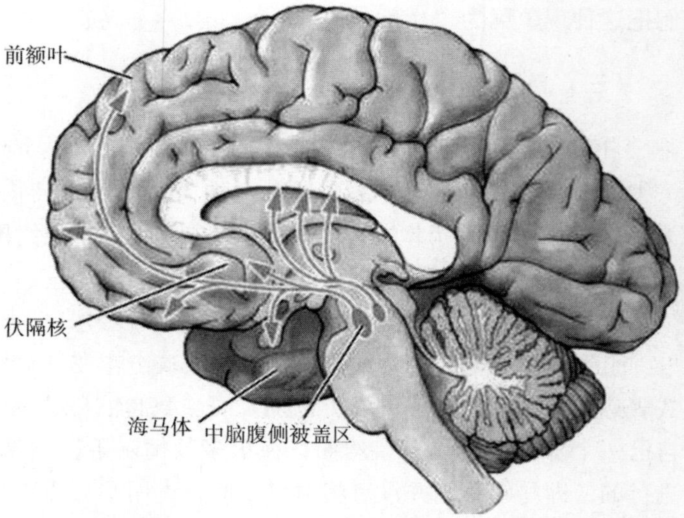

图9－6　前额叶损伤通常会造成冲动行为

前额叶皮质的损伤会造成以显著的攻击性和冲动性为特征的综合征（见图9－6）。有一位56岁名叫杰伊的男性因大脑前部受伤被送进医院，经检查发现，其眶额皮质以及左侧杏仁核受损（乔瓦尼·弗契多，2018）。眶额皮质位于前额叶皮质最低、最靠前的部分，眼睛的后面。前额皮质的损伤破坏了杰伊的计划、记忆和集中注意力的能力，他变得急躁易怒，还特别有攻击性。不仅不配合治疗，还经常攻击和伤害医务人员，他已经完全意识不到自己的哪些行为会危害他人。他不顾及周围人的安全，对自己的行为毫无内疚或懊悔，甚至还殴打护士。研究人员还发现，在冲动杀人者的大脑中，前额叶皮质的很多区域都表现出不正常或功能降低。

愤怒确实激活了特定的脑区，但是当研究者在功能性磁共振成像（fMRI）研究中测量它时，却面临一个特殊的问题。从情绪是“具身”（embodied）的意义上讲，全身的活动对情绪体验来说都很重要。当你愤怒时，你会想要进行攻击或者威胁。但是想象一下当你躺在功能性磁共振成像装置里时，你必须纹丝不动。这种姿态比坐着或者站着能自由行动时更不容易愤怒（Harmon-Jones & Peterson，2009）。

（二）愤怒与攻击的联系：5－羟色胺

1. 攻击与5－羟色胺

5－羟色胺是具有主导地位的化学分子，对生理和行为具有深刻影响。例如，它参与对心脏及其循环活动的控制，对呼吸和体温的控制。5－羟色胺还帮助支配食欲、对疼痛的敏感性、学习、运动、性行为、情绪等。越来越多的证据将脑内5－羟色胺异常代谢与冲动行为联系在一起，而无法控制冲动往往会导致暴力，不管暴力是指向内部的（比如自杀、自杀未遂或者自残），还是指向外部的（比如谋杀、纵火或者攻击他人）。

许多研究将成年人中的5－羟色胺功能紊乱与范围广泛的反社会和犯罪行为联系在一起。法国的一项研究显示，47名重犯者的5－羟色胺水平都很低，他们既往的不良行为包括暴怒、以死亡威胁他人、纵火、酗酒、攻击、打架及虐待动物等。在芬兰的赫尔辛基曾进行了一项重要的研究，研究针对的是36名凶暴的罪犯。研究显示，低5－羟色胺水平与冲动而并非暴力行为本身相联系。

2. 犯罪与5－羟色胺

人体中5－羟色胺水平较低与虐待动物、攻击性行为、自杀等有关系。为此，有人试图通过检测脑内5－羟色胺水平的高低来预测犯罪行为的后果。这对于区分持续终身的犯罪行为和青春期偶然的出轨行为有一定的帮助，或者有助于识别出最危险的罪犯，然后把他们送到特殊的监督机构或医疗机构。

知识链接9－3　5－羟色胺与残忍的孩子

一个12岁的女孩因为举止异常引起了瑞典研究人员的注意，而这种异常似乎与低血糖和爱吃碳水化合物有关。研究人员让她完成标准的行为测试问卷，当被问到“你是否仅仅为了好玩而伤害过或杀死过小动物，例如猫或松鼠”时，她的回答是“没有”。然而，随后她又描述自己曾经发现了一只刚出生的小鸟，为了看它如何尝试飞行，她一次又一次将它抛向空中，直到它死去为止。

女孩的父母透露，她曾经虐待过她所养的龙虾，将其塞入狭小的容器，如玩具内部。研究人员请她的养母为她的行为打分，她的养母给出了用来评判攻击性和残忍的最高分。

正如人们所料，女孩脑内的5－羟色胺水平较低，这对于她未来的生活是一个不祥的预兆。仅仅4年以后，她就因伪造支票而进了拘留所，现在还多了自我伤害和其他自杀举动的记录。

（资料来源：苏珊·阿尔德里奇．看见红色感觉蓝色：愤怒与抑郁之联系．沈志红，译．北京：生活·读书·新知三联书店，2002：16）

在美国，科学家测试了29名调皮捣蛋的儿童的5－羟色胺水平。总体说来，5－羟色胺水平的高低可用于预测以后可能发生的事情。一项来自芬兰的成人研究跟踪调查了114名出狱的男性，他们酗酒而且曾卷入暴力犯罪，有的还曾纵火。结果发现，5－羟色胺水平低可以显示他们将来还会有违法行为。这些人在服刑一开始就接受了5－羟色胺的检测，在他们出狱以后，平均四年半做一次检测。这些研究对象的5－羟色胺水平很低，而且他们的父母也曾有过酗酒和暴力的倾向。这些人的父亲经常不在家，在他们年幼的时候，他们大多与兄弟为伴。这些人的经历都十分坎坷，但是他们的出身和背景是如何与5-羟色胺发生作用的，这一点现在还不十分清楚。

3. 来自动物的研究

人和动物的攻击性行为都有5-羟色胺的介入。一项对非洲长尾黑额猴社会生活的研究显示，5-羟色胺在争夺统治权的过程中起到一定作用。服用了百忧解药物的猴子在小团体中占据主导地位，而服用相反药物的猴子则变得俯首帖耳。但是，这种情况只有当原本做首领的公猴离开这一团体时才会发生。一旦这只公猴回来，它会迅速夺回它的领导地位，这说明改变5-羟色胺并不能真正改变现状。但是，这一研究首次显示出药物干预可以改变一个灵长类群体的社会结构，而这一群体的习惯和社会关系与我们人类并无本质不同。

在另一项研究中，人们发现两岁大的恒河猴如果大脑中的5-羟色胺水平较低，它们会变得更有攻击性，比正常同类更容易暴死。最近，哥伦比亚大学的科学家们运用基因技术破坏了白鼠脑中一种叫作5-羟色胺1b的5-羟色胺受体，然后用这样的白鼠来展示与这个受体有关的5-羟色胺环路被破坏以后将会发生什么事情。结果表明，这些白鼠变得更加暴躁，攻击性更强，而且与正常情况相比，更容易迷恋可卡因和酒精。

三、愤怒、暴力和犯罪

近年来，人们对暴力问题展开了广泛的讨论。我们认为，即便愤怒和攻击尚未导致暴力行动，也应当将其置于暴力的语境中加以分析和考察，因为暴力只是愤怒和攻击的极端表现形式。当愤怒失去控制并影响到个人生活的时候，这种失常状态下所表现出来的就是各种形式的暴力行为。

（一）不同的暴力行为

一些科学家认为，言语攻击、侮辱、讽刺都是暴力的不同形式，因此暴力既包括人身攻击，也包括言语攻击。不同暴力行为之间的主要区别，在于这些行为是事先预谋的还是一时冲动的。这两类暴力行为都有可能是正常情绪的产物，甚至有可能得到社会的认可。假设一个被当作人质的人看到凶手已经杀害了一个又一个人质，于是开始精心策划对凶手进行攻击，以免自己成为下一个受害者。这样的暴力行为就是事先谋划好的，但不是病态的，而且能够得到社会的认可。一时冲动造成的暴力行为就不那么容易被社会认可，但是这种可能性还是存在的。

（二）犯罪的成本

犯罪是一种文化现象，包含林林总总的人类行为，有些行为微不足道，有些则非常可怕，另有一些还会带来灾难性的后果。例如在文具店里顺手牵羊、上班时用公家的电话处理私事、在所得税上搞点小动作。如何解释这种现象呢？攻击性（对他人仇视的行为或情感）

很可能是人类与生俱来的冲动，在人和动物身上都能找到。它与自我保护有关，如保护家庭、领土和财产。在现代生活中，攻击性可以转化为使人功成名就的动力。只有当攻击性以不恰当的方式表露出来，或者与所受威胁不成比例的时候，它才会变成暴力甚至犯罪行为。

犯罪的确是一个错综复杂的现象。很多犯轻罪的人心理很正常。但是在一些严重的暴力罪犯和恐怖分子当中，很可能有些人从小就有心理障碍，这使得他们容易做出反社会的行为。有大量证据显示，大部分的犯罪行为是由一小群罪犯进行的。例如，一项持续 27 年的研究跟踪调查了 1 万名 1945 年生于美国宾夕法尼亚州的男孩，结果发现有一半的犯罪行为是由 6% 的罪犯进行的。71% 的凶杀、73% 的强奸和 69% 的伤害均出自这一小撮罪犯之手。

（三）预测暴力行为

我们希望能预知精神病患者中哪些人有可能卷入暴力犯罪。那样一来，我们就能针对这一小群人进行监督和紧急治疗，而对公众没有危害的其他患者就不会受牵连了。也许脑成像很快就能为我们的诊断提供重要信息。一项新的研究将 60 名男子分成 4 组，对他们的大脑做核磁共振成像。前 3 组的男子都有暴力行为的记录，而且曾被诊断为精神分裂、人格障碍，或两者兼具。第 4 组的男子是正常人，没有病史。扫描发现有过暴力行为者和正常人在一些关键部位存在差异，尤其是有过暴力行为者的海马和扁桃体都比正常人小。这其中的原因现在还在研究当中。这项研究给我们的启示是：暴力本身就是一种行为方式，可能和某一种脑部功能紊乱有关，而并不仅仅是某种精神异常的症状。

美国肯塔基大学的多纳德·林奈提出一种理论，能够使我们尽早识别、帮助那些最有可能沦为惯犯的人。他认为在注意力缺失障碍患者中还可以分出一小部分人，他们的症状更偏向于冲动类型，还有行为出轨的迹象。这一部分人和成年精神病患者一样，都有大脑和神经系统方面的问题。这一类型的人的特点是无法根据社会环境的要求来抑制自己的行为。林奈认为，这可能始于 5 - 羟色胺缺乏。

（四）大脑中的死区

由伦敦认知神经学研究所的詹姆斯·布莱尔及其同事所作的正电子发射断层扫描研究发现了反社会类型的人大脑中一些有趣的东西。一般而言，反社会类型的人的主要特征是冷漠。研究人员为了核实这一点，把一些悲伤的照片拿给监狱或医院中反社会类型的患者看。这些照片会让正常人喉头哽咽，甚至热泪盈眶，但是反社会类型的人却没有正常人身上出现的反应。对照实验组是由犯有谋杀罪但并没有反社会症状的罪犯组成，他们却有正常的反应。

当自愿参加实验的人注视照片上悲伤或者愤怒的人时，研究者给他们做正电子发射断层扫描，这样可以把大脑的活动记录下来。结果发现，扁桃体会对悲伤的照片做出反应，而愤怒的神情则会使环额叶皮质活跃起来。根据正电子发射断层扫描中记录的扁桃体活动情况，反社会类型的人对悲伤和恐惧的表情没有什么反应，但是他们对愤怒的神情却十分敏感。这些人的扁桃体很有可能受到了损伤。这种损伤的性质我们还不清楚，但可能是与低 5 - 羟色胺相关的额前叶相互连接出了问题。

四、愤怒与攻击：文化差异

社会心理学家卡罗尔·塔佛瑞斯在《愤怒：一种被误解的情感》一书中写道："世界上所有的人都会感到愤怒，但表达方式则遵循他们各自的文化准则。"然而，一种文化以外的人很难识别准则中所包含的态度和价值观，因为它们在不同的地方有很大的差别。

（一）文化对愤怒的限制

在某些文化背景中，表现出愤怒是令人可耻的。因为在他们看来，愤怒使人失去自我控制，沦落到动物层面。而在朝不保夕的处境下，愤怒更是支付不起的奢侈品。生活在非洲卡拉哈里沙漠中的布须曼人以打猎和采集为生，严酷的生存环境使他们深深意识到部族的延续必须依靠所有成员间的密切合作。当成员之间发生冲突，愤怒一触即发时，其他人总会作为旁观者及时救场，然后用集体讨论的形式解决。在他们眼中，愤怒并不是一种让人释放自我的享受，也不是被压抑者表达自我的途径，而是让人感到沮丧和厌恶的灾难。布须曼人很少表现出愤怒，即使有，它也会在自我克制和社会支持中得到缓解，不会给和谐的集体带来破坏性的后果。

文化准则阻拦人们发泄愤怒的情况绝不仅仅发生在边远地区。塔佛瑞斯讲了日本人的例子："一个感到愤怒的人很有可能表现出过分礼貌或者中立的表情，而不是激烈的言辞和举动。如果一个日本人发怒的方式和西方人一样，这说明他已经情绪失控，不再顾及脸面。"事实上，包括中国、越南、朝鲜在内的许多亚洲国家，其民族性格都强调在激惹和困境面前自制和忍耐。

（二）允许表达愤怒的文化

然而，在许多阿拉伯文化的国家里，人们却倾向于表现出极端的热情或厌恶。正如英国冒险家劳伦斯所说："阿拉伯人眼中没有折中的办法。"在愤怒和悲伤中，这种极端的情绪也许表现得最为明显。虽然阿拉伯人欣赏自我控制，但他们也能接受情感的剧烈爆发。在多数阿拉伯国家里，突然发点小脾气并不会被认为是件错事。在集市买东西讨价还价时，人们通常都会大声喊叫或者做出生气的手势。在那里，人们对戏剧性场面和情感发泄的容忍是很普遍的。叙利亚人和黎巴嫩人有这样一句谚语：吃一顿饭就吵一回架，咽下一口饭就生出一件事来。

意大利也有很多感情外露的人。对于任何一种既定的情绪，意大利人都有一套固定的反应模式，而且在表现愤怒方面格外拿手。这里有一个学术上的证据，巴茨尼引用了19世纪一位那不勒斯神甫总结出来的无声表达愤怒的方法，其中包括："咬嘴唇；咬手指；扯头发；抓脸；一手攥拳，另一手握住并将骨节擦得咯咯作响；张大嘴咬牙切齿；有节奏地颤动嘴唇；用力击掌等。"毫不奇怪地，愤怒的行为也伴随着愤怒的语言和手势。

第四节 愤怒的控制

一、为何要控制愤怒

（一）安抚失意

一直以来，心理学家和哲学家对忽视愤怒、尽量保持平静而不是发泄愤怒的益处争论不休，亚里士多德在《尼各马可伦理学》中写道，每个人都会愤怒。但在适当的时候，以适当的方式表达愤怒还需要认真学习和仔细判断。这是我们从孩童时就开始练习的一种能力，我们需要学习如何应对遭遇的不公正，比如有人欺负你或者同学把你新买的电脑弄坏了。经过多年的磨炼，当我们成为成年人时，便有希望变得睿智。有时候，把拳头砸在桌子上或者明确地表示抗议好过生闷气，反倒有可能防止你最终采取令人不快的行动。

一方面，爆发怒火和生闷气都会对健康造成严重的后果。愤怒主要伤害的是心血管系统特别是心脏。一些研究已清楚表明，用愤怒来回应充满压力的情境会增加过早患上心血管疾病的风险，尤其是心肌梗死（乔瓦尼·弗契多，2018）。另一方面，用有建设性的方式表达愤怒会产生积极的结果，尤其是在不会升级为攻击的日常事件中。如果我们的愤怒是合理的，那么清楚地表达自己愤怒的原因能够改善人际关系，形成有利于各方当事人的解决方案。因此，努力保持适当的愤怒是值得的。

如果我们在拥挤的城市里到处走动，很可能会撞上某些人或者被某些人踩到脚。在生活中，总会有些事情不能如我们所愿，计划的开展不可能总是和预期一致。正如古罗马哲学家塞内卡（Seneca）所说："没有人总是幸运，永远能如愿以偿……"对某人发脾气或因为令人恼火的情况而让自己变得火冒三丈简直太容易了。但是在塞内卡看来，愤怒有损尊严，最好避免发怒。"重要的不是对方做错了什么，而是你如何对待他们的错误。"塞内卡认为，人们应该花时间调查令自己恼火的事情或情境的性质，尤其要避免成为刺激性事物的受害者。"毫无疑问，鄙视挑衅者能使人脱颖而出，俯瞰众人。"

（二）控制愤怒的重要性

心理学家认为，表现出愤怒通常会使情况变得更糟糕。愤怒的行为和言语会毁掉我们和他人的关系，这可能是暂时的，也可能是永久的，常常还会引起愤怒的报复。即使没有愤怒的言行，表露在脸上和声音中流露出来的信号都在告诉对方我们生气了。假如这个人也用愤怒回应，或者不屑一顾，我们就更难控制自己避免冲突。调查发现，爱生气的孩子得不到其他孩子的认可，而爱生气的成人则缺乏社交魅力。

意识到自己的愤怒并且关注愤怒的感觉，最大的益处就是使我们有可能调整或者抑制自己的行为，重新评估当时的情况，并且采取最有可能排除愤怒源的行为。假如我们没有意识到自己的感觉并且完全依照它行事，我们就无法作出上述评估和判断。我们没有意识到愤怒的情绪，在一段时间对自己的言行无法作出判断，就极有可能在事后对自己的言行感到后悔。即使我们意识到自己生气了，如果不能关注自己愤怒的感受，不停下来回头思考一下发生过的事情，我们还是不能作出正确的选择。

愤怒中的一种特殊反应会对亲密关系造成极大破坏。约翰·高特曼在对美满和不美满的婚姻研究中，发现了一种他称之为逃避的现象。男性比女性更经常出现这样的表现，这是一种对互动的冷漠拒绝，当事人拒绝对配偶的情绪做出反应。逃避是对他人的愤怒或者抱怨的典型反应，当事人自认无力解决对方以及自己的情绪，所以选择退缩。但是，假如他能对配偶的抱怨做出正面的回应，表明认识到了她在生气，并且请求稍后等他做好准备并能控制自己时再讨论这个问题，结果就会更好。

二、愤怒的不恰当处理方式

（一）压抑愤怒

所谓“压抑愤怒”，是指你觉得生气却不表现出来，向他人甚至向自己掩藏愤怒，把愤怒完全“积存”起来。这样做意味着积压越来越多的怒火，既对冠状动脉有害，又会使人把你当成一个可以随意欺凌的对象。这种过度压抑（又称“愤怒缺失”）的做法具有较大风险，它可能在未来的某一天，当类似的场景重现时，让你瞬间崩溃，因为过度积压必然在某个时候导致爆发，而爆发的那一刻往往是最坏的时机。

使用这种方法处理愤怒，虽然避免了生气时与他人发生冲突，可是它的代价非常昂贵。它就像一只蒸汽压力锅一样，虽然暂时将愤怒勉强压抑下来，但愤怒是不会自动消散的；你越经常压抑愤怒，越有可能在一个未知的时候因无法再控制自己而爆炸。假使你真的塞紧了瓶盖，将愤怒压住，你也不一定会好过些。愤怒是隐藏不住的，它会一直停留着，只要它存在，总有一天会爆发。到了那时，你会觉得奇怪，是什么因素导致了自己在不知不觉之间患上了胃溃疡、高血压、偏头痛等由心理因素而引发的疾病?

压抑愤怒是向对方隐藏自己的愤怒或有时用跟自己过不去的方式表达愤怒。有些家庭长久以来认为，愤怒“不是一种有教养的情感”。人们可以容忍感到抑郁或表情阴沉、充满敌意，但不能容忍感到愤怒。感到愤怒是一件可耻的事情，表明既不成熟又低人一等。如果控制在家庭中是一个重要的主题，我们也许会因自己的愤怒而感到耻辱，于是隐忍愤怒，独自承受，最终使愤怒变成了抑郁。

（二）宣泄愤怒

宣泄愤怒是指以毫不控制的方式爆发或者因微不足道的原因发泄愤怒。即便事后对自己的愤怒很后悔，但是由于愤怒发作导致与他人的关系恶劣，甚至还有出现仇恨的可能，或者让自己变得十分荒唐。这种愤怒也许有时让你暂时获得你所希望的结果，但是从长远看，你得到的是与他人的恶劣关系。你的嗅脑兴奋起来，你的肾上腺皮质出现短路。无论如何，靠发泄愤怒是解决不了任何问题的。因为你的发作，情况可能更糟，而发生在双方之间的冲突，也更不可能以令大家满意的和解收场。更为严重的是，任意宣泄愤怒会导致更频繁、更强烈的愤怒，进而形成恶性循环（见图9－7）。

图9－7 任意宣泄愤怒会导致更频繁的愤怒

日本的公司职员喜欢用一种方式，即在不必用言辞或直接方式向人表达他们的愤怒的情况下，就可以将愤怒宣泄掉。一旦他们与某位难缠的人在一起工作，心中的愤怒将要冒出时，他们就会带着拳击手套走进一间吊着沙袋的房间，使劲用拳头打沙袋，同时还想象着，他挥拳的对象就是那位令他讨厌的老板或客户。处在这种“安全”的情况下，他不断地呼叫着对方的名字，并且将想象中的对方痛殴一顿，直到自己认为聚积在心中的愤怒已经消散为止。

你可能认为这种做法很好，因为它既安全又无害。沙袋受到你的痛殴时是不会反击的，可是它所带来的结果却非如你想象的那般无害。只要生气的一方在痛击沙袋的时候获得了快感，他就会增加生气的癖好，因为他会将这种快感归溯于事后打击沙袋上。因此，发怒的一方就不会再有积极性去探讨如何让自己不发怒，因为他知道可以从打击那些象征让他感到不快之人的沙袋中获得快感。他需要做的只是在生气的时候将愤怒先存放起来，等到进了沙袋房再发作。换言之，为自己的愤怒预备一个安全的出口，实际上等于保证你不会再去追寻一个没有愤怒的生活。

三、正确处理愤怒

（一）减少愤怒的原因

这听起来虽然有点过于简单，但它确实是预防愤怒的基本办法。一些研究人员发现，如果我们故意激怒参加心理实验的人员（如让他们等待、让他们填写没完没了的问答、让他们面对故意要与参加试验者作对的组织者），他们后来在情绪测试时会表现出更多的敌对与不合作态度。奥地利动物习性学家康拉德·洛伦兹（Konrad Zacharias Lorenz，1903—1989）做过这种试验，他发现，监狱中拥挤生活造成的各种失望，很容易形成不成比例的愤怒：好朋友的任何微小动作都会招致我们的反感，就像自己被粗暴的醉汉打了一记耳光似的。

尽量让你的生活惬意、舒心一些吧！即使只是一些需要改进的细节也不要放过。例如，若经济条件允许的话，你最好把经常罢工的电器换了，因为它们很可能在你意识不到的时候就变成触怒你的导火线，而换掉它们可比换掉你的配偶容易多了。留住生活中那些美好的瞬间，以便在烦恼的琐事发生时不被影响。

（二）换一种思维方式

根据认知理论对愤怒的认识，正是不合理的信念和思维方式导致了我们的愤怒。因此不难得出：换一种思维方式，可以减少愤怒。在没有治疗人员的情况下，我们自己应当建立起不值得为其生气的事物名单，并且随时准备几个令人高兴的句子，让自己平静下来。

治疗人员可以帮助我们发现自己的基础信念，并让我们对此认真思考，目的是不要完全改变它，但要让自己不那么僵化，按表 9－3 中治疗人员给我们指出的那样去做。让自己的表现随和一些，并不是要你取消所有的愤怒，只是希望大家避免没有必要的愤怒或过于强烈的愤怒。认知疗法的创建人之一艾利斯认为，表达愤怒完全合理，但是狂怒和疯狂则是无用的，并且对自己、对他人都有害。

表 9－3　愤怒分析表：你是哪一种

触发愤怒的内在信念	更灵活的内在信念
人人都应该对我以礼相待，正如我对待他们一样，否则便是无法忍受的、可耻的，我理应为此愤怒	我对别人都是以礼相待，我不喜欢别人用不礼貌的方式对待我，但我可以忍受他们（同时我会告诉他们我的想法）
我应该要通过发怒来获得我想要的，不然别人就会看不起我	我的愤怒也许可以让我的观点增加分量，但这并不一定是最佳的方式
我应该发怒，不然我就会变成弱者	我希望自己被别人尊重，但愤怒不是唯一的途径

（资料来源：弗朗索瓦·勒洛尔，克里斯托夫·安德烈．我们与生俱来的七情．王资，译．北京：生活·读书·新知三联书店，2015：66）

（三）打破恶性循环

同其他情绪一样，愤怒也是以循环方式产生影响的。这意味着我们在不断重复循环，一次又一次认出熟悉的痕迹时，可以选择离开循环的环节。愤怒常常源于某种潜在的情感，如焦虑、厌倦、畏惧或烦躁。这使我们对引发愤怒的事物变得脆弱。诱因常常不止一个，随着时间的过去，越来越多的诱因添枝加叶，于是我们的怒气开始上升。事由一件接一件，直到无法控制的怒火爆炸性地爆发出来。如此失去控制加剧了我们潜在的脆弱感、紧张感和畏惧感，于是循环就自行衍衍相生。

打破愤怒的循环有重要的两步。第一步，要认清我们所有的潜在情感是什么，并用加倍的小心和爱心来对待自己。第二步，学会如何感受我们的愤怒，并将怒火瞄准到正确的地方。当我们认识到自己的愤怒时，我们对如何表达它已经有所克制。学会感受愤怒需要时间。通常最好是从审视我们家庭中的模式开始，并看清我们表达愤怒的模式有多大成分是继承过来的，然后才能决定我们想对自己的愤怒做些什么。如果你畏惧自己的愤怒，这很平常，请记住：通过认识自己的愤怒，你正在对如何表达它负起责任。

（四）设身处地，就事论事

拉扎勒斯曾经描述过一种难度很大的处理愤怒的技巧，因为它不仅仅要控制，还要消除愤怒："假如配偶或者爱人因为说了什么或者做了什么而惹恼了我们，与其进行报复以弥补我们受损的自尊心，倒不如试着理解，他们承受的压力太大了，因而不能让他们为这样的过失负责。他们事实上已经无法控制自己了，最好认定他们并非心怀恶意。对他人意图重新作这样的评估，有可能让我们体会到爱人的尴尬处境，从而原谅他们的过失。"拉扎勒斯也承认，这种方法说起来容易做起来难。

拉扎勒斯的方法亦即将激怒我们的人和他们做的事分开对待。我们要试着了解这个人为什么要招惹我们，体会他的感受，集中思考是什么使他生气。不过，这并不意味着不能告诉他我们的不满，但我们的愤怒是指向他的行为而不是他这个人。假如我们能够采取这样的思维方式，就不会再想伤害这个人，而希望帮助他走出阴影。也许有些人并不情愿得到这样的帮助，如喜欢以大欺小的人就希望统治别人，残忍的人要在伤害他人中得到乐趣。对于这种人，只有对人不对事的愤怒才可能制止他们。

（五）善于转移注意和目标

如果是某时某地的某件事情惹你不高兴或让你愤怒，那么这种情绪本身就和情境联系在一起。如果你离开那种情境，愤怒可能就开始消退。记住，请和让你烦恼的事情拉开情感距离，比如走开或改变当时的情境。此外，如果你在事情过后还会对某个让你愤怒的事情左思右想，这种思维反刍会不断增强你的愤怒感，你想得越多，可能就会感到越生气，如何摆脱呢？意识到自己正在进行愤怒回想的时候，请大声对自己说："停！"然后把注意力转移到别处，不断地重复这个字，直到不再想它为止。

所有能造成不良后果的情绪中，愤怒会以看起来温和的方式继续折磨我们。它们使人情绪低落，甚至产生仇恨。这对身体和心理健康都无益处。我们建议采取以下两种方式来应对：其一，善于将愤怒状态转移。越能将愤怒发泄出来，就越容易转移它，因为这种相互性是可以建立的。对方伤害你，但你已经以愤怒惩罚了对方。相互关系可以在健康的基础上重新建立。其二，善于将某些关系转移。当某个人经常让自己生气，而且自己无法改变这种局面时，请考虑一下，难道不应该疏远他吗？

四、愤怒的治疗方法

（一）传统疗法

传统疗法之一是以活跃的体力运动克服愤怒。尽管科学证据还不充足，但人们一直相信可以用运动排除或转移愤怒。20 世纪 70 年代早期，美国心理学家多尔夫·齐尔曼教授付钱给一些自愿参加的学生做了一项模拟实验。实验中，一些学生受到轻微的打击而引起愤怒的反应。打击的次数和强度各不相同，一些学生受到更多或更强烈的震动。随后，他们被要求做不同量的体力运动。最后，他们再向另一些学生施以打击，并且可以选择打击的强度。根据齐尔曼的推测，他们对打击强度的选择将会反映出他们愤怒的强烈程度。

研究发现，在实验开始时受到最强烈打击的学生有可能向其他学生施以更强烈的打击，不管他们的运动量有多大。在另一项实验中，齐尔曼及其同事还发现，身体更为强壮的学生可能对其他学生施以较弱的打击。研究者们分析身体强壮的人在被激怒或兴奋过后能够更快地放松下来，因而他们的攻击意识也较弱。

（二）放松反应

1975 年，哈佛医学院的心脏研究专家赫伯特·本森提出了与运动减压相反的观点，认为过多的运动而非过少的运动，尤其是近乎狂热的运动，会给人们带来危害。针对过度活跃的运动，本森找到了一种被称为放松反应的应对方法。他认为，现代人所面临的生存压力要比我们祖先所经历的复杂得多。根据他的分析，生活中的种种危机会引发人们生理上的反抗或逃避反应。在反应中，身体分泌肾上腺素以提高肌体的警觉性。警觉性提高的一个副作用是血压升高，而血压升高又会导致动脉老化和心脏衰弱。

不同于反抗或逃避反应，放松反应的发生是平静的。本森为放松反应设计了一种沉思默想的形式。为了使放松反应更加有效，使用这一方法时至少应持续 20 分钟，并且在这段时间里不断重复一个字、一个词、一个声音或一个祈祷，自然地忘掉日常生活中的杂念。本森还介绍了一项有 86 人参与的调查，以证实放松反应给人们带来的好处。使用这一方法几周之后，他们的血压从高血压的临界值降到了正常水平。

图 9－8　音乐是控制愤怒的有效方法

（三）音乐疗法

除体力运动和放松训练外，音乐也是控制愤怒的有效方法（见图 9－8）。在一项研究中，听柔和、放松音乐的大学生在相应的笔试中表现出较少的焦虑情绪。体力运动和沉思默想的设计原理是放松肌肉，而音乐和它们一样也可以起到镇静剂的作用。在随后的一个实验中，被试听过镇定音乐之后，体温开始升高，这是肌肉放松的另一个标志。很显然，音乐、思考和运动都有助于在某些环境下消除愤怒情绪，但多数心理学家更认同解决严重问题需要更多的方法。

心理学家米歇尔·阿盖尔认为，普通的活动就能起到关键性的治疗作用。他指出，很多长期郁闷或愤怒的人会发现自己陷入了一个定式。他们往往受到情感的控制，找不到摆脱这个定式的出路。阿盖尔和一些同事设计了一种方法，帮助病人摆脱这种状态，他们教病人如何过得愉快：享受一顿美餐，读一本好书，欣赏美丽景色，多和朋友相聚等。他们还让病人写日记，记录一个月中体验愉快的次数。日记再加上不断的鼓励，病人开始学会增加愉快活动的频率，从而变得快乐起来。

（四）认知行为疗法

认知行为疗法旨在探讨意识对情感的影响，精神病学家贝克是该领域的开创者。关于人们为什么会感到愤怒，贝克总结出常见的几种刺激。当人们认为受到他人的直接攻击，尤其是故意攻击时，就会感到愤怒。此外，如果个人感到自己的权利受到侵害，也可能被激怒。后一组刺激包括大量的潜在烦恼。例如，人们如果认为自己有权利在聚会上得到他人的关注，而这一关注又被另外一个人占有时，就会产生愤怒，因为他们把另一个人获得的拥戴看作是自己的损失。贝克认为这是错误的思维方法造成的。认知临床医生的任务就是帮助存在错误思想的人们认清为什么他们的想法是错误的，以及这些错误想法是如何形成的。

近年来出现了几种不同的认知行为疗法，其中最有特色的是 20 世纪 50 年代创立的理性—情绪疗法。其创立者艾利斯指出，该疗法的本质是加强科学的思维方法和教给人们如何避免自我否定行为。为了让人们更容易审视自己的思维过程，艾利斯设计了一种首字母缩写为 ABC 的简单治疗性训练。A 代表可能引发情绪波动的事件，如工作申请遭到拒绝；B 代表解释类似事件的想法，如认为遭到拒绝是因为自己没用；C 代表类似事件引起的后果或神经过敏的症状，如抑郁。艾利斯的计划是教给人们解析和批判自己的方法。

知识链接 9－4 控制愤怒：前额叶锻炼

对控制情绪的大脑回路的了解引发了一种技术，它的目的是通过了解大脑来使我们学会如何压制或控制愤怒。在不久的将来，通过驯化大脑，我们有可能获得这种自我控制能力。大卫·伊格曼称之为“前额叶锻炼”，正如你的猜想，它与锻炼额叶的监管能力有关。这项技术主要在于监控当你抗拒某种你知道对你有害的诱惑（比如吃巧克力蛋糕）时，或者当你尽量避免大发雷霆时大脑回路的活动。在克制自己时，你会看到一条线，它代表额叶回路参与并取得了控制。如果这一条线一直处于较高位置，那么你就需要付出更多努力。在集中注意力驯服欲望时，你能够了解到哪种心理策略有助于你把线条降下来，同时相应的大脑回路也得到了训练，以达成目标。

如果这类技术在未来若干年中能够被切实运用，那么可以想象它们会被用来改造罪犯，作为和坐牢同时使用的改造方式，甚至替代坐牢。这听起来像卢多维科技术（Ludovico Technique），但不像卢多维科技术那么令人不安。在电影《发条橙》（*Clockwork Orange*）中，主人公阿力克斯就被施以卢多维科技术。经过条件作用，每当看到、想到实施暴力时，他就会感到恶心，在药物的辅助下，阿历克斯学会了一看到暴力场景就感到恶心。而在“前额叶锻炼”中，是个体主动教会了大脑戒除暴力行为。

（资料来源：乔瓦尼·弗契多．情绪是什么．黄珏苹，译．杭州：浙江人民出版社，2018：33）

第十章　爱

引言　爱，无以计量

一位朋友讲了自己这样一个故事：

女儿大约在四岁的时候，开始懂得数字是可以用来表示数量的。做父母的一定知道，这在儿童心理和智力的发展上，已经跨出了一大步。

我忘不了那一天的情景，她要借助才懂得的知识来表达她的爱。她对我说："爸爸，我爱你十倍！"过了一会儿她又说："我爱你二十倍。"

又过了刹那，她屏着气说："我爱你八百倍。"

听了这样的话，我当然心存感激，紧紧地抱着她。女儿微微皱眉，陷入沉思。等了一会儿，她轻轻地叹了一口气，最后说："爸爸，我对你的爱无法用数字来计算。"

孩子的话深深地感动了我，此情此景，常留在我的记忆中。我那四岁的孩子，不需要那样机械的逻辑理论，只是凭着孩子的本能，竟能将爱了解得这样透彻。在那一天，在那一刹那，我的孩子竟懂得了许多大人们常常忘记的爱。

爱在孩子口中往往比在大人口中纯粹得多，这位朋友最后不无感慨地说。

第一节　爱的本质

一、什么是爱

为什么两个素未谋面的陌生人会认为，和彼此共度一生是一件快乐且必需的事？为什么爱情不再，两个人还能相依相守？为什么会爱上"错的"人？"爱"的起源何在？是什么驱使母亲照顾自己的孩子？诸如此类的问题都源于"爱的本质"。

（一）爱是一种情绪

从最广泛的意义上说，爱是我们对于自己所珍视的人或事物的情感反应。因此，爱是由于被爱对象的存在而得到的快乐感受，是由于亲昵而得到的快乐感受，是由于相互交往或眷恋而得到的快乐感受。爱就是喜欢你所爱之人，就是由于那人在面前而感到满足，由于与那人交往而感到愉快。然而爱不仅仅是一种情绪，也是一种判断或评价，是一种行为倾向。

如果我们暂不考虑任何情绪反应本身，无论是爱还是恐惧或愤怒，我们都能注意到每一个反应中暗含着双重价值判断。每一种情绪都反映了“有利于我”或“不利于我”以及“达到何种程度”的判断。因此，情绪在内容和强度上都会有所不同。严格地说，这些情绪不是两个不相干的价值判断，而是同一判断的必要组成方面，被看作一个反应。爱是对于“赞同我”“有益于我”“有益于我的生活”的评价的最高、最强的表达形式。

每一种情绪都包含一个固有的行为倾向，即实施有关某种特殊情绪的行为之原动力。爱的情绪包含与被爱之人取得某种形式的联系、交往或眷恋的行为倾向。心理学家一致主张，爱是我们对于自己所珍视的人或事物的情感反应，是“把一个人和另一个人结合在一起的情感纽带”，而且这种情感纽带在某些行为模式中是明确的，如设法与所爱的对象亲近和发生身体接触。这一定义有助于识别那些表达爱的行为模式，并测定此类情绪。

（二）爱是一种态度

与把爱当作一种情绪不同，很多心理学家倾向于把爱看作一种态度，一个包含了信念、感受和行为，指向特定人、物或概念的结合体（Rubin，1970）。态度和情绪是类似的，因为它们都包含认知、感受和行为成分。但是对于态度来说，我们更强调认知成分。而对于情绪来说，我们更强调感受成分。同时，情绪或者说情绪的感受能力是功能性的，是有用的，但态度却不一定如此（Shiota & Kalat，2015）。或许它们之间最重要的区别在于态度是长时的，而情绪可能是短期状态。把爱看作态度就是强调你总是希望所爱的人过得好，即使你的情绪不是那么强烈的时候也是如此。

还有人会把爱尤其是爱情描述为脚本，或是从文化中习得的一组对于事件、想法、感受和行为的期望（Skolnick，1978）。一个简单的关于爱情的脚本其基本流程往往是这样的：“他们相遇，并且一见钟情。他们对于彼此都是不可替代的。没有人可以介入到他们之间。他们克服重重阻碍，最后幸福地生活在一起。”（Swidler，1991）就算你不接受这个脚本，你也会接受其他的脚本——一组关于当人们相爱时会发生什么的假设。这个脚本可能包括对特定情绪的感受，但是更包括环境和适当行为，因此超越了情绪。态度取向和脚本取向都试图表明人们在亲密关系中的感受是复杂的。两个取向都认为爱实在太复杂，不能反映单一“基本的”情绪。

图 10－1　爱是一种态度（电影《泰坦尼克号》剧照）

（三）爱有不同类型

与把爱看作情绪或态度相比，越来越多的心理学家认为，爱并不是一个统一固定的现象（罗伯特·斯腾伯格，凯琳·斯腾伯格，2010）。这种关系有无数种变式：母爱使她甘愿耗费所有可能的时间在医院里陪伴孩子；朋友之爱使其义无反顾地对处于困境中的朋友给予及时帮助；恋人之爱是他们坠入爱河时感到的激情之爱。还有一种无私的爱，即人们帮助那些和自己没有亲密关系的人，甚至是他们不认识的人。爱所呈现的不同模式都是爱的理论所要探索的内容。一些理论涉及的是爱的一个方面，主要是爱情；另一些理论扩展了爱的类型，包括对老人的照顾以及父母与孩子之间的感情；其他一些理论关注的是性行为，以及为什么很多人并不感到近亲具有性的吸引力。

爱作为生活中和自然世界中切实存在的固有现象，值得我们好好研究。我们有权尽己所能地了解它的特性，体验它并理解它出乎意料的结果。如今，对分子和整体科学的经验增加了我们用来理解爱的知识。但是，爱的某些方面可能并不适合进行科学研究。大多数试图剖析爱情的研究局限在描绘它的神经解剖结构和一些分子构成上。这类发现只能说明科学能够揭示现象背后看不见的神奇事物，对我们在现实生活中的谈情说爱并无多大作用。

哲学或文学作品，比如柏拉图的对话或莎士比亚的十四行诗，比脑扫描或激素检查更能让我们认识到爱是盲目的，而且对那些寻找窍门或渴望了解求爱和爱情过程的人来说，哲学或文学作品更有启发性（乔瓦尼·弗契多，2018）。有类似经历的人会与这些作品产生更持久、更强烈的共鸣。例如，不需要确定司汤达所说的“结晶化”在大脑中的位置，我们便都能理解这种现象；知道凝视着爱人的照片会使负责对他人作出评判的脑区中的氧气减少，并不能避免我们把不属于他们的特点算在他们头上。

二、爱的起源

（一）最初的爱

婴儿最初什么时候感受到爱？爱是在出生后迅速发展起来，还是有一个逐渐发展的过程？奥地利动物习性学家康拉德·洛伦兹所做的实验研究有助于我们深刻认识并回答这一问题，他观察到小鸭对鸭妈妈形成了强烈依恋。如果它们在孵化时就离开母鸭，孵化后就会跟随而且依恋它们首先接触到的任何大一些的动物或对象。它们的依恋是那么强烈，以至洛伦兹把它形容为病态的执着，并且称之为“印刻”（见图 10－2）。印刻被发现对行为尤其是对社交和性行为具有长期的影响。洛伦兹证实，如果他用手喂养小鹅的话，那么后来它们就会选他做伙伴，而不选它们的同类。洛伦兹接下来证明，许多鸟类的幼雏特别是那些早熟的幼雏，如家禽中的小鸭、小鸡和小火鸡都有印刻现象。

研究人员感兴趣的是人类婴儿出生后与自己母亲之间的关系，并设想可能婴儿出生时就很快与母亲结合在一起。李·萨尔克甚至提出婴儿在出生前就印刻了母亲特征（如心跳）的见解。随后，尽管研究者对人类身上是否存在印刻提出了质疑，认为人类的反应不会像在早熟的小鸟身上所观察到的那样，但是研究清晰地证明婴儿可以对母亲的许多暗示做出优先反应。例如，婴儿出生后很快就对母亲的乳汁气味以及母亲的声音做出优先反应。

图 10－2　洛伦兹和他的“鸭宝宝”

鲁道夫·沙弗证明，婴儿对母亲或照料者的爱不是很快形成的，形成具体的依恋需要几个月的时间。婴儿与养育者之间的依恋标志包括微笑、眼神，母亲不在时婴儿会哭泣以及举起双臂打招呼等。虽然在最初几个月婴儿可能出现这些反应来回应一些人，但是在出生6个月后，这样的模式仅对特定的人才能明显地表现出来。沙弗研究了婴儿在家庭环境中与母亲短时间和较长时间分离的不同情况，发现婴儿在6～9个月可以形成明确的依恋，这段时间被描述为人类婴儿依恋的敏感期。

（二）爱的进化与发展

从进化的角度讲，爱是一种适应，或者更精确地说，它是解决生存和生殖等特殊问题的精密的复合适应装置，是一套人类经过精细打磨的心理装置，在非常特殊的情境中具有必不可少的实用功能（Buss，2009）。这些功能非常多，足以使人相信“爱是一件多么美好的事情”。

1. 动物的爱

早在20世纪80年代初，研究者已观察到灵长类幼崽有与母体结合的需求，它们紧紧地依附在母体身上，与母体分离意味着死亡即将来临（见图10－3）。短时间的分离后，灵长类幼崽会立刻变得恐惧并寻找母亲，母亲回来就变得愉快、激动，并缠在母亲身上。如果母亲不回来，幼崽会变得失望，并放弃接触而死去。研究者描述，这种行为在很大程度上像一种“结合的需求”，它是动物幼崽生存需要的重要形式，并在自然选择和遗传中留存下来。

图 10－3　幼崽紧紧依附猴妈妈

一位名叫杰·罗森布莱特（Jay Rosenblatt）的动物行为主义研究者提出了这样一个基本问题：为什么母亲会关爱孩子？并试图从大鼠的研究中找到问题的答案（拉里·杨、布莱恩·亚历山大，2016）。他将大鼠幼崽与未交配过的雌性大鼠放在一个笼子里，成年大鼠的行为可以分成两类：既不远离也不靠近幼崽；看起来既害怕又紧张。渐渐地，雌鼠似乎不再害怕了。几天之后，雌鼠开始接近幼崽。大约一周后，雌鼠开始表现出一些幼崽母亲的行为，如将幼崽置于身下，做出哺乳的样子，舔舐幼崽，并在幼崽离开自己时将其拉回来。很显然，雌鼠的大脑内存在一种必要的回路（即“母性回路”），使其未为人母而做出母亲的行为。

2. 婴儿的爱：依恋

鲍尔比认为，与母亲温暖、亲密而稳定的关系是婴儿形成依恋所必需的。他提出了“单一性”的观点，认为婴儿不能形成对不止一个人的依恋。后来鲍尔比认识到，婴儿确实也依恋别人，但他仍然认为母亲通常是婴儿依恋的第一位人物。沙弗和爱默森的研究表明，婴儿可能有好几个依恋人物，而母亲未必是婴儿最依恋的人。在有些家庭中，父亲或其他照料者可能是第一位人物。鲍尔比强调婴儿最初的爱和依恋对象的重要性。在此之前，弗洛伊德就曾经强调早期爱的关系得不到满足对个体长期有害的影响。洛伦兹也报道了在人类以外的动物身上，如果没有早期依恋，会出现后来的社交和性行为上的严重问题。

幸运的是，很少有人在婴儿期或儿童期没有任何机会依恋一个人，但是现有资料确实表明，对那些不曾爱过和被爱过的人来说这种影响是明显的。这样的个体会发展成所谓的“无情感性格”的人，他们在后来的生活中感受不到对别人的爱，也不能形成与他人的恋爱关系。对那些在儿童期成为孤儿或者与他们所爱的人分离的个体来说，影响是非常严重的。成人的爱似乎是建立在婴儿的爱和依恋的早期经历之上，从对成人关系影响的角度看，儿童曾经爱过又失去爱与从未爱过相比，毫无疑问会好些。

3. 成人之爱

婴儿与母亲之间最初的爱被看成是一切依恋关系的原型。成人之间为什么彼此相爱呢？劳伦斯·卡斯勒把爱看作是一种不健全的标志，一种缺乏使之独立的内部资源的标志。而埃里克森的看法正好相反，他把成人相爱而形成密切亲昵关系的能力看成个体的适应性与正常程度的标志。也有人认为，爱的作用是激发人们做父母并承担起父母的义务。艾莱恩·沃尔斯特把爱看作是在特定情境中，能感受强烈生理唤醒反应的特定状态的标记。

成人之爱可以有不同的形式，我们可以爱与我们性别相同或相异的人，而且性的吸引可以包括也可以不包括在我们的情感当中。依恋的定义并没有区分出是否含有性爱的成分，也没有确切表明喜欢到底是程度较弱的爱还是另外一种完全不同的情感。吉克·鲁宾在学生中调查了爱与喜欢之间的关系，要求学生回答关于与情人及与纯友谊朋友关系的各种问题。统计分析表明，爱至少由四种成分组成：需要、关心、信任和宽容。后来的研究表明，在每个人爱的观念中，每种成分的分量可以是不同的。喜欢与爱是很不相同的情感，但是喜欢和爱可以共同存在，而且喜欢或友谊的关系或许也含有爱的成分。

三、爱的发现

（一）爱在何处

大多数心理学家认为，婴儿与母亲之间的亲密接触以及依恋的经验，对婴儿未来爱的能力以及与他人亲近的能力有重要影响。你想想自己最早的爱的经历是什么？是自你出生那一刻便开始了与母亲之间的联系。这种接触确实非常重要吗？弗洛伊德主义者相信，在生命开始的第一年里，亲密接触主要集中在乳房和本能的口部倾向（口唇期）。后来，行为主义者反对这种观点，认为个体的所有行为都与本能需要如饥饿、干渴和避免痛苦有关。由于母亲可以满足这种需求，所以婴儿与母亲之间的亲密关系常在母亲喂养婴儿的过程中不断得到强化。因此，母亲就与愉快的事件联系在一起，爱就产生了。

在这两种观点中，爱都是本能或生存需要的附属品。然而，美国动物心理学家哈利·哈洛（Harry F. Harlow，1905—1981）却发现，爱和情感可能是与饥饿和干渴一样强烈的基本需要，甚至比它们更强烈。婴儿之所以依恋母亲，或许不仅是因为母亲能够满足婴儿的口腔欲望，而是还有比这更重要的原因——身体接触的舒适性。

（二）哈洛的实验

为了探讨爱的本质及依恋的来源，哈洛于20世纪50年代对恒河猴进行了实验研究。他假设，幼猴除了基本的饥饿、干渴等生理需要外，一定还有一种要接触柔软物质的需求。为了验证这个理论，哈洛及其合作者决定“制作”用于实验的不同类型的母猴（见图10－4）。他们制作的第一只代理母猴是这样的：用光滑的木头做身子，用海绵和毛织物把它裹起来；在胸前安装了一个奶瓶，身体内还安装了一个提供温暖的灯泡。然后他们又组装了另一只不能提供舒适环境的代理母猴。这只母猴是由铁丝网制成，外形与木制母猴基本相同，以便使幼猴能够用接近木制母猴的方式接近它。这只铁丝母猴也安装了能喂奶的乳房，且也能提供热量。换句话说，这只铁丝母猴与木制母猴相比，除了在被哈洛称为“接触安慰”的能力方面有差异外，其他方面完全一样。

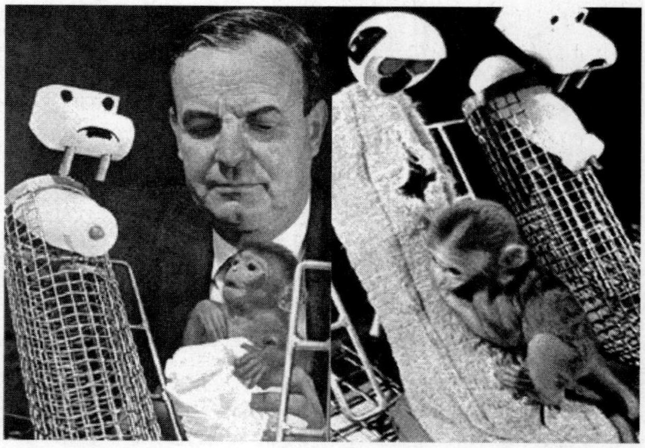

图10－4　哈洛及其依恋实验

然后，研究者把这些人造母猴分别放在单独的房间里，这些房间与幼猴的笼子相通。八只幼猴被随机分成两组，一组由木制母猴喂养（用奶瓶），另外一组由铁丝母猴喂养，也提供奶。哈洛的目的是企图将喂养的作用与接触安慰的作用分离开来。哈洛把猴子放在笼子里，并记下在出生后的前五个月中，幼猴与两位“母亲”直接接触的时间总量。随后，哈洛进一步探讨了“依恋”及接触安慰的作用。一般的常识告诉我们，当孩子感到害怕时，他们总会到母亲或者其他看护者那里寻求庇护。为了探寻在这种情境下，与铁丝母猴在一起的幼猴和与木制母猴在一起的幼猴将分别做出何种反应，哈洛在它们的笼子里放入各种各样能引发恐惧的物品，如上紧发条的玩具打鼓熊。研究者对这些情况下幼猴的反应进行观察，并作了详细记录。

（三）“接触”的重要性

哈洛的研究证明，接触安慰对幼猴与母猴间依恋关系的发展具有极其重要的作用。事实上，对于幼猴而言，接触安慰在依恋关系的形成中比母猴提供乳汁的作用更重要。这项研究确实改变了心理科学，原因之一在于该研究所得结论与当时流行的行为主义观点背道而驰。行为主义观点认为，推动母婴关系发展的动力是喂养行为所导致的强化。然而，正如哈洛所说：“作为一个感情变量，早期哺乳行为使婴儿与母亲之间经常发生亲密的身体接触。显然，人是不能仅仅依靠乳汁来生活的。”

哈洛指出，由于社会经济对家庭的要求越来越高，会有越来越多的妇女走上社会，参加工作。这也是那个年代许多人对哈洛的研究给予关注的原因之一，因为当时人们普遍认为，母亲亲自喂养孩子对孩子的健康成长和情感发展是必不可少的。他说，成功养育的关键是接触安慰，而不仅仅是妇女的哺乳能力，美国男性也能在养育婴儿方面起到相同的作用。哈洛的发现改变了我们对于母婴之间关系的看法，这一点是正确无误的。如果这个研究已经渗入到我们的文化当中，哪怕只是一点点，我们也许就能看到一些好的后果。例如，哈洛曾提到，一名妇女听完了他的研究报告后，来到他面前说：“现在我知道我的问题到底出在哪儿了，我就像那只铁丝母猴。”

知识链接 10－1　关于“接触”的近期研究

哈洛 1958 年的文章为一项跨文化研究所引用，该研究比较了英国母亲和西班牙母亲与其孩子之间的身体接触（Franco et al.，1996）。研究显示，西班牙母亲与婴儿身体接触频率更高，对孩子更充满感情，肌肤的接触也更多。研究者通过录像带观察母—婴游戏，发现不同文化背景的父母与孩子的接触次数并无不同，但西班牙母亲在与婴儿的接触过程中要比英国母亲更亲切、更充满感情。

另外一项引用哈洛研究成果的研究已证明，母婴之间的肌肤接触（有人将这形象地比喻为袋鼠式的照顾）对早产婴儿的存活和发展以及母婴之间亲密关系的建立是至关重要的（Feldman & Eidelman，1998）。这是一个非常重要的发现，在护理高危早产婴儿的医院里，医生、护士既要满足婴儿身体接触的需要，又要避免那些潜在的、威胁婴儿生命的传染病，因为婴儿尚未完全发育的免疫系统不具有抵抗力。

哈洛的研究结果还适用于心理治疗机构。在过去的 40 年中，人本主义和整体疗法已有了长足的进步，触摸治疗在这一领域扮演着越来越重要的角色。然而，这也引发了有关咨询师与当事人之间触

> 摸的新伦理问题。什么类别和频度的触摸才真正具有治疗意义？触摸在何时会超越咨询师与当事人之间的道德界限？从当前的情况看，传统的非接触性疗法不能够产生预期的效果，因此心理学家正在努力为心理治疗中的接触疗法建立合适的原则。

（资料来源：Roger R. Hock. 改变心理学的40项研究：探索心理学研究的历史. 白学军，等译. 北京：中国轻工业出版社，2004：176～177）

第二节　成人之爱——爱情

一、爱情的本质与要素

你最喜欢的爱情故事是哪一个？它是一个浪漫的故事：两人初次相见就疯狂相爱，然后发生一些愚蠢的误会，最后两人又永远幸福地生活在一起，再也没有争吵或痛苦的瞬间。还是一个现实的故事：父母为孩子选择一位理想的伴侣，这对年轻的夫妻在一起恩恩爱爱地生活了很多年。爱情是一种驱动力量，活动于我们各种情感状态之中。当爱情真正发生时，两个或多个人就进入一种相互的关系。应该将你爱的人作为一个独立的个体予以尊重和珍视，在你们之间创造一个空间。

（一）爱的体验

爱情是人类情绪体验中最强烈的一种。然而，大多数人都会不时地问自己："这是爱情还是性欲？""爱情是真的存在，还只是一种幻觉？""爱情的真正感觉是什么？"归根结底：爱为何物？人们千思万想而始终不得其解。此外，一个人可以爱父母、爱朋友、爱恋人、爱丈夫（妻子），而这些不同的"爱"的不同之处究竟在哪里？

爱情通常有较强的身体表现。恋爱中的人常常废寝忘食，他们似乎意乱情迷，几乎被征服。这样的情感需要有一种极其绝妙的素质。激素在身体周围强烈地涌动，并伴有极端得意的感觉。一些文化传统认为，恋爱中的人对最简单的工作也不能集中精力，所以在他们的狂迷消退之前，不要让他们从事任何敏感性的工作。正如有人说的那样："这是一种疯狂状态，极端烦躁，我还没机会经历。但我也不会绕过它，因为这种体验会使生活更有意义。"

此外，爱伴随的相关情绪还包括：①畏惧。"我希望他还不知道我多么喜欢她"或"我真担心失去她，她现在对我太重要了。"②希望。"我希望这一关系会有结果，希望那个人还会爱我，否则将会非常凄凉。"③焦虑。"他爱我吗？"④傲慢。"我必须小心，别显得太爱这个人，否则一旦遭到拒绝，我会很丢脸。"⑤内疚。"我正要结婚的时候，怎么能又坠入情网呢？"

（二）爱的标志与发展

伯纳德·默斯坦主张，爱的标志在个人心理方面有三种特征：①行为方面表现为对方需要的反应；②情感上与生理上的反应相联系，如心跳加快；③判断方面表现为认知决定。

我们可以明显感受到这一点，但这些并非爱的恒定标志。因为一个男人可以爱他的妻子，但在某一时刻又会生她的气。当然，大多数人不会认为这种暂时状态会掩盖他对她的爱。当我们考虑一个人的行为时也会出现类似的问题，因为爱的行为并不表现在那些常把爱挂在嘴边的人身上。因此，最后我们只剩下爱是一种判断，是“那些彼此爱着的人所作的认知决定”。这种决定当然是可以撤销的，这可能是成人爱的关键，无论是根据情感还是根据行为作出的决定，它们都是自觉的决定。

图 10－5　浪漫的爱包括对被爱者的理想化

成人爱的发展可分为三个阶段，即热情的、浪漫的和婚姻的，但对这些阶段的顺序尚未进行研究。热情的爱包括高度的情绪唤醒，是爱的发展的最初阶段。浪漫的爱包括对被爱者的理想化（见图 10－5）。强度最差的形式是婚姻（伴侣）的爱，因为它发生在结婚或完全建立伙伴关系之后，夫妻俩互相适应，日复一日厮守在一起。热情大概还会有，但是喜欢和信任成了婚姻的爱的主要成分。此时的关系中，认识代替了幻想。

（三）爱的要素

关于爱的要素，约翰·李提出了三原色和三间色的观点。爱的第一种基本色调是厄洛斯式，它是一种根据肉体上的吸引力和对相爱者理想美探求的爱。第二种基本色调是路德斯式，它是一种嬉耍的爱，不关心承诺，精于游戏的手法。最后一种基本色调是斯陶吉式，它是一种同情的而不是热情的爱（见表 10－1）。李还发现，爱很少是纯粹某一种类型，而是爱的“基本色调——原色”混合而成的具有自己独特性质的一种新的类型。

表 10－1　李氏爱的色调：爱的方式

基本色调（原色）	混合色调（间色）
厄洛斯式——强有力的肉体上的爱	狂热型——不顾一切疯狂的爱
路德斯式——嬉耍的爱	实用型——实用的爱
斯陶吉式——伴侣的爱	敞开型——无私的利他主义的爱

（资料来源：朱莉娅·贝里曼，等．心理学与你．武跃国，等译．北京：北京大学出版社，2000：139－140）

注：厄洛斯、路德斯、斯陶吉是希腊等国古代神话中的三个爱神的名字，相当于罗马古代神话中的爱神丘比特。

已被确认的爱的三种主要混合型是狂热型、实用型和敞开型，它们是爱的三间色。厄洛斯式和路德斯式混合产生狂热型。狂热型恋人从狂喜到绝望，不像那些不为欢愉而受苦的恋人。有些人把这说成是爱的神经症类型。实用型是路德斯式和斯陶吉式的混合型，或者如李所说的“拿购物单去爱，一种按实用标准寻求适合性的爱”。最后一种是敞开型，它比其他类型较为少见。这是基督教徒对爱的传统看法，一种没有嫉妒或急躁的利他主义的爱，这种爱是斯陶吉式和厄洛斯式的混合型。李说在“爱的色调”上还有更多的混合型或组合型，恰如真正的色彩那样。

正如能在婴儿身上识别出依恋的标志一样，人们同样能在成年人中间识别出彼此相爱的人。典型的标志包括言语传情、拥抱接吻、面对心上人神采飞扬、赠送礼物、表达爱意、提供帮助、给予情感和道义上的支持以及双方有越来越多的相互注视。这些不同程度的爱的行为可以反映出鲁宾研究中的爱的不同成分。最后，是否有可能预测爱能持续多久以及爱在经历如婚姻这样的长久承诺之后是否还会存在呢？李认为，如果夫妻分享相同的爱恋方式的话，那么关系更有可能持久。而且在各种类型中，斯陶吉式恋人在一起生活的时间有可能最长，对爱人的喜欢同样可以预示保持较长时间的关系。

二、爱情的个体差异

（一）爱情的年龄差异

爱情会随年龄变化而不同吗？答案是肯定的，但两者的关系又是复杂的，因为年龄通常与经验和历史混杂在一起。随着人们年龄增长，他们会拥有持续时间更长的关系和总体上更多的关系。因此，如果爱情真的随着年龄而改变，那么也很难分清到底是人们的年龄造成了这种改变，还是当前关系的持续时间、以前的浪漫经验的程度或者上述三者结合起来共同造成了改变。

图 10－6　老年人的浪漫爱情

研究者注意到，一些年长的已婚者实际上比年轻的已婚者对爱情持有更浪漫的态度（见图 10－6）。诺克斯发现：①结婚 5 年的人不如高年级的高中生浪漫；②结婚 20 年以上的人最为浪漫。相似地，莫罗和亚当斯发现，孩子已经长大离开家的已婚夫妇比更为年轻的人（如高中生、新婚无子夫妻、结婚有子女的夫妻）对爱情表达了更强烈的信念。

可见，浪漫爱情和年龄之间的联系是一个浅的、开口很大的 U 形：当年轻人决定结婚的时候，他们尤为浪漫；当一些魔力淡去，他们开始贷款买房、生育子女的时候，就变得较不浪漫；而当年纪渐长、孩子们最终离家的时候，他们变得最为浪漫（莎伦·布雷姆等，2010）。婚姻成功持续20年以上的伴侣，可能会发现存在这一模式。

成熟是与年龄相关的另一个因素。当研究人员将60岁的伴侣与40岁的伴侣相比较的时候，他们发现，年长的伴侣们有着更多精神上的快乐和较少肉体上的冲动。他们的感情不太浓烈，但在总体上更为积极，即使在婚姻不是很幸福的时候。导致年轻人走向婚姻的那种灼人的、紧迫的和浓烈的情感随着时间渐渐地变弱，取而代之的是对爱的更为温和与成熟的看法。

（二）爱情的性别差异①

在“一见钟情”、充满激情或者友情式的爱情中，任何一种性别都不会比另一种性别表现得更持久。男女双方都可能会获得没有回报的爱情，并遭受令人心碎的折磨。倘若他们想结束这种爱情关系，双方都会承受巨大的痛苦。

一般说来，在表达爱情的方式上男女有别。许多文化中的男性很早就认识到表露情感意味着存在弱点和缺陷，是缺乏男子汉气概的表现。因此，这种文化中的男性通常会形成不同于女性表达爱情的方式。在现代西方社会，许多女性用语言来表达爱情，而男性则用行动来证明——为伴侣做点事情、支持家庭财政或者共同参与同样的活动，如看电视或观看一场足球赛。同样地，许多女性倾向于把“亲密”定义为共享流露的情感，而男性则把亲密定义为只是居住在一起。

在爱和亲密的一般性动机的表达方式上存在性别差异，反映了社会、经济和文化的力量。例如，多年以来，在选择伴侣的时候，西方的男性比女性表现得更浪漫，而女性则远比男性更实际。其中一个原因是女人不仅仅是与一个男人结婚，而是与一种生活水平“联姻”。因此，嫁给一位“不合适”的人，或者一位没有任何目标、只会消磨光阴、蹉跎岁月的人，即使她很爱这位男士，也觉得自己承受不起。简言之，女性结婚是为了外部因素而不是内部因素，而男性则能够为感性选择其伴侣的行为负责。在20世纪60年代的一次大学生抽样调查中发现，2/3的男大学生表示，他们不会与自己不爱的人结婚，但只有1/4的女大学生同意这种观点。

然而，随着女性就业机会的增加，双重收入在大多数家庭中已成为一种必然的趋势，在浪漫爱情态度方面，性别差异已经变得黯然失色，经济在婚姻中的作用也变得苍白无力，这是全世界普遍存在的现象。在当今每个发达国家里，只有极少数的人愿意考虑与他们不爱的人结婚，即使这个人拥有全部“合适的”优点。认为婚姻的现实性因素和浪漫的爱情可以交织在一起的梦想，仅仅存在于发展中国家比如印度和巴基斯坦，和那些大家庭仍然控制着女性性行为以及婚姻条件的文化中。然而，即使在这些国家中，有关束缚婚姻选择的一些原则也正在趋于自由。

---

① 卡萝尔·韦德，等. 心理学的邀请.3版. 白学军，等译. 北京：北京大学出版社，2006：571－572.

知识链接 10－2　男性和女性对爱的不同理解

谈到爱的时候，男性和女性之间总体上相同之处多于不同之处。他们都能体验到各种不同的爱。女性会比男性体验到更强烈的感情，平均而言，女性的感情更为浓烈和多变。然而，研究人员用爱情量表测量浪漫感受时，很少发现男女之间有任何不同。

研究还发现，男性比女性拥有更为浪漫的态度。男性会比女性更有可能认为爱一个人就足够了，其他的都不重要。他们也更有可能相信“一见钟情”，这也许就是为什么他们比女性更快坠入爱河的原因。事实上，如果你将这些趋向与爱的类型的性别差异相结合（记住，女性比男性更为实用主义，而男性更可能将爱情当作一场游戏）就会发现，谈到爱的时候，女性比男性更谨慎。一旦坠入爱河，男性和女性的体验就非常相似了。然而，女性对爱谁会更有选择性，她们倾向于将情感限制在拥有相对较高的智慧、地位和其他好品质的伴侣上。男性有着更小的歧视性，平均而言，他们对随意的性爱有更大的接纳性。

在任何情况下，一个人的性别角色对爱情的体验有着更多的影响。相对于传统婚姻中的阳刚男性和阴柔女性，非传统的、兼两性特征的男性和女性似乎分享更多的亲密性，但是他们表现出更少的依恋或浪漫依赖。然而，传统和非传统的男女在性欲和激情上没有差别。结果，即使传统和非传统的伴侣在爱情量表中得到相似的分数，各自的原因也不尽相同。从长远看，由于彼此之间有着更大的亲密性，因而非传统的伴侣对彼此有着更大的友伴之爱。

（资料来源：莎伦·布雷姆，等．爱情心理学.3 版．郭辉，等译．北京：人民邮电出版社，2010：145－147）

三、爱情的“物质”基础

一个由神经科学家、人类学家和社会心理学家共同组成的研究团队，使用功能性磁共振成像对 17 名热恋者的大脑进行了观察和研究。他们最终得出的答案有些出人意料：爱情是一种获得奖赏的动机。

（一）情和性都不是爱的“真谛”

在这项研究中，美国心理学家亚瑟·安龙发现，大多数被试虽然出现各种情感反应，但并没有一种固定的情感模式。而所有热恋中的被试，他们大脑中主管“奖赏”和“动机”的区域却毫无例外地被激活。安龙解释说：“这一发现首次提供了爱情和大脑动机系统之间关系的生理学依据。因此，如果从神经生理学的角度来看浪漫的爱情，它最根本的特征是一种能够导致诸如欣快、焦虑等特殊情感体验的动机，或目标导向的状态。”

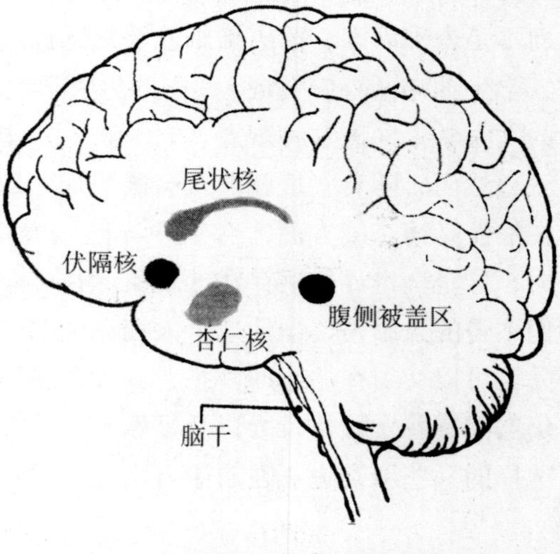

图 10－7　当看着恋人的照片时，功能性磁共振成像显示的活跃脑区

很多探究爱情的研究会给接受脑扫描的被

试展示恋人的照片。在扫描仪里，你肯定不能再造浪漫相遇的全部体验，但可以试着观察视觉输入如何唤起并保持一个热恋者的情绪反应。研究者发现，当被试看到恋人的照片时，磁共振图像显示，脑的腹侧被盖区和背侧尾状核进入激活状态，此外还包括另一个皮下脑区伏隔核（见图 10－7）。而且，被试在回答问卷时所描述的爱情体验越强烈，大脑中特定的部位就显示出越强的活性。这一现象表明，这些和“获得奖赏的动机”有关的大脑区域是追求心爱的人的驱动力所在。

最终，他们的一系列研究证实了这样的设想：大脑皮质下的“奖赏区”富含一种叫作多巴胺的物质，正是这些部位参与形成了早期强烈的爱情。根据磁共振图像的结果，研究者还发现，上述激发爱情体验的脑区和性唤醒相关的区域只有小部分的重叠。专家们因此认为，爱和性分属大脑不同的系统管辖，这一结果也回答了“性和爱是不是一回事”这一“古老的”问题。此外，爱情所激活的区域主要在右侧大脑，而容貌的吸引力却令大脑左侧的活性增强，磁共振所显示的这一发现也让研究者惊讶不已。

（二）爱情是进化的结果，比性更持久

随着时间的推移，强烈的爱情冲动总会平静下来。布朗介绍说：“我们的研究取得的另一个突破就是，发现了在爱情延续的过程中，大脑某些部位的神经活动所发生的动态变化。”对磁共振图像进行的研究发现，在那些维持长久爱情的人的大脑中，一个叫作“腹侧苍白球”的部位的活性明显增强。

美国人类学家海伦·费舍尔指出，“随着时间的推移，大脑中爱情的生理基础会发生变化，强烈、浪漫的爱情因而渐渐转化为依恋感。这说明，爱情不仅是人类最强烈的情感体验之一，而且它比性的冲动更加持久有力”。费舍尔解释道，虽然此次研究仅仅对每位被试进行了一小时的磁共振观察，但研究人员根据多年来对数据的加工、分析，已经了解了人类的爱情与动物的生理吸引力之间的延续关系。

布朗指出，“我们的研究结果表明，浪漫爱情的产生并不需要大脑专职的功能系统，它是集合了尾状核及其周围区域一系列神经网络的功能而完成的。从现有的研究结果来看，大脑腹侧被盖区和尾状核等部位的激活模式，对人类生殖、爱情等社会行为的形成具有重要的作用”。

（三）“爱情其实只是化学成瘾”

2000 年，伦敦大学的安德烈亚斯·巴特尔斯和塞米尔·泽基确定了浪漫爱情所激活的大脑区域。他们选择自称疯狂相爱的学生，让他们接受大脑扫描，并观察其大脑活动模式。

结果是令人惊讶的。首先，与具有普通关系的人脑相比，坠入情网的人脑的一个较小区域是活跃的。这两位研究人员推断说：“想不到一张倾国倾城的脸是通过大脑皮质的这么一个有限区域做到的。”第二件令人惊讶的事情是，处于恋爱状态的活跃的大脑区域与在诸如恐惧和愤怒等其他情绪状态中被激活的大脑区域不同。坠入情网的人的大脑部位包

括一个负责直觉的部位以及一些产生由诸如可卡因等麻醉品所诱发的欣快的部位。因此，深深坠入情网的人的大脑看上去与正在体验强烈情感的人的大脑并不相似，而是与正在吸食可卡因的人的大脑相似。换句话说，爱情所利用的是那种在吸毒成瘾过程中被激活的神经机制。“我们名副其实地对爱情上了瘾”，亚特兰大埃默里大学的拉里·扬博士说。

尽管爱情具有种种荣耀，但它看来只是一种具有基因根源并受到环境影响的化学状态。尽管有人对药物是否能帮助人们坠入情网或者修复破碎的关系持保留意见，但普福斯博士认为，药物的确能提高“爱情体验”的份额。费希尔博士则认为，即便给一对出现麻烦的夫妇注射大量多巴胺，他们的大脑也不可能忽视对一些人的厌恶。不过她也认为，注射血清素可能有助于一些人更迅速地从一次糟糕的爱情中恢复过来。

在一种长期关系中，通过与你的伴侣一起做一些新鲜的事情，大脑可能受到哄骗，感觉到浪漫爱情。任何激发性的活动都能推动多巴胺水平的上升，因此可能是引起作为重燃激情的原因所在。当然，浪漫主义者早已知道，爱情是一种特殊的化学过程。科学家们现已证明，这种说法在多大程度上是正确的。

第三节　爱的心理学研究

一、爱与情绪

（一）爱的情绪性

社会心理学家沃尔斯特认为，爱可分为激情爱和伴侣爱两种。激情爱被认为是一种迷恋、炽热的爱，伴侣爱则是喜爱、亲爱和慈爱。激情爱是一种强烈的情绪，它是“热切倾心于另一个人的一种状态。有时，爱人们是那些能够为着自己的伴侣，为着满足自己的需要而长时间交往的人。有时，爱人们则是一些着迷于最终得到其伴侣的爱情，并为满足自己的情欲冲动奋斗的人”。这种强烈的爱情表现为紧张的生理唤醒状态，可概括为一种“结合的渴望”。

伴侣爱则被看作真实的爱或伴侣间的爱，它很少伴有强烈的情绪，而是深切的依恋、亲密接近和互相承担义务的复合体验。伴侣爱被定义为“与对象间的挚爱和温柔的亲密感，包括评价和欣赏、主观体验和表情、生理过程、行为倾向及工具行为”。与短暂的激情爱相比，伴侣爱更牢固持久。

由于激情爱伴随着强烈的生理唤醒状态，沃尔斯特用沙赫特的情绪唤醒理论来解释它。沙赫特认为，情绪状态是认知过程、生理状态和环境因素在大脑皮质中整合的结果。情绪唤醒模型的核心是认知，认知对生理唤醒的评价是关键。沃尔斯特指出，爱情也会因对生理唤醒的解释而增强。在暴风雨中的恋人会感到两人的爱情更加紧密，其原因是：暴风雨引起强烈的生理状态变化，恋人知觉到生理变化而认为这种生理变化是由爱情引起的。认知的作用使爱情的经验发生变化。对身体生理状态变化的认知性解释是激情爱的成分。

（二）爱的表情

研究人员至今还未发现爱的面部表情特征，至少对处于激情时的面部表情无法概括。如果让大家效仿愤怒或愤怒时的面部表情，我们可以毫无困难地做到，但是当要求大学生在研究范畴内尝试作出爱情的面部表情时，他们常常认为很可笑。但这并不能证明不存在爱的面部表情，而是有意识地模仿比较困难。

达尔文认为，爱的表达方式与对宗教的虔诚态度极端相似。他在描写爱的表达姿势时写道：谦虚地跪下，两眼心醉神迷地朝天——这是浪漫的求爱者在美人脚下求爱时共有的姿态。我们对孩子爱的温柔表达方式似乎带有普遍意义：温柔的微笑，其他肌肉得到放松，伴随着看着孩子的眼神，有时头朝一边。当我们面对自己渴望的成人时，表情就没有那么明显了。一些研究者试图通过情人充满欲望时或非常温柔时表达出的声音作为爱的表情特征，或以见到恋人时发出的与向孩子表达爱意时相似的声音作为特征。确实许多人都承认，跟自己成年的恋人讲话时，有时感觉自己像是“对孩子讲话”。

（三）情绪体验与爱的行为

精神分析学家弗洛姆认为，爱不是单一的激情或情绪，在某种意义上它是一种行为。当一个人的行为足以让对方了解、关心、尊重、感到是有责任的方式指向他时，就有了爱的关系（见图10－8）。当一个人爱另一个人时，他们是一致的，因为关心对方的幸福和发展，对他所爱的人的幸福和危险会感到欢乐和痛苦，仿佛对方的幸福和危险就是他自己的。他似乎拓展了情感和体验器官的接触范围，他对影响被爱一方的事件产生了情绪反应，好像这些事也影响了他本人一样。

图 10－8　爱包括了解、关心、尊重与责任

例如，当某人伤害或侮辱了他所爱的人时，他像被激怒了一样；当某件事危及她所爱的人时，她会大动肝火。爱一个人的情感体验会激起爱者的情绪，反过来，这些情绪又成为爱的行为的重要动机，在情绪动机的作用下，爱者为其所爱的人尽力去做一些有益于他的幸福而不是有损于他的事情。例如，母亲爱子女，她把全部的精力和时间都耗在抚育子女身上，甘心为子女受尽折磨、痛苦，甚至死亡。

二、爱情的心理结构

（一）爱情的结构

爱情是配偶关系的纽带，是美满婚姻和家庭生活的情感基础。人类的爱情由生理、心理、社会三个要素构成，这三个要素相互联系、相互制约和相互作用。

（1）爱情的生理因素是指人的性欲，这是延续物种的求偶本能。人类作为进化阶梯上最高的一支，自然也保存着生殖本能，主要表现为天赋的性欲，即个体对异性的渴求与吸引，它构成了男女相互倾慕、相互爱恋的基础和原始动力。

（2）爱情的心理因素是指心理上的相容。在人类的爱情中，情爱制约着性爱，人类的爱具有很强的选择性：人们首先必须按一定的标准选取对象，而后通过恋爱作进一步考察，最后才缔结婚姻。如果说性爱是爱情的基础方面，那么情爱则是爱情的本质规定；性爱促使人们追求异性，情爱则决定人们有选择地爱某个异性。爱情以性爱为基础，反过来又制约着性爱，情爱是爱情的本质所在，这意味着思想、感情、性格、气质等在爱情中将起决定作用。

（3）爱情的社会因素有着丰富的内涵。人类的爱源于社会交往活动，异性之间是在生活、工作、学习和娱乐中建立感情、发展爱情的。与此同时，人类的爱情生活受社会的道德规范和法律的制约。在恋爱阶段，恋人的行为要受道德规范的制约，爱情一旦成熟，双方还须共同承担起繁衍后代、抚育新生命的责任和义务。

总之，爱情的结构决定了爱情是以生理因素和社会伦理为基础的特殊情感。从心理学上说，爱情是建立在生理、心理和社会伦理综合需要基础之上的，两性之间的，相对持久和稳定、深切而亲密的情感体验。

（二）性爱与情爱

用生理变化的解释来说明爱情是片面的，至少证明爱情包括两个基本成分：性爱与情爱。将爱情区分为性爱、情爱是必要和有益的。这种区分使我们容易看到爱情的一些特点。性爱的性欲基础使爱情具有排他性、冲动性和直觉性。性活动一般是两人之间的隐秘事件，这样恋爱双方就会排斥第三者进入隐秘的二人世界，避免最亲密的恋爱关系受干预。

排他性分为“外排他”和“内排他”。“外排他”指反对自己的恋人与其他异性发生感情关系；“内排他”则是一种自律，不让其他异性爱上自己的恋人而干扰甜蜜的热恋。排他性对维持爱情的稳定有帮助，爱情专一、不分心是恋人间的基本要求。但发展到极端的排他倾向就成了一种病态。有的人出于嫉妒，不允许恋人与其他异性正常交往，这会给恋爱双方带来高度的心理紧张。

冲动性是性爱的根本特点。恋爱的产生来自生理冲动的基本需要，因此恋人们时时会感觉到对爱情的激动兴奋和与对方有更进一步密切关系的需求。恋爱的冲动性使爱情充满活力，生机勃勃。热恋中的男女常为一些小事而高度兴奋，也具有比平时更高的创造热情。但冲动的不可遏止也会造成性欲需要的增强，如不加以克制就会引起性行为。

性爱和情爱都是爱情的基本结构。情爱是人类社会发展的结果，更强调精神的重要性。社会舆论和大多数文学作品都极力赞颂情爱而有意无意地贬低性爱，其中最有代表性的是哲学家柏拉图宣扬的精神之恋。这种做法是片面的。性爱与情爱同等重要。恋爱的一个根本目的是释放性能量、发展性意识。没有性就无所谓恋。性欲是人类诞生以来就存在的本能冲动，而情爱必须在自我意识的基础上产生。以情压抑性是不正常的表现，只谈性不谈情不能叫作真爱。只有两者并重，才符合爱情的心理结构要求。

三、爱情的心理学理论

（一）精神分析理论

1. 弗洛伊德的观点

弗洛伊德从性驱动的角度看待爱，他认为爱同性欲一样，根源于婴儿时期。人第一次爱上的对象是其母亲。母亲的乳房不仅给婴儿提供营养，而且也是一种性快感的来源，而这种快感他将在日后从其恋人身上获得。对于女孩，爱恋的对象稍后变成了她的父亲。弗洛伊德将成年人的爱与性欲看作他们婴儿期的延展或重现。进一步说，爱被弗洛伊德看作是两种情绪：情感和性欲。前者来源于婴儿期对父母照顾和抚育的知觉，后者与力比多（性能量）有关。快乐的爱是两种情绪的融合。若两者分离或其中一种情绪被压抑则会导致神经症。性本能有寻求满足的目的。弗洛伊德相信，这种目的性压抑能使性欲转变为一种保持长期关系的情感，例如婚姻。

2. 弗洛姆的观点

爱来自哪里？德裔美国心理学家艾瑞克·弗洛姆（Erich Fromm，1900—1980）认为，爱是为了逃避孤独，在生理上还来源于两性结合的原始驱力。因此，他所主张的爱情既不是柏拉图式的无性之爱，也不是弗洛伊德所说的纯粹为满足性欲之爱。他认为“性要求是人对爱情的渴望以及与人结合的一种表现”。亦即爱需要性，但是性不能决定爱。他特别强调在爱情关系上双方的绝对平等与独立，认为“成熟的爱”是“在保留自己完整性和独立性的条件下，也就是保持自己个性的条件下与他人合二为一”。弗洛姆指出，爱不是一个人偶然幸运地体验并“陶醉”的一种纯粹的快感，而是一门艺术，一门需要知识和努力才能学会的艺术。它不是建筑在物质购买欲或个人性欲上，也不是建筑在人格产品的交易上，爱是人类生存问题的唯一令人满意的答案。它能把人类、种族、社会、家庭维系在一起。就个人而言，具有创造性的成熟人格的爱，其基础是给予、关心、责任感、尊敬和了解。

（二）依恋理论

有些人在他们的爱情关系中似乎感到很安全，而另一些人则总是感到烦恼和忧虑。谢弗认为，成人同婴儿一样，可以形成安全型、回避型或焦虑矛盾型依恋。安全型依恋的情侣是健康而安全的，他们很少彼此猜疑或担心被对方抛弃；焦虑矛盾型的情侣总是对他们的关系感到焦虑不安，他们想接近对方，又担心对方会离自己而去。有些人常常把他们描述成“欲迎还拒”。这就是为什么焦虑矛盾型比安全型依恋的情侣更可能经历没有回报的爱情的原因。回避型依恋的情侣则总是怀疑和回避亲密的关系。

在以下三种陈述中，哪一种陈述能最好地描述你在浪漫爱情关系中的典型感受[①]？

（1）安全型：我觉得我比较容易与他人亲近，我对彼此间的相互依赖感到很舒服。我不会经常担心被抛弃或者与某人过于亲近。

（2）回避型：与他人亲近我有些不自在，我发现很难完全相信他人或者让自己依赖他人。我的伴侣经常要求我表现得很亲密，这超出了我自在的限度。

（3）焦虑矛盾型：我发现他人不愿意与我亲近。我经常担心我的伴侣不能真正地爱我或者不想和我待在一起。我想与他人完全融为一体，而这种愿望有时会把人吓跑。

如果你正处于相爱的关系中，大胆一点，请你的伴侣也回答这一问题。你们有相同的依恋类型吗？

对美国成人进行的一项有代表性的调查结果表明，成人的三种基本依恋类型的分布情况与婴幼儿的情况很相似：安全型占64%，回避型占25%，焦虑矛盾型占11%。而且成人间的关系类型与父母的教养方式存在显著相关（Mickelson et al.，1997）。安全型依恋的成人报告，他们与父母拥有温暖而亲密的关系。他们承认自己的父母存在某种不足，然而与不安全型依恋的成人相比，他们所描述的父母要更和蔼可亲。焦虑矛盾型的成人对父母有很矛盾的心理，尤其是对他们的母亲。他们在描述父母时显得飘摇不定，一会儿说父母粗鲁，一会儿又说父母和蔼。回避型依恋的成人在描述其父母时，几乎使用完全否定的词语。

（三）三元理论

1. *爱的元素*

斯腾伯格（1997）指出，爱的元素包括亲密（感到被自己所爱的人亲近和理解）、激情（陶醉感和性兴奋）和承诺（长期的忠诚）。人们运用各种可能的方式组合这些元素，产生了各种不同形式的爱情。当人们为爱情的主要元素进行界定时，大多数人都赞同爱情是亲密、激情和承诺的混合物。随着时间的推移，浪漫的激情会逐渐消退，亲密感则会逐渐增强。亲密感是在深刻认识他人的基础上逐渐累积起来的，因此，要产生最大程度的亲密感需要一定的时间；而激情则主要基于由新奇和变化产生的情感，这就是为什么人们往

① 卡萝·韦德，等．心理学的邀请．3版．白学军，等译．北京：北京大学出版社，2006：571.

往在刚建立恋爱关系时激情最高，而当两个人开始推心置腹、彼此了解对方的信仰和习惯、对心爱的人无所不知时，激情就会慢慢降低。激情和亲密之间的负相关有助于理解为什么在相互分离时或者发生意外事件时，夫妻间的激情又会重新复燃。

（1）亲密指两个人之间有着同甘共苦、相互沟通和相互支持的情感。建立在这种情感上的关系是一种亲密关系。当两个人初在一起时，感情会逐渐加深，后来则保持在一定程度上。此时，两个人生活在一种相依为命的亲密关系中，但有时他们反而会意识不到对方对自己的重要性。

（2）激情主要指激发人的生理唤醒的情感，这种唤醒可能是性的唤醒，也可能出自其他需要。然而，无论唤醒的原因是什么，没有激情就不会产生浪漫的爱情关系。在危险、困境或挫折过后，常常会产生火热的爱情，电视剧和浪漫小说中不乏此类情节。激情是决定爱情强度关系的首要元素，因此，性吸引会激发强烈的爱情就不足为奇了。相比之下，兄弟姐妹之间的爱则属于没有这种情欲的亲情。

（3）承诺指个体所作出的与另外一个人相爱或相伴的决定，以及信守这一承诺的程度。在你结识一个人之前，你对此人没有任何承诺。在你们相识之后，承诺就会不断地增加，但到了一定水平也会停止。之后，随着两人之间关系的发展，信守承诺的程度会发生起伏变化。当两人之间的关系遇到严重麻烦时，彼此的承诺会急剧下降。

2. 爱情组合类型

正如图 10－9 所示，爱的三种元素可以组成不同的三角形，每个三角形反映了一种特殊的爱情组合关系。

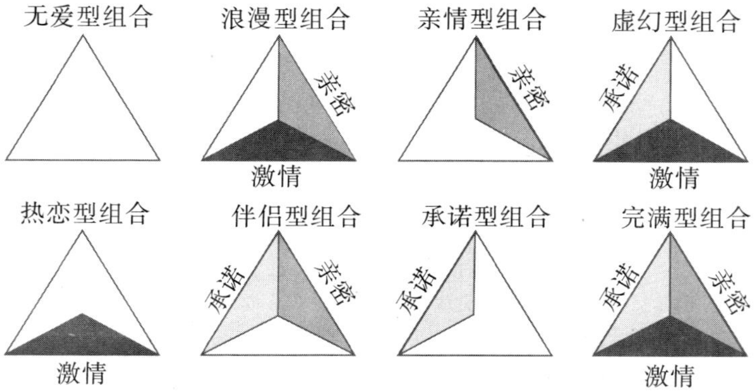

图 10－9 斯腾伯格的三元理论对爱情关系的分类（Coon，2004）

（1）无爱型组合。在爱情的三角形中，上述三种元素都不具备，因此这种关系不能归为爱情组合。

（2）浪漫型组合。浪漫的爱情是亲密和激情的组合，配偶之间不但彼此亲近和分享一切，同时有着生理上的相互吸引。浪漫的爱情虽然可能情深义厚，但在开始时并不需要有很多承诺，因此，其中不乏“好聚好散”的例子。

（3）亲情型组合。有时，你可能感到自己和一位异性朋友很亲近，你们之间能够很好地沟通，但你找不到“恋爱”的感觉，彼此之间也没有许多承诺。老同学之间的感情可能就属于这类“爱情”。

（4）虚幻型组合。这种爱情的典型例子是那些“一见钟情”便“闪电结婚”的男女青年。这种爱情主要基于性的吸引力和不现实的想象，接着便是海誓山盟，在彼此真正相互了解之前就作出许多不现实的承诺。由于这种组合关系中缺乏亲密，因此，以这种方式开始的婚姻具有较大的失败危险。

（5）热恋型组合。这是一种较为肤浅的爱情形式。在这种组合中，虽然热恋中的情人爱似一团火，但互相之间既无亲密感又无承诺。当然，这种激情有时也可能发展为一种更为持久的爱情。

（6）伴侣型组合。这种爱情是建立在相互尊重、共同兴趣和牢固友谊基础上的感情和深厚的相互依恋关系。配偶之间的激情可能不很强烈，但是他们的感情较为稳定和长久，并且会不断加强，是一种相濡以沫、生死相依的伴侣感情。

（7）承诺型组合。一些夫妻之间已不再有什么激情和亲密，但他们由于信守自己的承诺或习惯仍旧在一起生活。因此，这种关系也被称为“有名无实之爱”。

（8）完满型组合。在理想的爱情中，激情、亲密感和承诺应该结合在一起。当然，这种完美和平衡的爱情也许不是人人都能达到的。但只有这三种元素都具备，爱情才可能持久。

你可能在想：我的爱情生活属于那些三角形中的哪一个呢？你可以进行比较，对号入座，但请记住：完美无缺的爱也许是没有的，而我们每个人都有着自己独特而美好的爱情故事。另一项研究发现，当一个人“期待配偶对自己的看法”与“认为配偶对自己的看法”相一致时，双方关系在总体上即可达到满意的水平。

知识链接 10-3 测量你的激情爱

如果你想了解对你所爱的人感觉如何，那么海特菲尔德（Elaine Hatfield）和斯普列切尔（Susan Sprecher）的“激情爱等级量表”会让你感兴趣。该量表要求你描述当你处于激情爱恋之中的情感。几个常用词是激情的爱、迷恋、爱的厌倦或强迫性的爱。

想一想此刻你最激情爱恋的人。如果你此刻不在爱恋中，就想一想你曾经激情爱过的那个人。如果你从未爱过，那就想一下你曾经最接近并关心的那个人。你在填写问卷时要把这个人记在心里，尽量描述你感觉最强烈时的情感。

根据你的实际情况在每项描述后得到 1～9 分中的一个分数，然后将全部问题的得分累加。每一项可能有的回答为：

1　2　3　4　5　6　7　8　9

完全不对　　中等程度正确　　完全正确

（1）自从我跟他（她）有很深的关系以来，我的情绪一直起伏不定。

（2）假如他（她）离开我，我会感到万分失望。

(3) 有时一见到他（她）我就兴奋得全身发抖。
(4) 我喜欢仔细观察他（她）的动作和姿态。
(5) 有时我觉得控制不住自己的思想，思想总跑到他（她）身上。
(6) 当我在做使他（她）高兴的事时，我感到幸福。
(7) 与其他任何人相比，我更喜欢和他（她）在一起。
(8) 如果我想到他（她）在和别人相爱，我会感到嫉妒。
(9) 没有别人会像我这样爱他（她）。
(10) 我很想知道关于他（她）的一切。
(11) 我在肉体上、感情上、精神上都需要他（她）。
(12) 我将永远爱他（她）。
(13) 当看到他（她）的眼睛深处时，我被融化了。
(14) 我无止境地渴望着他（她）的情爱。
(15) 对我来说，他（她）是个完美的浪漫派伴侣。
(16) 他（她）是能够使我感到最幸福的人。
(17) 当他（她）抚摸我时，我感到我的身体在回应。
(18) 我对他（她）体贴入微。
(19) 他（她）似乎总在我心里。
(20) 假如我长时间离开他（她），我会感到非常孤独。
(21) 我有时觉得难以集中注意力工作，因为总是把他（她）挂在心上。
(22) 我想要他（她）了解我，了解我的关心、我的担心和我的希望。
(23) 知道他（她）很在意我，我觉得完美极了。
(24) 我急切地寻找可以表明他（她）对我充满热望的迹象。
(25) 假设他（她）正在经受困难的话，我会把重要事情放在一边去帮他（她）摆脱困境。
(26) 他（她）能使我感到兴高采烈，热情奔放。
(27) 在他（她）面前我极想抚摸他（她）和被他（她）抚摸。
(28) 假设没有他（她）的存在，生活将变得黑暗而凄凉。
(29) 我对他（她）有强大的吸引力。
(30) 当我和他（她）的关系出现不良势头时，我变得极为沮丧。

下面是两性在约会阶段激情爱的平均得分，由量表的编制者评定得出：

	男	女
偶尔约会或定期约会	177.50	164.83
专门约会	215.45	220.89
同居并且（或）已订婚	216.67	218.31

你的总得分与这个平均得分相比，结果如何？

（资料来源：朱莉娅·贝里曼，等．心理学与你．武跃国，等译．北京：北京大学出版社，2000：152－155）

四、爱情心理学的主题

（一）爱情的本质

爱情是世界上最复杂的情感现象。起初，这个世界上本没有爱情，动物只有生理上的本能反应，但是为了物种的延续性而一代代交配下去。人进化了，拥有了精神世界，于是爱情诞生了。从此之后，几乎在所有的社会文化中，最美丽的故事和传说都是有关爱情的，人们渴望爱情，甚至为其做出巨大的牺牲。那么，到底什么是爱情？

爱情的本质显然是爱情心理学最重要的主题，这也是人类永恒的主题。“爱情是什么”，心理学家一般不满足于下一个简单的定义，而是分别从进化论、生物学、遗传学、动物行为学和神经科学的角度，多方位、多角度地揭示爱情的本质属性。尽管在这个问题上心理学家尚未达成统一意见，但揭示爱情的本质已成为爱情心理学的使命。

（二）爱情的特质

特质一般是指用于描述一个人比较稳定、一致和独有的特征。爱情与一般的情绪情感有何不同？长期以来，人们在这个问题的认识上一直存在误区。过去有一种说法，“Love”是一个相对较新的词，是几百年前从浪漫的欧洲人那里诞生的。根据这个观点，爱情是西方文化的特有产物，因而不能推延到那些远离欧洲影响的文化中。

最近的进化心理学研究表明，这种传统观念是错误的。其实，爱情的思想、情感和行为是全世界任何文化的人（从非洲南部的祖鲁人到阿拉斯加北部寒冷地区的因纽特人）都能体验到的。爱情是一种普遍存在的现象，至少有四个证据表明这一点：世界各地情歌的流传、违背父母意愿的私奔现象、渴慕爱情和受其折磨的文学作品以及描述缠绵悱恻的爱情的民间传说。这证明，浪漫的爱情具有跨文化的普遍性。

既然爱情是一种不单单局限于西方文化的现象，那么它必定有其特质，而且这种特质是全人类所共有的，像一见钟情、幸福、激情、浪漫、理想、代价、嫉妒、避免孤独或情感虚空、与性的统一或分离、毁灭、死亡等，就是爱情心理学着力描述的特质。

图 10 - 10　一见钟情的典范模式（电影《魂断蓝桥》剧照）

（三）爱情的心理机制

爱情心理学重在揭示爱情发生的心理机制和心理状态。例如，文学史上讴歌的一个永久性经典题材“一见钟情”（见图10 - 10），现在可以从心理机制上得到合理解释了：对外貌美的偏好是人类进化而来的一种心理机制。我们的男性祖先利用视知觉、味觉和嗅觉来辨别女性的繁殖价值和生育力。他们一是看外貌，如丰满的嘴唇、光洁的皮肤、明亮的眼睛、亮泽的头发、恰到好处的肌肉以及匀称的体型；二是看行为特征，如轻盈的步伐、生动的表情和充沛的精力。凡是能标志年轻和健康的那些“身体线索”，都体现了女性的生育力和繁殖价值，因此它们是男性判断女性美的一些关键因素。而现代男性的一见钟情，不过是继承了男性祖先判断女性美的原始心理机制。

神经科学的研究为这一解释提供了有力的证据：利用神经成像技术（如核磁共振）对大脑各区域进行扫描，当男性观看美丽女性的面孔时，大脑的“伏隔核区”显得非常活跃（该区域是一个奖赏回路——脑部的快乐中枢）；而当男性观看不漂亮女性或一名男性时，该区域就不会被激活。显然，“美”是进化而来的，以特殊脑回路为神经基础的天赋的心理机制。至于爱情中的恋人们所表现出的痴迷、癫狂、炽烈、陶醉、苦闷、焦灼、祈盼、哀怨、孤独、悲恸、绝望等，就是心理学所描述的爱情心理状态。

（四）爱情与性

爱情与性（欲望）的关系，这是爱情心理学中最大的难题。它涉及的主要问题有：在爱情中性的意义是什么？“真爱”意味着什么？“柏拉图式的爱情”是否可能？爱与性的分离意味着什么？性是在加深爱情还是在剥离爱情？性行为的多样性和丰富性是不是爱情的表现？什么是性道德？诸如此类。

按照进化论的解释，男性和女性都对最有可能遗传自己基因的异性充满欲望。女性的欲望被两种能力吸引：一是能遗传良好的基因（有统治能力、英俊、壮实）；二是从长远看能做个好父亲（专注、社会适应能力强、可信任）。当一个男人对女人有欲望，他是爱这个女人吗？达尔文认为，男人也有将“繁殖资本”理想化的双重下意识欲望：①男人想要提高繁殖后代的同时，与尽可能多的性伴侣交往；②男人应当给孩子的生存提供更好的条件，因此他必须忠实地帮助和保护孩子的母亲，最终达到拥有一个稳定的配偶的目的。

第四节 激发你的爱

一、我们可以爱多久

（一）爱情的“保鲜期”

在我们的文化中，许多人期望爱情是“天长地久、海枯石烂”的，人们总是过于强调激情的重要性，这是“坠入爱河”的原因。然而，这种观念忽略了一个事实，即如胶似漆的热恋阶段，其保持的时间是有限的，长不过30个月，短则不到6个月，之后就是分手。

沉溺于热恋的人们容易忘记一点，即应该去建立更持久的关系。

神经科学家已经发现，多巴胺、苯乙胺、后叶催产素等爱情化学物质的大量释放，会给人以巅峰般的体验，极度欣快。但是，我们的大脑不可能长期不断地大量释放这些物质，因为神经细胞只有在受到新异刺激时才会兴奋。而固定的两性关系时间一长，相互之间就再无新鲜感可言，难以兴奋起来，那种刻骨铭心、神魂颠倒的爱情也随之消失。

美国康奈尔大学的生化博士辛迪·奈克斯在过去两年曾调查了在37种不同文化背景下生活的5 000对夫妇，并对他们进行医学测试，他得到的结论是，18至30个月的时间已经足够让男女相识、约会乃至结合、生子。在这些过程结束后，双方都不会再有心跳及冒汗的情况。奈克斯说，爱情其实是大脑中的一种“化学鸡尾酒”，是由化学物质多巴胺、苯乙胺和后叶催产素组成，时间长了，人体便会对这三种物质产生抗体，“鸡尾酒”便会“过期”，这个时间在两年左右。之后，男女要不就分手，要不就让爱成为习惯。

既然有人为爱情“变质”找到了科学解释，那么挽救爱情和家庭危机是否也可以在技术层面上加以解决呢？从现实情况来看，答案是肯定的，科学家们真的研制出了“爱情保鲜剂”。据德国《时代精神》月刊消息，2001年英国研制并生产了女人专用的“爱情药水”，它含有苯乙胺和肾上腺素，可以增加女人的魅力和感性。类似的产品也出现于2002年的德国，它是汉诺威医学院研制出的“爱情保鲜剂”，号称对男女都有作用，其主要成分是苯乙胺、多巴胺（男用型）或苯乙胺、多巴胺及催产素（女用型）。

（二）让爱更持久

为何浪漫的爱情不能持久？除了与大脑中的“爱情化学物质”有关外，还与影响浪漫激情的三个重要因素有关，即幻想、新奇和唤起。首先，幻想助长了浪漫，而幻想会随着时间的流逝及经验的增多而减退。其次，新奇本身会增加激动和能量（新奇在其他物种中也会引起性欲），一旦关系建立起来，激情也就渐渐消退。最后，唤起随着时间推移而减弱，即使你的伴侣能一如既往地激发你的欲望，你也不会同样强烈地感受到。任何情况下，激情比亲密和承诺会更快地发生变化，也就意味着浪漫的爱情也会发生变化（莎伦·布雷姆等，2010）。

图10－11　让爱持久：与爱人培养友谊

由于影响浪漫激情的三个因素会随着时间而消减，因此浪漫的爱情也会减弱。当然，在许多关系中，浪漫爱情不会完全消失，不过它确实会低于伴侣决定结婚时的水平。尽管这一点对许多侣伴会是个意外，但是它有助于解释为什么西方发达国家的离婚率如此之高：一种常见的抱怨是“魔力”消失了。

这并不是一个令人沮丧的消息，相反，我们认为它为如何拥有成功婚姻提供了重要建议。通常，促使人们结婚的爱并不是使他们在几十年以后依旧牵手同行的爱。亲密比激情更为稳定，所以友伴之爱比浪漫之爱更为稳定。研究发现，婚姻幸福的伴侣对配偶表达了更多的友伴之爱。这样的人也是真正快乐的：尽管不依赖激情，友伴之爱对正在经历它的人而言也是令人满足的。由于亲密和激情是相互关联的，成为好朋友也会有助于保持激情。

从上述分析中我们大致可以提炼出让爱更持久的一些建议：享受激情，但不要作为你希望长期持续下去的关系的基础；与爱人之间培养一种友谊（见图 10－11）；努力保持新鲜感；抓住每一个机会让你的配偶享受新奇的探索。如果对伴侣热切的渴望渐渐演变成平淡但深沉的情感，不要觉得奇怪。这一幸福的结果可能会使你成为一个有运气的爱人。

二、如何赢得他人的爱

（一）让自己更有吸引力

在形成亲密关系的过程中，给对方造成的视觉冲击对人们的第一印象有着深远影响，样貌姣好当然有明显的优势，但也不是让浪漫邂逅成功的先决条件。个人的品质，如幽默感、才智、礼貌、执着、宽容、灵敏、信任、勇气、忠诚、真挚、乐观和诚实，都远远胜过迷人的外表（马丁·劳埃德—埃利奥特，2006）。

研究发现，那些觉得自己有魅力的人，被别人认为有魅力的比率会相对更高。通过快乐、自信来吸引别人，我们会显得更加放松，因此脸部也会显得更年轻：它使我们的笑容自然而对称，帮助我们更加积极地回应别人。拥有坚定自信的品质对我们所有人都有好处，在拒绝不想要的进犯时，我们需要表现得坚定而自信，因为这会使我们能够控制经常在社交场合中困扰我们的焦虑情绪。

成熟与不成熟的特征组合总能悦人心意，因为它意味着全面完整的个性。关键是你要增强自己拥有的最佳品质，然后获取其他可能一时不能明显看到的品质，运用观察和想象，你可以通过一些思考和时间来得到提高。男女之间有很多值得相互学习的地方。通过对女性的观察和学习，男性可以在社交方面变得更加有技巧。在非言语交流方面，女性比男性更得心应手。明确、简练、诚实的交流可带来更佳的相互理解和吸引。男性如果学会一些女性化的交际技巧，在吸引配偶方面就会更加成功。同样，女性如果在两性交往时采用一些男性化的特点，其吸引和留住心仪的男人的本领会大大增强。

我们本能地接受“物以类聚”这句古老的格言，至少在某些方面是如此。我们希望人们跟我们喜欢同样的东西，因为相互性和兼容性使我们觉得自己没那么可能被拒绝，也更可能被爱。相似会产生满意，但相异也会带来吸引。有两句似乎互相矛盾的话都是对的：世界上有很多恩爱的夫妻看起来都很相像，而似乎错配的夫妻也一样多。不要听信无稽之谈而限制自己，认为外表必须非常吸引人才能获得浪漫的成功。任何一段关系的真正意义并不是静态的相貌和体格，而是“动态”的交流、倾听、策略、触碰及亲密。

（二）增加被爱的机会

首先，不管你所看重的人爱不爱你，你都要学会接纳自己。为什么以别人对你的接受与否作为自己接受自己的条件是不符合理性的呢？如果你只在别人对你肯定时才接受自己，那么就等于是在你接受自己之前，先向别人强行要求对你的接受。为何要得到别人接受自己的保证？保证是不可能存在的。如果你要求保证，你的一生都将生活在悲哀之中：你的痛苦，不仅仅发生在你不被人接受的时候，更会发生在你被人肯定的时候。一旦你今天受人肯定，就会担心明天是否会持续得到肯定，以及明天的明天和再下一个明天。

其次，努力以一些实际的能力，如人缘、谈话的技巧或某种艺术造诣和成就，去赢得那些对你而言是重要人物的肯定。这么做不但可以给别人快乐，而且自己的心情也可以更好。若有人爱你，不会是因为你的外表，而是因为你在性格或心灵上表现了某种特质。你可能会因为自己的仁慈和善解人意，或因为你的勇敢和能力而受人喜爱。当一个人在你身上看到了他最希望的特质时，他就可能很自然地喜欢上你。只要你喜欢过群体的生活，那么要求别人接受你、肯定你，或某种程度地关怀你，都是合理且健康的。

再次，专心于爱人，而不是被人所爱。常言道：“爱人者，人恒爱之。”当然，这个说法并非永远成立，但它却经常成立。如果你希望生活得完美，生活得有活力，那么最好的办法就是在不牺牲自己的原则下，积极将你的精力贡献于你以外的各种人、事、物上。活力的源泉并不来自被动接受生活中所赋予的，而在于主动的关心与付出。一旦你不再以自我为中心，不再挂念着别人爱你够不够，你就会更容易对外界的事务和活动感兴趣，更加浑然忘我地陶醉于你所奉献心力的各项事务上。

最后，不要将别人的关爱和肯定与自己的价值混为一谈。无论别人为了他们本身的利益爱你多深，或看你多重，你自身的价值都不可能因为他们的关爱与否而稍有增减。如果你能够真正地接受这项真理——你永远不需要为你和你的本质作任何评价——那么你就不会再迫不及待地需要别人的肯定。一旦他人的接受与否对于你已经无足轻重，你才有机会真正享受到获得肯定的实质利益，同时又不至于被别人的眼光所左右，不再以别人的肯定与否作为评断自己价值的指标。

三、怎样去爱别人

（一）彼此沟通

沟通就是彼此交谈的艺术，明白地说出自己的感受与想法，并认真聆听对方发言，这是建立及维持互爱关系最基本的技巧。今天，年轻人最大的抱怨之一是他们虽然拥有许多物品、金钱和身体的慰藉，却失去了亲密的沟通。他们常常觉得自己与所爱的人之间的真正沟通并没有很大的价值。如果你希望以互爱关系来建立人际关系，那么请尝试向你爱的人建议如下：

（1）常常透过你的谈话、动作和姿势，告诉我你爱我。

（2）常常因工作表现良好而赞许我，在我失败时安慰我。

（3）你觉得情绪低落、寂寞或遭到误解的时候，让我知道。

（4）将愉快的想法和感情表达出来，会为我们的关系带来活力。

（5）当你对我有所反应时，我便会觉得自己是特殊的。

（6）听我诉说，不要下结论，也不要有偏见，听和看一样重要。

（7）抚摸我、握着我的手、拥抱我。

（8）尊重我的静默，让别人知道你重视我。

（二）真诚相待

健全而持久的关系必须建立在坦诚真实的基础上。相信我们所爱的人以及爱我们的人对我们是真心诚意的，这对我们很重要。事实上，不诚实是人际关系失败的主要因素。很多成功人士无论是对爱人还是对合作伙伴，均相互信任和关爱，他们在形成关系之初就会讨论他们对于诚实所抱有的态度和期望。另外，他们还会考虑各自是否能忍受说谎，有些人可能宁愿被骗也不愿面对现实。

一些人可能觉得，“不知道”总比去面对知道真相后带来的焦虑和痛苦好。另外一些人只要听真话，但是希望以柔和方式被告知真话。我们经常把真实与“残酷的现实”相提并论，其实并不见得如此。真相可以用温和的方式表达，如“与这套衣服相比，我还是更喜欢蓝色的那件，但这只是我个人的看法罢了”，这样说总比“好可怕！我讨厌这件！”好得多。

（三）宽恕之道

没有宽恕就不会有持久的爱，没有转机，没有成长，没有真正的自由。宽恕最大的源泉来自爱。有了爱，我们才能把犯错者当作有价值的人看待。有了爱，我们才能以正确的眼光来看待错误，才能将行为与人区别对待，我们的反应才能不至于过度。透过同情的行为，我们努力去消除犯错者与受害者之间的界线，即使我们并不了解这种行为。经由这个过程，我们在一起重建各自的信心，更了解彼此，巩固现有关系，重新获得信任。只要我们学着同情与道歉，承认我们自己也会犯错，只要能够因我们可能不了解的环境而体谅别人，只要我们对人性基本的善良有信心，只要我们怀着同情而非恨意，再开始一切，那么真正的宽恕就会变得容易些。

别人伤害了我们，的确有时难以宽恕，尤其是当我们是无辜的，而且对方的行为毫无理由的时候。为什么我们应该宽恕并且忘记？因为心存怨恨，寻求报复，都是于己有害的，而且会一无所得，既不能满足我们，也不能愈合我们的伤口。把积极的精力消耗在使我们精疲力竭的消极行动中，只会阻挡我们前进以及重新开始，使我们心生猜疑，再也难以信任别人，摧毁我们的创造力，妨碍我们的成长。

（四）欢笑与共

欢笑与快乐是生命本身不可或缺的一部分。幽默、笑声是奇妙而又容易获得的工具，它们对于人际关系的改善非常有益，可用来克服各种焦虑和紧张。斯坦福大学威廉·傅莱博士的报告指出，笑有助于消化、促进心脏功能、强化肌肉、激发大脑的创造力，使你保持警觉、灵活，所有这些好处都可随着开怀大笑而来。

当我们感到欢喜、开心、快乐时，就能更好地适应生活，更能认清事情，更有能力处理每天紧张的工作。当你微微一笑时，身体就产生一种特别的荷尔蒙，那是一种天然的止痛剂。诺尔曼·柯森斯说，他自己医好了许多不治之症，发现最好的良药之一就是笑。人仰马翻地滚地大笑，导致体内所有重要器官振动，跟我们慢跑的效果一样。彼此关爱，不论是夫妻间的爱情、父母子女间的亲情还是朋友间的友情，都应该充满欢笑。

（五）超越嫉妒

嫉妒所具有的力量，足以淹没和摧毁最健全、最可靠的关系及最理智的人。嫉妒是一种普遍存在的感受。除非已经付诸行动，否则它不是病态的。这种感受是正常的，但它所引起的感觉时常令人失去理智。

最深的爱的条件就是有最多的自由，有一句老话说，爱必须放开手，等到它回头，那时你才懂得真正的爱。在我们超越嫉妒之后，我们将找到更好、更坚定的爱人。不要怕嫉妒，那是自然且正常的情绪。每个人只要在乎或是爱恋，他总会在某一时刻感到嫉妒。你要做的重要决定在于：是让你的嫉妒变成一只能吞噬一切的大怪兽，足以毁掉你和你所爱的人呢，还是变成一项对你的挑战，以增长自尊和个人磨炼呢？

（六）相亲相爱

戴斯孟·莫里斯认为，对于接触的恐惧与古老的、往往是无意识的性的禁忌有关。这种观念使我们极难任意做任何身体上的接触而不含有性的关联。事实上，我们发展与别人之间情感关系的能力，学习信赖及接受爱与被爱的能力，与我们儿童时期的爱抚、亲吻和搂抱的经历有直接关系。仅一次爱抚就足以改变整个人生的命运。在极端的紧要关头，如果不肯给予一次亲切的拥抱，这种行为最后可以轻易毁灭一种关系。

一些研究结果显示，受到接触的需要是所有热血动物与生俱来的，相互的接触使他们感到更舒适、安宁。精神病学家赫洛德·伏斯说：“拥抱可消除沮丧，能使身体内免疫系统的效能上升。拥抱能为倦怠的躯体注入新生命，使你觉得更年轻、更有活力。在家庭中，每天的拥抱能加强关系以及大大减少摩擦。”海伦·柯尔顿补充说：“当一个人受到接触时，血液中的血红素将大增。血红素是血液的一部分，它把重要的氧气补给输送到全身所有的器官，包括心脏和脑部在内。血红素的增加能使整个身体的情况改进，有助于预防疾病及加速病后的复原。”这些研究者建议，我们应当给配偶、孩子、家人及朋友多一点亲近，多一些拥抱。

知识链接 10－4 经营爱情

现代生活的两个事实似乎无可辩驳：其一，亲密而持久的婚姻关系是幸福生活的标志。美国国家民意调查中心自 1972 年起对 40 605 个美国人进行了调查研究，结果显示，有 40% 的已婚者、22% 的未婚者、19% 的离婚者和 16% 的分居者认为他们的生活“非常幸福”。加拿大和欧洲各国的全国性调查也得到了类似的结果（Inglehart，1990）。

其二，亲密而持久的婚姻关系正在减少。与几十年前相比，人们现在更经常搬家、独自生活以及拥有接连数段婚姻关系。

假如婚姻幸福的心理要素是心意相通、交往和性的亲密、平等地给予和获取情感与物质资源，那么法国的这句谚语——“爱情消磨了时间，时间也消磨了爱情”——就可能站不住脚。但人们必须付出努力才能防止爱情的衰退。例如，每天挤出时间来聊聊当天发生的事情；克制自己的唠叨，不争吵，袒露自己并倾听对方的感伤、关注和梦想；努力使婚姻关系达到理想的完美境界，成为“社会平等的、无阶级的乌托邦”（Sarnoff et al.，1989），伴侣双方都能自由地给予和获取，能够共同做出决策并一起享受生活。

哈维等人指出，“用心照顾”我们的亲密关系能够使我们获得更长久的满足（Harvey &Omarzu，1997）。澳大利亚婚姻关系研究者诺勒也认为：“成熟的爱情能够维系婚姻和家庭，因为它为每个家庭成员都创造了成长的环境。成熟的爱情是被一种信念所支撑的：爱情本身就包括对差异和缺点的承认和接纳；爱情是在内心决定去爱一个人并对其做出长相厮守的承诺；爱情是可以经营的，它需要相爱的人共同去培育。”（Noller，1996）那些承诺要创造一段平等、亲密、相互支持的婚姻关系的人可能会从持久的相伴之爱中获得安全和快乐。

（资料来源：戴维·迈尔斯．社会心理学．11 版．侯玉波，等译．北京：人民邮电出版社，2016：430－431）

主要参考文献

1. 陈少华. 人格心理学.2 版. 广州：暨南大学出版社，2018.

2. 傅小兰. 情绪心理学. 上海：华东师范大学出版社，2016.

3. 郭德俊. 情绪心理学. 北京：开明出版社，2012.

4. 黄希庭. 心理学导论. 北京：人民教育出版社，2007.

5. 孟昭兰. 情绪心理学. 北京：北京大学出版社，2005.

6. 彭聃龄. 普通心理学. 北京：北京师范大学出版社，2004.

7. 熊哲宏. 心理学大师的爱情与爱情心理学. 北京：中国社会科学出版社，2007.

8. 朱智贤. 心理学大词典. 北京：北京师范大学出版社，1989.

9. 爱德华·霍尔. 无声的语言. 侯勇，译. 北京：中国对外翻译出版公司，1995.

10. 埃利奥特·阿伦森. 社会性动物. 郑日昌，等译. 北京：新华出版社，2001.

11. 保罗·艾克曼. 情绪的解析. 杨旭，译. 海口：南海出版公司，2008.

12. 保罗·艾克曼. 说谎：揭穿商业、政治与婚姻中的骗局. 北京：生活·读书·新知三联书店，2008.

13. 保罗·贝内特. 异常与临床心理学. 陈传锋，等译. 北京：人民邮电出版社，2005.

14. 保罗·纽曼. 恐怖：起源、发展和演变. 赵康，等译. 上海：上海人民出版社，2005.

15. 查尔斯·布鲁克斯，迈克尔·丘奇. 心理学无处不在. 李展，译. 北京：新华出版社，2011.

16. 查尔斯·达尔文. 人类的由来及性选择. 潘光旦，等译. 北京：商务印书馆，1997.

17. 查尔斯·达尔文. 人与动物的情感. 余人，等译. 成都：四川人民出版社，1999.

18. 戴斯蒙德·莫里斯. 男人女人行为观察. 刘文荣，等译. 上海：上海文化出版社，2001.

19. 戴维·迈尔斯. 社会心理学.11 版. 侯玉波，等译. 北京：人民邮电出版社，2016.

20. 戴维·谢弗. 社会性与人格发展.5 版. 陈会昌，等译. 北京：人民邮电出版社，2012.

21. 丹尼尔·戈尔曼. 情商. 杨春晓，译. 北京：中信出版社，2010.

22. 多湖辉．读心术：现代科学产生的新式武器．林小利，译．北京：中国青年出版社，1996.

23. 弗朗索瓦·勒洛尔，克里斯托夫·安德烈．情绪的力量：爱情、愤怒、快乐．杨燕明，译．北京：民主与建设出版社，2004.

24. 弗朗索瓦·勒洛尔，克里斯托夫·安德烈．我们与生俱来的七情．王资，译．北京：生活·读书·新知三联书店，2015.

25. 弗朗西斯·威尔克斯．理智与情感：如何通过情感调适获得成功．吴乃华，等译．北京：世界知识出版社，2001.

26. 弗农·科尔曼．心理的力量：隐藏的功能．樊伟，译．合肥：安徽人民出版社，2004.

27. 杰弗瑞·阿内特．发展心理学：人类文化与人的毕生发展．2 版．高雯，译．北京：电子工业出版社，2018.

28. 卡萝尔·韦德，卡罗尔·塔佛瑞斯．心理学的邀请．3 版．白学军，等译．北京：北京大学出版社，2006.

29. 凯利·麦格尼格尔．自控力：和压力做朋友．王鹏程，译．北京：北京联合出版公司，2017.

30. 拉里·杨，布莱恩·亚历山大．我们之间的化学反应：关于爱情、两性和吸引力的科学．苏琴，等译．重庆：西南师范大学出版社，2016.

31. 兰迪·拉森，戴维·巴斯．自我与人格：人格心理学的认知革命．郭永玉，等译．北京：人民邮电出版社，2012.

32. 劳拉·E. 贝克．儿童发展．5 版．吴颖，等译．南京：江苏教育出版社，2002.

33. 理查德·格里格，菲利普·津巴多．心理学与生活．19 版．王垒，等译．北京：人民邮电出版社，2016.

34. 莉莎·费德曼·巴瑞特．情绪．周芳芳，译．北京：中信出版集团，2019.

35. 罗伯特·费尔德曼．发展心理学：人的毕生发展．苏彦捷，等译．北京：世界图书出版公司，2007.

36. 罗伯特·费尔德曼，黄希庭．心理学与我们．北京：人民邮电出版社，2008.

37. 罗伯特·斯腾伯格．心理学：探索人类的心灵．3 版．李锐，等译，南京：江苏教育出版社，2005.

38. 罗伯特·斯腾伯格，凯琳·斯腾伯格．爱情心理学．李朝旭，等译．北京：世界图书出版公司，2010.

39. 罗伯特·所罗门．幸福的情绪．聂晶，等译．北京：中国人民大学出版社，2011.

40. 马丁·劳埃德—埃利奥特．两性身体语言．苏惠玲，译．北京：中国友谊出版公司，2006.

41. 马文·明斯基．情感机器：人类思维与人工智能的未来．王文革，等译．杭州：

浙江人民出版社，2016.

42．米歇尔·艾森克．心理学：一条整合的途径．阎巩固，译．上海：华东师范大学出版社，2000.

43．墨顿·亨特．心理学的故事．李斯，译．海口：海南出版社，1999.

44．帕梅拉·迈耶．别对我说谎：练就一双精确识人眼．张鹏，等译．北京：中信出版社，2012.

45．乔·马钱特．自愈力的真相．胡大一，译．杭州：浙江人民出版社，2019.

46．乔瓦尼·弗契多．情绪是什么．黄珏苹，译．杭州：浙江人民出版社，2018.

47．莎伦·布雷姆等．爱情心理学．3 版．郭辉，等译．北京：人民邮电出版社，2010.

48．赛尔日·西科迪．100 个心理小实验帮你更好地了解宝宝．王文新，等译．上海：上海社会科学院出版社，2009.

49．斯图亚特·沃尔顿．人性：情绪的历史．王锦，等译．上海：上海科学普及出版社，2007.

50．苏珊·阿尔德里奇．看见红色感觉蓝色：愤怒与抑郁之联系．沈志红，译．北京：生活·读书·新知三联书店，2002.

51．维克托·S. 约翰斯顿．情感之源：关于人类情绪的科学．翁恩琪，等译．上海：上海科学技术出版社，2002.

52．维雷娜·卡斯特．怒气与攻击．章国锋，译．北京：生活·读书·新知三联书店，2003.

53．温迪·德莱登，杰克·戈登．情绪健康指南：快乐法则．何湾岚，译．北京：中信出版社，2003.

54．西格蒙德·弗洛伊德．性学与爱情心理学．罗生，译．南昌：百花洲文艺出版社，1996.

55．伊恩·莱斯利．好奇心：保持对未知世界永不停息的热情．马婕，译．北京：中国人民大学出版社，2017.

56．伊萨克·马克斯．克服恐惧．张红，译．北京：中央编译出版社，2000.

57．英国 DK 出版社．心理学百科．徐玥，译．北京：电子工业出版社，2014.

58．詹姆斯·卡拉特．生物心理学．10 版．苏彦捷，等译．北京：人民邮电出版社，2012.

59．詹妮·德赖弗，玛丽丝卡·范·亚斯特．没人能对我撒谎．胡敏，译．长春：吉林出版集团有限责任公司，2014.

60．珍妮特·冈萨雷斯—米纳，黛安娜·温德尔·埃尔．婴幼儿及其照料者．张和颐，等译．北京：商务印书馆，2016.

61．朱莉娅·贝里曼等．心理学与你．武跃国，等译．北京：北京大学出版社，2000.

62. David R. Shaffer, Katherine Kipp. 发展心理学：儿童与青少年 . 9 版 . 邹泓，等译 . 北京：中国轻工业出版社，2017.

63. Dennis Coon. 心理学导论：思想与行为的认识之路 . 郑钢，等译 . 北京：中国轻工业出版社，2004.

64. K. T. Strongman. 情绪心理学 . 张燕云，译 . 沈阳：辽宁人民出版社，1986.

65. K. T. Strongman. 情绪心理学：从日常生活到理论 . 5 版 . 王力，主译 . 北京：中国轻工业出版社，2006.

66. Kurt Pawlik, Mark R. Rosenzweig. 国际心理学手册 . 张厚粲，主译 . 上海：华东师范大学出版社，2002.

67. Lawrence A. Pervin, Oliver P. John. 人格手册：理论与研究 . 2 版 . 黄希庭，主译 . 上海：华东师范大学出版社，2003.

68. Michelle N. Shiota, James W. Kalat. 情绪心理学 . 2 版 . 周仁来，等译 . 北京：中国轻工业出版社，2015.

69. Phillip L. Rice. 压力与健康 . 石林，等译 . 北京：中国轻工业出版社，2000.

70. Phillip L. Rice. 健康心理学 . 胡佩诚，等译 . 北京：中国轻工业出版社，2000.

71. Roger R. Hock. 改变心理学的 40 项研究：探索心理学研究的历史 . 白学军，等译 . 北京：中国轻工业出版社，2004.

72. Time-Life Books. 情感的力量 . 孙红玖，连煦，译 . 北京：中国青年出版社，2002.